人工智能与
人类未来丛书

PYTHON LARGE MODEL
OPTIMIZATION STRATEGIES
THEORY AND PRACTICE

Python
大模型优化策略
理论与实践

刘衍琦 高超 闫家硕 贾泽豪 著

北京大学出版社
PEKING UNIVERSITY PRESS

内 容 提 要

本书是一本全面介绍Python大模型优化策略的专业书籍，旨在帮助读者掌握如何高效训练、优化、部署和调用大规模深度学习模型。掌握这些优化技巧将是推动大模型应用和提升AI行业竞争力的关键。

本书以深度学习和大模型技术为引，系统讲解了各种优化算法，并深入探讨了两者的融合与应用。本书涵盖了机器学习与深度学习概述、Transformer模型与大模型概述、模型训练与优化技巧、模型调用与优化基础、大模型优化概述、常用的优化算法概述、遗传算法、多目标优化与遗传算法进阶、蚁群算法、鲸鱼优化算法、萤火虫优化算法、神经网络优化算法、大模型与优化应用实践、DeepSeek的介绍与使用等内容，每章通过实践练习介绍了大模型优化的实际应用。

本书面向具备机器学习和深度学习基础的读者，适合作为高等院校计算机相关专业的本科及专科教材。对于AI从业者、科研人员和工程师而言，本书能够助力他们在大模型训练与优化领域深入理解并积累实践经验。

图书在版编目(CIP)数据

Python大模型优化策略：理论与实践 / 刘衍琦等著. -- 北京：北京大学出版社，2025. 8.
ISBN 978-7-301-36274-7

Ⅰ. TP312.8

中国国家版本馆CIP数据核字第20251AY822号

书　　名	Python大模型优化策略：理论与实践 Python DAMOXING YOUHUA CELÜE：LILUN YU SHIJIAN
著作责任者	刘衍琦　高　超　闫家硕　贾泽豪　著
责 任 编 辑	刘　云　姜宝雪
标 准 书 号	ISBN 978-7-301-36274-7
出 版 发 行	北京大学出版社
地　　址	北京市海淀区成府路205 号　100871
网　　址	http://www. pup. cn　　新浪微博：@ 北京大学出版社
电 子 邮 箱	编辑部 pup7@pup.cn　总编室 zpup@pup.cn
电　　话	邮购部 010-62752015　发行部 010-62750672　编辑部 010-62570390
印 刷 者	北京宏伟双华印刷有限公司
经 销 者	新华书店
	787毫米×1092毫米　16开本　24.5印张　539千字
	2025年8月第1版　2025年8月第1次印刷
印　　数	1-3000册
定　　价	149.00元

夯实智能基石 共筑人类未来

推荐序

人工智能正在改变当今世界。从量子计算到基因编辑，从智慧城市到数字外交，人工智能不仅重塑着产业形态，还改变着人类文明的认知范式。在这场智能革命中，我们既要有仰望星空的战略眼光，也要具备脚踏实地的理论根基。北京大学出版社策划的“人工智能与人类未来丛书”，恰如及时春雨，无论是理论还是实践，都对这次社会变革有着深远影响。

该丛书最鲜明的特色在于其能“追本溯源”。当业界普遍沉迷于模型调参的即时效益时，《人工智能大模型数学基础》等基础著作系统梳理了线性代数、概率统计、微积分等人工智能相关的计算脉络，将卷积核的本质解构为张量空间变换，将损失函数还原为变分法的最优控制原理。这种将技术现象回归数学本质的阐释方式，不仅能让读者的认知框架更完整，还为未来的创新突破提供了可能。书中独创的“数学考古学”视角，能够带读者重走高斯、牛顿等先贤的思维轨迹，在微分流形中理解Transformer模型架构，在泛函空间里参悟大模型的涌现规律。

在实践维度，该丛书开创了“代码即理论”的创作范式。《人工智能大模型：动手训练大模型基础》等实战手册摒弃了概念堆砌，直接使用PyTorch框架下的100多个代码实例，将反向传播算法具象化为矩阵导数运算，使注意力机制可视化为概率图模型。在《DeepSeek源码深度解析》中，作者团队细致剖析了国产大模型的核心架构设计，从分布式训练中的参数同步策略，到混合专家系统的动态路由机制，每个技术细节都配有工业级代码实现。这种“庖丁解牛”式的技术解密，使读者既能把握技术全貌，又能掌握关键模块的实现精髓。

该丛书着眼于中国乃至全世界人类的未来。当全球算力竞赛进入白热化阶段，《Python大模型优化策略：理论与实践》系统梳理了模型压缩、量化训练、稀疏计算等关键技术，为突破“算力围墙”提供了方法论支撑。《DeepSeek图解：大模型是怎样构建的》则使用大量的可视化图表，将万亿参数模型的训练过程转化为可理解的动力学系统，这种知识传播方式极大地降低了技术准入门槛。这些创新不仅呼应了“十四五”规划中关于人工智能底层技术突破的战略部署，还为构建自主可控的技术生态提供了人才储备。

作为人工智能发展的见证者和参与者，我非常高兴看到该丛书的三重突破：在学术层面构建了贯通数学基础与技术前沿的知识体系；在产业层面铺设了从理论创新到工程实践的转化桥梁；在战略层面响应了新时代科技自立自强的国家需求。该丛书既可作为高校培养复合型人工智能人才的立体化教材，又可成为产业界克服人工智能技术瓶颈的参考宝典，此外，还可成为现代公民了解人工智能的必要书目。

站在智能时代的关键路口，我们比任何时候都更需要这种兼具理论深度与实践智慧的启蒙之作。愿该丛书能点燃更多探索者的智慧火花，共同绘制人工智能赋能人类文明的美好蓝图。

于　剑

北京交通大学人工智能研究院院长
交通数据分析与挖掘北京市重点实验室主任
中国人工智能学会副秘书长兼常务理事
中国计算机学会人工智能与模式识别专委会荣誉主任

这个技术有什么前途

大模型优化技术正成为当今人工智能（AI）领域中的核心技术之一。随着深度学习和机器学习的快速发展，尤其是自然语言处理（NLP）、计算机视觉（CV）和语音识别等领域的突破，越来越多的大规模深度学习模型，如GPT、BERT、Vision Transformers（ViT）以及自监督学习模型等，展现出强大的功能和应用前景。这些大模型通常拥有数十亿甚至数百亿的参数，其计算和存储需求也急剧增加。因此，如何高效地训练、优化、部署及调用这些大模型，成为AI行业亟待解决的关键问题。

从研究角度看，这不仅涉及模型架构的改进，更是硬件计算、算法创新、数据处理等多维度的综合挑战。对于大模型的优化，研究人员在算法优化、分布式训练、高效推理等多个方向进行了深入探索。例如，混合精度训练、剪枝、蒸馏、量化等技术，都能有效减少计算资源消耗，提升模型在实际应用中的推理速度与精度。在未来，随着硬件的不断升级和算法的日益成熟，模型参数量将进一步增长，而优化技术将成为推动其发展的关键因素。

大模型的应用范围几乎覆盖所有AI领域，包括自动驾驶、医疗健康、金融服务、智能家居等。在自动驾驶领域，深度神经网络需实时处理海量传感器数据，高效的优化技术能减轻计算压力，提高驾驶系统的反应速度和安全性；在医疗健康领域，基于深度学习的大模型已在疾病诊断、个性化治疗方案制定等方面展现出了巨大潜力。通过优化这些模型，不仅能提升模型性能，还能降低资源消耗，使AI技术能在更加广泛的实际环境中发挥作用。大模型优化不仅是技术上的挑战，更是对未来AI应用潜力的挖掘。随着技术的不断创新和发展，大模型优化将不断推动各行各业的数字化转型，为人类社会带来更多的智能化变革。

笔者的使用体会

大模型的训练和优化，尤其在硬件资源受限时，是一项充满挑战的工作。对于传统小型模型，开发者可以在本地计算机上进行训练和调试，但随着模型规模的扩大，训练时间和资源消耗呈指数级增长，这对开发者来说是一项巨大的考验。在本书的撰写过程中，笔者不仅整理了大量关于大模型优化的理论知识，更通过实际操作和项目实践，深刻体会到技术的挑战与乐趣。通过不断地实验、调试和优化，逐渐掌握如何在大规模计算环境下高效训练模型、如何对模型进行多维度优化，以及如何在实际应用中将这些技术落地。笔者相信，随着硬件技术的进步和算法优化策略的创新，大模型优化将迎来更广阔的发展前景。希望本书能为读者提供有价值的参考，帮助读者在大模型优化的道路上不断取得突破与进展。

这本书的特色

- 项目代码：提供可运行的项目代码，帮助读者深入理解算法。
- 内容新颖：书中涉及的软件库大多采用官网最新版本（截止本书撰写时）进行讲解。
- 经验总结：全面归纳和整理笔者多年的AI实战经验。
- 内容实用：结合大量实例进行讲解，符合项目实战要求。
- 赠送PPT：笔者专门为本书制作了教学PPT，方便教师教学使用。
- 校企合作：内容紧密结合校企合作案例，基于实际业务需求，确保知识点的实用性。

这本书包括什么内容

本书介绍了机器学习和深度学习的基础知识，带领读者了解Transformer模型及其在自然语言处理和图像处理中的应用。随后，书中深入探讨了模型训练与优化技巧，包括学习率调度、早停策略、正则化和批标准化等方法。书中还介绍了大模型的调用与优化基础，详细讲解了预训练模型的选择、下载和迁移学习的应用。通过实际练习和Python语言实现，读者可以掌握优化策略在大模型训练中的应用。

本书分为三个部分，共14章。

优化算法基础：

第1章 机器学习和深度学习概述

第2章 Transformer模型与大模型概述

第3章 模型训练与优化技巧

第4章 模型调用与优化基础

第5章 大模型优化概述

第6章 常用的优化算法概述

优化算法进阶：

第7章 遗传算法

第8章 多目标优化与遗传算法进阶

第9章 蚁群算法

第10章 鲸鱼优化算法

第 11 章 萤火虫优化算法

第 12 章 神经网络优化算法

优化算法与大模型：

第 13 章 大模型与优化应用实践

第 14 章 DeepSeek 的介绍与使用

本书读者对象

- 对优化算法和大模型感兴趣的技术人员。
- 需要应用优化算法和大模型技术的工程师和研究者。
- 希望了解优化算法和大模型技术应用领域的学生。
- 希望深入探究优化算法和大模型的技术爱好者和开发人员。

特别致谢

本书在编写过程中，得到了烟台理工学院、山东商务职业学院领导和同事的鼓励，特纳科技（烟台）有限公司的闫家硕总经理、烟台大山数据有限公司的许强博士和山东灵动鲸软件科技有限公司的彭洪浩总经理也提供了大量的实验案例来源，使其更具实践价值。本书的编写还得到了北京大学出版社老师的鼎力相助，他们专业的编辑理念、严谨的工作态度以及对细节的极致追求，为本书的品质保驾护航，在此表示衷心的感谢。

感谢各位读者朋友给予我的启发和帮助，感谢家人的默默支持！感谢女儿刘沛萌每天带给我欢乐，她给予我无限的动力进行人工智能的探索及应用，也祝全天下的小朋友们都能健康快乐地成长！

由于时间仓促，加之作者水平和经验有限，书中难免存在疏漏及错误之处，希望广大读者批评指正。

为了更好地为本书读者服务，我们为本书提供了读者交流群及配套代码、教学课件、实验素材、操作演示视频等资源，如需进一步交流可邮件联系：cvdeeplearning@qq.com。

温馨提示：

本书附赠的资源，读者可以扫描封底的二维码，关注“博雅读书社”微信公众号，找到资源下载专区，输入本书第 77 页的资源下载码，根据提示获取。

目录 CONTENTS

第14章 DeepSeek的介绍与使用

第 1 章

机器学习和深度学习概述

本书旨在为读者提供机器学习和深度学习的全面指南，帮助读者理解这些技术的基本概念及其在实际中的应用。本章将从基础开始，逐步引导读者深入了解机器学习和深度学习的关键概念和技术。通过理论与实践相结合的方法，读者将能够建立起扎实的知识基础。

本章的主要知识点如下。

（1）机器学习概述：了解机器学习的基本概念、分类及其应用领域。

（2）深度学习基础：掌握深度学习的核心思想和常见的网络结构。

（3）实践练习：用Scikit-learn和PyTorch实现基础模型，通过动手实践加深理解。

（4）Python语言实现：简化的机器学习和深度学习模型代码示例，帮助读者快速上手。

注意：本章内容虽然基础，但建议读者在学习之前，确保已经具备一定的Python编程知识，这将有助于读者更好地理解和实践本章的内容。

1.1 机器学习概述

机器学习是一种利用数据特性定义模型，并通过数据训练使其能够自动进行预测或分类的算法，在各个领域都有广泛应用。

1.1.1 机器学习的定义和基本概念

机器学习可以定义为“计算机系统利用经验自动改进其性能的过程”。这个过程涉及以下关键要素：数据、特征、模型和算法。接下来，我们将逐一介绍这些概念。

数据是机器学习的基础，就像学生学习需要教材和练习册一样，机器学习模型也需要数据来进行训练。数据的来源很多，如互联网、传感器、数据库等。数据集是用于训练、验证、测试机器学习模型（或相关算法）的结构化数据集合，通常分为训练集、验证集和测试集。训练集用于训练模型，就像学生通过大量的练习题来掌握知识点；验证集用于模型选择和调参，即调整模型的参数，以提高其性能；而测试集则用于评估模型的最终性能，确保其在实际应用中表现良好。

特征是数据中用于描述样本的属性或变量。

例如，在介绍一个朋友时，可能会提到他的身高、体重、兴趣爱好等，这些信息就是特征。在机器学习中，特征可以是数值型的（如年龄、收入）或类别型的（如性别、职业）。选择和提取合适的特征（特征工程）是机器学习过程中非常重要的一步，因为特征的质量直接影响模型的性能。

模型是通过学习数据集中的模式和规律，能够对新数据进行预测或分类的数学函数。不同的机器学习任务需要不同的模型。例如，用于回归问题的线性回归（Linear Regression）模型，用于分类问题的逻辑回归（Logistic Regression）模型和支持向量机（Support Vector Machine，SVM）模型，用于处理复杂数据的神经网络（Neural Network）模型。

算法是用于训练模型的过程和方法。例如，线性回归是一种算法，用来找出输入特征和输出变量之间的线性关系。算法就像不同的学习方法，有的学生喜欢通过反复做练习题目来学习，有的学生喜欢通过总结规律来学习。常见的机器学习算法有线性回归、逻辑回归、决策树（Decision Tree）、SVM、K-近邻（K-Nearest Neighbors，KNN）、朴素贝叶斯、随机森林（Random Forest）和神经网络等。

1.1.2 机器学习的分类

机器学习根据学习任务的不同，可以分为监督学习、无监督学习、半监督学习和强化学习。下面来详细介绍每一类机器学习的特点和应用。

（1）监督学习。

监督学习是最常见的一类机器学习。它利用带标签的数据进行训练，即在已经知道答案的前提下，让模型去学习输入与输出之间的映射关系。想象一下，在做数学题时，旁边有答案，你可以通过对比自己的解答和答案来不断改进自己的方法。常见的监督学习算法有线性回归、逻辑回归、SVM 和神经网络等。在实际应用中，监督学习被广泛用于分类和回归问题，如垃圾邮件检测、肿瘤良恶性预测、房价预测等。

（2）无监督学习。

无监督学习利用不带标签的数据进行训练，即让模型去发现数据的内部结构和模式。例如，现在有大量客户的购买数据，不知道属于哪类，希望模型能根据其购买行为自动分组。无监督学习就像是探索未知的领域，通过分析数据中的相似性和差异性，找到隐藏的规律。常见的无监督学习算法有聚类（如 K 均值算法）、降维（如主成分分析）等。在实际应用中，无监督学习被广泛用于客户分群、图像压缩、市场细分等，监督学习与无监督学习的对比，如图 1-1 所示。左图展示的是分类问题，算法需要根据带标签的数据学习分类决策边界，从而对新数据进行分类；右图展示的是聚类问题，聚类问题不需要带标签的数据，可以通过数据本身的特性将数据分为几个相似的族群。

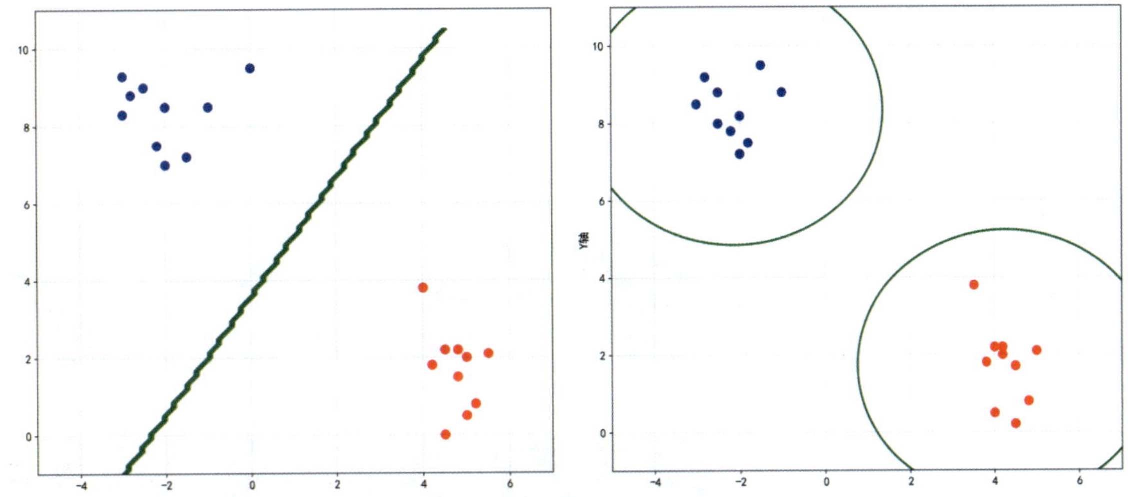

（a）监督学习　　（b）无监督学习

图 1-1　监督学习与无监督学习的对比

（3）半监督学习。

半监督学习利用少量带标签的数据和大量不带标签的数据进行训练。它特别适用于获取带标签数据成本较高的场景。例如，有大量的图像数据，但只有少部分图像数据是带标签的（知道图像内容）。通过半监督学习，模型可以更好地利用这些大量的不带标签的数据进行训练，以提高学习效果。在实际应用中，半监督学习常被用于文本分类、图像识别等领域。

（4）强化学习。

强化学习是一种通过与环境的交互，不断调整策略以最大化累积奖励的学习方法。例如，训练一个机器人走路：每当机器人迈出正确的一步，就给它奖励，让它知道这样做是对的，逐步地，机器人就会学会走路。强化学习广泛应用于游戏人工智能、机器人控制等领域。强化学习模型通过不断试错和调整策略，能够在动态环境中学会如何做出最优决策。

1.1.3 机器学习的应用领域

机器学习的应用广泛且深入，以下是一些具体实例，旨在帮助读者更好地理解它的实际应用场景。

首先是图像识别。机器学习可以用来识别图像中的物体。例如，当你上传一张猫的照片到社交媒体时，系统自动添加“猫”的标签。这是因为系统已经学习了大量猫的照片，能据此识别出照片中的猫。这项技术在安防、医疗等领域有广泛应用，如人脸识别、医疗影像分析等。图1-2展示了通过机器学习技术对图像进行目标检测的应用实例。

接下来是语音识别。机器学习能够将语音转化为文字，其核心在于模型通过学习掌握了将音频信号转化为文字的规律，从而实现语音识别。这种技术被广泛应用于语音助手，如Siri和Google Assistant。语音识别技术的进步，使人与机器的交互变得更加自然和便捷。图1-3展示了ChatGPT语音助手。

图1-2　基于机器学习对图像进行目标检测的应用实例

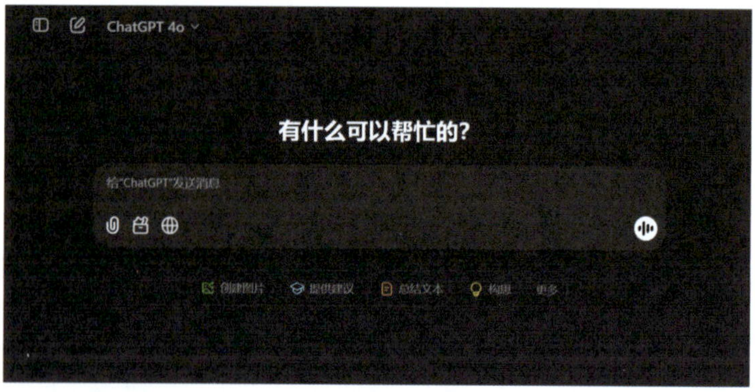

图1-3　ChatGPT语音助手

自然语言处理（Natural Language Processing，NLP）是机器学习在理解和生成人类语言方面的重要应用领域。例如，翻译应用可以将一段英文文本翻译成中文，这需要模型理解英文句子的意思，并准确生成对应的中文句子。NLP技术还常被用于文本分类、情感分析、智能客服等领域，使机器能够更好地理解和处理人类语言。

金融预测也是机器学习一个重要的应用领域。通过学习历史股价数据和其他相关数据，机器学习模型可以预测未来的股价走势，帮助投资者做出决策，这不仅可以提高投资者的投资收益，还能有效控制金融风险。

在医疗诊断方面，机器学习可以辅助医生进行疾病诊断。例如，通过分析病人的医学影像，模型可以发现一些早期病变，帮助医生做出更准确的诊断。这不仅有助于提高诊断的准确性，还能显著节省医生的时间和精力。

1.1.4 机器学习的基本流程

机器学习的过程可以概括为以下几个步骤。

（1）数据收集。

实现机器学习需要收集大量的相关数据。这些数据可以来自不同的渠道，如数据库、互联网、传感器等。数据的质量和数量直接影响模型的性能。数据的形式多种多样，如表格、图像、文本等，常见的表格型数据如图 1-4 所示。

	单据日期	客户编码	商品编码	规格型号	数量	基本数量	单价	代销金额	含税单价	价税合计	税额
0	2024-05-20	KH00165	PJ0031	468*12	30	360	15.929204	540.0	18.0	540.0	62.12
1	2024-05-20	KH00156	PJ0011	330*24	5	120	36.283186	613.0	41.0	205.0	23.58
3	2024-05-20	KH00156	PJ0006	500*12	12	144	30.088496	613.0	34.0	408.0	46.94
4	2024-05-20	KH00143	PJ0034	465*12	4	48	43.362832	818.0	49.0	196.0	22.55
5	2024-05-20	KH00143	PJ0029	486*12	1	12	63.716814	818.0	72.0	72.0	8.28

图 1-4　常见的表格型数据

（2）数据预处理。

原始数据通常会有很多噪声和缺失值，需要进行清洗和预处理。例如，在房价预测问题中，需要处理缺失的房间数量信息、剔除异常值等。数据预处理是机器学习中的重要步骤，直接影响模型的训练效果。

（3）特征提取和选择。

从原始数据中提取有用的特征，并进行选择，有助于提高模型的性能和训练速度。例如，在客户信用评分模型中，特征可以包括客户的收入、信用记录、贷款历史等。

（4）模型选择。

根据问题的性质选择合适的机器学习算法和模型。例如，对于分类问题，可以选择决策树、SVM 或神经网络等。不同的模型具有不同的优缺点，选择合适的模型是机器学习中的关键步骤。

（5）模型训练。

使用训练集数据训练模型，使其能够学习到数据中的模式和规律，这就像是学生通过不断做题来掌握知识点一样。模型训练是机器学习中的核心步骤，通过优化算法不断调整模型参数，以提高模型的预测准确度。模型训练的过程本质上是对数据进行拟合，如图 1-5 所示。

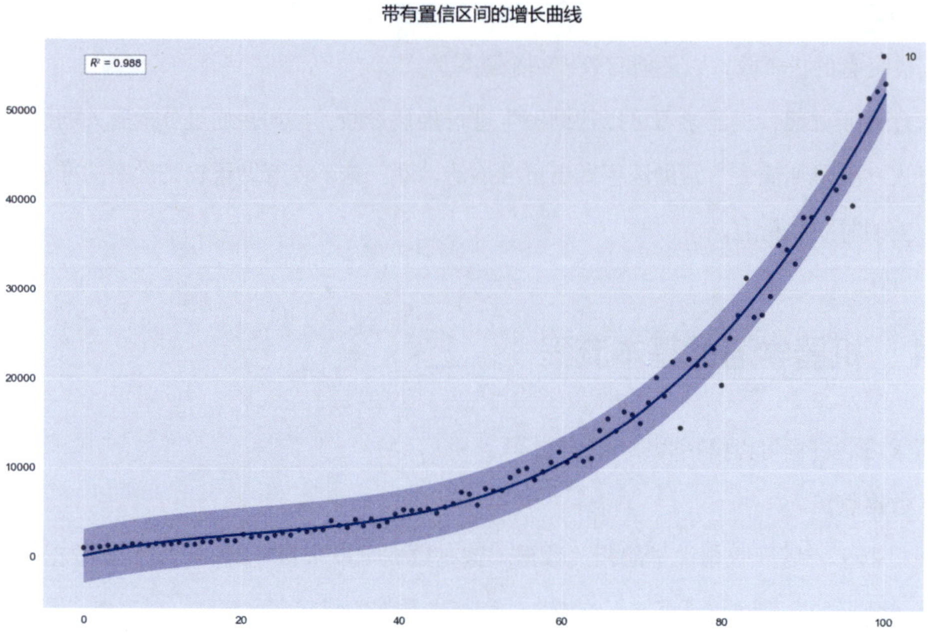

图 1-5　对数据进行拟合

（6）模型评估。

使用验证集数据评估模型的性能，调整模型参数，以提高其预测准确度。模型评估可以帮助开发者发现模型的不足，并进行改进。

（7）模型测试。

使用测试集数据测试模型的最终性能，确保其能够在实际应用中表现良好。模型测试是机器学习中的重要步骤，通过测试可以了解模型的泛化能力，即在新数据上的表现。

（8）模型部署。

模型部署是机器学习的最后一步，将训练好的模型部署到实际应用中，如网站、移动应用等，使其能够为用户提供服务。

1.1.5 常见的机器学习算法

机器学习算法种类繁多，每种算法都有其优缺点。以下是几种常见的机器学习算法及其应用场景。

（1）线性回归。

线性回归用于回归问题，通过寻找输入特征和输出变量之间的线性关系来进行预测，如预测房价、股票价格等。线性回归简单易懂，计算复杂度低，是一种非常基础的回归算法。

（2）逻辑回归。

逻辑回归用于分类问题，尤其是二分类问题。它通过学习输入特征和输出类别之间的关系，来预测样本属于某一类别的概率，如垃圾邮件检测、肿瘤良恶性预测等。逻辑回归虽然名字中包含“回归”二字，但实际上是一种分类算法。

（3）决策树。

决策树通过对特征进行条件判断，构建一个树状模型来进行预测，适用于分类和回归问题。决策树简单直观，易于解释，但容易过拟合（Overfitting）。为了防止过拟合，可以使用剪枝（Pruning）技术，或者采用随机森林等集成学习方法。

（4）SVM。

SVM用于分类问题，通过寻找能够最大化类别间隔的超平面，来进行分类。SVM在高维空间中表现出色，适用于复杂的分类问题。SVM还有一种变种，称为支持向量回归（Support Vector Regression，SVR），可以用于回归问题。

（5）KNN。

KNN通过计算新样本与训练集中样本的距离，来进行分类或回归。KNN简单易懂，但计算复杂度较高，适用于小规模数据集。KNN的一大优点是不需要训练阶段，但在预测时需要计算新样本与所有训练样本的距离，计算量较大。

（6）朴素贝叶斯。

朴素贝叶斯基于贝叶斯定理的分类算法，假设特征之间相互独立，适用于文本分类、情感分析等问题。朴素贝叶斯算法简单高效，对于高维数据表现良好，但其独立性假设在某些情况下可能不成立。

（7）随机森林。

随机森林是一种集成学习方法，通过构建多个决策树，来提高模型的泛化能力，适用于分类和回归问题，能够有效防止过拟合。随机森林通过引入随机性，增加了模型的多样性，提高了其稳健性。

神经网络是由多个层（Layers）组成的复杂模型，每层包含多个神经元（Neuron），能够学习数据中的复杂模式和特征，适用于图像识别、语音识别、NLP等问题。神经网络是深度学习的基础，通过层层传递信息，逐步提取数据中的高级特征。

1.2 深度学习基础

深度学习作为机器学习的一个子领域，以其强大的数据处理和特征提取能力，近年来受到了广泛关注和应用。深度学习的兴起，源于大数据的可用性、计算能力的提升及算法的创新。这一节将详细介绍深度学习的基本概念、常见的网络结构及其应用场景。

1.2.1 深度学习的基本概念

深度学习其实是一种模仿人脑的学习方式。读者可以把它想象成一个由许多神经元组成的网络，每个神经元就像一个小小的计算单元。通过这些神经元的协同工作，深度学习能够从大量数据中自动学习到有用的特征和规律，最终解决复杂的问题。

深度学习的起源可以追溯到20世纪50年代，当时科学家们开始尝试用数学模型来模拟人脑的工作原理。最早的人工神经网络（Artificial Neural Network，ANN）模型非常简单，只能解决一些基础的问题。然而，随着计算能力的提升和数据量的增加，深度学习在2012年以来取得了飞速发展。

例如，2012年，Hinton的团队在ImageNet图像识别竞赛中使用了一种被称为卷积神经网络（Convolutional Neural Network，CNN）的模型，取得了惊人的成绩。这标志着深度学习技术开始在实际应用中展现出强大的能力。从那时起，深度学习的发展如同被按下了快进键，迅速在多个领域展现出强大的应用潜力。

深度学习以神经元作为基本的组成单位。每一个神经元都是一个小型的计算单元，它接收一些输入信号，然后通过一个激活函数处理这些信号，最后输出一个结果。神经网络就是由大量的神经元组成的。

神经网络可以分为输入层（Input Layer）、隐藏层（Hidden Layer）、输出层（Output Layer）三个部分。

（1）输入层。

输入层负责接收外部的数据。在图像识别任务中，输入层的每个节点可以代表图像的一个像素值，如图1-6所示。

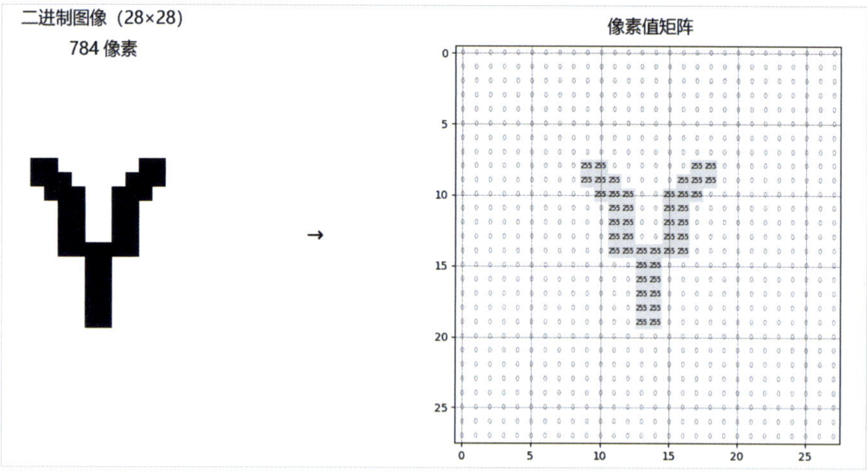

图1-6　识别手写字母Y时以像素值为输入层节点

（2）隐藏层。

隐藏层通过多个神经元的运算，逐步提取数据中的特征。隐藏层可以有很多层，每一层都在处理数据时进行不同的计算。

（3）输出层。

输出层给出最终的预测结果。例如，在手写数字识别任务中，输出层的每个节点可以代表一个数字（0～9）。

当把数据输入神经网络中时，它会通过输入层传递到隐藏层，再经过隐藏层的一系列计算，最后到达输出层，给出一个预测结果。整个过程称为前向传播（Forward Propagation）。

然而，仅有前向传播并不足以优化模型性能，还需要通过反馈机制不断调整网络参数。于是，引入了反向传播（Back Propagation）。这是一个优化过程，通过计算预测结果与实际结果之间的误差，反向调整网络中的权重，逐步降低误差，使模型的预测越来越准确。

深度学习的一个显著优势是它的特征提取能力。传统的机器学习方法需要人工设计特征，如在图像识别中，我们可能需要手工提取边缘、颜色等特征。而深度学习通过多层网络自动提取特征，能够处理更复杂的高维数据。

深度学习的另一个优势是深度学习的非线性表示能力。传统的线性模型在处理复杂的非线性关系时显得力不从心，而深度学习通过引入非线性激活函数（Non-linear Activation Function），可以学习和表示复杂的非线性关系。这使深度学习在处理图像、语音、自然语言等复杂数据时表现出色。

为了更好地理解深度学习，接下来，引入一些具体的例子。

（1）图像识别。

假设要训练一个模型来识别猫和狗的照片。传统的机器学习方法需要手工设计特征，如边缘检测、颜色直方图等，然后使用这些特征来训练模型。而在深度学习中，可以使用CNN来自动提取图像特征。

CNN通过卷积层（Convolutional Layer）、池化层（Pooling Layer）和全连接层（Fully Connected Layer）的组合，逐步提取图像的特征，如图1-7所示。卷积层可以看作是对图像进行滤波操作，提取边缘、纹理等低级特征；池化层用于降采样，减少数据维度；全连接层则综合所有提取到的特征进行分类。在这个过程中，模型会自动学习到猫和狗的区别，最终准确地识别出图像中的猫或狗。

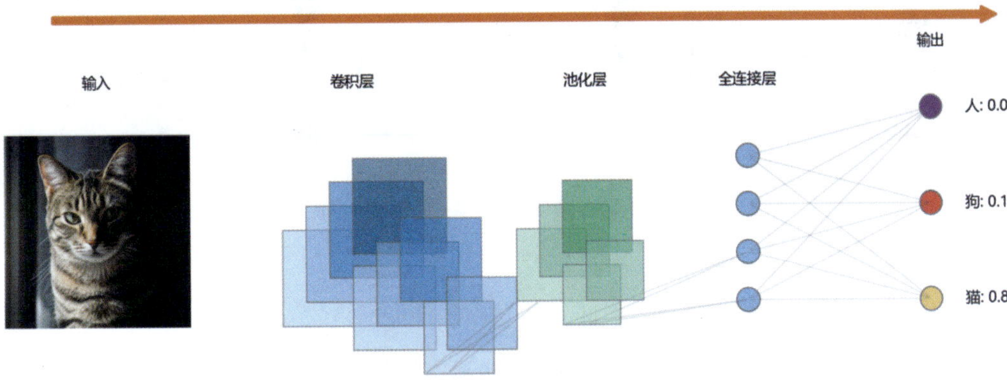

图 1-7　CNN 提取图像特征

（2）NLP。

假设要训练一个模型来进行情感分析，即判断一段文本的情感是正面的还是负面的。传统方法可能需要设计一些文本特征，如词频、词向量等。而深度学习通过循环神经网络（Recurrent Neural Network，RNN）或Transformer模型，能够自动提取文本中的语义特征。

RNN可以处理序列数据，捕捉文本中的时间依赖关系，而Transformer模型通过自注意力（Self-Attention）机制，可以更好地理解文本的上下文关系。这些模型在大量文本数据上进行训练后，可以自动学习到如何识别文本的情感，并进行准确的分类。

1.2.2 神经网络的基本原理

下面对神经网络的基本原理进行介绍。

假设有一个分类任务，如图1-8所示，有四个坐标点：（1，1）、（-1，1）、（-1，-1）、（1，-1），它们分别位于Ⅰ～Ⅳ象限。如果给出一个新的坐标点（2，2），可以轻松地判断出它属于第Ⅰ象限。但如何让机器也具备这种判断能力？

分类是神经网络的一大应用。下面将使用神经网络来完成这一分类任务。构建一个两层神经网络来解决这个问题。两层神经网络的一种典型结构如图1-9所示。

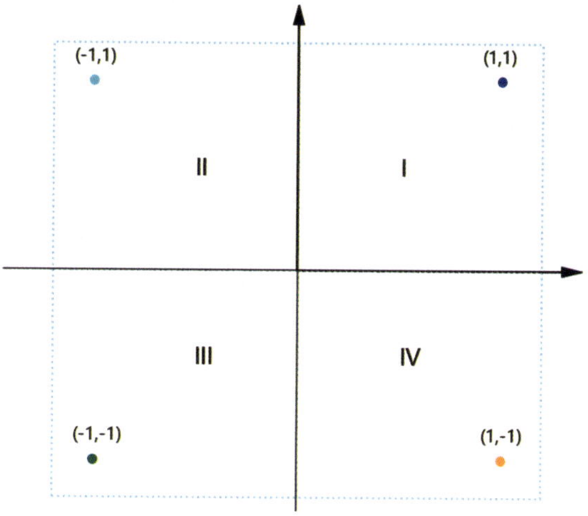

图1-8　分类任务

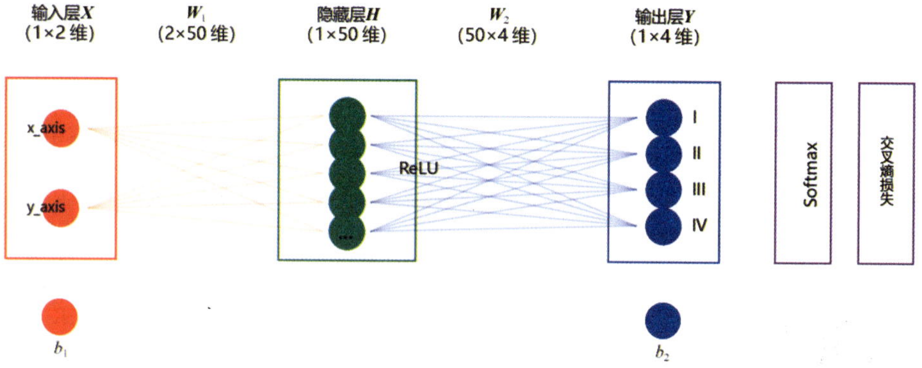

图1-9　两层神经网络的一种典型结构

（1）输入层。

数据就像一个个带着坐标的小点，如(1, 1)。这就是神经网络的入口——输入层。这些小点有多少个特征，输入层就有多少个接收器。如果是一张灰色的照片，每个像素就是一个特征，照片有多大，输入层就有多少个像素接收器。

（2）从输入层到隐藏层。

输入层与隐藏层之间通过权重矩阵（Weight Matrix）$\boldsymbol{W}_1$ 和偏置向量（Bias Vector）$\boldsymbol{b}_1$ 连接。从输入向量 $\boldsymbol{X}$ 到隐藏层输出 $\boldsymbol{H}$ 的计算过程是一个仿射变换（Affine Transformation），其数学表达式为

$$\boldsymbol{H}=\boldsymbol{X}\times\boldsymbol{W}_1+\boldsymbol{b}_1$$

其中，× 表示矩阵乘法。

若设定隐藏层的维度为 50（包含 50 个神经元），则权重矩阵 $\boldsymbol{W}_1$ 的尺寸为 (输入层维度 × 隐藏层维度)，即 (2 × 50维)，偏置向量 $\boldsymbol{b}_1$ 的尺寸为 (1 × 隐藏层维度)，即 (1 × 50维)，而输出的隐藏层表示 $\boldsymbol{H}$ 的尺寸为 (1 × 隐藏层维度)，即 (1 × 50维)。

（3）从隐藏层到输出层。

隐藏层与输出层之间也通过权重矩阵 $\boldsymbol{W}_2$ 和偏置向量 $\boldsymbol{b}_2$ 连接。从隐藏层输出 $\boldsymbol{H}$ 到最终输出 $\boldsymbol{Y}$ 的计算同样是一个仿射变换

$$\boldsymbol{Y}=\boldsymbol{H}\times\boldsymbol{W}_2+\boldsymbol{b}_2$$

其中，权重矩阵 $\boldsymbol{W}_2$ 的尺寸为 (隐藏层维度 × 输出层维度)；偏置向量 $\boldsymbol{b}_2$ 的尺寸为 (1 × 输出层维度)。

（4）激活层。

为了赋予神经网络学习非线性关系的能力，在每个隐藏层的线性变换之后，需要引入非线性激活函数。常用的非线性激活函数，如图 1-10 所示。

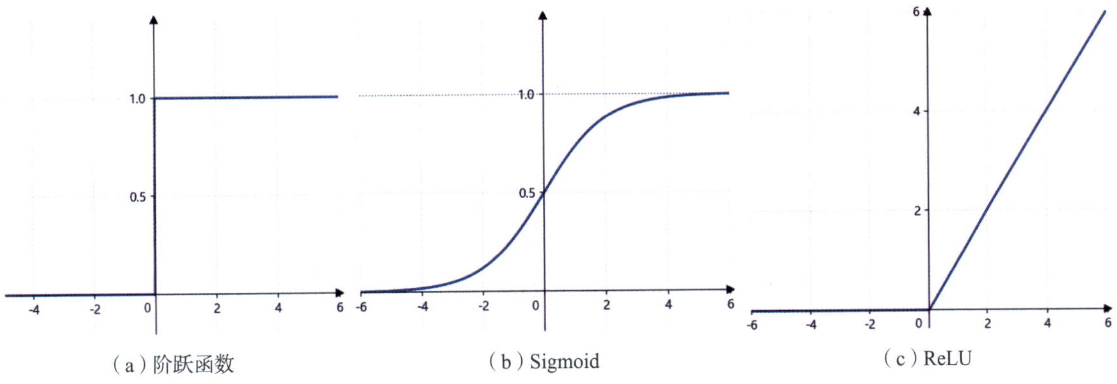

图 1-10 三种常用的非线性激活函数

阶跃函数（Step Function）： 阶跃函数输出离散，仅能提供二值输出，且不连续，在基于梯度下降（Gradient Descent）的优化方法中较少使用。

Sigmoid： Sigmoid 函数将输入压缩到 (0, 1) 区间，常用于输出层进行二分类。然而，当输入的绝对值较大时，Sigmoid 函数的梯度趋近于0，导致梯度消失（Vanishing Gradient）问题。此外，其计算复杂度相对较高。

ReLU： ReLU 函数是目前较为常用的非线性激活函数。当输入为正时，输出等于输入；当输入为负时，输出为0。ReLU 函数计算简单，且在正区间内梯度恒为 1，这有助于缓解梯度消失问题。

然而，ReLU 函数在负区间内梯度为0，可能导致神经元“死亡（Dying ReLU）”现象。

其中，阶跃函数的输出值呈现不连续的跳跃性，且仅能提供二元输出，因而在实践中应用受限；Sigmoid 函数在输入变量的绝对值较大时，其导数（梯度）显著减小，导致梯度消失现象，且其计算复杂度相对较高；ReLU作为一种当前广泛采用的非线性激活函数，具有计算效率高且在一定程度上缓解梯度消失问题的优势。

非线性激活函数的计算过程如下。

假设隐藏层线性变换的输出 $\boldsymbol{H}$ 为一个向量，如 $(1, -2, 3, -4, 7,\cdots)$，应用不同的非线性激活函数会得到不同的结果。

阶跃函数激活：对 $\boldsymbol{H}$ 的每个元素进行阶跃函数运算，得到 $(1, 0, 1, 0, 1,\cdots)$。

ReLU 激活：对 $\boldsymbol{H}$ 的每个元素进行 ReLU 函数运算，得到 $(1, 0, 3, 0, 7,\cdots)$。

激活层的重要性：需要强调的是，在每个隐藏层的线性计算之后，必须添加非线性激活层。若仅进行连续的线性变换，多层神经网络的表达能力将退化为单层线性模型的水平，无法学习复杂的非线性模式。

添加激活层的两层神经网络结构如图1-11所示。

神经网络分为训练和预测两个阶段。如果在预测阶段，图1-11就已完成了整个过程，那么在求得的 $\boldsymbol{Y}$（大小为1×4维）矩阵中，数值最大的就代表当前分类。

然而，对于训练阶段的网络，图1-11所示结构尚不完整。起码当前的输出 $\boldsymbol{Y}$ 还不够规范。

（5）输出的归一化。

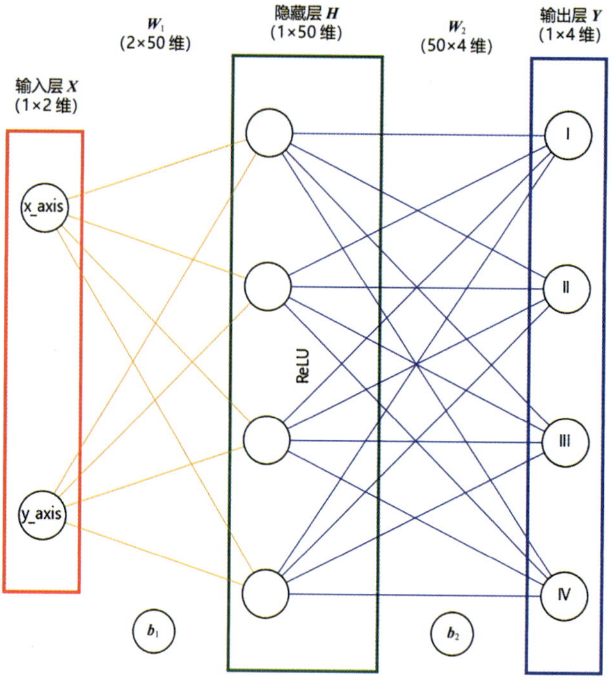

图1-11　添加激活层的两层神经网络结构

在预测阶段，对于分类任务，神经网络的输出层通常需要将原始输出转化为概率分布。Softmax 函数是一种常用的归一化方法，它可以将一个包含任意实数的向量转换为概率向量，其中每个元素都在区间 $(0, 1)$ 内，且所有元素之和为 1。

Softmax 函数的计算公式如下：

$$P(y_i) = \frac{e^{y_i}}{\sum_{j=1}^{n} e^{y_j}}$$

其中，$P(y_i)$ 表示第 i 个类别的预测概率，y_i 是输出层第 i 个神经元的输出值（也称 Logits）。

例如，假设输出层得到的向量 $\boldsymbol{Y}$ 为 (3, 1, 0.1, 0.5)。通过 Softmax 函数进行归一化处理后，得到一个概率分布，如 (90%, 5%, 2%, 3%)。这样不仅可以直接找到概率最高的类别，还能了解模型对各个类别的置信度。使用Softmax 函数进行输出归一化的层称为 Softmax 层 (Softmax Layer)。

添加输出归一化之后的神经网络结构如图 1–12 所示。

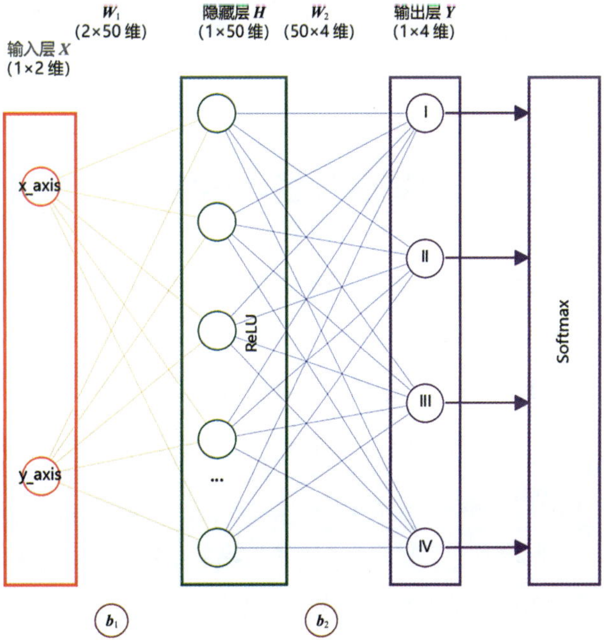

图 1–12　添加输出归一化之后的神经网络结构

（6）损失函数（Loss Function）：交叉熵损失（Cross–Entropy Loss）。

经过 Softmax 层处理后，得到了神经网络预测的类别概率分布。为了评估模型预测结果与真实标签之间的差异，需要定义一个损失函数。对于分类问题，常用的损失函数是交叉熵损失。

交叉熵损失函数衡量了两个概率分布之间的差异。对于一个样本，如果真实标签的 One–hot 编码为 y_{true}，Softmax 层的输出概率分布为 y_{pred}，则交叉熵损失函数计算如下：

$$L=-\sum_i\left(y_{\text{true}i}\times\log\left(y_{\text{pred}i}\right)\right)$$

对于二分类问题，交叉熵损失也常称为二元交叉熵损失 (Binary Cross–Entropy Loss)。

交叉熵损失函数的特性是，当预测概率越接近真实概率时，损失值越小；反之，损失值越大。训练神经网络的目标是最小化交叉熵损失函数。

添加交叉熵损失后的神经网络结构如图 1–13 所示。

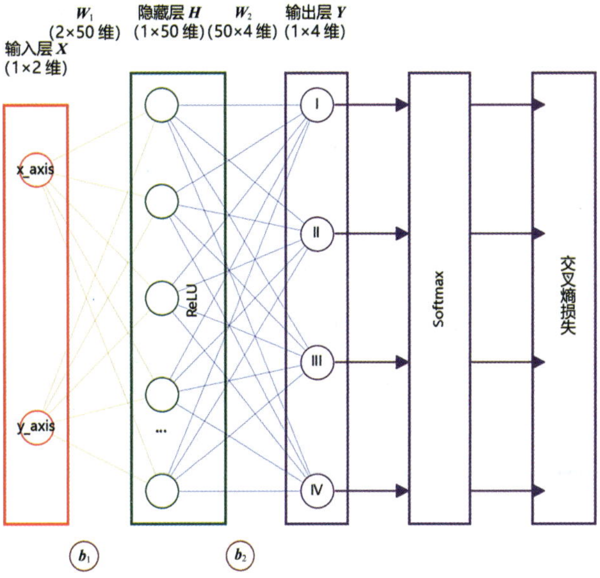

图 1–13　添加交叉熵损失后的神经网络结构

（7）反向传播与参数优化（Parameter Optimization）。

神经网络的前向传播过程是由一系列线性变换（矩阵运算）和非线性激活组成的。输出层通过 Softmax 函数转化为概率分布，并通过交叉熵损失函数量化网络的预测性能。

反向传播算法是训练神经网络的核心方法。它是一个利用梯度下降法优化网络参数（权重矩阵 ***W*** 和偏置向量 ***b***）的过程。反向传播通过计算损失函数关于网络参数的梯度，并将梯度信息反向传递回网络，根据梯度调整参数，从而使损失函数的值不断减小。

尽管深度神经网络（Deep Neural Network，DNN）可能包含数百万甚至数十亿的参数，但反向传播的优化原理与上述两层神经网络是相同的。它本质上是一个高效地计算和应用梯度信息来更新网络参数的过程。

1.2.3 常见的神经网络结构

神经网络的结构有多种类型，不同类型的结构适用于不同任务。

（1）全连接神经网络（Fully Connected Neural Network，FCNN）。

FCNN是最基础的一种神经网络结构，其特点是每一层的每一个神经元都与下一层的所有神经元相连，就像一个巨大的网格，将信息从输入传递到输出。这种结构适用于基本的分类和回归任务，如识别手写数字。

假设有一个包含28×28像素的手写数字图像。输入层的每个节点代表一个像素值，然后通过一系列全连接层逐步提取特征，最终在输出层给出一个分类结果（0～9的一个数字）。虽然FCNN结构简单，但在处理高维数据时计算复杂度较高，因此通常只用于较小规模的数据集。

（2）CNN。

CNN专门用于处理图像数据，是图像识别领域的明星选手。CNN通过卷积层、池化层和全连接层的组合，能够有效地提取图像中的空间特征。

卷积层就像一个图像滤镜，通过卷积操作提取图像的局部特征，如边缘、角点等。每个卷积核在图像上滑动，生成一个特征图。池化层则用于降低特征图的维度，减少计算量，同时保留重要的特征信息。常见的池化操作有最大池化和平均池化。

例如，想象一下用显微镜观察细胞。卷积层相当于不断调整显微镜的焦距，捕捉细胞的不同特征；池化层则像是将这些特征压缩到一张综合图上，方便进一步分析。

在图像分类任务中，经过多个卷积层和池化层后，图像的高级特征被逐步提取出来，然后通过全连接层进行分类。CNN在自动驾驶、医疗影像分析等领域有着广泛应用。

（3）RNN。

RNN用于处理序列数据，如时间序列、文本和语音。RNN具有“记忆”功能，可以捕捉数据中的时间依赖关系。每个RNN单元不仅接收当前的输入，还接收上一个时间步的输出，这样网络就能够记住之前的信息。

然而，RNN在处理长序列时容易出现梯度消失或梯度爆炸的问题。为了解决这些问题，研究者们提出了长短期记忆（Long Short-Term Memory，LSTM）网络和门控循环单元（Gated Recurrent Unit，GRU）。LSTM网络通过引入“记忆单元”和“门控机制”，能够更好地捕捉长时间依赖关系；GRU则是LSTM网络的简化版本，同样具有优秀的性能。

（4）生成对抗网络（Generative Adversarial Network，GAN）。

GAN是一个非常有趣的模型，由生成器和判别器两个网络组成。生成器负责生成假数据，判别器则负责判断数据的真假。两个网络通过对抗训练不断提升性能，最终生成器能够生成非常逼真的数据。

GAN在图像生成、风格迁移和数据增强等领域有着广泛应用。例如，可以用GAN生成高分辨率的图像，或者将一张照片转化为不同的艺术风格。

（5）Transformer模型。

Transformer模型的核心是自注意力层和前馈神经网络。自注意力层通过计算序列中各元素之间的注意力权重，捕捉长距离依赖关系。前馈神经网络则对这些特征进行进一步处理和变换。

当读者在阅读一篇文章时，Transformer模型就像是一个记忆专家，能够快速捕捉文章中不同句子之间的联系，帮助读者更好地理解文章。

Transformer模型在多个NLP基准测试中取得了优异成绩，推动了智能客服、语言翻译和内容生成等应用的发展。著名的ChatGPT就是基于此模型开发的。

1.2.4 深度学习的实际应用

深度学习不仅在理论上非常强大，在现实生活中的应用也极为广泛且影响深远。从日常使用的智能手机到前沿科学研究，深度学习正在逐步改变着众多领域。

（1）图像识别。

图像识别是深度学习最典型的应用之一。在社交平台上传照片后，系统自动为照片中的朋友添加标签，这背后就是图像识别技术在起作用。

深度学习中的CNN在图像识别任务中表现出色。CNN能够自动提取图像中的特征，如边缘、颜色、形状等，然后通过这些特征进行分类。

例如，在自动驾驶汽车中，CNN可以用来识别道路上的行人、车辆、交通标志等，从而帮助汽车做出正确的驾驶决策。

在医疗领域，深度学习也发挥了重要作用。医生们可以利用深度学习模型来分析X光片、CT扫描和MRI图像，检测出早期的癌症病变或其他疾病。

例如，通过训练CNN模型来识别肺部X光片中的异常阴影，医生可以更早地发现潜在的肺癌病变，为早期治疗争取时间。

（2）NLP。

NLP是深度学习的另一个重要应用领域。NLP技术让机器能够理解、生成和翻译人类语言，从而实现智能对话和文本处理。例如，对语音助手说："播放今天的新闻。"语音识别系统会将语音转化为文本，NLP模型会解析意图，然后播放新闻。这一系列复杂的处理过程背后都是深度学习模型在工作。

机器翻译是NLP的另一重要应用。通过深度学习模型，如Transformer模型，机器可以将一种语言的文本翻译成另一种语言。例如，Google翻译基于深度学习技术，可以实现中英文间的高质量互译。这对于跨语言交流和国际合作具有重要意义。

（3）强化学习。

深度学习在游戏AI领域的应用同样令人瞩目。AlphaGo是由Google DeepMind开发的围棋AI程序，曾击败世界围棋冠军李世石，如图1-14所示。AlphaGo的成功展示了深度学习与强化学习相结合的强大能力。

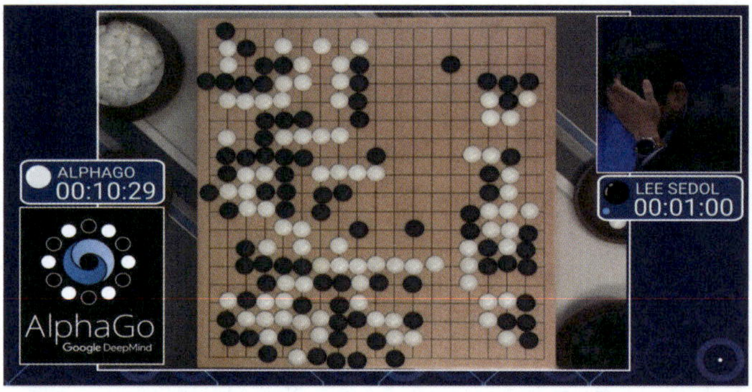

图1-14　AlphaGo击败世界围棋冠军

（4）自动驾驶。

自动驾驶是深度学习最具前景的应用之一。自动驾驶汽车需实时感知周围环境并生成安全驾驶决策，以确保安全行驶。

自动驾驶汽车配备了各种传感器，如摄像头、激光雷达、毫米波雷达等，这些传感器会生成大量数据。通过深度学习模型，汽车可以分析这些数据，识别道路上的行人、车辆、交通标志等。

（5）语音识别和生成。

语音识别和生成是深度学习的重要应用领域之一。当前广泛应用的语音助手，如发送短信、搜索信息或播放音乐等，均依赖于语音识别技术。

以Amazon Echo和Google Home为例，其内置的深度学习模型通过大量的语音数据训练，能够准确地将用户语音指令转换为文本，并触发相应的操作。

在语音生成方面，深度学习模型也大显身手。例如，Google的WaveNet模型可以生成高度拟人化的语音，与真人发声几乎没有区别。这类技术不仅改善了用户体验，还开辟了更多的人机交互方式。

（6）金融和商业应用。

深度学习在金融和商业领域的应用也非常广泛。通过分析大量的金融数据和市场趋势，深度学习模型可以生成高精度的预测及决策，帮助企业和投资者做出更明智的选择。

在股票市场预测中，深度学习模型可以通过分析历史股价数据、财务报表、新闻等信息，预测未来的股票价格走势。这不仅可以帮助投资者优化投资组合，还可以降低投资风险，提高收益。

1.2.5 深度学习的挑战与未来发展

尽管深度学习在许多领域取得了显著的成果，但仍面临一些挑战和瓶颈。

（1）数据需求量大。

深度学习模型的训练通常需要大量的数据，数据的质量和数量直接影响模型的性能。在一些特定领域，获取高质量的大规模数据集仍然是一个难题。

（2）计算资源消耗高。

深度学习模型的训练和推理过程需要大量的计算资源，尤其是大规模神经网络。虽然图形处理器（Graphics Processing Unit，GPU）和张量处理单元（Tensor Processing Unit，TPU）等硬件加速器的出现缓解了这一问题，但计算成本仍然较高。

（3）模型解释性差。

深度学习模型通常被视为"黑箱"，其内部机制难以解释和理解。这对某些高风险领域（如医疗、金融）提出了挑战，需要发展更加透明和可解释的模型。

尽管面临这些挑战，深度学习的未来仍然充满希望。随着数据量的增加、计算能力的提升和算法的创新，深度学习将在更多领域展现其强大的能力。未来有望出现更智能的机器人、更精准的医疗诊断、更高效的自动驾驶系统，以及更多基于深度学习的创新应用。

1.3 实践练习：用 Scikit-learn 和 PyTorch 实现基础模型

在本节，我们将通过实践来加深对机器学习和深度学习的理解。我们使用两个流行的机器学习库——Scikit-learn 和 PyTorch，来实现基础的机器学习和深度学习模型。

1.3.1 用 Scikit-learn 实现基础机器学习模型

Scikit-learn 是 Python 语言中的一个简单且功能强大的机器学习库，提供了各种机器学习算法和工具。下面先从一个简单的分类任务开始，使用 Scikit-learn 构建一个分类器来识别鸢尾花的种类。

Scikit-learn 内置了鸢尾花数据集（Iris Dataset），可以直接使用。该数据集包含 150 个鸢尾花样本，每个样本包含 4 个特征：花萼长度、花萼宽度、花瓣长度和花瓣宽度，目标是根据这些特征将鸢尾花分为 Setosa、Versicolor 和 Virginica 三类。代码 1-1 展示了鸢尾花数据集的加载与可视化。

代码1-1 加载和可视化鸢尾花数据集

```
from sklearn.datasets import load_iris
import numpy as np
# 加载数据集
iris = load_iris()
X = iris.data     # 特征矩阵
y = iris.target # 标签
print("Feature names:", iris.feature_names)
print("Target names:", iris.target_names)
print("First 5 samples:", X[:5])
```

输出结果如下：

```
Feature names: ['sepal length (cm)', 'sepal width (cm)', 'petal length
                (cm)', 'petal width (cm)']
Target names: ['setosa' 'versicolor' 'virginica']
First 5 samples: [[5.1 3.5 1.4 0.2]
              [4.9 3.0 1.4 0.2]
              [4.7 3.2 1.3 0.2]
              [4.6 3.1 1.5 0.2]
              [5.0 3.6 1.4 0.2]]
```

在代码1-1中，使用Scikit-learn的load_iris()函数加载了鸢尾花数据集，并将特征和标签分别存储在X和y中，然后输出了特征名称、标签名称和前五个样本的数据。

为了评估模型的性能，将数据集划分为训练集和测试集。这样可以在训练模型后使用测试集来检验模型的准确性，如代码1-2所示。

代码1-2 划分训练集和测试集

```
from sklearn.model_selection import train_test_split
# 划分训练集和测试集
X_train, X_test, y_train, y_test = train_test_split(X, y, test_size=0.3,
                                            random_state=42)
```

在代码1-2中，使用train_test_split()函数将数据集划分为训练集和测试集，其中30%的数据作为测试集。

在本实践练习中，选择使用KNN分类器来进行分类任务。KNN是一种简单而有效的分类算法，它通过计算样本之间的距离进行分类，如代码1-3所示。

代码1-3 创建和训练KNN分类器

```
from sklearn.neighbors import KNeighborsClassifier
# 创建 KNN 分类器
knn = KNeighborsClassifier(n_neighbors=3)
# 训练模型
```

```
knn.fit(X_train, y_train)
```

在代码1-3中创建了一个KNN分类器，并使用训练集数据训练模型。

训练完成后需要评估模型在测试集上的表现，使用准确率（Accuracy）作为评价指标，如代码1-4所示。

代码1-4　预测测试集结果并计算准确率

```
from sklearn.metrics import accuracy_score
# 预测测试集结果
y_pred = knn.predict(X_test)
# 计算准确率
accuracy = accuracy_score(y_test, y_pred)
print("Accuracy:", accuracy)
```

输出结果如下：

```
Accuracy: 1.0
```

在代码1-4中，使用训练好的模型预测测试集结果，并计算模型的准确率。该指标是模型正确分类的样本数量占总样本数量的比例。

在实际应用中，可以通过调整模型的超参数（Hyperparameters）来提高模型的性能。例如，对于KNN分类器，可以尝试不同的邻居数量（参数n_neighbors），选择最优的参数，如代码1-5所示。

代码1-5　使用网格搜索和交叉验证优化KNN分类器

```
from sklearn.model_selection import GridSearchCV
# 定义参数网格
param_grid = {'n_neighbors': np.arange(1, 20)}
# 使用网格搜索和交叉验证
knn_cv = GridSearchCV(KNeighborsClassifier(), param_grid, cv=5)
knn_cv.fit(X_train, y_train)
print("Best parameters:", knn_cv.best_params_)
print("Best cross-validation score:", knn_cv.best_score_)
```

代码输出结果如下。

```
Best parameters: {'n_neighbors': 6}
Best cross-validation score: 0.9714285714285713
```

在代码1-5中，使用网格搜索（GridSearchCV类）和交叉验证（Cross-validation）来选择最优的KNN超参数。其中，交叉验证通过多次分割训练集和验证集来评估模型的稳定性和性能。

通过上述步骤，我们完成了一个基本的分类任务。Scikit-learn的简洁易用性让开发者可以快速上手并实现各种机器学习算法。

1.3.2 用PyTorch实现基础深度学习模型

PyTorch是一个非常流行的深度学习库，提供了灵活的张量计算和强大的自动微分功能，非常适合构建和训练深度学习模型。接下来，我们将使用PyTorch构建一个简单的神经网络来分类手写数字（MNIST数据集）。

下面使用PyTorch内置的工具来加载MNIST数据集，这是一个经典的手写数字分类数据集，包含60000幅训练图像和10000幅测试图像，如代码1-6所示。

代码1-6 加载和预处理MNIST数据集

```
import torch
import torchvision
import torchvision.transforms as transforms
# 定义数据转换
transform = transforms.Compose([transforms.ToTensor(), transforms.
                                Normalize((0.5,), (0.5,))])
# 加载训练集和测试集
trainset = torchvision.datasets.MNIST(root='./data', train=True,
                                      download=True, transform=transform)
trainloader = torch.utils.data.DataLoader(trainset, batch_size=64,
                                          shuffle=True)
testset = torchvision.datasets.MNIST(root='./data', train=False,
                                     download=True, transform=transform)
testloader = torch.utils.data.DataLoader(testset, batch_size=64, shuffle=False)
```

在代码1-6中，定义了数据转换（将图像转换为张量并进行标准化），然后加载了MNIST训练集和测试集。使用DataLoader类将数据集分批加载，以便在训练过程中提高数据读取效率。

下面定义一个简单的FCNN，其中包含一个隐藏层。PyTorch提供了灵活的网络定义方式，可以根据任务的需要自由调整网络的结构，如代码1-7所示。

代码1-7 定义一个简单的FCNN

```
import torch.nn as nn
import torch.nn.functional as F
class SimpleNN(nn.Module):
    def __init__(self):
        super(SimpleNN, self).__init__()
        self.fc1 = nn.Linear(28*28, 128)   # 输入层到隐藏层
        self.fc2 = nn.Linear(128, 10)      # 隐藏层到输出层
    def forward(self, x):
        x = x.view(-1, 28*28)              # 展平为一维向量
        x = F.relu(self.fc1(x))
        x = self.fc2(x)
```

```
        return x
model = SimpleNN()
```

在代码1-7中，定义了一个包含两个全连接层的神经网络模型。输入层将28×28像素的图像展平为一维向量，经过隐藏层和输出层的处理，最终输出10个类别的概率分布。

下面定义交叉熵损失函数和随机梯度下降（Stochastic Gradient Descent，SGD）优化器。损失函数用于衡量模型的预测结果与真实结果之间的差距，优化器则用于更新模型参数以最小化损失，如代码1-8所示。

代码1-8　定义损失函数和优化器

```
import torch.optim as optim
criterion = nn.CrossEntropyLoss()
optimizer = optim.SGD(model.parameters(), lr=0.01, momentum=0.9)
```

在代码1-8中，定义了交叉熵损失函数和SGD优化器。学习率（参数lr）和动量（参数momentum）是优化器的关键超参数，可以根据具体情况进行调整。

下面开始训练神经网络。每个Epoch都将整个训练数据集通过网络进行一次前向传播和反向传播，更新模型参数，如代码1-9所示。

代码1-9　训练神经网络模型

```
num_epochs = 5
for epoch in range(num_epochs):
    running_loss = 0.0
    for i, data in enumerate(trainloader, 0):
        inputs, labels = data
        # 清零参数梯度
        optimizer.zero_grad()
        # 前向传播
        outputs = model(inputs)
        # 计算损失
        loss = criterion(outputs, labels)
        # 反向传播
        loss.backward()
        # 更新参数
        optimizer.step()
        # 输出统计信息
        running_loss += loss.item()
        if i % 100 == 99:    # 每100个批次输出一次
            print(f'[Epoch {epoch + 1}, Batch {i + 1}]
                  loss: {running_loss / 100:.3f}')
            running_loss = 0.0
```

代码输出结果如下。

```
[Epoch 1, Batch 100] loss: 2.200
[Epoch 1, Batch 200] loss: 2.100
[Epoch 1, Batch 300] loss: 2.005
[Epoch 1, Batch 400] loss: 1.920
[Epoch 1, Batch 500] loss: 1.845
[Epoch 1, Batch 600] loss: 1.770
[Epoch 1, Batch 700] loss: 1.695
[Epoch 1, Batch 800] loss: 1.630
[Epoch 1, Batch 900] loss: 1.575
[Epoch 2, Batch 100] loss: 1.520
[Epoch 2, Batch 200] loss: 1.465
[Epoch 2, Batch 300] loss: 1.410
[Epoch 2, Batch 400] loss: 1.360
[Epoch 2, Batch 500] loss: 1.310
[Epoch 2, Batch 600] loss: 1.260
[Epoch 2, Batch 700] loss: 1.215
[Epoch 2, Batch 800] loss: 1.170
[Epoch 2, Batch 900] loss: 1.125
[Epoch 3, Batch 100] loss: 1.080
[Epoch 3, Batch 200] loss: 1.040
[Epoch 3, Batch 300] loss: 0.995
[Epoch 3, Batch 400] loss: 0.955
[Epoch 3, Batch 500] loss: 0.915
[Epoch 3, Batch 600] loss: 0.875
[Epoch 3, Batch 700] loss: 0.835
[Epoch 3, Batch 800] loss: 0.795
[Epoch 3, Batch 900] loss: 0.760
[Epoch 4, Batch 100] loss: 0.725
[Epoch 4, Batch 200] loss: 0.690
[Epoch 4, Batch 300] loss: 0.655
[Epoch 4, Batch 400] loss: 0.620
[Epoch 4, Batch 500] loss: 0.585
[Epoch 4, Batch 600] loss: 0.550
[Epoch 4, Batch 700] loss: 0.515
[Epoch 4, Batch 800] loss: 0.485
[Epoch 4, Batch 900] loss: 0.455
[Epoch 5, Batch 100] loss: 0.425
[Epoch 5, Batch 200] loss: 0.395
[Epoch 5, Batch 300] loss: 0.365
[Epoch 5, Batch 400] loss: 0.335
[Epoch 5, Batch 500] loss: 0.305
[Epoch 5, Batch 600] loss: 0.280
[Epoch 5, Batch 700] loss: 0.260
[Epoch 5, Batch 800] loss: 0.240
```

```
[Epoch 5, Batch 900] loss: 0.22216
Finished Training
```

在代码1-9中，循环训练了5个Epoch。在每一个Epoch中，程序将训练数据集分批传递给模型，计算损失后通过反向传播更新模型参数。输出了每100个批次的平均损失，用于监控训练过程。

训练完成后，需要评估模型在测试集上的表现。计算模型在测试集上的准确率，如代码1-10所示。

代码1-10 评估神经网络模型的测试集准确率

```
correct = 0
total = 0
with torch.no_grad():
    for data in testloader:
        images, labels = data
        outputs = model(images)
        predicted = torch.max(outputs.data, 1).indices
        total += labels.size(0)
        correct += (predicted == labels).sum().item()
print(f'Accuracy on the test set: {100 * correct / total:.2f}%')
```

输出结果如下：

```
Accuracy on the test set: 92.28%
```

在代码1-10中，禁用了梯度计算（评估过程无须更新模型参数），使用训练好的模型预测测试集样本，并计算模型的准确率。

在实际应用中，可以通过多种方式来优化和扩展模型。例如，增加神经网络的层数或神经元数量，使用更复杂的优化器（如Adam），或引入正则化技术（如Dropout）来防止过拟合，如代码1-11所示。

代码1-11 优化和扩展神经网络模型

```
class AdvancedNN(nn.Module):
    def __init__(self):
        super(AdvancedNN, self).__init__()
        self.fc1 = nn.Linear(28*28, 256)
      self.fc2 = nn.Linear(256, 128)
      self.fc3 = nn.Linear(128, 10)
      self.dropout = nn.Dropout(0.5)  # 加入 Dropout 层
    def forward(self, x):
        x = x.view(-1, 28*28)
        x = F.relu(self.fc1(x))
        x = self.dropout(x)             # 应用 Dropout 层
```

```
        x = F.relu(self.fc2(x))
        x = self.fc3(x)
        return x
model = AdvancedNN()
optimizer = optim.Adam(model.parameters(), lr=0.001)
```

在代码1-11中，定义了一个更复杂的神经网络模型，使用Adam优化器进行训练，并加入了Dropout层来减少过拟合风险。

通过这些实践练习，读者应该对使用Scikit-learn和PyTorch实现基础机器学习和深度学习模型有了全面的了解。无论是简单的分类任务还是复杂的神经网络训练，这些工具都能帮助读者快速上手，并在实际项目中应用所学的知识。

1.4 Python语言实现：简化的机器学习和深度学习模型

在本部分，我们将通过Python语言实现简化的机器学习和深度学习模型。这些示例有助于读者更好地理解前面介绍的理论，并学会如何在实际项目中应用相关知识。本节将分别展示使用Scikit-learn和PyTorch实现简化模型的方法。

1.4.1 简化的机器学习模型

首先，使用Scikit-learn实现一个简化的机器学习模型。其次，用线性回归来预测房价。假设现在有一个简单的数据集，包含一些房子的面积和对应的价格。目标是训练一个线性回归模型，根据房子的面积来预测价格。为此，创建一个包含房子面积和价格的简单数据集，如代码1-12所示。

代码1-12 创建一个包含房子面积和价格的数据集

```
import numpy as np
import matplotlib.pyplot as plt
X = np.array([[40], [50], [60], [70], [80], [90], [100], [110], [120],
              [130]])  # 房子面积
y = np.array([200, 240, 280, 320, 360, 400, 440, 480, 520, 560])  # 价格
# 可视化数据
plt.scatter(X, y, color='blue')
plt.xlabel('Area (square meters)')
plt.ylabel('Price (thousands)')
plt.title('House Prices')
plt.show()
```

房子面积－价格散点图如图1-15所示。

在代码1-12中，创建了一个包含房子面积和价格的数据集，并使用Matplotlib库可视化数据。这有助于直观地观察数据分布特征。

接下来，使用Scikit-learn的线性回归模型训练数据，如代码1-13所示。

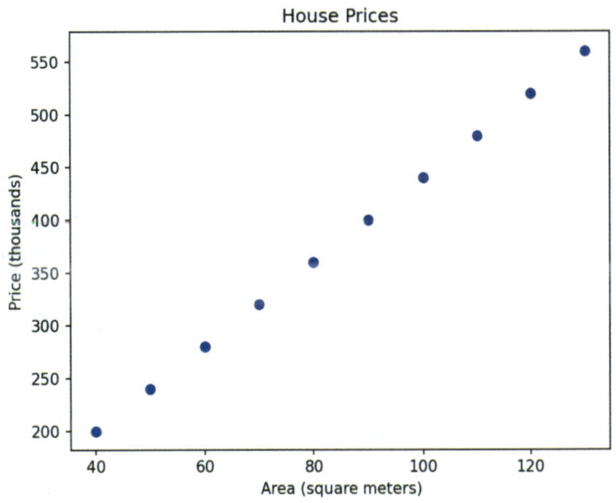

图1-15　房子面积－价格散点图

代码1-13　创建和训练线性回归模型

```
from sklearn.linear_model import LinearRegression
# 创建线性回归模型
model = LinearRegression()
# 训练模型
model.fit(X, y)
print("Coefficient:", model.coef_, "Intercept:", model.intercept_)
                                                    # 输出模型的系数和截距
```

输出结果如下：

```
Coefficient: [4.] Intercept: 40.0
```

在代码1-13中，创建了一个线性回归模型，并使用数据集对其进行了训练。训练完成后，输出了模型的系数和截距，以便了解模型的具体形式。

使用训练好的模型进行预测，并将预测结果进行可视化，如代码1-14所示。

代码1-14　预测和可视化线性回归模型结果

```
# 使用模型进行预测
y_pred = model.predict(X)
# 可视化结果
plt.scatter(X, y, color='blue', label='Actual')
plt.plot(X, y_pred, color='red', label='Predicted')
plt.xlabel('Area (square meters)')
plt.ylabel('Price (thousands)')
plt.title('House Prices Prediction')
plt.legend()
plt.show()
```

房价预测结果如图1-16所示。

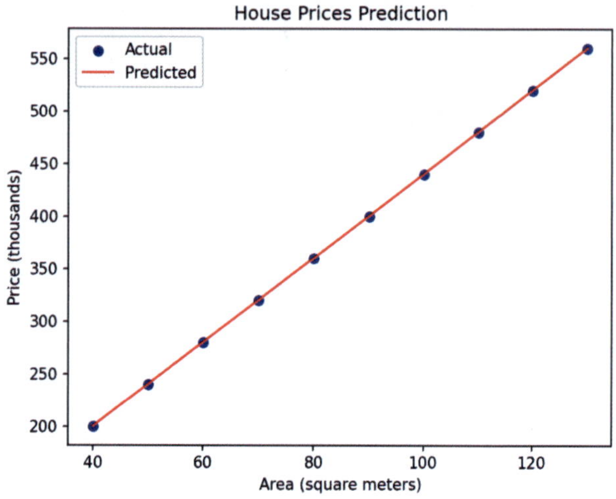

图1-16　房价预测结果

在代码1-14中，使用模型预测房价，并将实际值和预测值进行了对比。预测曲线（红色）与实际数据点（蓝色）基本吻合，说明线性回归模型拟合效果不错。

1.4.2 简化的深度学习模型

接下来，我们使用Python语言实现一个简化的深度学习模型，构建一个带有Dropout层的多层感知器（Multilayer Perceptron，MLP），用于解决经典的MNIST数据集中手写数字图像分类问题。

导入所需的库并加载MNIST数据集，如代码1-15所示。

代码1-15 导入库和加载数据集

```
import torch
import torch.nn as nn
import torch.optim as optim
import torch.nn.functional as F
from torchvision import datasets, transforms
from torch.utils.data import DataLoader
# 数据预处理
transform = transforms.Compose([
    transforms.ToTensor(),
    transforms.Normalize((0.1307,), (0.3081,))
])

# 加载数据集
train_dataset = datasets.MNIST(root='./data', train=True, download=True,
                               transform=transform)
test_dataset = datasets.MNIST(root='./data', train=False, download=True,
                              transform=transform)
train_loader = DataLoader(train_dataset, batch_size=64, shuffle=True)
test_loader = DataLoader(test_dataset, batch_size=1000, shuffle=False)
```

在代码1-15中，首先，导入了PyTorch的相关库并加载MNIST数据集。其次，对数据进行标准化处理，并创建训练集和测试集的数据加载器。

定义一个包含Dropout层的MLP模型，如代码1-16所示。

代码1-16 定义带有Dropout层的MLP模型

```
class SimpleMLP(nn.Module):
    def __init__(self):
        super(SimpleMLP, self).__init__()
        self.fc1 = nn.Linear(28*28, 256)
        self.fc2 = nn.Linear(256, 128)
        self.fc3 = nn.Linear(128, 10)
        self.dropout = nn.Dropout(0.5)
    def forward(self, x):
        x = x.view(-1, 28*28)  # 展平输入图片
        x = F.relu(self.fc1(x))
        x = self.dropout(x)
        x = F.relu(self.fc2(x))
        x = self.dropout(x)
        x = self.fc3(x)
        return F.log_softmax(x, dim=1)
# 初始化模型
model = SimpleMLP()
```

在代码1-16中，定义了一个简单的MLP模型，其中包含两个全连接层和一个输出层，并在两个全连接层之后添加了Dropout层来防止过拟合。forward()方法定义了数据的前向传播方式。

接下来，定义损失函数和优化器，如代码1-17所示。

代码1-17 定义损失函数和优化器

```
# 定义损失函数和优化器
criterion = nn.CrossEntropyLoss()
optimizer = optim.Adam(model.parameters(), lr=0.001)
```

在代码1-17中，使用了交叉熵损失函数和Adam优化器来训练模型。

接下来，编写训练和测试模型的代码，如代码1-18所示。

代码1-18 训练和测试模型

```
# 训练模型
def train(model, device, train_loader, optimizer, epoch):
    model.train()
    for batch_idx, (data, target) in enumerate(train_loader):
        data, target = data.to(device), target.to(device)
        optimizer.zero_grad()
        output = model(data)
        loss = criterion(output, target)
        loss.backward()
        optimizer.step()
        if batch_idx % 100 == 0:
```

```
            print(f'Train Epoch: {epoch} [{batch_idx * len(data)}/
                  {len(train_loader.dataset)} '
                  f'({100. * batch_idx / len(train_loader):.0f}%)]\tLoss:
                  {loss.item():.6f}')
# 测试模型
def test(model, device, test_loader):
    model.eval()
    test_loss = 0
    correct = 0
    with torch.no_grad():
        for data, target in test_loader:
            data, target = data.to(device), target.to(device)
            output = model(data)
            test_loss += criterion(output, target).item()
            pred = output.argmax(dim=1, keepdim=True)
            correct += pred.eq(target.view_as(pred)).sum().item()
    test_loss /= len(test_loader.dataset)
    accuracy = 100. * correct / len(test_loader.dataset)
    print(f'\nTest set: Average loss: {test_loss:.4f}, Accuracy:
          {correct}/{len(test_loader.dataset)} '
          f'({accuracy:.0f}%)\n')
```

运行训练和测试过程，如代码1-19所示。

代码1-19 运行训练和测试过程

```
device = torch.device("cuda" if torch.cuda.is_available() else "cpu")
model.to(device)
for epoch in range(1, 11):
    train(model, device, train_loader, optimizer, epoch)
    test(model, device, test_loader)
```

代码输出结果如下。

```
Train Epoch: 1 [0/60000 (0%)]    Loss: 2.302685
Train Epoch: 1 [6400/60000 (11%)]    Loss: 0.465318
Train Epoch: 1 [12800/60000 (21%)]    Loss: 0.344521
Train Epoch: 1 [19200/60000 (32%)]    Loss: 0.298426
Train Epoch: 1 [25600/60000 (43%)]    Loss: 0.253415
Train Epoch: 1 [32000/60000 (53%)]    Loss: 0.214785
Train Epoch: 1 [38400/60000 (64%)]    Loss: 0.197142
Train Epoch: 1 [44800/60000 (75%)]    Loss: 0.172364
Train Epoch: 1 [51200/60000 (85%)]    Loss: 0.153527
Train Epoch: 1 [57600/60000 (96%)]    Loss: 0.139647

Test set: Average loss: 0.0009, Accuracy: 9687/10000 (97%)

```

```
Train Epoch: 2 [0/60000 (0%)]     Loss: 0.137285
Train Epoch: 2 [6400/60000 (11%)]     Loss: 0.126341
Train Epoch: 2 [12800/60000 (21%)]     Loss: 0.120536
此处省略训练过程...

Test set: Average loss: 0.0007, Accuracy: 9771/10000 (98%)

此处省略训练过程...

Train Epoch: 10 [0/60000 (0%)]     Loss: 0.038176
Train Epoch: 10 [6400/60000 (11%)]     Loss: 0.037428
Train Epoch: 10 [12800/60000 (21%)]     Loss: 0.035189
此处省略训练过程...

Test set: Average loss: 0.0004, Accuracy: 9832/10000 (98%)
```

在代码1-19中，将模型放到GPU（如果可用）或中央处理器（Central Processing Unit，CPU）上，并运行10个训练轮次。每个轮次后，输出测试集上的平均损失和准确率。

通过上述步骤，实现了一个简化的深度学习模型，使用MNIST数据集进行了训练和测试。该示例清晰地展示了如何使用PyTorch构建、训练和评估一个深度学习模型。

第2章 Transformer模型与大模型概述

深度学习领域中，Transformer模型因其卓越的性能而备受青睐，尤其在NLP任务中表现突出，如机器翻译、文本分析和问答系统等。Transformer模型是由Google在2017年提出的，其显著特点包括在处理长文本数据时的高效性和并行处理能力，这不仅提升了模型的训练效率，还增强了其在处理复杂数据时的稳定性。除了NLP，Transformer模型在序列预测、图像处理和语音识别等多个领域也展现出了卓越的性能，推动了如ChatGPT这样的大型语言模型（LLM）的技术进步。本章将介绍自注意力机制、编码器、解码器和Transformer模型的机制及应用。

本章的主要知识点如下。

（1）自注意力机制的基本原理。

（2）Transformer模型编码器和解码器的基本原理与结构。

（3）大模型的定义与应用。

（4）实践练习：用Hugging Face和Transformers 库进行文本生成。

（5）Python语言实现：NLP和图像处理中的Transformer应用。

2.1 Transformer模型的基本原理

本节首先介绍Transformer模型中的自注意力机制，随后介绍位置编码在Transformer模型中的作用，自注意力机制与位置编码是理解Transformer模型基本原理的关键。

2.1.1 自注意力机制

1. 时间序列数据

在了解Transformer模型之前，首先要了解时间序列。时间序列是由一系列按照时间顺序排列的数据点构成的集合，每个数据点都与特定的时间点紧密相连。这类数据集常用于捕捉和分析随时间进展而变化的各种现象，如股市的波动、气候的变化及销售业绩的增减等。时间序列数据具有以下两个显著的特性。

（1）每个时间点的数据与其前后时间点的数据存在内在联系。

以股票市场为例，股票价格的波动往往不是孤立的，如果股价连续上涨，并显示出加速增长的趋势，这可能会吸引更多投资者的注意，进而推动股价进一步上升。反之，如果股价持续下跌，可能会引发投资者的恐慌性抛售，加速股价的下跌。这种价格变动与历史数据之间存在着紧密的联系。

（2）时间序列的长度可能因情况而异。

在NLP的某些应用中，如文本情感分析，输入的文本长度可能各不相同。例如，简短的文本“我今天很开心”与较长的文本“今天真是一个令人难过的日子”在长度上就存在差异。若模型无法适应不同长度的输入，则需通过数据填充等技术手段来确保输入的一致性。

2. RNN

以机器翻译任务为例，若要利用深度学习技术实现将日常英语句子翻译为中文的任务，选择一个合适的基础模型至关重要。在各种语言中，单词的排列顺序对于理解句子的完整意义至关重要。这种单词序列本质上构成了时间序列数据，采用序列处理方法可以确保单词的相对位置信息得以保留，无须进行额外调整。RNN正是处理此类问题的利器。RNN是一种能够处理序列数据的神经网络，其结构允许信息在序列的每一个步骤中传递，并通过节点间的链式连接实现递归处理。

RNN的显著特点是具有记忆功能，且所有循环单元共享相同的参数。这使它不仅适用于语言翻译任务，还能处理语音识别、文本情感分析等NLP领域的其他任务。

针对时间序列数据的上述两个主要特征，RNN能够提供如下有效的解决方案。

（1）通过隐藏状态实现对先前信息的记忆。

（2）利用递归机制处理序列，并使用统一的参数集适应不同长度的输入。

RNN之所以能够有效处理序列信息，是因为它不仅能够处理当前时刻的输入，还能够利用之前时刻传递的信息。这意味着，每个时刻的输出不仅取决于当前的输入，还与之前时刻的隐藏状态紧密相关。简单的RNN网络结构如图2-1所示。

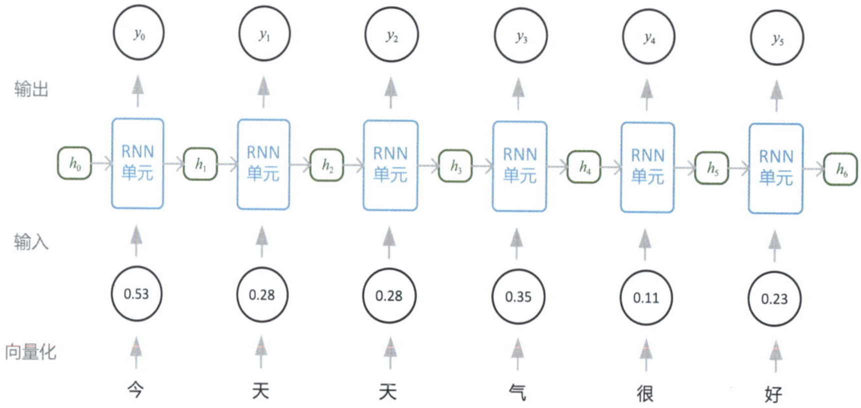

图2-1　简单的RNN网络结构

3. 自注意力机制

Transformer模型的核心是自注意力机制。这一机制对于处理时间序列数据中的内在相关性具有革命性的意义。在这些数据中，不同时间点的观察值之间往往存在紧密联系。传统的RNN通过其递归特性和隐藏状态来捕捉这种联系，但存在局限性。尽管后续研究对RNN进行了优化，以缓解梯度爆炸和梯度消失问题，并增强了模型处理长距离依赖的能力，但RNN在处理时序数据时仍依赖连续的隐藏状态更新，这在处理极长序列时可能会遇到挑战。为了克服这些限制，Transformer模型提出了自注意力机制，它能更灵活地捕捉序列中任意时刻之间的相关性。

理解Transformer模型的自注意力机制，可以通过类比人类视觉注意力的工作方式来直观感受，如图2-2所示。

图2-2　人类视觉中的注意力机制

当观察一幅图像时，视线往往会先被主要对象吸引。以图2-2为例，如果观察目标是“狗”，那么视线很可能会聚焦于图像的左侧；反之，如果寻找的是“猫”，则会自然地将注意力转向图像的右侧。这种注意力的分配由人脑决定，体现了人类的思维与图像特定区域的关联性，即“狗”与图像左侧区域的紧密联系，以及“猫”与图像右侧区域的关联。

Transformer模型借鉴了这种注意力机制，用以捕捉时序数据中的相互依赖关系。在Transformer模型中，这种机制称为自注意力，它允许数据集中的每个元素与其他所有元素相互作用，从而获得对数据集的全面理解。在自注意力的计算过程中，每个输入元素的表示会根据它与其他序列元素的关系进行调整。图2-2描绘的是输入与输出之间的注意力联系，而自注意力关注的则是输入元素之间的相互关系。例如，小狗的鼻子与其眼睛可能存在密切联系。

在进行自然语言翻译任务时，自注意力机制至关重要，它能够捕捉不同时间点数据间的相互依赖性。在实际应用中，自注意力机制通过可视化的方式揭示了词语间的内在联系，如图2-3所示。

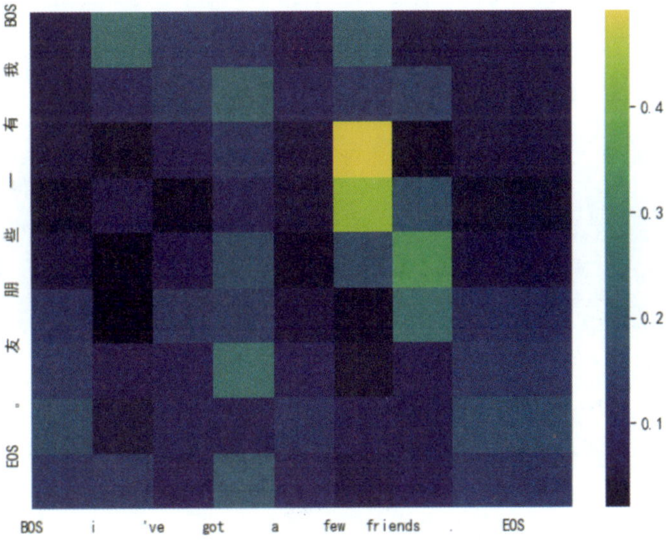

图2-3 实际应用中的自注意力机制

以机器翻译任务为例，待翻译句子为“I’ve got a few friends .”，Transformer的翻译结果为“我有一些朋友。”图2-3展示的是经过训练的Transformer中的自注意力机制，其中“a few”和“一些”等词语呈现高亮颜色，证明两词之间具有较大的相关性，这说明Transformer能够通注意力机制，有效地完成机器翻译任务。

自注意力机制的这种能力，使模型能够更加灵活地处理长距离依赖问题，不受传统RNN中梯度消失或梯度爆炸问题的限制。通过自注意力机制，每个词语的表示都可以通过与其他所有词语的交互来更新，实现对整个序列的全局理解。这种机制在NLP领域，尤其在机器翻译、文本摘要和问答系统等任务中，已经显示出其强大的性能和灵活性。

自注意力机制的核心由查询（Query，Q）、键（Key，K）与值（Value，V）组成。

（1）查询。

查询可视为对序列中特定元素的探询。它代表当前位置的需求，用于评估序列中其他元素与当前位置的相关性。查询与序列中所有键的交互决定了当前元素对其他元素的关注权重。

例如，在图书馆中寻找特定主题的资料时，查询就是搜索请求。在自注意力机制中，查询用于识别序列中与之相关的内容。

（2）键。

键是序列中每个元素的标识符，可理解为查询用于定位的标签。每个键都与查询进行匹配，匹配度越高的键意味着其对应的值对响应当前查询更为关键，即当前元素应更多地关注与该键相关联的信息。

例如，在图书馆中，键相当于每本书的目录或索引。在自注意力机制中，每个位置生成一个键，用于与查询进行匹配。

（3）值。

值代表序列中每个元素的具体内容，携带每个位置的信息。当查询和键之间的匹配度被计算出来后，值会根据这些匹配度进行加权求和，形成每个位置的输出表示。

例如，在图书馆中，根据目录找到书籍后，通过阅读书中的内容获取所需的信息。在自注意力机制中，值包含实际的信息内容，一旦键和查询匹配，相应的值就会被用于构建最终的输出。

自注意力机制的计算过程可以概括为以下步骤。

（1）输入序列通过三组不同的线性变换生成对应的$\boldsymbol{Q}$，$\boldsymbol{K}$，$\boldsymbol{V}$三组向量（通常是权重矩阵乘法），如图2-4所示。

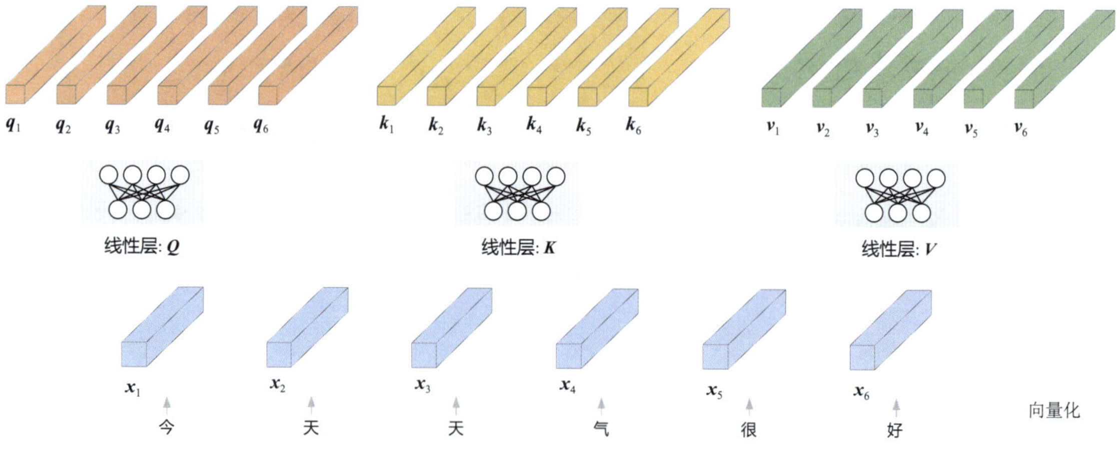

图2-4　$\boldsymbol{Q}$，$\boldsymbol{K}$，$\boldsymbol{V}$三组向量的生成

（2）计算每个查询向量与所有键向量之间的匹配分数，通过Softmax()函数转换成概率形式，表示每个元素对序列中其他元素的关注程度，其公式为

$$\text{Attention}(\boldsymbol{Q},\boldsymbol{K},\boldsymbol{V})=\text{Softmax}\left(\frac{\boldsymbol{Q}\boldsymbol{K}^{\mathrm{T}}}{\sqrt{d_k}}\right)$$

注意力的计算过程如图2-5所示。

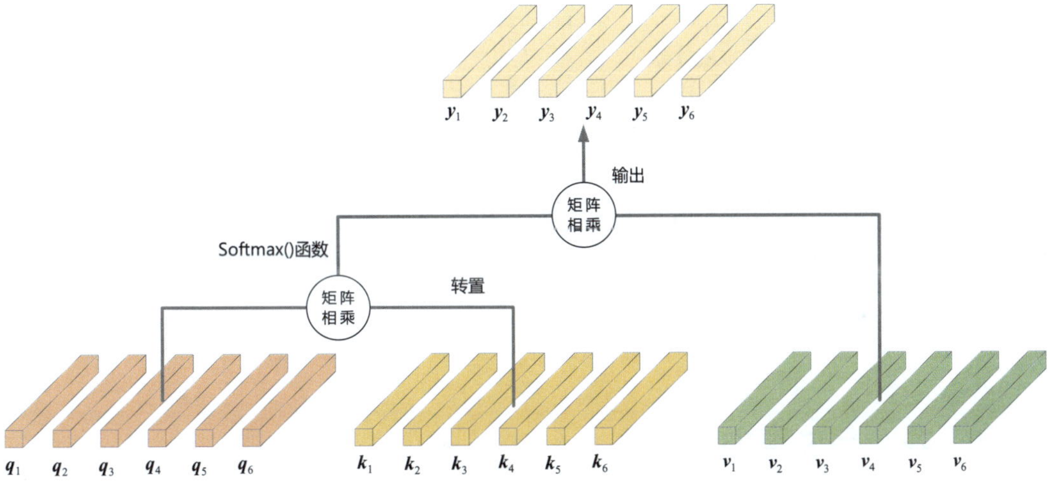

图 2-5　注意力的计算过程

经过查询、键的匹配与Softmax()函数的映射，查询、键的相关程度被转化为概率表示，查询、键相似度高的特征会被保留，相似度低的特征会被抑制，经过Softmax()函数映射的矩阵称为注意力分数矩阵。注意力分数矩阵与值相乘，即可得到加权后的值。值表示序列中每个位置的实际信息，与注意力分数矩阵相乘后，重要的内容被保留，而不重要的内容则会被抑制。

注意力的计算，如代码2-1所示。

代码2-1　注意力的计算

```
class ScaledDotProduct(nn.Module):
    def __init__(self, d_model, dropout=0.1):
        """ 计算注意力 """
        super(ScaledDotProduct, self).__init__()
        # 设置 Dropout 抑制过拟合
        self.dropout = nn.Dropout(dropout)
        # Softmax() 函数归一化
        self.softmax = nn.Softmax(dim=-1)
        # 缩放因子
        self.scale = d_model ** 0.5

    def forward(self, query, key, value, mask=None):
        # 查询、键相乘
        scores = torch.matmul(query, key.transpose(-2, -1)) / self.scale
        # 是否添加 mask
        if mask is not None:
            scores = scores.masked_fill(mask == 0, -1e9)
        # Softmax() 函数归一化
        attention = self.softmax(scores)
        # 设置 Dropout
        attention = self.dropout(attention)
        # 注意力分数与值相乘
```

```
        output = torch.matmul(attention, value)
        # 返回输出与注意力分数
        return output, attention
```

自注意力机制支持多层叠加。通过叠加自注意力层，相关性高的特征被持续保留，相关性低的特征被持续抑制。每一层通过关注输入序列中的不同部分间的关系来提取更高级的特征。随着层数的增加，模型能捕捉输入序列中更细致、更复杂的相关性。这种分层结构有助于模型更好地捕捉数据中的各种关联，从而提高模型的性能。

2.1.2 多头自注意力机制

Transformer模型中的自注意力机制以多头自注意力的形式实现的。该机制是对传统自注意力机制的扩展，允许模型同时学习多组不同的注意力权重。每个注意力头独立地学习其对应的权重，然后将这些权重的输出结果合并，形成一个更全面的序列表示。这种多头的处理方式让模型能够在不同的抽象层次和关注焦点上对输入数据进行编码，从而增强对输入信息的深入理解。

如图2-6所示，多头自注意力机制的计算流程分为以下步骤：首先，将数据分割成多个部分，每个部分对应一个注意力头。注意力头的数量可以根据模型的设计需求来确定，但必须保证数据的维度能够被头数整除。其次，每个分割后的数据部分都独立地应用自注意力的计算公式进行处理。最后，所有注意力头的输出结果被合并，形成一个综合的输出，这个输出包含从不同角度和层面对输入序列的编码信息。

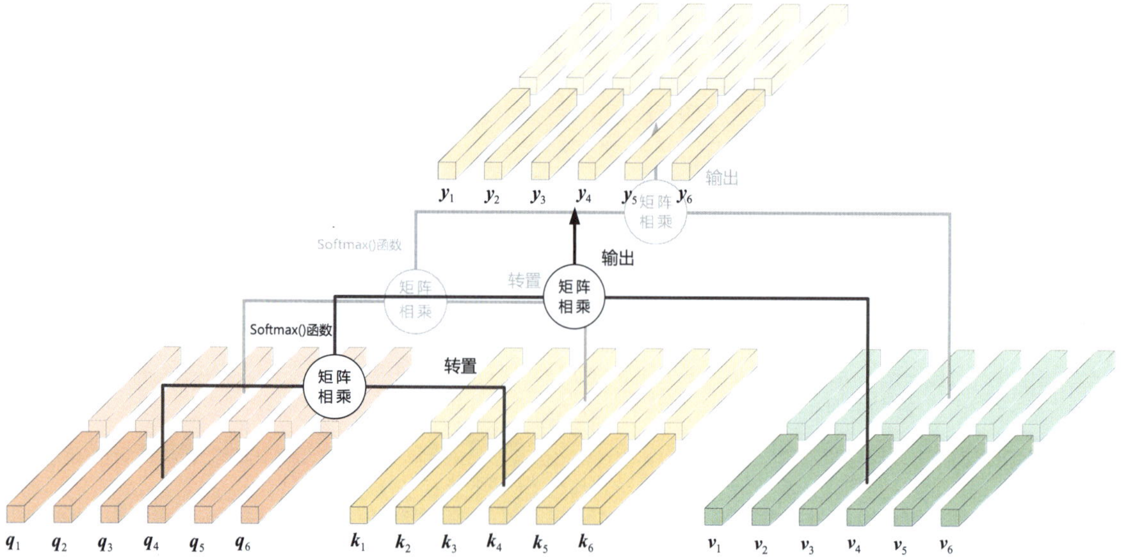

图2-6 多头自注意力机制

多头自注意力机制的实现，如代码2-2所示。

代码2-2 多头自注意力机制

```
class MultiHeadAttention(nn.Module):
    def __init__(self, d_model, num_heads, dropout=0.1):
        """ 多头自注意力机制 """
        super(MultiHeadAttention, self).__init__()
        # 检查维度与自注意力机制的头数是否满足整除关系
        assert d_model % num_heads == 0
        # 注意力的维度
        self.d_model = d_model
        # 注意力的头数
        self.num_heads = num_heads
        # 每个头的维度
        self.d_k = d_model // num_heads

        # query 计算层
        self.query = nn.Linear(d_model, d_model)
        # key 计算层
        self.key = nn.Linear(d_model, d_model)
        # value 计算层
        self.value = nn.Linear(d_model, d_model)
        # 为了增强多头自注意力的效果，添加一个线性层
        self.fc_out = nn.Linear(d_model, d_model)
        # 注意力计算
        self.attention = ScaledDotProduct(d_model, dropout)

    def forward(self, query, key, value, mask=None):
        # 获取 batch_size
        batch_size = query.size(0)

        # 计算 query 并将 query 平分为 num_heads 个头
        query = self.query(query).view(batch_size, -1,
                self.num_heads, self.d_k).transpose(1,2)
        # 计算 key 并将 key 平分为 num_heads 个头
        key = self.key(key).view(batch_size, -1, self.num_heads,
                                     self.d_k).transpose(1, 2)
        # 计算 value 并将 value 平分为 num_heads 个头
        value = self.value(value).view(batch_size, -1,
                self.num_heads, self.d_k).transpose(1,2)
```

```

        # 计算注意力
        output, attention = self.attention(query, key, value, mask)

        # 转换维度
        output = output.transpose(1, 2).contiguous().view(batch_size, -1,
                 self.d_model)
        # 线性映射
        output = self.fc_out(output)
        # 返回多头自注意力输出与多头自注意力
        return output, attention
```

2.1.3 位置编码

位置编码的目的是为输入添加位置信息。自注意力机制本身对输入的位置信息不敏感，无法捕获词序差异，即自注意力机制无法区分"今天不一定下雨"与"今天一定不下雨"的语义差别。为了解决这一问题，就需要位置编码为输入添加位置信息。Transformer模型使用三角函数进行位置编码，计算公式如下：

$$PE_{(pos,2i)}=\sin\left(\frac{pos}{10000^{2i/d_{model}}}\right)\quad（偶数维度）$$

$$PE_{(pos,2i+1)}=\cos\left(\frac{pos}{10000^{2i/d_{model}}}\right)\quad（奇数维度）$$

其中，pos表示序列索引；i表示维度索引。当维度为偶数时，位置编码使用正弦函数；当维度为奇数时，位置编码使用余弦函数。图2-7是序列长度为256、维度为512的三角函数位置编码的可视化，纵轴为序列长度，横轴为序列的维度，可以发现序列的位置不同，位置编码的表示也不同。

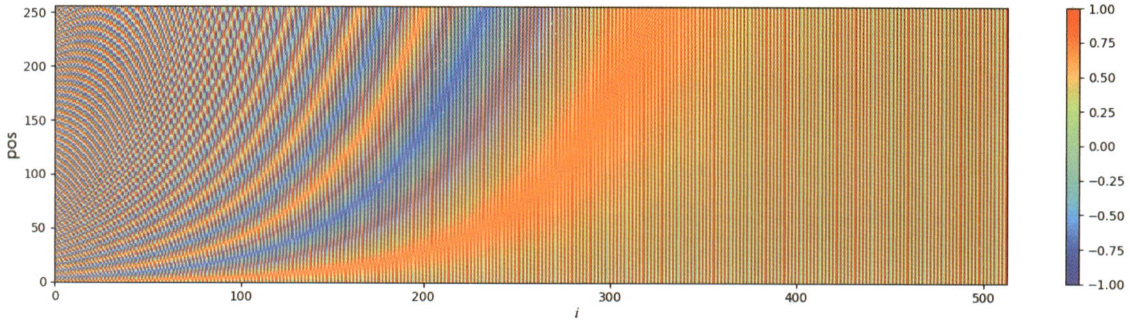

图2-7　三角函数位置编码的可视化

得到位置编码后，将其与原本的序列相加，即为输入多头自注意力机制的向量，公式如下：

$$x' = x + \mathrm{PE}$$

其中，x为输入嵌入序列；PE为位置编码；x'为最终得到的输入特征。

位置编码的实现，如代码2-3所示。

代码2-3 位置编码

```
class PositionalEncoding(nn.Module):
    def __init__(self, d_model, max_len=5000):
        """ 位置编码 """
        super(PositionalEncoding, self).__init__()
        pe = torch.zeros(max_len, d_model)
        position = torch.arange(0, max_len, dtype=torch.float).unsqueeze(1)
        div_term = torch.exp(torch.arange(0, d_model, 2).float() *
(-math.log(10000.0) / d_model))
        pe[:, 0::2] = torch.sin(position * div_term)
        pe[:, 1::2] = torch.cos(position * div_term)
        pe = pe.unsqueeze(0)
        self.register_buffer('pe', pe)

    def forward(self, x):
        x = x + self.pe[:, :x.size(1), :]
        return x
```

2.2 编码器和解码器结构

Transformer模型由编码器和解码器组成，这种结构使其能够同时处理输入序列的全局上下文信息，并将其与目标序列的生成过程结合起来，生成准确的目标语言序列。在翻译任务中，编码器将源语言的语义信息编码为上下文表示，解码器则利用这些上下文表示生成目标语言的译文。Transformer模型结构如图2-8所示。左侧结构为Transformer模型的编码器，它将输入序列进行位置编码后映射为特征向量。右侧结构为Transformer模型的解码器，它利用编码器生成的上下文信息及自身自注意力机制生成输出序列。

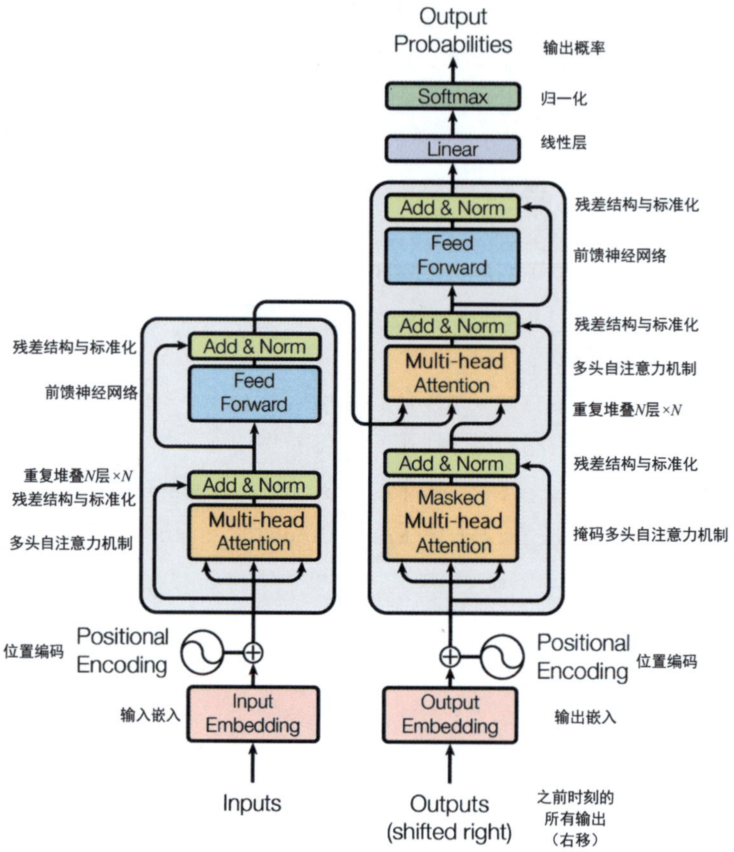

图 2-8　Transformer 模型结构

2.2.1 编码器

Transformer模型的编码器由四个部分组成，结构如图2-9所示。

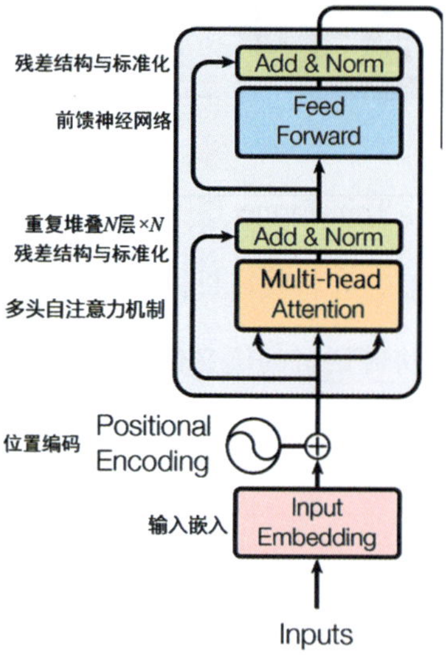

图 2-9　Transformer 模型的编码器结构

（1）输入部分（Inputs）。

输入部分包含两个子模块：输入嵌入（Input Embedding）与位置编码（Positional Encoding）。

输入嵌入将输入数据转换为更高维度的格式，以统一数据的维度并为后续处理提供便利。在NLP任务中，输入嵌入通常指词嵌入，它将词汇索引转换为向量形式，使语义上相似的词在特征空间中彼此接近。

在输入嵌入的基础上，模型将位置编码添加到序列中，以保留元素在序列中的位置信息。

（2）多头自注意力机制。

Transformer模型通过多头自注意力机制识别和提取序列中元素间的相关性，从而捕捉和利用这些特征增强模型的表达能力。

（3）残差结构与标准化（Add & Norm）。

Transformer模型借鉴了ResNet中的残差连接（Residual Connection）概念，通过将模块的输出与输入相加，以缓解深层网络中的梯度消失或梯度爆炸问题，促进模型学习深层的残差信息。在标准化处理上，Transformer模型采用层标准化（Layer Normalization）而非批标准化（Batch Normalization），层标准化通过对单个样本内的特征进行标准化，计算每个特征的均值和方差；而批标准化则是对整个批次的特征执行相同的操作。

（4）前馈神经网络（Feed Forward）。

前馈神经网络是Transformer模型中的一个全连接层，它对自注意力机制的输出进行进一步的非线性变换。该网络对序列中每个位置的特征向量执行线性变换和非线性激活，帮助模型学习更高层次的特征表示，增强模型的整体表征能力。

编码器的实现，如代码2-4所示。

代码2-4 编码器

```
class FeedForward(nn.Module):
    def __init__(self, d_model, d_ff, dropout=0.1):
        """ 前馈神经网络层 """
        super(FeedForward, self).__init__()

        # 两个全连接层
        self.fc1 = nn.Linear(d_model, d_ff)
        self.fc2 = nn.Linear(d_ff, d_model)
        self.dropout = nn.Dropout(dropout)
        # 激活函数
        self.relu = nn.ReLU()

    def forward(self, x):
        x = self.dropout(self.relu(self.fc1(x)))
        x = self.fc2(x)
        return x


class EncoderLayer(nn.Module):
    def __init__(self, d_model, num_heads, d_ff, dropout=0.1):
        """Transformer Encoder Layer"""
        super(EncoderLayer, self).__init__()
        # 多头自注意力机制
```

```
        self.attention = MultiHeadAttention(d_model, num_heads, dropout)
        # 前馈神经网络层
        self.feed_forward = FeedForward(d_model, d_ff, dropout)
        # 层归一化
        self.norm1 = nn.LayerNorm(d_model)
        self.norm2 = nn.LayerNorm(d_model)
        self.dropout = nn.Dropout(dropout)

    def forward(self, x, mask=None):
        # 计算自注意力
        attention, _ = self.attention(x, x, x, mask)
        # 残差连接与层归一化
        x = self.norm1(x + self.dropout(attention))
        # 前馈神经网络
        feed_forward_output = self.feed_forward(x)
        # 残差连接与层归一化
        x = self.norm2(x + self.dropout(feed_forward_output))
        # 返回输出
        return x

class Encoder(nn.Module):
    def __init__(self, input_dim, d_model, num_heads, num_layers, d_ff,
                dropout=0.1):
        """Transformer Encoder"""
        super(Encoder, self).__init__()
        # 词嵌入层
        self.embedding = nn.Embedding(input_dim, d_model)
        # 位置编码
        self.pos_encoder = PositionalEncoding(d_model)
        # 多个编码器层堆叠
        self.layers = nn.ModuleList([EncoderLayer(d_model, num_heads,
                                        d_ff, dropout) for _
in range(num_layers)])
        # 层归一化
        self.norm = nn.LayerNorm(d_model)

    def forward(self, src, mask=None):
        # 词嵌入并进行缩放
        x = self.embedding(src) * math.sqrt(self.embedding.embedding_dim)
        # 加入位置编码
        x = self.pos_encoder(x)
        # 逐层计算解码器结果
        for layer in self.layers:
            x = layer(x, mask)
        # 返回结果
        return self.norm(x)
```

2.2.2 解码器

解码器与编码器相似，其结构如图2-10所示，其核心区别在于，解码器有两个输入且自注意力机制采用掩码多头自注意力机制与交叉多头自注意力机制。

（1）解码器的输入。

解码器有两个输入，如图2-11所示，第一个为之前生成的部分输出序列，第二个为编码器的输出。以文本问答为例，用户提出问题后，模型首先将问题文本输入编码器，通过自注意力机制转换为特征向量。其次，解码器以特定的起始指令和编码器输出的特征序列作为输入，逐步生成回答。例如，对于问题“今天天气怎么样”，模型先生成“不”，再基于已有的生成结果和特征序列继续生成“错”，直至生成结束标记<end>，完成整个生成过程。

（2）掩码多头自注意力机制（Masked Multi-head Attention）。

掩码多头自注意力机制是解码器中的一种特殊的自注意力机制。加入掩码的目的是保证模型在训练过程中只能访问当前位置及其之前的信息，避免信息泄露，防止模型提前“看到”未来的信息。在训练阶段，如果要生成句子的第一个词，若模

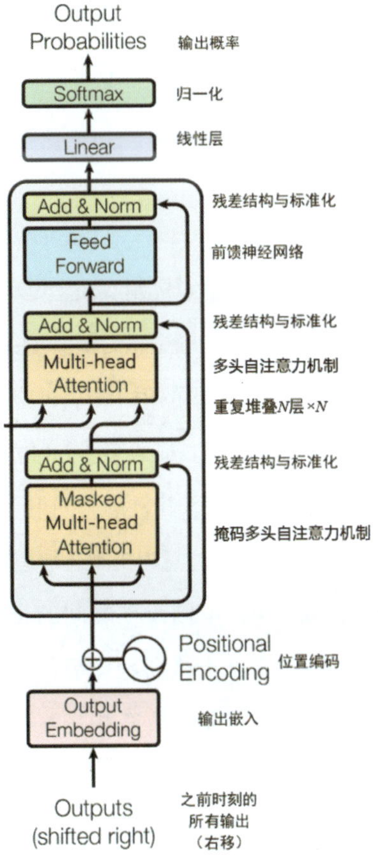

图 2-10 Transformer 模型的解码器结构

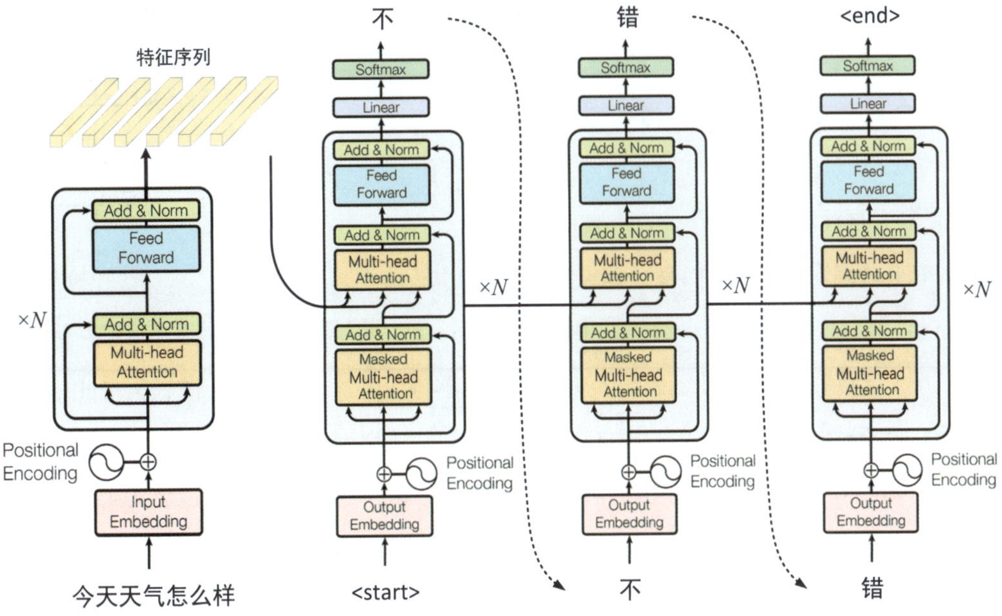

图 2-11 解码器的输入示例

型能够看到整个句子，它可能直接根据整个句子的内容选择最适合的第一个词，而非仅根据真实场景下应该已知的上下文。这不仅违背了生成文本的自回归性质，还会导致模型在训练和推理（生成新文本时）之间的行为不一致。

加入掩码的方式是对注意力分数矩阵进行遮盖，具体如下所示。

$$
\begin{bmatrix}
1.00 & 0 & 0 & 0 \\
0.73 & 0.27 & 0 & 0 \\
0.20 & 0.25 & 0.55 & 0 \\
0.28 & 0.32 & 0.10 & 0.30
\end{bmatrix}
$$

掩码自注意力机制实质上是将注意力矩阵填充为下三角矩阵，当注意力矩阵与$\boldsymbol{V}$相乘时，$\boldsymbol{v}_1$（第一个时刻的值）与注意力矩阵的第一行相乘，此时$\boldsymbol{v}_1$能获得的注意力仅来对自身的注意力；而在计算$\boldsymbol{v}_2$（第二个时刻的值）时，$\boldsymbol{v}_2$获得的注意力既包含自身的注意力，还包含$\boldsymbol{v}_2$时刻之前的注意力，后面时刻以此类推。掩码多头自注意力机制正是通过这种方式，避免了注意力机制中的信息泄露。

（3）交叉多头自注意力机制（Cross Multi-head Attention）。

交叉多头自注意力机制通常是指在Transformer模型结构中，不同组件之间的交叉注意力。这种机制最常见于机器翻译等任务，其中模型的编码器和解码器需要互相交互来处理信息。该机制允许解码器的每个时间步骤都能够访问整个编码器的输出。解码器在生成每个输出词时，都会使用其当前状态来查询编码器输出的序列，这一查询过程通过交叉注意力层实现。这样做可以帮助解码器根据编码器提供的上下文信息来决定下一个最合适的词。其结构如图2-12所示。

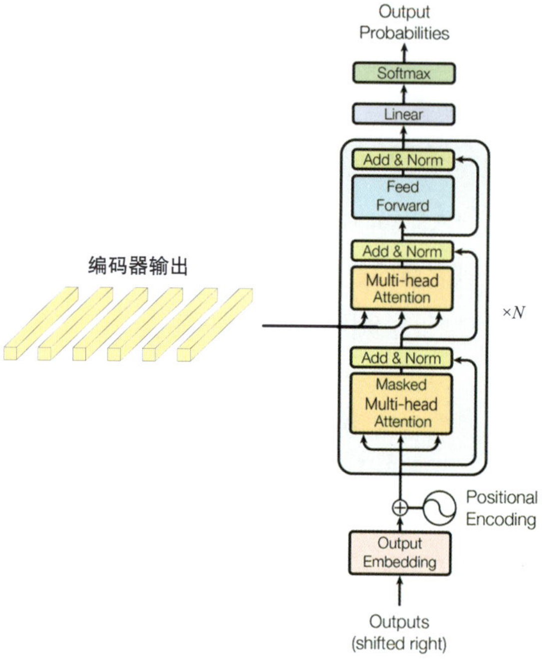

图2-12　交叉多头自注意力机制

在交叉多头自注意力机制中，$\boldsymbol{Q}$来自解码器，而$\boldsymbol{K}$和$\boldsymbol{V}$来自编码器。具体而言，解码器通过其输入产生一个$\boldsymbol{Q}$，用于与来自编码器中的$\boldsymbol{K}$进行查询匹配（计算相似度），得到解码器输入与编码器输出的注意力分数矩阵，再将此矩阵与编码器的$\boldsymbol{V}$相乘，最后输出结果。交叉多头自注意力机制可以有效地实现两个不同数据源之间的交互，除了在Transformer模型的解码器中使用，该机制还常用于多模态任务中。通过交叉注意力集中，模型可以更好地理解和整合不同模态的信息，从而提高处理复杂场景的能力。

解码器的实现，如代码2-5所示。

代码2-5 解码器

```
class DecoderLayer(nn.Module):
    def __init__(self, d_model, num_heads, d_ff, dropout=0.1):
        """Transformer Decoder Layer"""
        super(DecoderLayer, self).__init__()
        # 掩码多头自注意力机制
        self.attention1 = MultiHeadAttention(d_model, num_heads, dropout)
        # 交叉多头自注意力机制
        self.attention2 = MultiHeadAttention(d_model, num_heads, dropout)
        # 前馈神经网络
        self.feed_forward = FeedForward(d_model, d_ff, dropout)
        # 层归一化
        self.norm1 = nn.LayerNorm(d_model)
        self.norm2 = nn.LayerNorm(d_model)
        self.norm3 = nn.LayerNorm(d_model)
        # Propout 层
        self.dropout = nn.Dropout(dropout)

    def forward(self, x, encoder_output, src_mask=None, tgt_mask=None):
        # 计算掩码注意力
        attention1, _ = self.attention1(x, x, x, tgt_mask)
        # 残差连接与层归一化
        x = self.norm1(x + self.dropout(attention1))
        # 计算交叉注意力，其中，查询来自解码器；键和值来自编码器
        attention2, _ = self.attention2(x, encoder_output, encoder_output,
                                        src_mask)
        # 残差连接与层归一化
        x = self.norm2(x + self.dropout(attention2))
        # 前馈神经网络
        feed_forward_output = self.feed_forward(x)
        # 残差连接与层归一化
        x = self.norm3(x + self.dropout(feed_forward_output))
        return x
class Decoder(nn.Module):
    def __init__(self, output_dim, d_model, num_heads, num_layers, d_ff,
                 dropout=0.1):
        """Transformer Decoder"""
        super(Decoder, self).__init__()
        # 词嵌入层
        self.embedding = nn.Embedding(output_dim, d_model)
        # 位置编码
        self.pos_encoder = PositionalEncoding(d_model)
```

```
        # 多个编码器层堆叠
        self.layers = nn.ModuleList([DecoderLayer(d_model, num_heads,
d_ff, dropout) for in range(num_layers)])
        # 层归一化
        self.norm = nn.LayerNorm(d_model)
        # 输出层
        self.fc_out = nn.Linear(d_model, output_dim)

    def forward(self, tgt, encoder_output, src_mask=None, tgt_mask=None):
        # 词嵌入并进行缩放
        x = self.embedding(tgt) * math.sqrt(self.embedding.embedding_dim)
        # 加入位置编码
        x = self.pos_encoder(x)
        # 逐层计算解码器层结果
        for layer in self.layers:
            x = layer(x, encoder_output, src_mask, tgt_mask)

        # 计算输出
        return self.fc_out(self.norm(x))
```

通过组合编码器与解码器，可以得到一个完整的Transformer模型，如代码2-6所示。

代码2-6 完整的Transformer模型

```
class Transformer(nn.Module):
    def __init__(self, input_dim, output_dim, d_model, num_heads,
num_encoder_layers, num_decoder_layers, d_ff, dropout=0.1):
        """Transformer model"""
        super(Transformer, self).__init__()
        # 编码器
        self.encoder = Encoder(input_dim, d_model, num_heads,
 num_encoder_layers, d_ff,dropout)
        # 解码器
        self.decoder = Decoder(output_dim, d_model, num_heads,
 num_decoder_layers,d_ff, dropout)

    def forward(self, src, tgt, src_mask=None, tgt_mask=None):
        # 计算编码器输出
        encoder_output = self.encoder(src, src_mask)
        # 计算解码器输出
        output = self.decoder(tgt, encoder_output, src_mask, tgt_mask)
        # 返回结果
        return output
```

2.3 大模型的定义与应用

2.3.1 大模型的定义

大模型（Large Model）是指由深度神经网络构建的、具有超大规模参数和复杂计算结构的模型，其参数量可达数百亿甚至数万亿级别。大模型的设计目的是提高模型的表达能力和预测性能，能够处理更加复杂的任务和数据。大模型通过训练海量数据来学习复杂的模式和特征，具备强大的泛化能力，可以对未知的数据做出准确的预测，目前已广泛应用于NLP、计算机视觉、语音识别和推荐系统等领域。

大模型通常具有以下特征。

（1）参数量大。

大模型的参数量可以达到数百亿甚至数万亿。例如，OpenAI于2023年3月发布的大模型GPT-4，其参数量达到1.8万亿。

（2）训练数据量大。

大模型需要在TB级的多样化数据集上进行训练，以覆盖广泛的模式和知识。

（3）计算资源需求高。

大模型的训练和推理依赖高性能计算设备，通常需要配置GPU集群或专门的TPU。

2.3.2 大模型的应用

大模型的应用主要涵盖NLP、计算机视觉、多模态等领域。

（1）NLP。

大模型可用于生成文章、故事、新闻报道等，如图2-13所示，或提炼文档摘要与关键信息。同时，大模型可用于构建智能对话系统，从大量文本中提取答案，回答用户的问题，如OpenAI的ChatGPT3.5。

（2）计算机视觉。

受自然语言领域大模型成功的启发，研究人员开始探索计算机视觉领域中的大型视觉模型，追求大模型所展现的新兴能力。例如，SAM（Segment Anything Model）就是视觉大模型的代表之一。

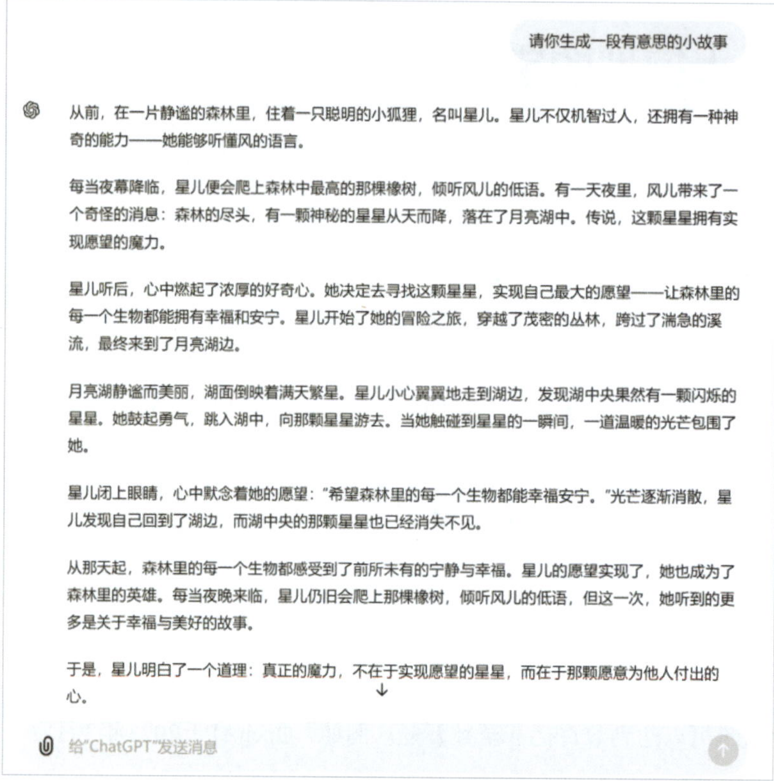

图 2-13　ChatGPT 的故事生成

SAM 基于 Transformer 架构设计，通过提示工程适配各类分割任务。SAM 经过数百万幅图像及超过 10 亿个掩膜数据上训练，可以针对任何提示返回有效的分割掩膜，如图 2-14 所示。

图 2-14　SAM 图像分割

（3）多模态。

2024 年，OpenAI 发布的 GPT-4o 是典型的多模态大模型，支持文本、音频和图像的任意组合输入和输出，如图 2-15 所示。与现有模型相比，它在视觉和音频理解方面尤其出色，显著提升了跨模态交互能力。

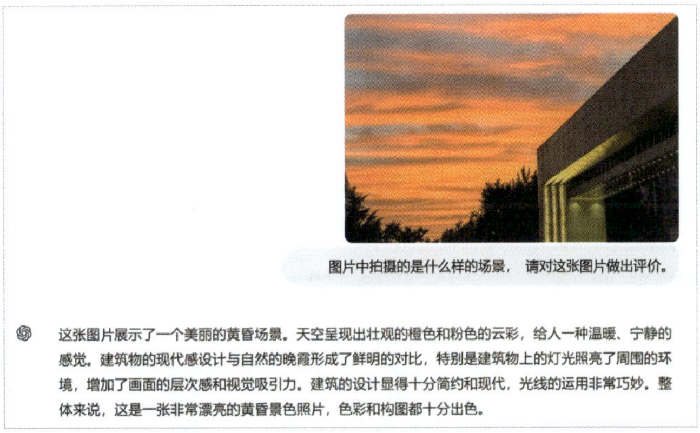

图 2-15　GPT-4o 多模态问答

2.4 实践练习：用 Hugging Face Transformers 库进行文本生成

Hugging Face是一家专注于大模型技术的公司，以其开源的Transformers库闻名。该库提供了大量的预训练语言模型，如BERT、GPT-2、T5等，并支持各种NLP任务，如文本分类、命名实体识别、文本生成、翻译等。

Hugging Face开源了覆盖多领域的大模型，如图2-16所示，包括文本生成、文本问答、图像生成、图像分割、目标检测等。

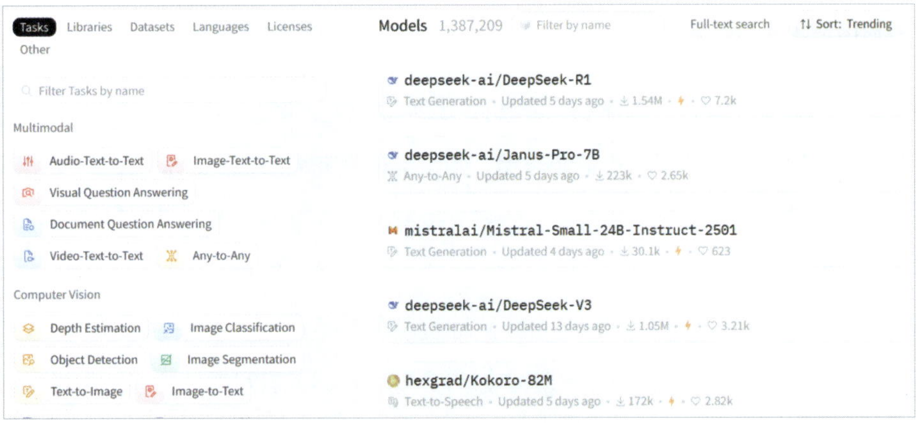

图 2-16　Hugging Face 中开源的大模型

例如，想要通过Hugging Face中的模型，实现文本生成任务，可以先在平台左侧的任务栏中选择Text Generation选项，右侧将显示所有与文本生成相关的模型。若需生成中文文本，则可以在上方的搜索框输入chinese，将会显示所有与中文文本生成相关的模型。用户可以根据计算机硬件条件与任务规模选择合适的模型，为了方便演示，这里选择一个较小的模型，如图2-17所示。

单击需要的模型链接进入模型介绍页面，如图2-18所示，单击Files标签，将会跳转到模型的文件下载页面。

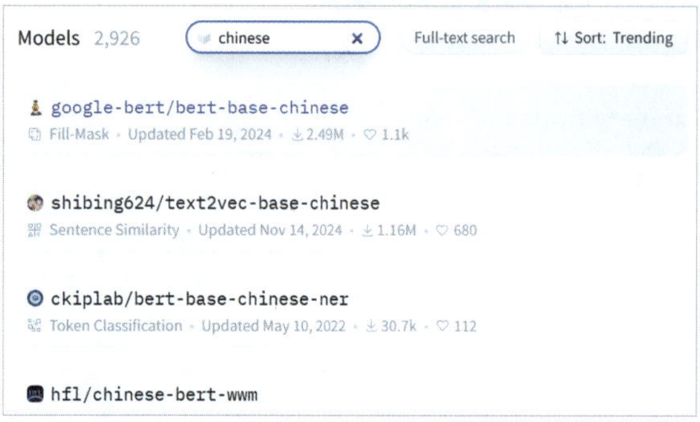

图2-17　Hugging Face模型的选择

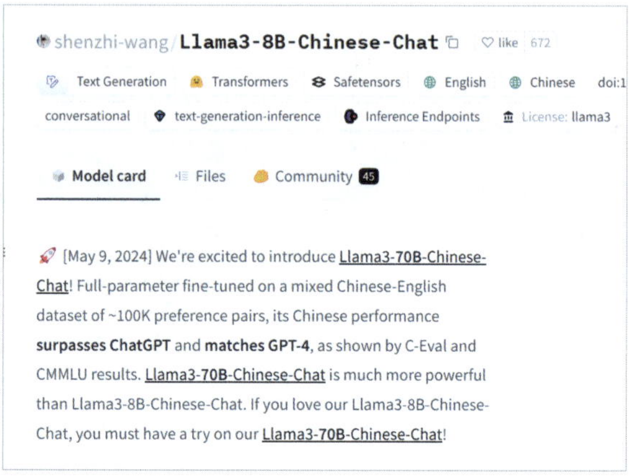

图2-18　模型介绍页面

下载模型的所有相关文件到本地，并按照模型的介绍进行部署。项目结构与代码示例如图2-19所示，运行代码后，将会得到运行结果。

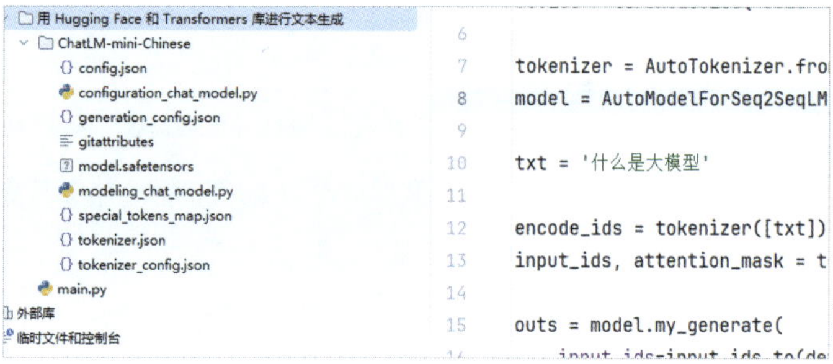

图2-19　项目结构与代码示例

模型的输入如下。

什么是大模型?

模型的输出如下。

大模型是指基于数学方法构建的、能够模拟现实世界复杂现象及其内在关系的理论框架。这类模型在解释自然现象方面具有重要作用，如可用于研究地震机制、火山活动规律以及地震波传播特性等。基于大模型的预测功能，研究人员能够对未来潜在事件进行科学预判，从而为决策提供理论依据。

以地震波传播为例，大模型能够精准预测地震波在不同介质中的传播速率。通过监测地震波传播过程中微小的参数变化（如振幅衰减或波形畸变），研究者可评估这些变化对建筑物抗震性能的影响，进而为防灾减灾提供数据支持。

此外，大模型在火山学研究中也展现出独特价值。通过量化火山喷发过程中释放的能量与喷出物质量，该模型不仅有助于解析单次喷发事件的影响范围，更能为研究地球地质演化历史提供关键参数。

综上，通过Hugging Face Transformers库实现了中文文本的生成。

2.5 Python 语言实现：NLP 和图像处理中的 Transformer 模型应用

Transformer模型在NLP与图像处理领域均有广泛应用，需按照不同任务的特性调整模型的结构。

1. NLP：机器翻译

Transformer模型设计之初是用于机器翻译任务，准备机器翻译数据集，数据集中的部分数据如下所示，每条数据样本都对应一个英文文本与一个中文文本。

```
Hi.         嗨。
Hi.         你好。
Run.        跑。
Wait!       等等!
Hello!      你好!
I try.      让我来。
I won!      我赢了!
Oh no!      不会吧!
```

（1）添加标识符。

使用<BOS>作为句子开始位置的标识符，使用<EOS>作为句子结束位置的标识符，处理后的文本为<BOS>Hi<EOS><BOS>嗨<EOS>。

（2）构建词典并将文本向量化。

遍历数据集中出现的所有单词与文字，将其构造为词典，同时将不同的标识符添加进词典，常见的标识符有以下4种。

<BOS>：句子开始。

<EOS>：句子结束。

<PAD>：填充位。

<UNK>：未知单词。

完成词典的构建后，按照词语在词典中出现的位置，将文本转化为数字，例如，<BOS>Hi <EOS>被转化为（2，1882，3）。

（3）构建Transformer模型。

由于PyTorch中已经预定义了Transformer模型中的基础模块，因此只需要定义部分模型，即可实现模型的定义。Transfomer模型的定义与封装，如代码2-7所示。

代码2-7 Transformer模型的定义与封装

```python
class Embeddings(nn.Module):
    def __init__(self, d_model, vocab):
        super(Embeddings, self).__init__()
        # Embedding 层
        self.lut = nn.Embedding(vocab, d_model)
        # Embedding 维数
        self.d_model = d_model
        self.pe = PositionalEncoding(d_model, 0.05)

    def forward(self, x):
        # 返回 x 的词向量（需要乘以 math.sqrt(self.d_model)）
        return self.pe(self.lut(x) * math.sqrt(self.d_model))


class Generator(nn.Module):
    """
    解码器输出经线性变换和 Softmax() 函数映射为下一时刻预测单词的概率分布
    """
    def __init__(self, d_model, vocab):
        super(Generator, self).__init__()
        # 解码后的结果，先进入一个全连接层变为词典大小的向量
        self.proj = nn.Linear(d_model, vocab)

    def forward(self, x):
        # 然后再进行 log_softmax() 方法操作（在 Softmax() 函数的结果上再做一次 log 运算）
        return F.log_softmax(self.proj(x), dim=-1)


class Transformer(nn.Module):
    def __init__(self, encoder, decoder, src_embed, tgt_embed, generator):
        super(Transformer, self).__init__()
        self.encoder = encoder
        self.decoder = decoder
        self.src_embed = src_embed
        self.tgt_embed = tgt_embed
        self.generator = generator

    def encode(self, src):
        return self.encoder(self.src_embed(src), None)
```

```

    def decode(self, memory, tgt):
        return self.decoder(self.tgt_embed(tgt), memory,
nn.Transformer.generate_square_subsequent_mask(tgt.size(-1)))

    def forward(self, src, tgt):
        # 编码器的结果作为解码器的 memory 参数传入，进行解码
        return self.decode(self.encode(src), tgt)

def make_model(src_vocab, tgt_vocab, N=6, d_model=512, d_ff=2048, h=8,
dropout=0.1):
    # 实例化 Transformer 模型对象
    model = Transformer(
        nn.TransformerEncoder(
            nn.TransformerEncoderLayer(d_model, nhead=h, dim_feedforward=d_ff,
dropout=dropout, batch_first=True), N),
        nn.TransformerDecoder(
            nn.TransformerDecoderLayer(d_model, nhead=h, dim_feedforward=d_ff,
 dropout=dropout, batch_first=True), N),
        Embeddings(d_model, src_vocab),
        Embeddings(d_model, tgt_vocab),
        Generator(d_model, tgt_vocab)
    ).to(DEVICE)
    return model
```

（4）训练Transformer模型。

根据准备好的训练数据与模型，就可以对模型进行训练了。在机器翻译任务中，使用的损失函数为KLDivLoss()，又称相对熵，用于衡量两个分布（离散分布和连续分布）之间的距离。在这里不对损失函数进行详细的讲解。损失函数计算出损失后，即可使用优化器对模型的参数进行更新。

（5）模型预测。

Transformer模型机器翻译的预测环节是较为关键的一步。在模型的参数训练好后，要通过循环迭代的方式逐步预测出翻译结果。机器翻译的预测环节，如代码2-8所示。

代码2-8 机器翻译的预测环节

```
def greedy_decode(model, src, max_len, start_symbol):
    """ 贪婪解码，传入一个训练好的模型，对指定数据进行预测  """
    # 先进行编码
    memory = model.encode(src)
    # 初始化预测内容为 1×1 的张量，填入开始符（<BOS>）的 id，并将 type 设置为输入数据
类型（LongTensor)
```

```
    ys = torch.ones(1, 1).fill_(start_symbol).type_as(src.data)
    # 遍历输出的长度下标
    for i in range(max_len - 1):
        # 解码得到隐藏层表示
        out = model.decode(memory, Variable(ys))
        # 将隐藏层表示转为对词典各词的 log_softmax 概率分布表示
        prob = model.generator(out[:, -1])
        # 获取当前位置最大概率的预测词 id
        _, next_word = torch.max(prob, dim=1)
        next_word = next_word.data[0]
        # 将当前位置预测的字符 id 与之前的预测内容拼接起来
        ys = torch.cat([ys, torch.ones(1, 1).type_as(src.data).
                       fill_(next_word)],dim=1)
    return ys
```

首先，将需要翻译的文本（参数src）输入Transformer模型的编码器，编码器会提取src中的相关性，将其转化为特征向量（变量memory）。其次，将变量memory与开始符<BOS>同时输入Transformer模型的解码器中，解码器会通过交叉多头自注意力机制提取开始符<BOS>与需要翻译的文本之间的相关性，并得到第一个输出。最后，将开始符<BOS>与第一个输出拼接到一起，再与变量memory同时输入至解码器中，解码器将会通过学习到的相关性，得到第二个输出。此过程循环迭代，直至解码器输出结束符<EOS>或达到最大长度为止。机器翻译的预测环节如图2-20所示。

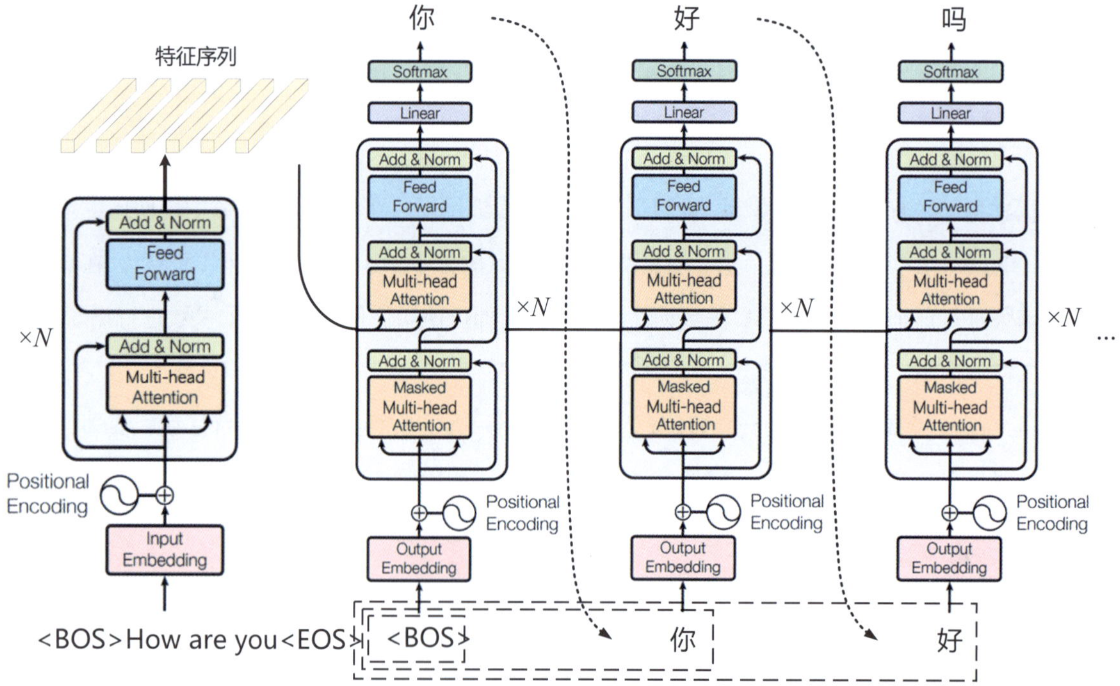

图2-20　机器翻译的预测环节

模型基本能够做到准确无误的翻译。模型翻译结果，如图2-21所示。

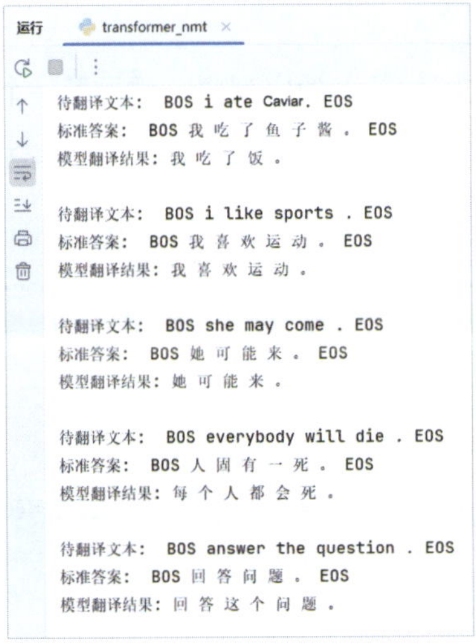

图 2-21　模型翻译结果

2. 图像处理：图像分类

Transformer模型不仅可以用于NLP，还可用于图像处理领域，如图像分类任务。

视觉领域的Transformer模型称为ViT（Vision Transformer）。ViT仅使用了Transformer模型的编码器部分，通过两个巧妙的设计，将Transformer模型成功地迁移至图像处理领域，即块编码（Patch Embedding）与分类标记（Class Token）。ViT的结构如图2-22所示。

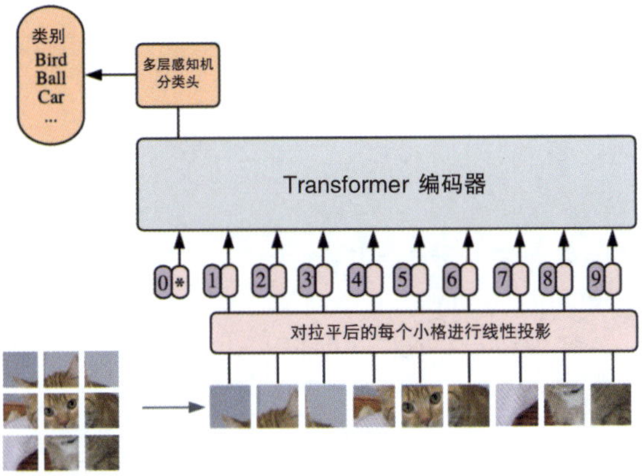

图 2-22　ViT 的结构

（1）块编码。

由于图像数据是一个矩阵，因此直接将图像拉平为序列，会造成维数灾难，即一张224×224像素的图像拉平后将会得到长度为50176的序列，过长的序列在很大程度上增加了计算资源的消耗。为了解决这一问题，ViT将224×224像素的图像划分为14×14个小格，每个小格为16×16像素，再将每个小格拉平，就能解决序列过长的问题。

（2）分类标记。

为了实现图像的分类，ViT在图像拉平的序列中，添加了一个序列位。例如，当图像拉平后的序列长度为196时，添加一个序列位后序列长度变为197。新的序列位称为分类标记。这个新增的分类标记会在自注意力机制中与其他像素块进行注意力的交互，从而提取图像的特征，完成分类。

ViT的实现如代码2-9所示。

代码2-9 ViT的实现

```
class ViT(nn.Module):
    def __init__(self, img_size=32, patch_size=4, num_classes=10,
 dim=512, depth=6,heads=8, mlp_dim=1024, dropout=0.1):
        super(ViT, self).__init__()
        self.dim = dim
        # 利用卷积对图像进行分块
        self.patch_embedding = nn.Conv2d(in_channels=3, out_channels=dim,
 kernel_size=patch_size, stride=patch_size)
        # 位置编码
        self.pos_embedding = PositionalEncoding(dim, dropout)
        # 分类标记
        self.cls_token = nn.Parameter(torch.randn(1, 1, dim))

        # Transformer Encoder
        self.transformer = nn.TransformerEncoder(
            nn.TransformerEncoderLayer(dim, heads, mlp_dim, dropout,
            batch_first=True),num_layers=depth
)

        self.to_cls_token = nn.Identity()

        # 分类头
        self.mlp_head = nn.Sequential(
            nn.LayerNorm(dim),
            nn.Linear(dim, num_classes)
)

    def forward(self, x):
        # 对图像进行分块
        x = self.patch_embedding(x)
        # 将分块后的图像拉平
        x = torch.flatten(x.permute(0, 2, 3, 1), 1, 2)

        # 将分类标记添加到序列中
        cls_tokens = self.cls_token.expand(x.size(0), -1, -1)
        x = torch.cat((cls_tokens, x), dim=1)

```

```python
        # 位置编码
        x = self.pos_embedding(x)
        # 编码器
        x = self.transformer(x)
        # 获取分类标记的计算结果
        x = self.to_cls_token(x[:, 0])
        # 返回分类结果
        return self.mlp_head(x)
```

模型训练10轮后，测试集准确率达到了63.41%，如图2-23所示。若想进一步提升准确率，可以尝试增大模型的维度，增加编码器的层数，或对ViT的结构进行调整。

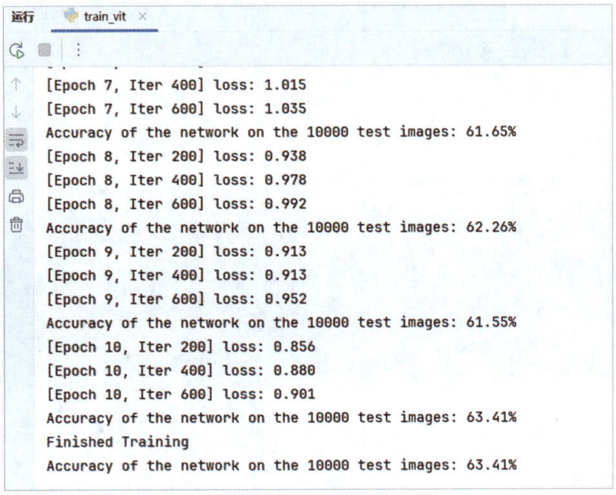

图2-23 ViT的训练结果

第 3 章

模型训练与优化技巧

深度学习中最重要的环节就是对模型进行训练与优化。模型的训练与优化是一个复杂的过程，其中超参数的选择对神经网络的训练与优化尤为重要。在神经网络优化的过程中，还要避免过拟合的情况出现，防止模型因过度拟合训练集而在未知的测试集上表现不佳，这也是大多数深度学习模型在优化过程中面临的问题。

本章的主要知识点如下。

（1）学习率调度策略。
（2）早停策略。
（3）正则化。
（4）批标准化。
（5）模型参数初始化技巧。
（6）实践练习：用Python语言实现高效训练策略。
（7）Python语言实现：优化技巧在模型训练中的应用。

3.1 学习率调度策略

在模型优化过程中，学习率是一个重要的超参数，其调整直接影响训练效果，本节将系统介绍常用的学习率调度策略。

3.1.1 学习率

学习率是机器学习和深度学习模型训练过程中的关键超参数，用于控制模型在每次迭代时参数更新的步长。学习率的设定直接影响模型的训练效果和最终性能。

在训练神经网络或其他机器学习模型时，目标是通过优化算法（如梯度下降法）最小化损失函数。损失函数用于衡量模型预测输出与实际目标值之间的差距。在每次迭代中，模型根据损失函数的梯度信息更新参数，逐步提升预测能力。学习率决定了参数更新时，模型应该朝着使损失函数最小化的方向迈出的步长，如图 3–1 所示。

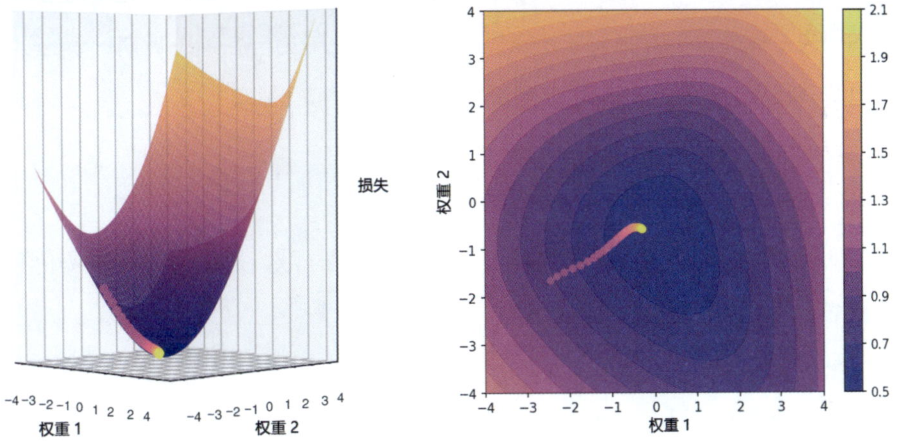

（a）梯度下降　　（b）梯度下降（2D）

图 3–1　通过学习率控制下降步幅

若学习率设置得过大，模型在每次迭代时更新参数的步伐过大，可能会导致损失函数在接近最优值时剧烈波动，甚至可能使损失函数的值不再下降，反而上升。这种情况会使模型难以收敛到一个稳定的最优解，训练过程会变得不稳定，甚至失败。

若学习率设置得过小，模型在每次迭代时更新参数的步伐会非常小，虽然训练过程会更加稳定，但可能会导致训练时间大大延长，模型收敛速度非常缓慢。此外，在某些情况下，学习率过小还可能使模型陷入局部最优解，无法到达全局最优解，因为步伐太小，无法有效地跳出局部最优区域。

例如，假设你站在山顶，需要下山到达山脚（全局最优解），并不确定哪条路最安全或最快，但可以通过观察地形，决定每一步的方向和步伐大小。若每一步迈得过大，可能快速接近目标，但可能因步伐失控而跌倒或绕远路（类似学习率过大导致发散或不稳定）；若每一步迈得过小，虽稳妥但耗时过长（类似学习率过小导致收敛快速过慢）。更优策略是：在平缓地形迈大步快速前进，在陡峭地段减小步伐以确保安全。这类似于动态调整学习率，即训练初期使用较大学习率快速接近最优区域，训练后期逐步减小学习率以稳定收敛至全局最优解。

3.1.2 学习率的调整策略

学习率衰减（Learning Rate Decay）是深度学习训练中至关重要的一种策略，用于在训练过程中动态调整学习率。学习率决定了模型在每一步中更新参数的幅度，过大或过小的学习率都会影响模型的训练效果。

在深度学习训练的早期阶段，较大的学习率有助于模型快速收敛，找到一个比较好的参数区域。然而，随着训练的深入，如果学习率保持不变，模型可能会在损失函数的局部最优解附近振荡，难以进一步降低损失值。这是因为较大的学习率会导致参数更新幅度过大，从而错过最优解。为了避免这种情况，逐步减小学习率，即学习率衰减，能够让模型在接近最优解时进行更精细的调整，从而达到更低的损失。此外，学习率衰减还能提高模型的泛化能力。在训练后期，小的学习率可以让模型更稳健地调整权重，从而更好地适应测试数据，减少过拟合风险。

学习率衰减的优势如下。

（1）提高模型收敛的稳定性。

在训练初期使用较大的学习率可以使模型快速逼近最优区域，而在训练后期减小学习率有助于参数的精细调整，从而稳定地收敛到最优解。

（2）避免振荡与过拟合。

在训练后期，较大的学习率可能会导致模型在最优解附近振荡，无法收敛。学习率衰减能有效地降低这种风险，使模型更精细地逼近最优解。此外，小的学习率也减少了过拟合的风险，因为参数更新更稳健，不容易被噪声影响。

（3）提高模型的泛化能力。

逐渐减小学习率能够让模型在训练后期以更小的步幅进行参数调整，这样做可以提高模型对新数据的泛化能力，减少模型在测试集上表现不佳的风险。

在实际应用中，合理设置学习率衰减策略能够极大地提升模型的性能。通常，开始训练时会采用较大的学习率，确保模型能够快速地从随机初始化的参数中收敛至一个较优的参数区域。随着训练的进行，通过逐步衰减学习率，模型能更稳定、更精确地达到全局最优解。PyTorch 中提供了多种学习率衰减策略，可以根据实际需求选择合适的策略进行调整，以达到最佳的训练效果。

PyTorch 中常用的学习率衰减策略如下。

1. StepLR

StepLR 是一种最简单的学习率衰减策略，它在每隔固定步数（step_size 参数）时，将学习率乘以衰减系数（gamma 参数）。其实现代码如下。

```
import torch.optim as optim
scheduler = optim.lr_scheduler.StepLR(optimizer, step_size=30, gamma=0.1)
```

其中，各参数含义如下。

optimizer：需要进行学习率衰减的优化器。

step_size：每隔多少 Epoch 衰减一次学习率。

gamma：每次衰减的倍数因子，通常设置为小于 1 的值（如 0.1）。

为了更加直观地展示 StepLR 的学习率更新策略，可将学习率的变化绘制为折线图，如图 3-2 所示。

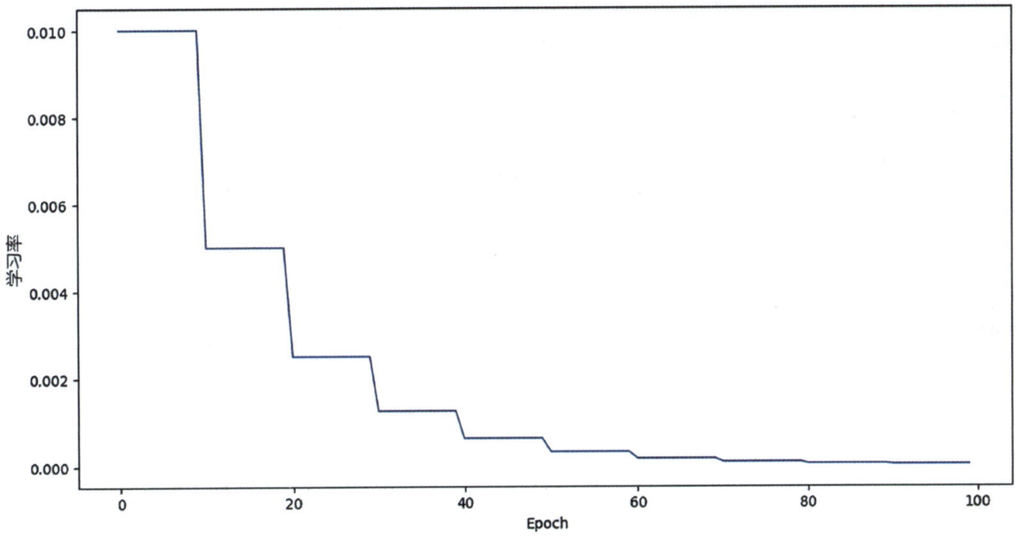

图 3-2　StepLR 的学习率变化

2. ExponentialLR

ExponentialLR 以指数衰减的方式来减少学习率，每个 Epoch 学习率都会乘以一个固定的衰减系数（gamma 参数）。其实现代码如下。

```
scheduler = optim.lr_scheduler.ExponentialLR(optimizer, gamma=0.9)
```

其中，各参数含义如下。

optimizer：需要进行学习率衰减的优化器。

gamma：每个 Epoch 的衰减因子。

将ExponentialLR的学习率变化进行可视化展示，如图3-3所示。

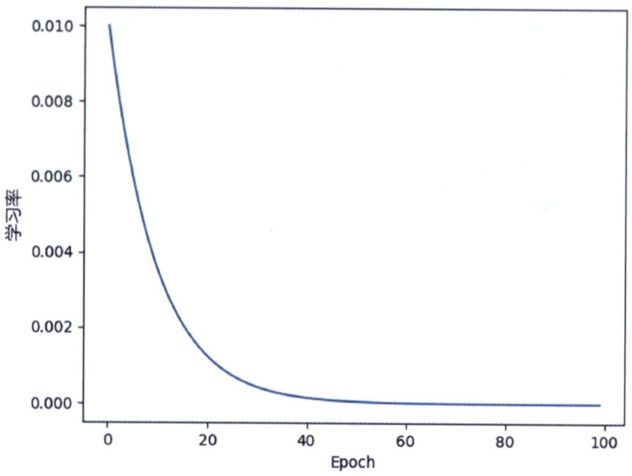

图3-3 ExponentialLR的学习率变化

3. CosineAnnealingLR

CosineAnnealingLR使用余弦退火的方式在预设的总周期内逐渐减少学习率，通常适用于周期性的训练过程。通过控制周期，可以使学习率在训练末期有小幅度的上升，以便跳出局部最优解。其调用方法如下。

```
scheduler = optim.lr_scheduler.CosineAnnealingLR(optimizer, T_max=50)
```

其中，各参数含义如下。

optimizer：需要进行学习率衰减的优化器。

T_max：学习率下降的周期数。

将CosineAnnealingLR的学习率变化进行可视化，如图3-4所示。

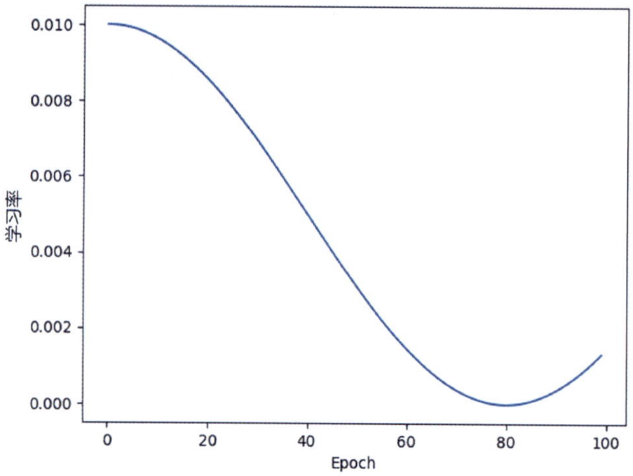

图3-4 CosineAnnealingLR的学习率变化

4. OneCycleLR

OneCycleLR是一种较新的学习率调度策略，通常在训练的初期快速提升学习率，然后逐渐降低，以帮助模型更快地找到一个局部最优解。

OneCycleLR策略的核心在于利用单一训练周期来优化模型的表现。该周期划分为两个主要部分：增长期和递减期。在增长期，学习率从较低的起点逐步提升至峰值；而在递减期，学习率则从该峰值缓慢降低。这种方法使OneCycleLR能够在训练过程中广泛探索损失函数的多个区域，有助于加速收敛速度并增强模型的最终性能。OneCycleLR的使用方法如下。

```
scheduler = optim.lr_scheduler.OneCycleLR(optimizer, max_lr=0.1, epochs=10,
                                          steps_per_epoch=100)
```

其中，各参数含义如下。

optimizer：需要进行学习率衰减的优化器。

max_lr： 训练期间的最大学习率。

total_steps： 训练的总步数，通常是 epochs * len(train_loader)。

epochs： 训练的总Epoch数（当未指定 total_steps时需提供）。

steps_per_epoch： 每个Epoch的步数（当未指定total_steps时需提供）。

pct_start： 在整个计划中，学习率从初始值提升到最大值的百分比时间。

将OneCycleLR的学习率变化进行可视化，如图3-5所示。

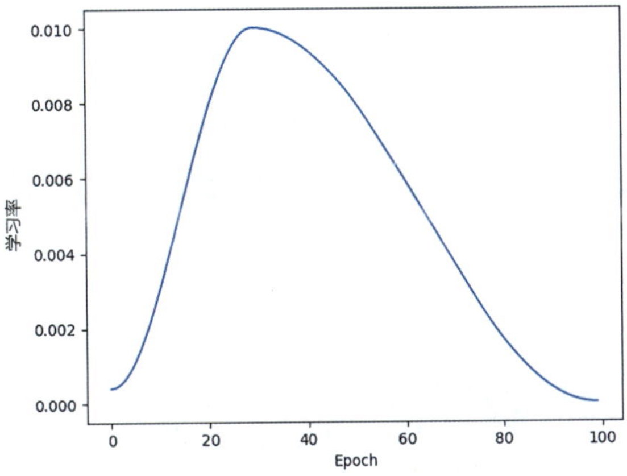

图3-5 OneCycleLR的学习率变化

5. LambdaLR

LambdaLR允许自定义一个函数来控制学习率的变化。其调用方法如下。

```
scheduler = optim.lr_scheduler.LambdaLR(optimizer, lr_lambda=lambda epoch:
                                    0.95 ** epoch)
```

通过上述代码，自定义了一个学习率衰减的策略。其中的参数为Epoch，每次学习率衰减时，学习率将会缩小至0.95的Epoch次方。

自定义的学习率变化如图3-6所示。

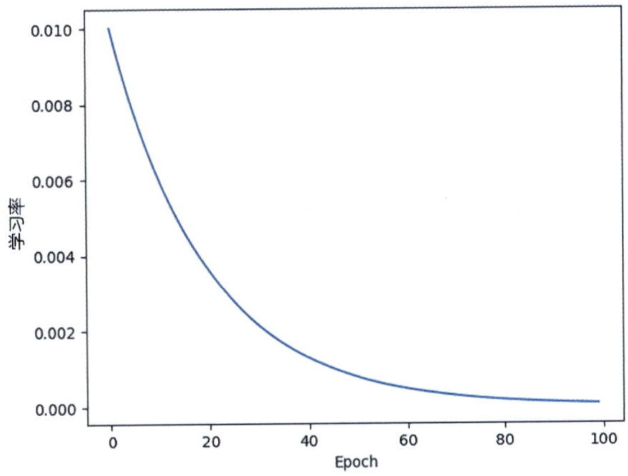

图3-6 自定义的学习率变化

6. ReduceLROnPlateau

ReduceLROnPlateau在监测指标（如验证集损失）不再改进时减少学习率。其实现代码如下。

```
scheduler = optim.lr_scheduler.ReduceLROnPlateau(optimizer, mode='min',
                                            factor=0.1, patience=10)
```

其中，各参数含义如下。

optimizer： 需要进行学习率衰减的优化器。

mode： min或max，决定是监测指标的最小值还是最大值。

factor： 衰减因子，学习率将乘以这个值。

patience： 允许指标停滞的Epoch数。

threshold：确定指标是否有显著变化的阈值。

cooldown：每次学习率更新后的冷却时间。

min_lr：学习率的下限。

可以根据任务目标的需求，选择不同的学习率调整策略。学习率衰减是深度学习中优化训练过程、提升模型性能的一种关键技术。通过合理设计和使用学习率衰减策略，模型不仅能够更快收敛，而且能够在减少过拟合、提高泛化能力等方面表现得更为出色。

3.2 早停策略

3.2.1 过拟合

过拟合是机器学习和深度学习模型训练中常见的问题，指的是模型在训练数据上表现非常好，但在测试数据或新数据上的表现却很差。简单来说，模型学习到了训练数据中的噪声和细节，而非数据的总体模式和规律，导致其对新数据的泛化能力不足。正常情况与过拟合情况的分类边界对比，如图3-7所示。

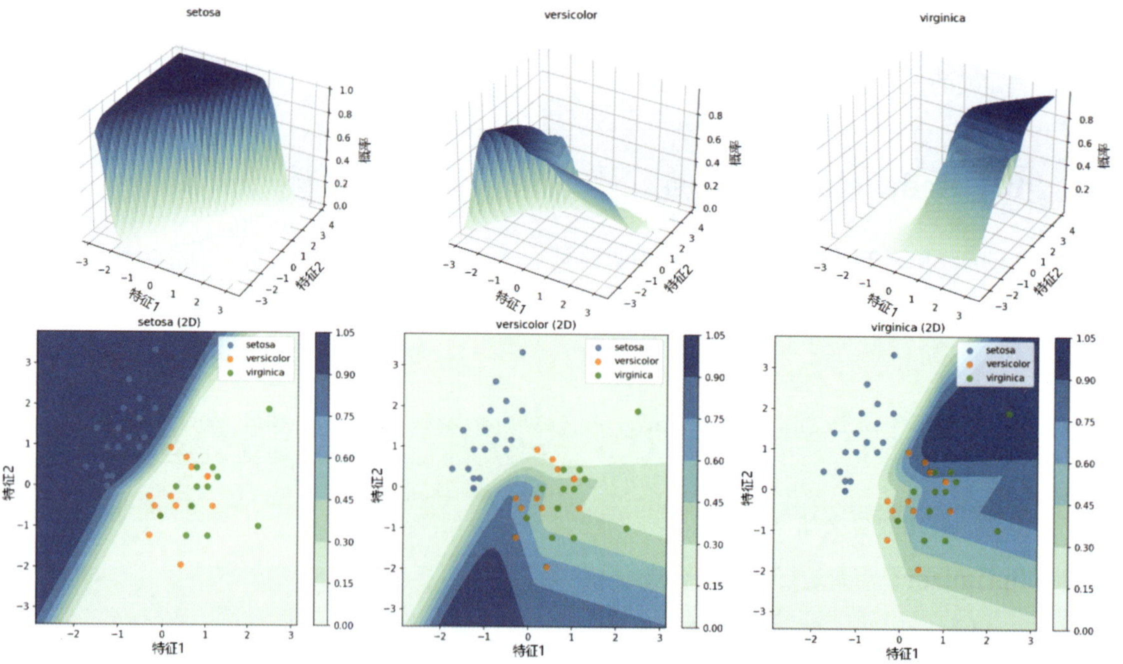

（a）正常模型的分类边界

图3-7　正常情况与过拟合情况的分类边界对比

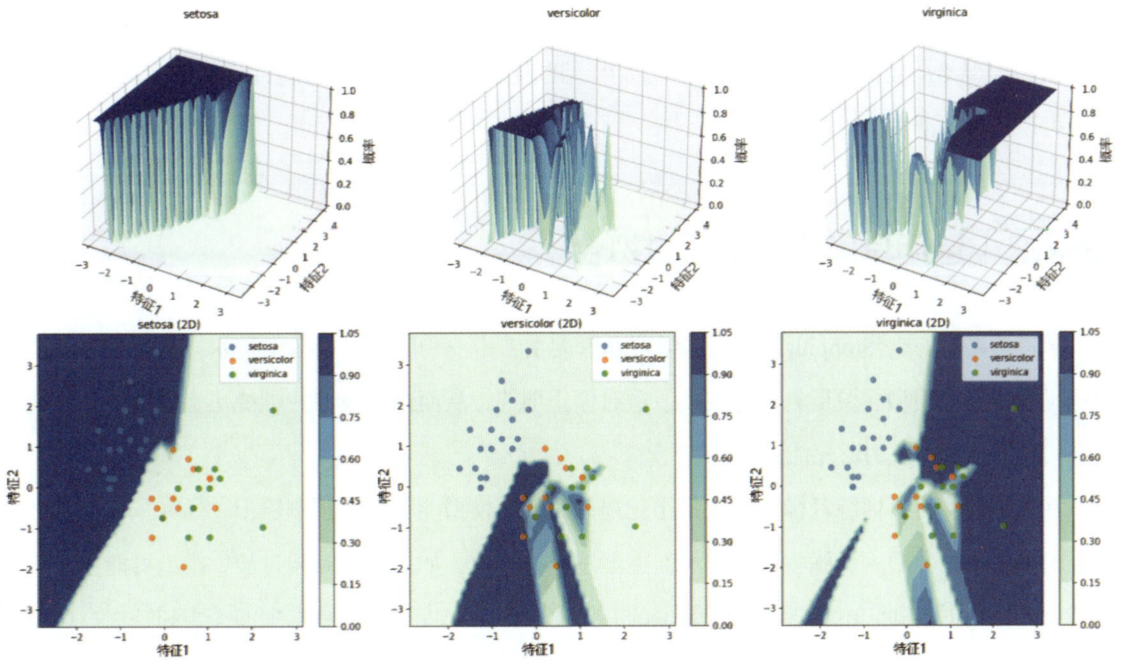

（b）过拟合模型的分类边界

图 3-7 正常情况与过拟合情况的分类边界对比（续）

要理解过拟合，需要了解机器学习模型的两个重要目标：拟合训练数据和泛化到新数据。在训练过程中，模型的目标是尽可能最小化在训练数据上的损失函数值，即最大化对训练数据的拟合程度。然而，过度关注训练数据可能会导致模型记住训练集中的噪声和异常点。这种对训练数据的过度拟合不仅未能让模型学习到数据的本质特征，反而损害了模型对新数据的泛化能力。

过拟合的成因主要有以下几点。

（1）模型复杂度过高。

当模型的参数数量远大于训练样本的数量时，模型可以完全拟合训练数据，包括其中的噪声和异常点。这种情况在深度神经网络中特别常见，尤其是在网络层数和神经元数量较多的情况下。

（2）训练数据不足。

当训练数据量不足时，模型可能在训练数据上表现良好，但由于样本不够丰富，无法学习到数据的普遍规律。这时，模型容易对有限的训练数据产生过度拟合。

（3）训练时间过长。

即使模型的复杂度适中，若训练时间过长，模型也可能会逐渐记住训练数据中的噪声和特例，导致过拟合的发生。

（4）数据噪声过多。

如果训练数据本身包含大量噪声（如测量误差、数据录入错误等），模型可能会将这些噪声当作有意义的特征来学习，从而出现过拟合。

在训练模型时，通常会将数据分为训练集和验证集。训练集用于模型的参数更新，而验证集则用于监控模型的泛化能力。如果模型在训练集上的表现不断提高，但在验证集上的表现开始下降，那么可以认为模型发生了过拟合。

3.2.2 运用早停策略防止过拟合

早停策略（Early Stopping）是机器学习和深度学习中一种防止过拟合的技术。早停策略通过在训练过程中监控模型在验证集上的表现，适时停止训练，从而避免模型在训练集上过度拟合，进而提升模型在新数据上的泛化能力。

在训练模型时，训练目标是通过最小化损失函数使模型能够准确预测输出。通常，模型在训练集上的损失函数会随着训练轮次的增加而逐渐减小。然而，如果训练时间过长，模型可能会开始过度拟合训练数据，即它不仅学习到了数据的有用模式，还记住了训练数据中的噪声和特例。这种情况下，模型的验证集损失（Validation Loss）可能会在训练的某个时刻达到最低点，随后开始上升。这表明模型已开始失去泛化能力，即其在新数据上的表现开始下降。

早停策略的基本思想是在模型的验证集损失达到最小值后，立即停止训练。具体而言，在每个训练周期后，早停策略都会监控验证集损失值。如果验证集损失值在一段时间内不再下降，早停策略会判断模型已达到最佳状态，并提前结束训练。

实现早停策略时，通常需要设置以下参数。

（1）监控指标。

早停策略通常监控验证集损失值，但也可以监控验证集准确率（Validation Accuracy）或其他性能指标。

（2）耐心（Patience）。

耐心是早停策略中的一个关键参数，表示在验证集损失停止下降后，允许模型继续训练的最大次数。若超过这个次数仍未观察到损失值改善，则训练会停止。例如，如果耐心设置为 5 个 Epoch，那么在验证集损失达到最小值后的 5 个训练周期内，验证集损失未进一步下降，训练将被终止。

（3）最小变化量（Min Delta）。

这个参数指定了验证集损失需要改进的最小变化量，大于这个量的改进才能被认为是有效的改进。通过设置最小变化量，可以避免因浮动误差导致训练提前停止。

（4）恢复最佳权重（Restore Best Weights）。

当早停策略停止训练时，通常会选择验证集表现最好的那一轮的模型权重作为最终的模型权重。这可以确保模型在验证集上的表现最佳。

我们可以通过代码定义早停策略的实例，如代码3-1所示。

代码3-1 早停策略的实例

```
import torch

class EarlyStopping:
    def __init__(self, patience=5, min_delta=0.001,
restore_best_weights=True, verbose=False):
        """
        初始化 EarlyStopping 对象
        参数：
        - patience: int, 在验证集损失停止改进后允许的训练轮次，默认是 5
        - min_delta: float, 验证集损失改进的最小变化值，默认是 0.001
        - restore_best_weights: bool, 是否在早停后恢复到验证集损失最小的模型权重，
默认是 True
        - verbose: bool, 是否在触发早停策略时输出提示信息，默认是 False
        """
        self.patience = patience
        self.min_delta = min_delta
        self.restore_best_weights = restore_best_weights
        self.verbose = verbose
        self.best_weights = None
        self.best_loss = float('inf')
        self.counter = 0
        self.early_stop = False

    def __call__(self, val_loss, model):
        """
        每轮训练后调用该方法以检查是否需要早停
        参数：
        - val_loss: float, 当前轮次验证集损失
        - model: PyTorch 模型
        """
        if val_loss < self.best_loss - self.min_delta:
            self.best_loss = val_loss
            self.counter = 0
            if self.restore_best_weights:
                self.best_weights = model.state_dict().copy()  # 保存当前最佳模型权重
        else:
            self.counter += 1
```

```
            if self.counter >= self.patience:
                self.early_stop = True
                if self.restore_best_weights:
                    model.load_state_dict(self.best_weights)  # 恢复最佳模型权重
                if self.verbose:
                    print(f"Early stopping triggered. Restoring best model weights
from epoch with validation loss: {self.best_loss:.4f}")

# 使用示例
import torch.nn as nn
import torch.optim as optim

# 模拟一个简单的模型和训练过程
class SimpleModel(nn.Module):
    def __init__(self):
        super(SimpleModel, self).__init__()
        self.fc = nn.Linear(10, 1)

    def forward(self, x):
        return self.fc(x)

# 模拟训练函数
def train(model, optimizer, criterion, early_stopping, num_epochs=100):
    for epoch in range(num_epochs):
        # 模拟训练过程
        model.train()
        optimizer.zero_grad()
        inputs = torch.randn(32, 10)
        targets = torch.randn(32, 1)
        outputs = model(inputs)
        loss = criterion(outputs, targets)
        loss.backward()
        optimizer.step()

        # 模拟验证过程
        model.eval()
        with torch.no_grad():
            val_inputs = torch.randn(32, 10)
            val_targets = torch.randn(32, 1)
            val_outputs = model(val_inputs)
            val_loss = criterion(val_outputs, val_targets).item()
```

```
        print(f'Epoch {epoch+1}, Validation Loss: {val_loss:.4f}')

        # 调用早停策略
        early_stopping(val_loss, model)
        if early_stopping.early_stop:
            print(f'Early stopping at epoch {epoch+1}')
            break

# 实例化模型、优化器和损失函数
model = SimpleModel()
optimizer = optim.SGD(model.parameters(), lr=0.01)
criterion = nn.MSELoss()

# 实例化早停策略
early_stopping = EarlyStopping(patience=3, min_delta=0.001,
    restore_best_weights=True, 01verbose=True)

# 开始训练
train(model, optimizer, criterion, early_stopping, num_epochs=20)
```

为了演示早停策略在实际应用中的效果，对图3-7中发生过拟合的模型进行重新训练并加入早停策略，训练效果如图3-8所示。模型的复杂度得到了有效抑制，能够较好地避免过拟合现象发生。

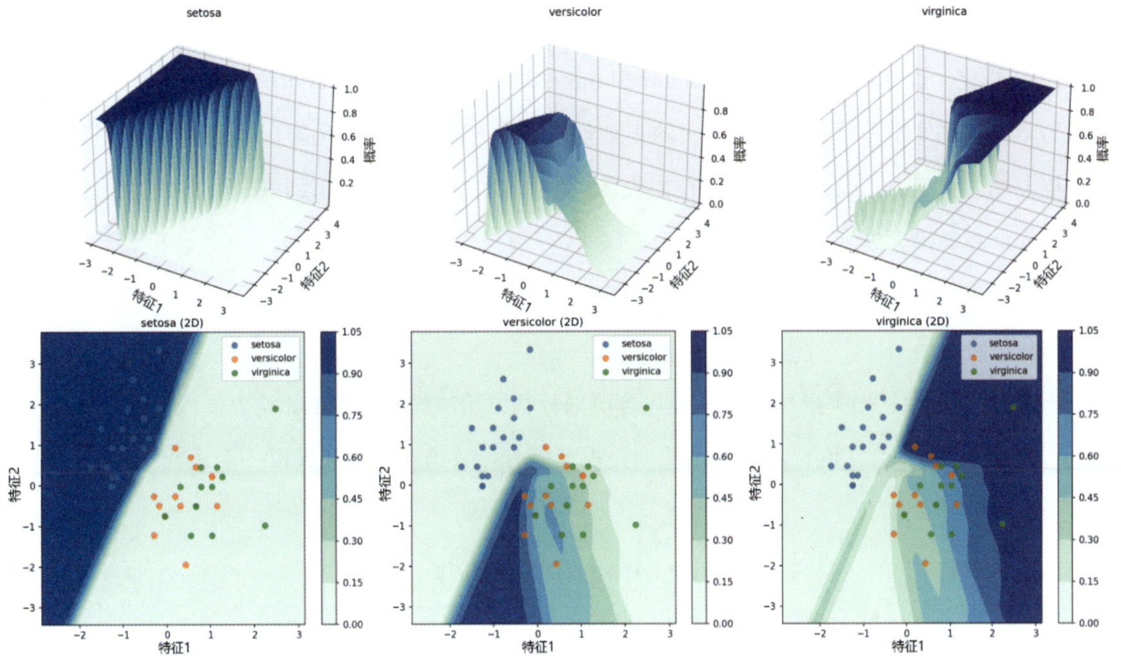

图3-8　加入早停策略的训练效果

早停策略广泛应用于深度学习模型的训练中，尤其是在训练时间长、模型复杂度高的场景。它适用于各类监督学习任务，如图像分类、NLP、语音识别等。由于这些任务通常涉及大量训练数据和复杂模型架构，早停策略能够有效提升训练效率并防止过拟合。

早停策略是防止过拟合的一种重要技术。它通过监控模型在验证集上的表现，在适当时机提前停止训练，从而防止模型过度拟合训练数据。该策略不仅能提升模型的泛化能力，还能显著节省训练时间，是一种简单且高效的正则化手段。然而，早停策略的成功应用依赖于验证集的正确选择及相关参数的合理设置。在实际操作中，结合具体任务的特点适当调整早停策略的参数，能够为模型训练带来显著的性能提升。

3.3 正则化

正则化是避免过拟合最重要的解决思路之一。正则化的基本思想是对模型参数施加某种约束或惩罚，从而防止模型变得过于复杂。最常见的正则化方法是L1正则化（L1 Regularization）和L2正则化（L2 Regularization）。L1正则化通过惩罚模型参数的绝对值，使模型参数变得稀疏；L2正则化则通过惩罚模型参数的平方，使参数值趋于较小的数值。

3.3.1 L1 正则化

L1正则化，也称Lasso（Least Absolute Shrinkage and Selection Operator）回归，是一种广泛应用于机器学习和深度学习模型训练过程中的正则化技术。正则化的目的是防止模型过拟合，提高其在新数据上的泛化能力。L1正则化通过在损失函数中添加一个正则化项来约束模型参数，促使模型变得更加简洁和鲁棒。

面对过拟合问题，除了运用早停机制，还可以通过引入正则化的方式实现，L1正则化就是常用的正则化策略之一。

在L1正则化中，损失函数被修改为包含两部分：原始的损失函数（如均方误差（Mean Squared Error，MSE））和一个正则化项。正则化项是模型所有参数绝对值之和乘以一个系数。L1正则化的数学表达式为

$$L(\theta)=L_0(\theta)+\lambda\sum_{i=1}^{n}|\theta_i|$$

其中，$L(\theta)$是正则化后的损失函数；$L_0(\theta)$是原始的损失函数，如均方误差损失或交叉熵损失；λ是正则化系数，用于控制正则化的强度；θ_i是模型的第i个参数；n是模型的总参数量。

L1正则化的一个重要特点是它会导致模型参数的稀疏性。由于L1正则化惩罚的是参数的绝对值，

因此在优化过程中，许多参数的权重可能会被压缩到零。这意味着L1正则化可以自动选择重要的特征并丢弃无关或冗余的特征。这一特性使L1正则化在处理高维数据、进行特征选择及构建稀疏模型中尤为有效。同时，由于L1正则化能够压缩部分参数到零，使模型仅依赖少数重要特征，从而提高了模型的解释性。这对于需要模型解释性的应用场景（如金融、医疗等领域）尤其有用。

需要注意的是，由于L1正则化涉及绝对值函数，它在优化过程中会引入不可微的点（参数为零时的拐点），这可能导致优化过程变得复杂。

总体来说，L1正则化通过对模型参数的绝对值施加惩罚，促使参数趋于稀疏，从而实现特征选择和提高模型泛化能力。它在高维数据和需要稀疏解的应用中表现突出。与其他正则化方法相比，L1正则化更简单且易于实现。尽管存在优化复杂性和非光滑性等挑战，L1正则化依然是机器学习和深度学习领域一项重要的正则化技术。

由于PyTorch本身未直接提供L1正则化函数，因此需要对L1正则化进行自定义，实现代码如下。

```
# 计算 L1 正则化项
l1_norm = sum(torch.abs(param).sum() for param in model.parameters())

# 总损失 = 原始损失 + L1 正则化项
loss = loss + lambda_l1 * l1_norm

# 反向传播和优化
optimizer.zero_grad()
loss.backward()
optimizer.step()
```

3.3.2 L2正则化

L2正则化，也称岭回归（Ridge Regression），是机器学习中最常用的正则化技术之一。其主要目的是通过对模型的权重参数施加惩罚，防止模型过拟合，从而提高模型在新数据上的泛化能力。

L2正则化的数学表达式如下：

$$L(\theta)=L_0(\theta)+\lambda\sum_{i=1}^{n}\theta_i^2$$

L2正则化对模型的每个参数施加了平方惩罚，从而抑制参数的增长。这使模型的参数不会变得过大，从而避免过拟合。

L2正则化通过惩罚参数的平方和来抑制模型参数的过大值，从而减少模型的复杂性。参数越大，其对应的正则化项的惩罚也越大，这促使模型倾向于使用较小的参数来拟合数据。通过对参数施加约束，L2正则化防止了模型过拟合训练数据中的噪声和特例，提升了模型在新数据上的泛化能力。此外，L2正则化还能提高模型的数值稳定性，特别是在高维空间中，通过抑制参数的过大值，可以防止模型出现数值不稳定的问题。

与L1正则化不同，L2正则化通常不会使不重要的特征权重变为零。这意味着在处理高维数据时，L2正则化无法自动筛选出重要特征，而是保留所有特征。同时，如果正则化强度过大，L2正则化可能会导致模型过度简化，从而无法充分捕捉数据中的关键特征，导致欠拟合。因此，在实际应用中，需要在模型复杂度与正则化强度之间寻求平衡。

在PyTorch中，实现L2正则化非常简便，只需在优化器中指定权重衰减的参数，即可指定L2正则化的强度，实现代码如下。

```
optimizer = optim.SGD(model.parameters(), lr=0.01, weight_decay=0.01)
```

为了演示L2正则化抑制过拟合的效果，我们对图3-7中展示的过拟合模型进行了重新训练，并在训练过程中引入了L2正则化。引入L2正则化后的训练效果，如图3-9所示。可以看出，模型复杂度得到了有效控制，显著缓解了过拟合的问题。

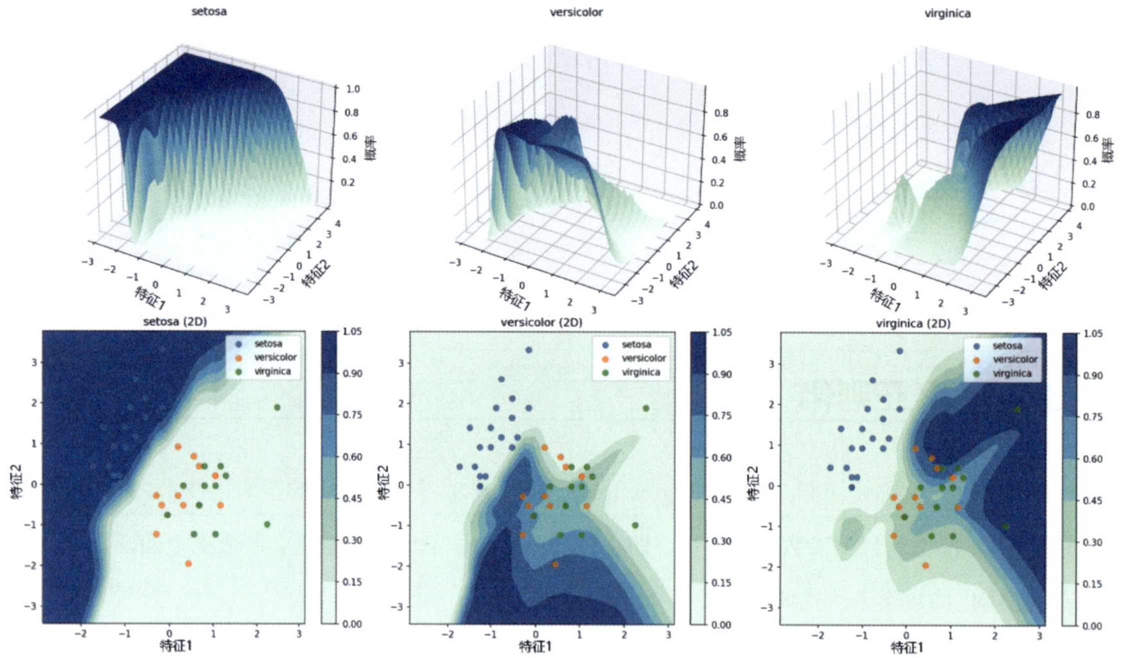

图3-9　引入L2正则化后的训练效果

3.3.3 Dropout正则化

Dropout是深度学习中的另一种正则化技术，用来防止模型过拟合，尤其在大规模神经网络中效果显著。过拟合通常指模型在训练集上表现很好，但在测试集或验证集上表现较差。这表明模型过度学习了训练数据中的噪声和特征，缺乏泛化能力。Dropout 的提出旨在通过随机忽略一部分神经元的输出，减少神经网络对特定神经元或路径的过度依赖，从而提高模型的泛化能力。

在传统神经网络的训练过程中，所有神经元同时被激活且彼此依赖。这种情况容易导致神经网络中某些神经元对其他神经元的输出过度依赖，即神经网络过度拟合训练数据中的特定特征。当新的输入数据缺乏这些特定的特征时，模型的预测性能下降，导致泛化能力不足。

Dropout 的核心思想是在训练的过程中，针对每个神经元的输出，随机以一定概率 p 将其丢弃或屏蔽，即该神经元在当前训练的迭代中不参与计算和传播。通常，丢弃概率 p 设为 0.5。加入 Dropout 的神经网络，如图 3-10 所示。

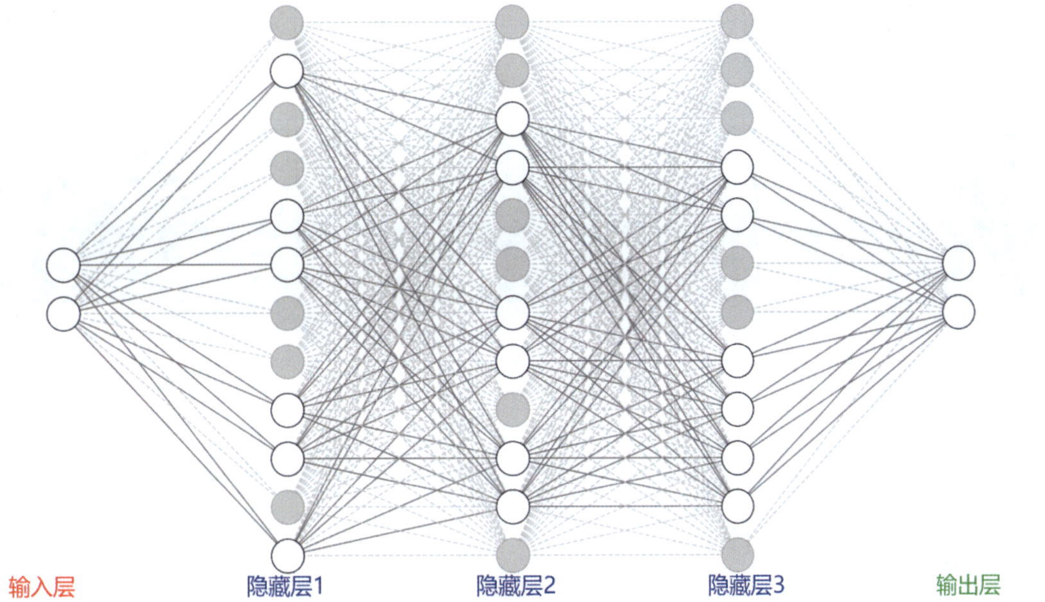

图 3-10 加入 Dropout 的神经网络

具体来说，在每次前向传播时，神经网络会随机决定哪些神经元的输出需要丢弃，哪些神经元的输出需要保留。这意味着神经网络的结构在每次训练中都不同，神经网络的一部分神经元被丢弃，其余部分仍然保持连接。这种随机性迫使神经网络不能依赖某些特定的神经元，而必须学会更加鲁棒的特征表达。

在训练过程中，Dropout 以 p 的概率随机丢弃神经元。在测试时，为了使网络的整体输出与训练时保持一致，通常对保留下来的神经元输出进行缩放。具体来说，保留的神经元输出乘以 $1/(1-p)$，以此来补偿在训练过程中丢弃的神经元。这保证了神经网络的输出在训练和测试时具有相同的期望值。

Dropout 在 PyTorch 中的实现代码如下。

```
nn.Dropout(p)
```

其中，参数 p 表示丢弃概率。

为了展示Dropout正则化的效果，我们对图3-7中展示的过拟合模型进行了重新训练，并在重新训练的过程中加入了Dropout正则化。加入Dropout正则化后的训练效果如图3-11所示。可以看出，Dropout能够有效地控制模型的复杂度，达到避免过拟合的效果。

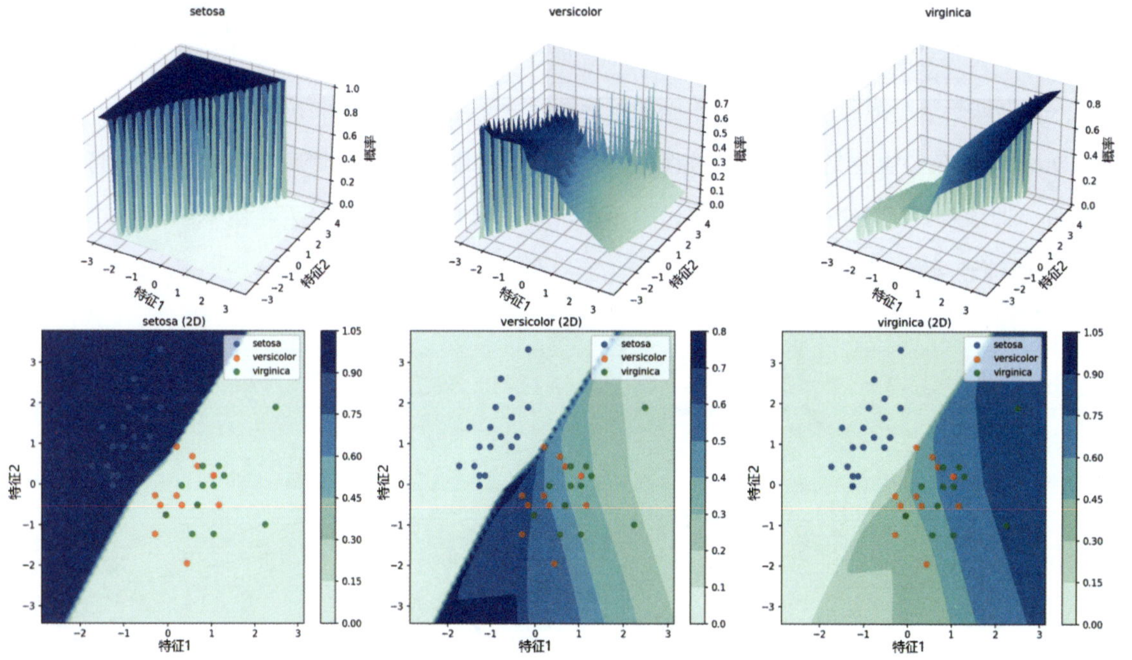

图3-11　加入Dropout正则化后的训练效果

3.4 批标准化

批标准化是深度学习中一种非常重要的归一化技术。批标准化技术的主要目的是规范化层的输入，使每一层的输入分布更加稳定，加快模型的收敛速度，同时减少对初始化参数的敏感性，提高模型的泛化能力。批标准化能够有效减少模型对单个数据的依赖性，从而达到抑制过拟合的效果。

在训练过程中，每层的输入分布可能会随着前层参数的更新而变化，这种现象称为内部协变量偏移。批标准化通过规范化层的输入，使每一层的输入分布更加稳定，从而加快了梯度下降的收敛速度，减少了这种偏移。批标准化对小批量数据进行统一的映射，降低了异常值对神经网络的影响。

批标准化只有两个需要学习的参数，即γ（缩放因子）和β（平移因子）。批标准化的核心思想是对每个小批量的数据进行归一化处理，使数据的均值接近0，方差接近1。其具体步骤如下。

（1）计算批次均值和方差。

对于每个特征，计算当前批次数据的均值（μ）和方差（σ^2）。

（2）标准化。

使用批次均值和方差对数据进行归一化处理，得到

$$\hat{x}=(x-\mu)/\sqrt{(\sigma^2+\varepsilon)}$$

其中，ε是一个很小的常数，防止分母为0。

（3）缩放与平移。

归一化后的数据通过两个可学习的参数γ和β进行缩放和平移，得到最终的输出

$$y=\gamma\hat{x}+\beta$$

批标准化在训练阶段与预测阶段的实现略有不同。训练阶段通常是以小批量的形式进行的，一个小批量中包含多个样本，可以根据这些样本计算出均值与方差；而在模型的预测阶段通常只有一个样本，无法计算出一个批量内的均值与方差。为了解决这一问题，批标准化将会记录训练过程中每个批次的均值与方差。在预测时，采用所有小批量均值的期望作为预测阶段的均值，采用所有小批量方差的无偏估计作为预测阶段的方差。在PyTorch中，批标准化的实现代码如下。

```
nn.BatchNorm1d(hidden_size)
```

其中，参数hidden_size表示隐藏层的输出尺寸。

加入批标准化后的训练效果，如图3-12所示，模型复杂度在一定程度上得到了控制，缓解了过拟合问题。

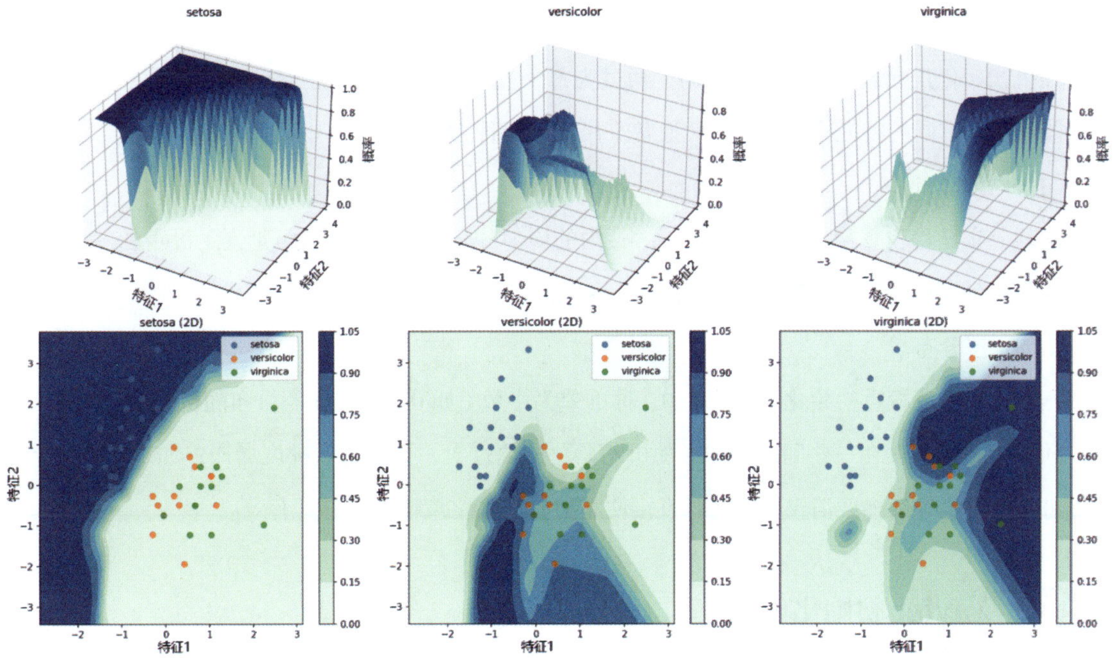

图3-12 加入批标准化后的训练效果

3.5 模型参数初始化技巧

模型参数初始化是深度学习中的一个关键步骤，它对模型的收敛速度和最终性能具有重要影响。若初始化不当，可能导致梯度消失或梯度爆炸，进而导致训练过程中的收敛困难。因此，设计有效的参数初始化策略对于训练深度神经网络至关重要。

常见的初始化方式包括零初始化、随机初始化、Xavier初始化、Kaiming初始化、正交初始化、预训练初始化。

1. 零初始化

零初始化是将模型中的所有权重参数初始化为零。这种做法对于偏置参数通常是有效的，因为偏置在网络中只是一个常数。但对于权重，零初始化会产生严重的问题，特别是在深度神经网络中。如果所有的权重都被初始化为相同的值，那么反向传播时，每个神经元上的梯度也相同。这样会导致每个神经元都更新相同的权重，从而无法打破对称性，整个神经网络将退化为单一的神经元，无法学习到有用的特征。

2. 随机初始化

随机初始化是最基本的初始化策略，通过为每个权重设置小的随机数来打破对称性，使每个神经元能够学习不同的特征。随机初始化通常采用以下两种方式。

（1）均匀分布。

均匀分布是将权重初始化为区间 $[-a, a]$ 内的均匀分布随机数，其中 a 是人工设定的一个小值，常见的取值为 a=0.01 或 a=0.001。

（2）正态分布。

正态分布是将权重初始化为均值为 0、标准差为小数（如 0.01）的正态分布随机数。

随机初始化也存在一些问题，如果随机初始化的值过大，可能导致梯度爆炸；如果随机初始化的值过小，可能导致梯度消失。因此，直接使用随机初始化策略并不总是有效。

3. Xavier 初始化

Xavier初始化由Xavier Glorot和Yoshua Bengio提出，旨在解决深度神经网络中梯度消失和梯度爆炸的问题。其主要思想是将权重初始化为一个使输入和输出的方差保持相等的值，从而保持每层信号传播的稳定。

通过这种方式，Xavier 初始化能够确保神经网络中信号流动的稳定性，尤其适用于使用 Sigmoid 或 tanh 激活函数的神经网络。

4. Kaiming 初始化

Kaiming 初始化旨在优化带有 ReLU 激活函数的深度神经网络。由于 ReLU 激活函数会对输入进行截断，使部分神经元的输出为零，因此 Kaiming 初始化在 Xavier 初始化的基础上进一步调整权重方差，使输入信号在通过 ReLU 激活函数后依然保持方差的平衡。

5. 正交初始化

正交初始化假设神经网络的权重矩阵是正交矩阵。其基本思想是通过随机初始化一个矩阵，然后对该矩阵进行正交化处理。这种初始化方法被认为有助于保持不同层之间的信号传播和信息流动。

对于正交初始化，权重矩阵通常从标准正态分布中进行随机初始化，然后使用 QR 分解法将其变为正交矩阵。

正交初始化在 CNN 中尤其有效，因为它有助于避免特征的传播和梯度流动在某些方向上过度集中。

6. 预训练初始化

预训练初始化是指使用在大规模数据集上已经训练好的模型的参数作为初始化值。这种策略被广泛应用于迁移学习（Transfer Learning）中。例如，使用在 ImageNet 上预训练的模型参数作为初始化值，接着在目标任务的数据集上进行微调（Fine-tuning）。这种方法显著加快了收敛速度，并提升了模型的性能，在目标数据集规模较小时效果尤为显著。

不同的初始化策略适用于不同类型的神经网络和激活函数。早期的随机初始化可能会引发梯度爆炸或梯度消失问题，而 Xavier、Kaiming 等初始化方法在各种场景下表现更稳定有效。随着深度学习模型复杂性的不断增加，参数初始化策略也在不断发展。正交初始化和预训练初始化等新方法为深度学习模型的训练提供了更多、更优的选择。

3.6 实践练习：用 Python 语言实现高效训练策略

深度学习高效训练策略主要体现在神经网络架构设计中与训练迭代过程中。对于神经网络中高效训练策略的实现，可以在神经网络中添加一些结构（如 Dropout、批标准化层等），如代码 3-2 所示。

代码3-2 神经网络中的高效训练策略

```
class MLP(nn.Module):
    def __init__(self, input_size, hidden_size, num_classes):
        super(MLP, self).__init__()
        # 定义全连接层
        self.fc1 = nn.Linear(input_size, hidden_size)
        self.fc2 = nn.Linear(hidden_size, hidden_size)
        self.fc3 = nn.Linear(hidden_size, hidden_size)
        self.fc4 = nn.Linear(hidden_size, num_classes)

        # 定义批标准化层
        self.bn1 = nn.BatchNorm1d(hidden_size)
        self.bn2 = nn.BatchNorm1d(hidden_size)
        self.bn3 = nn.BatchNorm1d(hidden_size)

        # 定义激活函数
        self.relu = nn.ReLU()

        # 定义 Dropout 层
        self.dropout = nn.Dropout(0.5)

        # 使用 Kaiming 初始化
        self.fc1.weight = torch.nn.init.kaiming_normal_(self.fc1.weight)
        self.fc2.weight = torch.nn.init.kaiming_normal_(self.fc2.weight)
        self.fc3.weight = torch.nn.init.kaiming_normal_(self.fc3.weight)
        self.fc4.weight = torch.nn.init.kaiming_normal_(self.fc4.weight)

    def forward(self, x):
        out = self.fc1(x)
        out = self.bn1(out)
        out = self.dropout(out)
        out = self.relu(out)

        out = self.fc2(out)
        out = self.bn2(out)
        out = self.dropout(out)
        out = self.relu(out)

        out = self.fc3(out)
        out = self.bn3(out)
        out = self.dropout(out)
        out = self.relu(out)

        out = self.fc4(out)
        return out
```

对于迭代过程中的高效训练策略的实现，主要体现在 L2 正则化、学习率衰减策略等，如代码 3-3 所示。

代码3-3 迭代过程中的高效训练策略

```
# 定义损失函数和优化器
criterion = nn.CrossEntropyLoss()
# 在优化器中加入 L2 正则化
optimizer = optim.Adam(model.parameters(), lr=0.001, weight_decay=1e-5)
# 设置学习率衰减策略
scheduler = optim.lr_scheduler.StepLR(optimizer, step_size=20, gamma=0.1)

for epoch in range(num_epochs):
    correct = 0
    total = 0
    for inputs, labels in train_loader:
        model.train()
        # 前向传播和计算损失
        outputs = model(inputs)
        loss = criterion(outputs, labels)

        # 反向传播和优化
        optimizer.zero_grad()
        loss.backward()
        optimizer.step()

        _, predicted = torch.max(outputs.data, 1)
        total += labels.size(0)
        correct += (predicted == labels).sum().item()

    # 学习率衰减
    scheduler.step()
    # 输出日志
    print(f'Epoch [{epoch + 1}/{num_epochs}], Loss: {loss.item():.4f}')
    print(f'Accuracy of the network on the train set: {100 * correct /
          total:.2f}%')
```

在添加模型的高效训练策略后，可以在一定程度上避免过拟合，进而实现模型的高效训练。

3.7 Python 语言实现：优化技巧在模型训练中的应用

本节将使用 CIFAR-10 数据集训练一个 CNN，并对比加入与不加入优化技巧的效果差异。

首先，导入依赖库并定义数据集，如代码3-4所示。

代码3-4 导入依赖库并定义数据集

```
import torch
import torch.nn as nn
import torch.optim as optim
import torch.nn.functional as F
import torchvision
import torchvision.transforms as transforms
from torch.utils.data import DataLoader
from torch.optim.lr_scheduler import StepLR
import matplotlib.pyplot as plt
import pandas as pd

# 定义超参数
batch_size = 64
learning_rate = 0.001
num_epochs = 15  # 训练轮数
weight_decay = 1e-4  # L2 正则化系数

# 1. 加载和预处理 CIFAR-10 数据集
transform = transforms.Compose([
    transforms.RandomHorizontalFlip(),
    transforms.RandomCrop(32, padding=4),
    transforms.ToTensor(),
    transforms.Normalize((0.5, 0.5, 0.5), (0.5, 0.5, 0.5))
])

train_dataset = torchvision.datasets.CIFAR10(root='./data', train=True,
                download=True,transform=transform)
train_loader = DataLoader(train_dataset, batch_size=batch_size, shuffle=True)

test_dataset = torchvision.datasets.CIFAR10(root='./data', train=False,
download=True,
 transform=transform)
test_loader = DataLoader(test_dataset, batch_size=batch_size,
shuffle=False)
```

随后，定义一个常规的CNN，并在CNN中加入批标准化层与Dropout层，如代码3-5所示。

代码3-5 定义CNN

```
# 2. CNN 模型
class CNN(nn.Module):
    def __init__(self):
```

```
        super(CNN, self).__init__()
        self.conv1 = nn.Conv2d(3, 32, kernel_size=3, padding=1)
        self.bn1 = nn.BatchNorm2d(32)   # 加入批标准化层
        self.conv2 = nn.Conv2d(32, 64, kernel_size=3, padding=1)
        self.bn2 = nn.BatchNorm2d(64)   # 加入批标准化层
        self.conv3 = nn.Conv2d(64, 128, kernel_size=3, padding=1)
        self.bn3 = nn.BatchNorm2d(128)  # 加入批标准化层
        self.pool = nn.MaxPool2d(2, 2)
        self.fc1 = nn.Linear(128 * 4 * 4, 512)
        self.fc2 = nn.Linear(512, 10)
        self.dropout = nn.Dropout(0.5)  # 加入 Dropout 层

    def forward(self, x):
        x = self.pool(F.relu(self.bn1(self.conv1(x))))
        x = self.pool(F.relu(self.bn2(self.conv2(x))))
        x = self.pool(F.relu(self.bn3(self.conv3(x))))
        x = x.view(-1, 128 * 4 * 4)
        x = F.relu(self.fc1(x))
        x = self.dropout(x)
        x = self.fc2(x)
        return x
```

其次，在完成模型定义后，对模型、损失函数、优化器进行初始化，并在优化器中加入L2正则化与学习率衰减策略，如代码3-6所示。

代码3-6 初始化模型、损失函数与优化器

```
# 3. 初始化模型、损失函数和优化器
device = torch.device('cuda' if torch.cuda.is_available() else 'cpu')
model = CNN().to(device)
criterion = nn.CrossEntropyLoss()

# 使用 Adam 优化器并添加 L2 正则化
optimizer = optim.Adam(model.parameters(), lr=learning_rate,
                       weight_decay=weight_decay)
# 学习率衰减策略：每 10 个 Epoch 将学习率衰减为原来的 0.1
scheduler = StepLR(optimizer, step_size=10, gamma=0.1)
```

再次，对模型进行迭代训练时，每一轮迭代都执行学习率衰减策略，如代码3-7所示。

代码3-7 迭代训练

```
# 记录历史数据
train_losses = []
val_losses = []
val_accuracies = []
```

```

# 4. 训练模型
def train(model, train_loader, criterion, optimizer, device):
    model.train()
    running_loss = 0.0
    correct = 0
    total = 0

    for i, (images, labels) in enumerate(train_loader):
        images, labels = images.to(device), labels.to(device)

        # 前向传播
        outputs = model(images)
        loss = criterion(outputs, labels)

        # 反向传播和优化
        optimizer.zero_grad()
        loss.backward()
        optimizer.step()

        # 统计
        running_loss += loss.item()
        _, predicted = torch.max(outputs, 1)
        total += labels.size(0)
        correct += (predicted == labels).sum().item()

    return running_loss / len(train_loader), 100 * correct / total


# 5. 验证模型
def validate(model, test_loader, criterion, device):
    model.eval()
    running_loss = 0.0
    correct = 0
    total = 0

    with torch.no_grad():
        for images, labels in test_loader:
            images, labels = images.to(device), labels.to(device)
            outputs = model(images)
            loss = criterion(outputs, labels)
            running_loss += loss.item()

            _, predicted = torch.max(outputs, 1)
            total += labels.size(0)
```

```
                correct += (predicted == labels).sum().item()

    return running_loss / len(test_loader), 100 * correct / total


# 6. 开始训练和验证
for epoch in range(num_epochs):
    train_loss, train_acc = train(model, train_loader, criterion,
                                  optimizer, device)
    val_loss, val_acc = validate(model, test_loader, criterion, device)

    # 记录历史损失和准确率
    train_losses.append(train_loss)
    val_losses.append(val_loss)
    val_accuracies.append(val_acc)

    # 更新学习率
    scheduler.step()

    print(
        f'Epoch [{epoch + 1}/{num_epochs}], Train Loss: {train_loss:.4f},
                 Train Acc:
 {train_acc:.2f}%, Val Loss: {val_loss:.4f}, Val Acc: {val_acc:.2f}%')
```

训练结束后，将训练好的模型与历史指标进行保存，如代码3-8所示。

代码3-8 保存模型与历史指标

```
# 7. 保存模型
torch.save(model.state_dict(), 'improved_cnn_cifar10.pth')

# 8. 保存历史指标到 CSV 文件
history_df = pd.DataFrame({
    'epoch': list(range(1, num_epochs + 1)),
    'train_loss': train_losses,
    'val_loss': val_losses,
    'val_accuracy': val_accuracies
})

history_df.to_csv('training_history.csv', index=False)
```

最后，分别训练原始模型（不加入优化技巧）和优化模型（加入优化技巧），得到两个模型的训练损失与准确率的对比图，如图3-13所示。

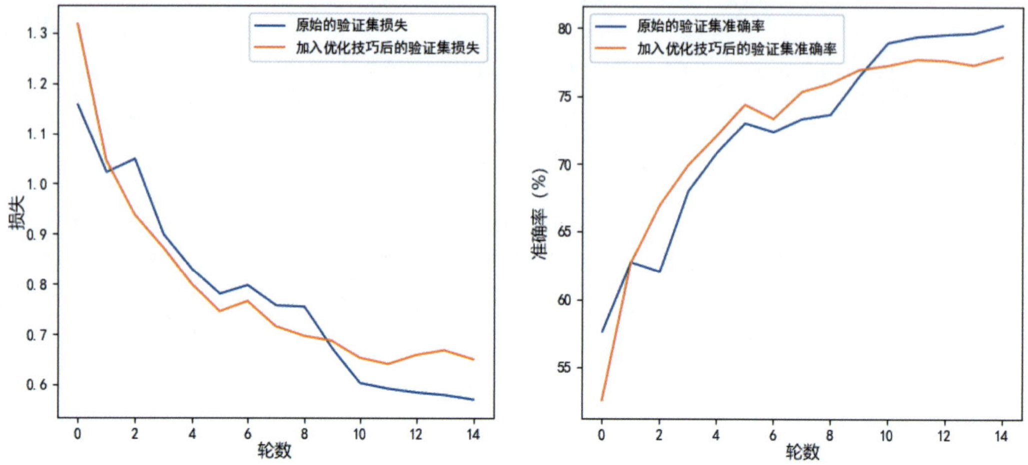

（a）每轮的验证集损失　　（b）每轮的验证集准确率

图 3-13　加入优化技巧前后模型的验证集损失与准确率的效果对比

从图 3-13 中可以看出，加入优化技巧后，在训练后期，优化模型能够达到更高的准确率与更小的损失。同时，其准确率仍呈上升趋势，损失仍呈下降趋势。这证明加入优化技巧后，模型能够实现更高效、更稳定的训练。

第4章 模型调用与优化基础

在大模型的应用中，模型调用是用户（系统）与大模型进行交互的核心环节，是实现其功能和价值的关键步骤。随着深度学习技术的飞速发展，大模型的规模和复杂度持续攀升，使其能够解决日益复杂和高难度的任务。尽管此类大模型在性能上有着显著优势，其调用和部署却面临诸多挑战。

大模型的调用并非简单的推理过程，它涉及从存储介质中加载训练好的模型、将输入数据通过模型进行推理计算到将计算结果返回给用户或应用系统的完整流程。这一过程看似简单，然而，受限于大模型的庞大体量和高计算需求，其运行需要消耗大量的硬件资源，尤其是内存、存储空间和计算能力。

本章将深入探讨大模型调用的基本概念，分析其面临的技术挑战，并介绍当前常见的优化策略。

本章的主要知识点如下。

（1）模型调用概述。

（2）大模型的选择与量化。

（3）迁移学习基础。

（4）实践练习：用Transformers库调用预训练模型。

（5）Python语言实现：利用预训练模型进行基础应用。

4.1 模型调用概述

模型调用是深度学习应用落地的核心环节。训练好的模型需经部署与调用才能投入实际应用，实现其价值。本节将阐述模型调用的基础理论，讲解其基本步骤与大模型调用的分类，并介绍常见的大模型调用平台。

4.1.1 模型调用的步骤

模型调用是指在应用中加载已训练好的深度学习模型，并使用该模型进行推理或预测的过程。大模型通常指拥有数十亿甚至更多参数的模型，其在训练过程中能学习大量复杂特征，具备强大的能力。然而，模型规模的剧增也带来了显著挑战，如高额的计算资源消耗、庞大的内存需求以及较长的响应时间等。

1. 大模型的加载

大模型的加载是将存储在磁盘或云端的模型文件读取到内存的过程。大模型的加载耗时耗力（占用内存），在资源受限的设备上尤为突出。因此，优化模型文件的存储和加载方式至关重要。常见的模型加载方式如下。

（1）预加载。

预加载是指在应用启动或系统初始化时，将所有需要使用的模型文件加载到内存中。这种方式适用于对响应时间要求极高的场景，如实时推理或低延迟场景等，能够保证模型可以直接使用，无须额外的加载时间。由于模型在一开始就完全加载到内存中，系统响应速度极快。然而，预加载方式也有明显的缺点，即内存消耗巨大。对于超大模型或多模型系统，易导致系统的内存资源被完全占用，甚至出现内存溢出或崩溃的情况。这使预加载方式在资源受限的设备上适用性较差。

例如，在一些高频的语音识别或NLP任务中，预加载方式非常有效，因为它能保证每次请求的响应时间尽可能短，并且由于模型始终驻留在内存中，避免模型加载的延迟。

（2）按需加载。

按需加载是一种更加灵活的方式，它根据实际需要动态加载模型。当用户请求某个模型进行推理或训练时，系统会从磁盘或云端加载模型，而非在启动时将全部模型都加载进内存。这种方式能够显著地节省内存，尤其适用于同时管理多个模型的场景。然而，按需加载也带来了一定的加载延迟，特别是在首次调用模型时，需要从存储介质中读取并加载模型。这种加载延迟可能会影响用户体验，特别是在需要快速响应的实时应用中。

为了减少加载延迟，采用按需加载的系统通常会在后台中预加载一些常用模型或“分片”，或者利用缓存技术避免每次都从头加载。例如，在NLP应用中，若用户输入特定领域的问题，系统可能会优先加载与该领域相关的模型，而对其他领域的模型则采用延迟加载。

（3）分布式加载。

分布式加载是指在多节点的分布式环境中，通过多个计算节点并行加载模型文件，以加快模型的加载速度。通过将模型分割成多个部分，分布式系统能够将模型的不同部分分别加载到不同的计算节点上，从而显著缩短整体加载时间，提高系统的吞吐量和响应能力。分布式加载通常配合分布式推理使用，允许多个节点并行地执行推理任务，进一步提高系统的效率。

例如，在大型云服务平台中，多个机器集群可共同承担一个大模型的加载与推理任务，依靠集群的内存和计算资源分摊单个机器的负担，达到高效加载和高吞吐量的目的。这种方式可以有效缓解单机内存瓶颈，支持大规模机器学习任务，如图像识别、NLP模型等。

（4）模型分片。

模型分片技术是分布式加载的一种延伸。对于规模极其庞大的模型，可以将模型参数按特定规则划分为多个较小的片段，每个片段在不同的节点或机器上进行存储和加载。在推理时，系统按需加载对应的模型片段，避免一次性将整个模型加载到内存中所产生的高消耗。这种方式在大规模分布式系统中尤为常见，能够有效解决大模型无法在单机上加载的问题。

2. 模型推理

完成模型加载后，要按照需求执行模型的推理过程。推理是指通过输入数据对模型进行计算，以得到预测结果。大模型的推理计算量巨大，尤其是在进行复杂任务时，如NLP、图像识别或多模态任务等。为提升推理效率，通常需要借助硬件加速（如GPU、TPU）或软件优化（如模型量化等）。

硬件加速器，如GPU、TPU、现场可编程门阵列（Field Programmable Gate Array，FPGA）等，能够显著提高大模型的推理速度。相较于CPU，GPU和TPU通过并行计算可以加速深度学习模型的训练和推理过程，尤其适合处理大量矩阵运算。CPU与GPU在处理深度学习任务时的计算速度对比，如图4-1所示。

模型量化是将模型的权重参数从浮点数表示转换为低精度表示（如整数），从而减少模型的存储和计算成本。量化后的模型不仅能够减少内存占用，还能加速推理过程。常见的量化方法包括权重量化、激活量化及混合精度训练（Mixed Precision Training）。

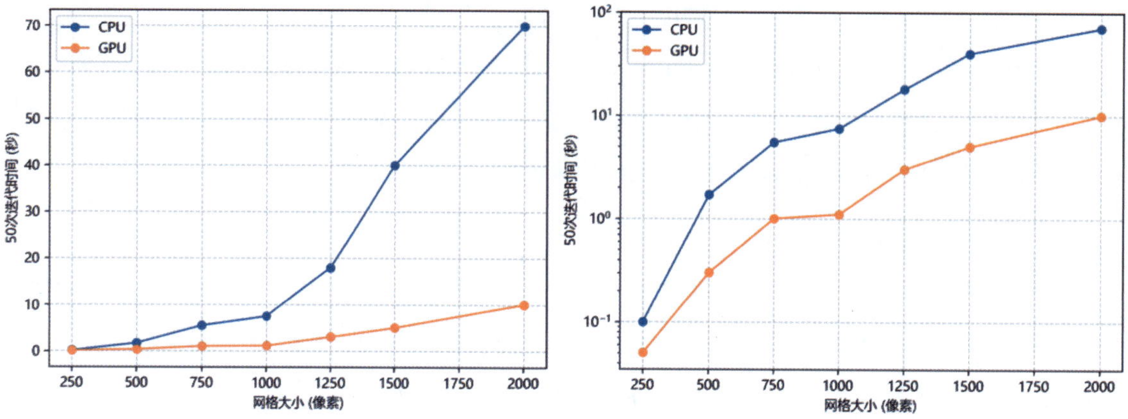

（a）线性刻度　　　　（b）对数刻度

图4-1　CPU与GPU在处理深度学习任务时的计算速度对比

4.1.2 大模型调用的分类

云端模型调用与本地模型调用是深度学习应用中两种主要的模型部署方式。在大模型应用中，这两种方式各有其优势和局限性。随着AI技术的广泛应用，越来越多的组织和开发者开始面临如何调用和部署大模型的问题。理解云端模型调用与本地模型调用的优缺点、适用范围及实际操作方法，对于在实际应用中做出正确的技术决策至关重要。

1. 云端模型调用

云端模型调用通常指通过远程服务器或云平台调用模型进行推理的过程。这种方式主要依赖云计算平台提供的强大计算能力和弹性资源，允许用户通过应用程序编程接口（Application Programming Interface，API）访问已部署的模型。随着云服务的普及，许多大模型提供商（如OpenAI、Google Cloud、Microsoft Azure等）提供了通过API进行远程调用的服务，这种方式尤其适用于不具备强大计算资源的用户，或者需要处理复杂计算任务而无法在本地完成的场景。

云端API调用的优势之一是其计算资源的弹性。在云端环境中，用户可动态分配云资源，按需增加或减少计算能力。

例如，当需要调用大规模NLP模型（如GPT-4）时，用户无须担心本地硬件的限制，因为云端平台提供了强大的GPU、TPU等硬件加速器。这使云端调用对大模型处理尤其适用，特别是在面对大规模并行计算或复杂推理任务时。此外，云平台还提供模型部署、监控、版本控制等一系列管理工具，使开发者能够更专注于应用开发和优化，无须过多关注硬件管理和维护。

通过API进行云端调用的操作通常较为简便。开发者只需在云平台创建账户，使用平台提供的大模型或部署训练好的大模型，并生成API密钥或令牌。然后，用户通过HTTP请求将输入数据发送至云端模型即可获取推理结果。这种方式的优点是便捷、高效，且无须处理本地硬件的兼容性与性能问题。对于中小型企业和个人开发者，云端调用的成本结构通常是按使用量计费，可以避免高昂的硬件投资，更具灵活性。

然而，云端模型调用也存在明显的缺点。首先，网络延迟是一个不可忽视的因素。尽管云平台提供了强大的计算资源，但数据的传输需要依赖网络带宽。网络连接不稳定可能导致推理过程的响应时间延长，影响用户体验。此外，云端服务的稳定性也可能受外部因素（如云平台的故障或维护）影响。因此，在对实时性要求较高的应用场景（如自动驾驶、实时视频分析等）中，云端模型调用可能无法满足低延迟的需求。其次，云端模型调用需要不断地进行数据传输，可能产生额外的带宽和数据存储成本。在需要处理大量数据或频繁调用模型的场景中，此类成本可能会显著增加。最后，数据隐私与安全是重要考量。对于涉及敏感数据的行业（如金融、医疗），云端服务存在潜在风险。数据在传输过程中的保护、云端环境下的加密存储与访问控制，均需严格设计与实施。

2. 本地模型调用

本地模型调用是指在本地设备或服务器上运行和调用模型的过程。这种方式要求用户拥有强大的计算硬件，并需要部署和维护相应的软件环境。尽管云端调用因其灵活性和高效性被广泛采用，但本地模型调用在对高性能推理、低延迟响应和数据隐私保护要求极高的场景中，仍具有不可替代的价值。

本地模型调用的优势在于其对网络延迟的独立性。由于所有的计算和推理均在本地设备上完成，因此无须依赖外部网络连接，也无须担心云端服务的不稳定性。这对于需要实时响应的应用场景至关重要。例如，在医疗影像分析、金融欺诈检测、工业监控等场景中，本地模型调用能够确保数据处理的实时性和准确性，不受外部因素的影响。此外，本地部署还可以大幅降低云服务的使用成本，尤其适用于频繁进行大规模推理的任务。

然而，本地部署大模型通常需要较高的计算资源投入。在进行深度学习推理时，GPU或TPU等硬件加速器通常是不可或缺的。若本地硬件配置不足，推理速度可能极慢甚至无法完成。同时，大模型本身通常消耗大量内存和存储空间，这对计算资源有限的设备（如边缘设备、嵌入式设备）可能构成挑战。

总体而言，云端模型调用与本地模型调用各有优势与适用场景。在选择调用方式时，开发者需根据具体的应用需求、技术资源与运营成本等因素综合决策。通过权衡计算资源、网络环境、延迟要求及安全性需求，方能找到最适合大模型应用的解决方案。

4.1.3 大模型调用平台

大模型的调用高度依赖开源模型平台的支持。Hugging Face作为目前最受欢迎的AI平台之一，已成为推动NLP和深度学习技术开放与发展的重要力量。该平台致力于为全球研究人员、工程师和开发者提供一个高效、易用的环境，加速其机器学习应用的开发和部署，Hugging Face中的模型库如图4-2所示。该平台不仅提供丰富的工具和预训练模型，还构建了一个非常活跃且高度协作的社区，鼓励开发者之间的知识共享和技术交流。

Hugging Face的核心产品包括其庞大的预训练模型库、丰富的数据集以及API，此外，平台内还提供了Hugging Face Hub功能，用户可以在这个平台上轻松地访问、下载和上传各类开源模型。Hugging Face Hub为机器学习社区提供了一个集中管理和分享模型的平台。它不仅支持大规模的模型存储，还通过提供不同版本的模型及元数据，帮助用户快速找到最合适的模型来解决问题。平台的开放性和协作性也促进了各类先进技术的迭代和应用。

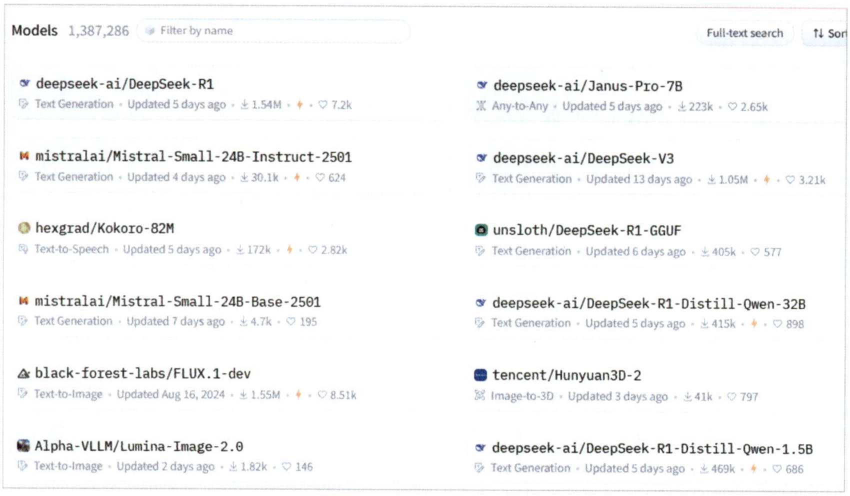

图4-2 Hugging Face中的模型库

在Hugging Face的生态系统中，Transformers库无疑是最具影响力和广泛使用的工具。该库为开发者提供了统一接口，使其能够快速应用各种预训练深度学习模型，尤其适用于NLP任务，如文本分类、命名实体识别、情感分析、文本生成、机器翻译等。Transformers库的设计旨在让模型使用变得简单且高效，用户仅需数行代码即可加载和应用前沿预训练模型，显著降低了模型应用的技术门槛。

Transformers库支持的模型架构种类繁多，涵盖了当前众多成功的深度学习模型，如BERT、GPT、T5等。

- BERT系列模型在问答系统和情感分析等任务中取得了卓越成绩。
- GPT系列模型在文本生成和对话系统中表现突出。

- T5和BART系列模型在多任务学习（Multi-task Learning）和文本生成任务中展现出极高的灵活性和性能优势。

这些模型不仅在理论上取得了突破，更在实际应用中极大地推动了NLP技术的普及。

文本数据的处理在NLP任务中至关重要。Transformers库内置的Tokenizer工具极大地简化了这一过程。Tokenizer负责将输入的文本转换为模型能够理解的格式，其工作包括文本的分词、编码及解码等。Transformer模型依赖特定的输入格式，而Tokenizer则通过自动化处理这些步骤，帮助开发者轻松地准备好训练或推理所需的文本数据。同时，Tokenizer还处理词汇表的管理、特殊符号的添加等复杂细节，显著减轻了开发者在文本处理方面的负担，尤其适用于需要处理大量文本数据的任务。

Transformers库的设计灵活且对用户友好，它能够与PyTorch和TensorFlow两大深度学习框架兼容，允许用户选择所需框架进行模型训练和部署。Hugging Face还提供了训练和推理所需的基础设施，如加速的计算资源和API，帮助开发者更高效地进行模型训练和部署。

4.2 大模型的选择与量化

大模型调用的第一步是根据设备条件选择适合的模型进行下载。本节将以Qwen2.5大模型在英伟达GPU上的本地调用为例，讲解预训练模型的选择与下载过程。

4.2.1 选择适合的模型

在GPU本地部署大模型时，GPU显存容量是决定性因素，它直接限定了可部署模型参数量的上限。

GPU显存容量与模型参数量之间的关系，深刻影响着深度学习模型的部署与训练效率。随着深度学习技术的发展，先进模型（如大规模预训练语言模型GPT-3、图像生成模型DALL·E）的参数规模已攀升至数十亿甚至上百亿量级。有效训练或推理此类大模型，必须拥有充足的GPU显存。GPU显存用于存储计算过程中的数据、模型参数及中间结果，其容量决定了可处理数据量和模型规模的大小。因此，理解显存与模型参数的关系，对深度学习实践至关重要。查询英伟达GPU显存的方法，如图4-3所示，在命令行中输入以下命令。

```
nvidia-smi
```

查询结果显示，GPU型号为NVIDIA GeForce RTX 3060，GPU总显存为6144 MiB，即GPU显存为6 GB。

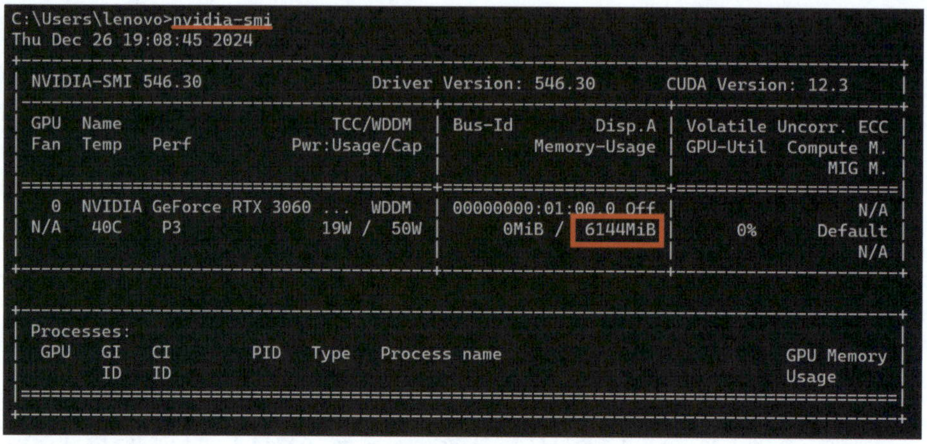

图4-3 查询英伟达GPU显存的方法

显存与模型参数之间的关系可以通过以下几个方面来分析。首先，深度学习模型中的每个参数通常存储为浮点数，常见的存储格式有32位浮点数（FP32）和16位浮点数（FP16）。一个32位浮点数占用4字节的存储空间，而一个16位浮点数则占用2字节的存储空间。为了计算一个模型所需的显存，需要考虑模型的参数总量及每个参数的数据类型。以32位浮点数为例，如果一个模型拥有1亿个参数，那么仅模型的参数部分就需要约4 GB的显存（1亿个参数 × 4字节）。如果使用16位浮点数进行存储，则显存需求将减少一半，约为2 GB。

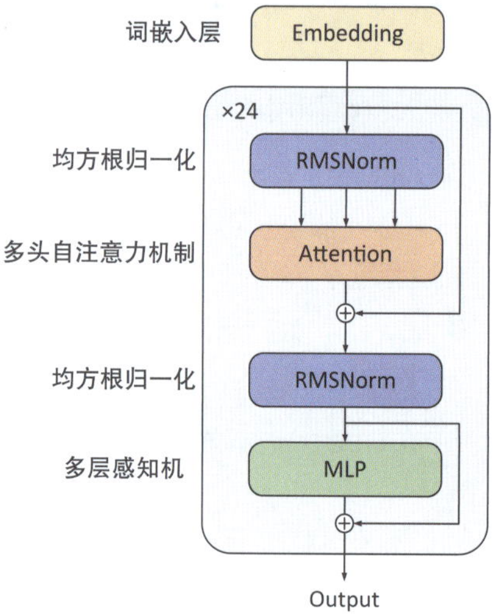

图4-4 Qwen2.5模型的基本架构

Qwen2.5是由阿里巴巴集团推出的一系列LLM，它们在预训练和后训练阶段都有显著改进。与之前的版本相比，Qwen2.5在预训练数据量上从7万亿个Token扩展至18万亿个Token，显著提升了模型在多个领域的性能。Qwen2.5系列模型在多个评测基准（如长文本处理、数学推理和代码生成等领域）取得了领先成绩。Qwen2.5模型提供了多种尺寸和配置，以满足不同场景的需求，其基本架构如图4-4所示。模型性能的提升得益于长文本微调、混合训练及强化学习等技术的运用。

Qwen2.5模型提供了0.5 B至72 B参数量的NLP模型。一般来说，模型参数量越大，模型的能力越强，但所需显存空间也更多。通过模型优化技术，经过实际测试，显存为6 GB的NVIDIA GeForce RTX 3060 GPU能够部署参数量为3 B的Qwen2.5模型。

4.2.2 模型量化

模型量化是一种将深度学习模型的计算精度从浮点数降低到较低位数的方法，通过减少模型所需存储空间和计算资源来提高推理效率。对于大模型，尤其是在本地部署的深度学习模型，量化技术具有重要的意义，它能够显著降低推理时的计算复杂度和内存占用，同时在保持较高性能的前提下提升模型的响应速度。随着大规模深度学习模型的广泛应用，模型量化已成为提升推理效率的关键技术之一。

模型量化的基本思想是将模型中使用的浮点数权重和激活值转换为低精度的整数，从而减少计算所需的存储和处理资源。在深度学习中，浮点数通常采用32位浮点数表示，而量化后的整数则通常使用8位整数（INT8）或16位整数（INT16）表示。通过这种方式，模型的存储需求和计算量显著减少，从而加速推理过程并降低硬件资源的需求。例如，8位整数的存储空间仅需32位浮点数的1/4，这对于资源受限的本地计算环境来说，无疑是一次重要的优化。

在实际应用中，模型量化通常使用两种主要的方法：训练后量化（Post-training Quantization，PTQ）和量化感知训练（Quantization-aware Training，QAT）。

训练后量化是一种相对简单的量化方法，它在模型训练完成后直接进行量化，而无须重新训练。这种方法通常适用于精度要求不是特别严格的应用场景。在训练后量化过程中，模型的浮点数权重和激活值会被转换为低精度整数，转换后的模型在推理过程中使用整数运算，从而减少计算成本和存储需求。尽管这种方法实现较为简单，但它的缺点在于可能导致一定的精度损失，尤其是在复杂任务或大模型中。为了减小精度损失，训练后量化通常会结合后处理技术，如使用量化校正（Quantization Calibration）进一步调整量化参数，确保量化后的模型能够保持较好的推理效果。

相比之下，量化感知训练是一种在模型训练过程中引入量化的技术。在量化感知训练中，量化操作被嵌入训练过程，使模型在训练时便能感知量化带来的影响。这意味着在训练过程中，模型会在每一层的计算中模拟低精度计算，并根据模拟的结果调整参数。这种方法的优点是能够在训练时优化模型以适应低精度计算，从而最大限度地减少精度损失。量化感知训练通过反向传播优化权重和激活的量化误差，使量化后的模型能达到较高的精度，并在推理时获得较好的性能。然而，量化感知训练的计算成本较高，需要更多的训练时间和资源，尤其是在大模型中。

模型量化也存在一定挑战。最显著的挑战之一是量化后的模型可能会损失精度。由于将浮点数转化为整数时数据的精度会降低，部分信息的损失可能导致推理结果不准确，尤其是在精度要求较高的任务中。此外，量化过程中还涉及如何选择合适的量化方案。不同的量化方案对模型的影响差异很大。常见的量化方法包括权重量化和激活量化。权重量化是将模型中所有的权重值从浮点数转换为低精度整数，而激活量化则是对每一层的激活值进行量化。两者结合使用时，可以最大化地减少计算和存储成本。然而，这种量化过程不仅仅是一个简单的数值转换，还需要在转换过程中进行一系列的调整和优化，如选择合适的量化策略、确定量化的位宽及选择合适的缩放因子等。所有这些步骤都需要通过实验验证，以确保量化后的模型在不显著降低精度的前提下达到最佳的性能。

模型量化的另一个问题是硬件兼容性。不同的硬件平台对量化操作的支持程度不同，某些平台可能对8位整数的支持较好，而有些平台则对16位整数的优化更为显著。因此，在进行云端部署时，必须考虑目标硬件平台的支持能力，选择合适的量化方案。例如，Google的TPU对8位整数量化有着优异的支持，而英伟达的GPU则可能更适合16位整数量化。针对不同硬件平台优化的量化策略，能够充分发挥硬件的性能，进一步提升推理效率。经过量化后，GPU能够部署参数量更大的模型，且推理速度更快。

将Qwen2.5-3B模型部署至RTX 3060型号GPU中，向模型输入提示词“请介绍什么是大模型”，并给出推理用时。

在计算精度为32位浮点数时，模型回复与推理用时如下。

模型回复：

◆ 大模型是指具有强大计算能力和复杂算法的模型，通常用于NLP、图像识别、语音识别等领域。大模型可以处理大量的数据，并通过深度学习等技术进行训练，从而实现更准确、更高效的预测和决策。大模型的发展和应用，为人工智能领域带来了巨大的变革和进步。

◆ 推理用时：37.5秒

在计算精度为16位浮点数时，模型回复与推理用时如下。

模型回复：

◆ 大模型是指具有强大计算能力和复杂算法的模型，通常用于NLP、图像识别、语音识别等领域。大模型可以处理大量的数据，并通过深度学习等技术进行训练，从而实现更准确、更高效的预测和决策。大模型的出现，为人工智能的发展带来了新的机遇和挑战。

◆ 推理用时：4.6秒

测试结果显示，16位浮点数与32位浮点数的推理结果语义相似，但推理用时与显存占用均大大减少。

4.3 迁移学习基础

在深度学习领域，迁移学习是一种高效的技术手段，它使模型能够借助在某个任务上预先训练得到的参数，提高在另一个相关任务上的学习效率和效果。这种方法不仅可以减少所需的数据和计算资源，还能增强模型对新任务的适应能力。无论是图像识别、文本处理还是其他相关领域，迁移学习都展现了巨大的实用价值。

4.3.1 基本概念与发展背景

迁移学习是机器学习中的一个重要研究方向，旨在解决在不同任务或领域间共享知识的问题。其核心思想是将从一个领域（源领域）获得的知识迁移到另一个领域（目标领域）中，尤其是在目标领域的数据相对稀缺的情况下。迁移学习的出现与发展，与传统机器学习方法在实际应用中面临的诸多挑战密切相关。

在传统的机器学习中，模型通常需要大量的标注数据来进行训练，以达到较好的预测性能。然而，在很多实际问题中，获取足够多的标注数据既昂贵又困难，尤其是在某些特定领域，如医学图像分析、金融风险预测等。这使数据稀缺问题成为机器学习应用中的瓶颈之一。迁移学习的目标是通过在相关任务中积累的知识，减少对目标任务大量标注数据的依赖。换言之，迁移学习通过迁移源任务中的有用信息，帮助目标任务提高性能，特别是在目标任务数据稀缺或标注昂贵的情况下。

迁移学习的根本动机源于人类学习过程的启发。人类通常能将某一任务中学到的知识应用到另一个相似的任务中，尤其是在任务之间存在一定的关联时。例如，一个已经学会识别动物种类的人，在学习新物种时可能会受益于以前积累的相关知识，甚至减少对新物种训练数据的需求。这种学习机制的借鉴，使迁移学习成为一种重要的研究方法。

迁移学习的研究始于20世纪90年代，随着机器学习技术的发展，尤其是深度学习的兴起，迁移学习的应用得到了更为广泛的关注。最初，迁移学习主要集中在通过预训练的模型来加速目标任务的学习过程。例如，利用在大规模数据集上预训练的神经网络（如ImageNet上的图像分类模型），再通过微调来适应新的任务。这样，模型能够借助在源任务中获得的特征提取能力，快速适应目标任务，极大地提高了小样本学习的效率。

迁移学习的核心挑战之一是源任务和目标任务之间的差异。理想的情况下，源任务和目标任务应具有某种程度的相似性或共享特征，以便有效地进行迁移。例如，源任务和目标任务的输入数据类型、特征空间、标签分布等方面的差异都可能影响迁移的效果。因此，如何量化源任务与目标任务之间的相似性，如何有效地转移和调整知识，使源任务的模型能够适应目标任务的需求，成为迁移学习中的关键问题。

近年来，迁移学习的应用领域不断拓展，除了传统的计算机视觉、NLP领域，迁移学习也开始应用于医学、金融、语音识别等多个行业。在医学领域，通过迁移学习，可利用在大规模公开数据集（如X光片、MRI图像）上训练好的模型，辅助诊断罕见疾病或解决数据稀缺的医学问题；在金融领域，通过迁移学习可将不同金融市场中的预测模型进行共享，从而提高新市场中的预测精度。

4.3.2 工作原理与分类

迁移学习的工作原理可以概括为以下几个步骤。首先，迁移学习依赖源任务和目标任务之间的相似性。通常情况下，源任务的数据量远大于目标任务的数据量，因此，模型会首先在源任务上进行预训练，学习通用的特征表示。其次，预训练的模型会被迁移到目标任务上，并在目标任务的数据上进行微调。在微调过程中，利用目标任务的数据来调整模型参数，使模型能更好地适应目标任务的特征。

迁移学习的策略大致可分为以下几种。

（1）微调方法：这种方法通常会将源任务上预训练好的模型的部分或全部参数迁移到目标任务中，并根据目标任务的数据进行调整。在微调过程中，一些层的参数会被固定，而其他层的参数则会根据目标任务的数据进行优化。通常，越接近模型的输入层，参数更新的程度越小；而离输出层较近的部分，则可能会进行较大程度的更新。微调方法广泛应用于深度学习中的各种任务，如图像分类、目标检测、语义分割等。

（2）特征提取（Feature Extraction）：在特征提取中，源任务模型将其前几层学习到的特征用于目标任务。通常情况下，深度神经网络中的前几层捕捉通用特征，如边缘、纹理等，而后几层则捕捉任务的特定特征。在特征提取方法中，源模型的前几层（如卷积层）被固定，而目标任务模型则会在这些提取的特征基础上进一步训练，专注于学习目标任务专有的特征。

（3）多任务学习：该方法通过同时训练多个相关任务，使模型能够共享不同任务间的有用信息。这种方法特别适用于任务间具有显著相似性的场景，如同时进行语音识别和情感分析的多任务模型。

迁移学习的成功依赖源任务和目标任务之间的相关性。如果源任务和目标任务的特征空间差异较大，迁移学习的效果可能会受到限制。例如，若源任务和目标任务的标签空间完全不同，迁移学习则可能无法有效地传递源任务的知识。在这种情况下，可能需要采用更精细的迁移方法，如领域适应（Domain Adaptation）或自监督学习等，来处理任务间的分布差异。

4.3.3 大模型的微调

迁移学习的基本流程通常包括两个步骤：首先，使用大规模数据训练一个预训练模型；其次，在特定任务的数据集上进行微调。对于深度学习中的大模型（如GPT或BERT等），微调通常是在这些模型的基础上，利用相对较少的标注数据进行任务适应。大模型通过预训练获得了对多种通用模式的理解，微调过程则是对这些模式进行微调，使模型更好地适应特定任务或领域。微调的目标是在保持大模型普遍性和强大表征能力的同时，提升其在新任务中的预测或分类性能。

随着大模型的普及，研究人员提出了多种针对大模型的微调方法，其中包括LoRA（Low-Rank Adaptation）和P-Tuning（Prompt Tuning）等。

1. LoRA

LoRA是一种针对大规模预训练模型的高效微调方法，如图4-5所示。其基本思想是通过对模型的参数进行低秩近似，减少需要更新的参数量，从而使微调过程更高效，尤其在计算资源受限的情况下。LoRA的目标是保持大模型的原始性能，同时降低微调时的计算成本。

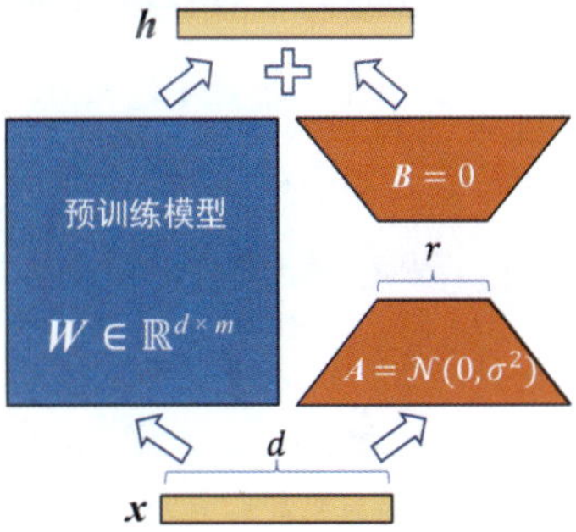

图4-5　LoRA微调

在传统的大模型微调中，通常需要更新整个模型的所有参数。这对于大规模预训练模型（如BERT、GPT等），计算量巨大且需要大量的存储空间。然而，对于许多任务，实际上并不需要更新所有模型参数，只需调整其中的一小部分参数即可。LoRA正是基于这一思想，通过在预训练模型的基础上引入低秩矩阵的形式，仅更新一小部分低秩参数。

LoRA的核心思想是将原有的全连接层权重矩阵分解为低秩矩阵的乘积，以降低微调时需更新的参数量。具体而言，LoRA的目标是将预训练模型中的权重矩阵$\boldsymbol{W}$进行分解，并通过低秩矩阵进行参数调整。

假设预训练模型中某一层的权重矩阵$\boldsymbol{W} \in \mathbf{R}^{d \times m}$，其中$d$是输入维度；$m$是输出维度。在传统的微调中，直接更新整个权重矩阵$\boldsymbol{W}$：

$$\boldsymbol{W}' = \boldsymbol{W} + \Delta\boldsymbol{W}$$

其中，$\boldsymbol{W}'$是更新后的权重；$\Delta\boldsymbol{W}$是梯度值。

LoRA则通过引入低秩矩阵$\boldsymbol{A} \in \mathbf{R}^{d \times r}$和$\boldsymbol{B} \in \mathbf{R}^{r \times m}$，将$\boldsymbol{W}$的更新表示为

$$\boldsymbol{W}' = \boldsymbol{W} + \Delta\boldsymbol{W} = \boldsymbol{W} + \boldsymbol{AB}$$

在这里，r是低秩矩阵的秩，通常是一个比d和m小得多的值，因此$\boldsymbol{A}$与$\boldsymbol{B}$的维度比$\boldsymbol{W}$小很多。这意味着只需要更新$\boldsymbol{A}$与$\boldsymbol{B}$的参数，而非更新整个权重矩阵$\boldsymbol{W}$，从而显著减少了需要更新的参数量。具体来说，LoRA通过优化$\boldsymbol{A}$与$\boldsymbol{B}$来调整原始权重矩阵，使

$$\Delta\boldsymbol{W} = \boldsymbol{AB}$$

r作为低秩矩阵的秩，决定了需要更新的参数量。与传统的全参数微调相比，LoRA通过这种低秩近似显著减少了微调时需要训练的参数量，从而提高了训练效率。

LoRA特别适用于大规模预训练模型，尤其在计算资源有限时。对于需要微调的大规模语言模型，（如BERT、GPT、T5等），LoRA提供了一种高效的微调方式。在许多实际应用中，LoRA能够以较

低的计算和存储成本，实现与传统微调方法相当的性能。这使LoRA成为处理大规模预训练模型的重要工具，特别是在部署到资源受限的设备上时优势尤为明显。

2. P-Tuning

P-Tuning是一种针对预训练语言模型的高效微调方法。其核心思想是在预训练模型的基础上，通过学习一组任务特定的提示词（Prompt）来引导模型生成目标任务的输出，而非直接修改模型的所有参数，如图4-6所示。这种方法使大规模预训练语言模型能够高效地适应新任务，并减少微调时的计算和存储成本。

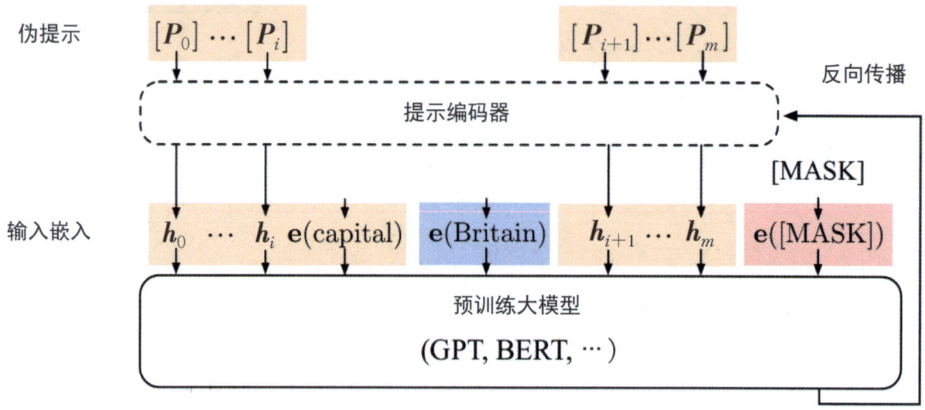

图 4-6　P-Tuning 微调

在传统微调方法中，整个预训练模型（如BERT、GPT等）会被更新，通过在目标任务的训练数据上进行反向传播来优化模型的所有参数。这对于大规模预训练模型而言，计算成本巨大且训练时间长。与之不同，P-Tuning的主要思想是通过引入任务特定的提示词来调整模型行为，从而避免直接修改整个模型的参数。换言之，P-Tuning认为只需通过学习一小部分参数（提示词），便能引导预训练模型更好地适应新任务。

P-Tuning的工作流程如下：首先，预训练语言模型在通用预训练数据上学习广泛适用的知识；然后，P-Tuning通过为每个任务设计特定的提示词，并对这些提示词进行微调，使模型在新任务上表现更好。由于模型的参数无须全面更新，P-Tuning显著减少了计算资源的消耗，同时仍能在新的任务上获得较好的性能。

为了高效地让大型预训练模型（如GPT、BERT）适应特定任务，P-Tuning采用了一种创新的“连续提示”方法，其工作原理如下：我们首先将巨大的预训练大模型的全部参数“冻结”，在整个微调过程中保持其权重不变。然后，我们引入一个全新的、轻量级的可训练模块，称为提示编码器（Prompt Encoder）。随后，定义一组可学习的、抽象的,伪提示（Pseudo Prompt）令牌（如图4-6中的$[P_0]\cdots[P_m]$）。这些令牌本身没有固定含义，它们是用于生成提示的“原材料”。

在训练时，这些伪提示令牌被输入到提示编码器中。提示编码器的作用是将它们转换成一组连续的、密集的向量（Embedding），即图4-6中的$\boldsymbol{h}_0 \cdots \boldsymbol{h}_m$生成的软提示向量会与原始输入文本（如“capital”，“Britain”）的词向量进行拼接组合，形成一个完整的输入序列。这个序列随后被送入已冻结的预训练大模型中进行计算和预测（如预测［MASK］位置的单词）。

模型会根据预测结果计算损失。关键在于，反向传播的梯度只会用来更新提示编码器的参数，而预训练大模型的参数完全不参与更新。这个过程的目标是，通过调整提示编码器，让它学会生成能最大程度引导大模型给出正确答案的提示向量。

P-Tuning有多个变种。在P-Tuning v2中，提示词不仅可以是文本，还可以是嵌入向量，这可以提高模型在复杂任务中的适应能力。P-Tuning v2进一步优化了提示词的学习过程，能更高效地进行多任务学习。在Prefix-Tuning中，提示词作为模型输入的一部分（前缀）进行调整，而非直接作为文本拼接。这样做可以更好地控制任务的上下文信息，使模型输出更精确。

P-Tuning在许多NLP任务中表现出色，尤其适用于数据量小或计算资源有限的场景。例如，情感分析、文本分类、命名实体识别、机器翻译等任务都可以通过P-Tuning进行高效微调。此外，P-Tuning还可以与其他技术（如LoRA）结合使用，从而进一步提升其在大模型中的应用效果。

除了LoRA和P-Tuning，针对大模型微调的其他方法也在不断发展。例如，有些方法关注优化训练过程中的策略，采用渐进式学习率调整、逐步冻结网络层等技术，以更高效的方式微调大模型。另一些方法则将微调视为多阶段过程，在每个阶段逐步调整不同的参数或网络结构，以实现更精细的调节。这些技术的共同目标是使大模型在处理特定任务时，能够更好地平衡泛化能力和任务特定的细节处理。

大模型微调技术的快速发展，使迁移学习在实际应用中变得更加高效和灵活。无论是LoRA的低秩适应方法，还是P-Tuning的提示词微调方式，都为大规模预训练模型的实际应用提供了更多可能性。这些方法不仅大幅降低了微调过程中的计算资源消耗，还使在小样本数据或多任务场景中进行微调变得更加可行和高效。随着技术的不断进步，未来可能出现更多创新的微调方法，进一步拓展迁移学习和大模型的应用范围。

4.4 实践练习：用 Transformers 库调用预训练模型

在本节中，将实现Qwen2.5-0.5B模型在RTX 3060 GPU上的本地调用。首先，需要下载预训练权重。访问Hugging Face模型库，搜索Qwen模型，进入目标模型库后，选择Model card选项，可以看到模型的基本介绍，如图4-7所示。

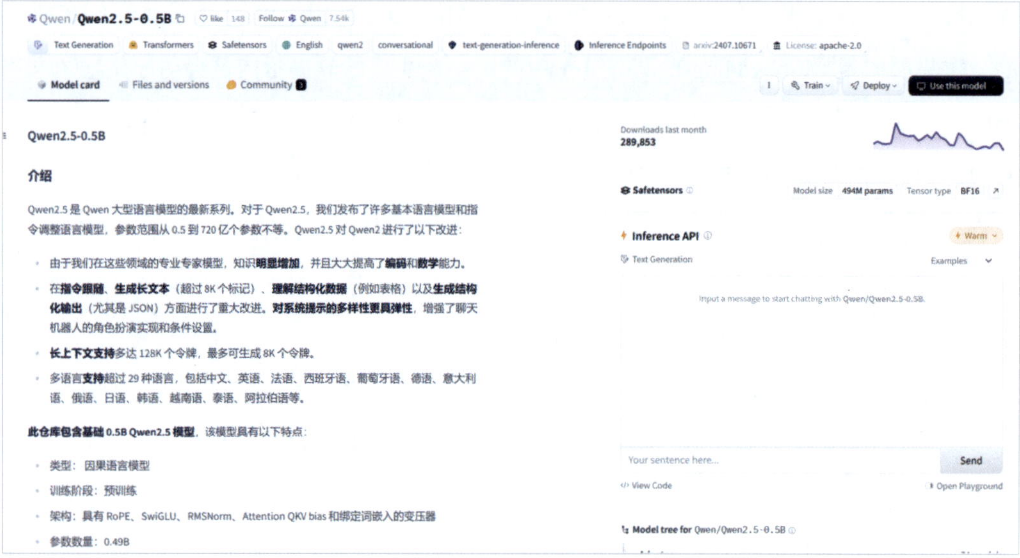

图 4-7　Qwen2.5-0.5B模型的基本介绍

选择Files and versions选项，查看Qwen2.5-0.5B模型中的所有文件，如图4-8所示。在项目中新建一个文件夹，命名为Qwen2.5-0.5B，并将模型库中的文件下载到本地。

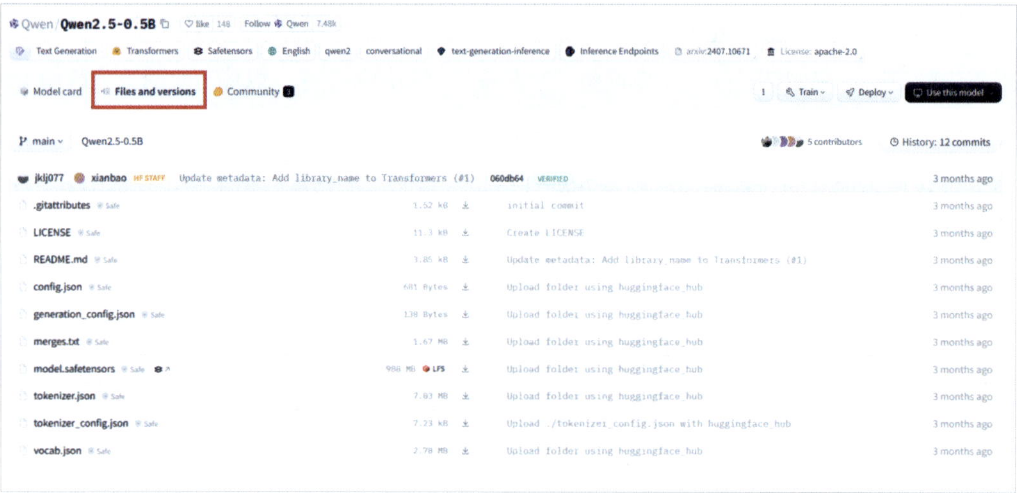

图 4-8　Qwen2.5-0.5B模型中的所有文件

其中，config.json文件是模型的配置文件，Transformers库将通过此文件配置模型，不同参数量的模型的配置文件不同，config.json文件的内容如下。

```
{
  "architectures": [
    "Qwen2ForCausalLM"
  ],
  "attention_dropout": 0.0,
  "bos_token_id": 151643,
  "eos_token_id": 151645,
```

```
  "hidden_act": "silu",
  "hidden_size": 896,
  "initializer_range": 0.02,
  "intermediate_size": 4864,
  "max_position_embeddings": 32768,
  "max_window_layers": 21,
  "model_type": "qwen2",
  "num_attention_heads": 14,
  "num_hidden_layers": 24,
  "num_key_value_heads": 2,
  "rms_norm_eps": 1e-06,
  "rope_theta": 1000000.0,
  "sliding_window": 32768,
  "tie_word_embeddings": true,
  "torch_dtype": "bfloat16",
  "transformers_version": "4.43.1",
  "use_cache": true,
  "use_sliding_window": false,
  "vocab_size": 151936
}
```

generation_config.json 文件是模型生成文本时的配置文件，包括特殊标识符的索引及生成文本时的超参数，其内容如下。

```
{
  "bos_token_id": 151643,
  "pad_token_id": 151643,
  "do_sample": true,
  "eos_token_id": [
    151645,
    151643
  ],
  "repetition_penalty": 1.1,
  "temperature": 0.7,
  "top_p": 0.8,
  "top_k": 20,
  "transformers_version": "4.37.0"
}
```

merges.txt、tokenizer.json、vocab.json 文件与文本的向量化紧密相关。Transformers 库能够根据这些文件构建词典；tokenizer_config.json 是向量化的配置文件，保存了一些特殊标识符的处理规则，并定义了对话的模板，Transformers 库将根据此文件构建文本向量化对象，并通过这个对象实现文本的向量化。

Qwen2.5 的对话模板为对话交互提供了结构化格式，使用预定义的占位符或提示词引导模型生成符合期望对话流程或上下文的响应。不同模型可使用不同类型的对话模板来格式化对话。使用指定的模板对于精确控制语言模型的生成过程至关重要。

Qwen2.5-0.5B模型使用以下格式生成对话模板。

```
<|im_start|>{{role}}
{{content}}<|im_end|>
```

其中，role表示角色，用户输入扮演user的角色，模型生成承担assistant的角色。此外，对话模板还支持元消息，用于指导模型执行特定操作或生成具有特定特性的文本（如改变语气、风格或内容）这将承担system的角色，内容默认为：“You are Qwen, created by Alibaba Cloud. You are a helpful assistant.”。

因此，一对完整的对话如下。

```
<|im_start|> system
You are Qwen, created by Alibaba Cloud. You are a helpful assistant.<|im_
end|>
<|im_start|> user
你好 <|im_end|>
<|im_start|> assistant
你好！很高兴为你服务。有什么我能帮你解答的问题吗？ <|im_end|>
```

完成预训练权重的下载后，对预训练权重进行调用，实现模型的推理，如代码4-1所示。

代码4-1 Qwen2.5-0.5B模型的推理

```
from transformers import AutoModelForCausalLM, AutoTokenizer

# 模型文件夹的名称
model_name = "Qwen2.5-0.5B"

# 从模型文件夹中自动加载模型
model = AutoModelForCausalLM.from_pretrained(
    model_name,
    torch_dtype="auto",
    device_map="auto"
)
# 从模型文件夹中自动加载向量化方式
tokenizer = AutoTokenizer.from_pretrained(model_name)

# 输入提示词
prompt = " 请介绍什么是大模型 "

# 消息记录
messages = [
    {"role": "system", "content": "You are Qwen, created by Alibaba Cloud.
```

```
    You are a helpful 21  assistant."},{"role": "user", "content": prompt}
]

# 将消息记录转化为消息模板
text = tokenizer.apply_chat_template(
    messages,
    tokenize=False,
    add_generation_prompt=True
)
# 对消息模板进行向量化
model_inputs = tokenizer([text], return_tensors="pt").to(model.device)

# 开始生成文本
generated_ids = model.generate(
    **model_inputs,
    max_new_tokens=512
)

# 获取生成结果
generated_ids = [
    output_ids[len(input_ids):] for input_ids,
output_ids in zip(model_inputs.input_ids, generated_ids)
]

# 对生成结果进行解码，转化为字符串
response = tokenizer.batch_decode(generated_ids, skip_special_tokens=True)[0]

# 输出生成结果
print(response)
```

代码输出结果如下。

```
大模型，是指在大规模数据集上训练的深度学习模型。这种模型通常具有更大的参数量和更复杂的结构，能够处理更加复杂的数据场景，如 NLP、计算机视觉等任务。

大模型可以显著提高模型的预测精度和泛化能力，因为它们可以在大量数据上进行训练，从而更好地适应各种不同的输入格式和环境条件。此外，大模型还具有更强的学习能力和自适应性，能够在不同任务中表现出色，尤其是在需要应对突发情况或高并发数据的情况下表现更为出色。

近年来，随着计算资源和技术的发展，大模型已经广泛应用于各种领域，包括但不限于图像识别、语音合成、推荐系统、医疗诊断、自动驾驶等领域。大模型的成功应用不仅提高了效率和准确性，也为解决实际问题提供了新的可能性。
```

模型对“请介绍什么是大模型”这一问题给出了很好的解释。通过本实践练习，成功实现了用Transformers库在本地调用预训练模型。

4.5 Python 语言实现：利用预训练模型进行基础应用

接下来，我们将通过预训练模型实现大模型的多轮对话功能，并构建PyQt应用程序，实现用户与模型的交互式对话界面。

实现连续对话的关键在于维护一个messages列表，两轮对话中的messages列表如下。

```
[{'role': 'system', 'content': 'You are Qwen, created by Alibaba Cloud. You
  are a helpful assistant.'},
 {'role': 'user', 'content': '你好'},
 {'role': 'assistant', 'content': '你好！很高兴为您服务。有什么我可以帮助您的吗？'},
 {'role': 'user', 'content': '你是谁'},
 {'role': 'assistant', 'content': '我是阿里云推出的一种超大规模语言模型，我叫通义千问。
  我的目标是通过理解和生成人类的语言，为用户提供智能、准确的答案和信息。我会不断学习和进步，
  以更好地服务于用户。如果您有任何问题或需要帮助，请随时告诉我，我会尽力提供支持。'}]
```

我们可以将messages列表按照对话模板整理成字符串，结果如下。

```
<|im_start|>system
You are Qwen, created by Alibaba Cloud. You are a helpful assistant.<|im_
end|>
<|im_start|>user
你好<|im_end|>
<|im_start|>assistant
你好！很高兴为您服务。有什么我可以帮助您的吗？<|im_end|>
<|im_start|>user
你是谁<|im_end|>
<|im_start|>assistant
我是阿里云推出的一种超大规模语言模型，我叫通义千问。我的目标是通过理解和生成人类的语言，为用
户提供智能、准确的答案和信息。我会不断学习和进步，以更好地服务于用户。如果您有任何问题或需要
帮助，请随时告诉我，我会尽力提供支持。<|im_end|>
<|im_start|>assistant
```

随后对字符串进行分词，结果如下。

```
['<|im_start|>', 'system', '\n', 'You', ' are', ' Q', 'wen', ',', ' created',
' by', ' Alibaba', ' Cloud', '.', ' You', ' are', ' a', ' helpful',
' assistant', '.', '<|im_end|>', '\n', '<|im_start|>', 'user', '\n', '你好',
'<|im_end|>', '\n', '<|im_start|>', 'assistant', '\n', '你好', '！', '很高兴',
'为您', '服务', '。', '有什么', '我可以', '帮助', '您的', '吗', '？', '<|im_
end|>', '\n', '<|im_start|>', 'user', '\n', '你是', '谁', '<|im_end|>', '\n',
'<|im_start|>', 'assistant', '\n', '我是', '阿里', '云', '推出', '的一种', '超',
'大规模', '语言', '模型', '，', '我', '叫', '通', '义', '千', '问', '。',
'我的', '目标', '是', '通过', '理解和', '生成', '人类', '的语言', '，', '为',
'用户提供', '智能', '、', '准确', '的答案', '和', '信息', '。', '我会', '不断',
```

```
'学习', '和', '进步', ',', '以', '更好地', '服务于', '用户', '。', '如果您',
'有任何', '问题', '或', '需要', '帮助', ',请', '随时', '告诉我', ',', '我会',
'尽力', '提供', '支持', '。', '<|im_end|>', '\n', '<|im_start|>', 'assistant',
'\n']
```

分词后的序列是模型中真正输入的序列。模型的输入是该序列中每个词在词表中对应的索引。从对话模板可以看出，它预定义了下一轮对话的开头：<|im_start|>assistant\n。模型将参照整个历史对话，继续生成后续内容，直至模型生成代表对话结束的特殊词元<|im_end|>，标志此轮对话结束。

接下来构建应用界面。任务目标是创建一个包含输入框、输出框和发送按钮的窗口，用户输入消息后，可以通过单击按钮将消息发送给大模型，获取模型的回复并显示在窗口中。在构建的PyQt应用界面中，QTextEdit控件用于显示聊天记录，QLineEdit 控件用于用户输入，QPushButton控件用于触发消息发送。

在实现Transformers库调用预训练模型的基础上，构建一个PyQt应用界面，如代码4-2所示。

代码4-2 多轮对话PyQt应用界面

```
import sys
from PyQt5.QtWidgets import QApplication, QWidget, QVBoxLayout, QLineEdit,
QPushButton, QTextEdit
from transformers import AutoModelForCausalLM, AutoTokenizer


class ModelChatApp(QWidget):
    def __init__(self):
        super().__init__()

        # 初始化界面
        self.setWindowTitle("Qwen 连续对话 ")
        self.setGeometry(100, 100, 600, 400)

        # 初始化模型和 tokenizer
        self.model_name = "Qwen2.5-0.5B"
        self.model = AutoModelForCausalLM.from_pretrained(
            self.model_name,
            torch_dtype="auto",
            device_map="auto"
)
        self.tokenizer = AutoTokenizer.from_pretrained(self.model_name)

        # 初始化消息记录
        self.messages = [
            {"role": "system", "content": "You are Qwen, created by
Alibaba Cloud. You are a helpful assistant."}
```

```
        ]

        # 创建界面元素
        self.layout = QVBoxLayout()

        self.output_area = QTextEdit(self)
        self.output_area.setReadOnly(True)
        self.layout.addWidget(self.output_area)

        self.input_field = QLineEdit(self)
        self.layout.addWidget(self.input_field)

        self.send_button = QPushButton("发送", self)
        self.send_button.clicked.connect(self.send_message)
        self.layout.addWidget(self.send_button)

        # 设置布局
        self.setLayout(self.layout)

    def send_message(self):
        # 获取用户输入的消息
        user_input = self.input_field.text()

        # 将用户输入添加到消息记录
        self.messages.append({"role": "user", "content": user_input})

        # 更新界面，显示用户输入
        self.output_area.append(f"用户：{user_input}")

        # 将消息记录转化为消息模板
        text = self.tokenizer.apply_chat_template(
            self.messages,
            tokenize=False,
            add_generation_prompt=True
)

        # 对消息模板进行向量化
        model_inputs = self.tokenizer([text], return_tensors="pt").
to(self.model.device)
        # 开始生成文本
        generated_ids = self.model.generate(
            **model_inputs,
            max_new_tokens=512
)

        # 获取生成结果
```

```
        generated_ids = [
            output_ids[len(model_inputs.input_ids[0]):] for output_ids in
        generated_ids
        ]
        # 对生成结果进行解码，转化为字符串
        response = self.tokenizer.batch_decode(generated_ids,
skip_special_tokens=True)[0]

        # 更新界面，显示模型回复
        self.output_area.append(f"Qwen: {response}")
        self.messages.append({"role": "assistant", "content": response})

        # 清空输入框
        self.input_field.clear()


if __name__ == "__main__":
    app = QApplication(sys.argv)
    window = ModelChatApp()
    window.show()
    sys.exit(app.exec_())
```

运行代码，将会生成可视化界面，用户可以直接在可视化界面中输入提示词，模型将会对提示词做出回复，如图4-9所示。

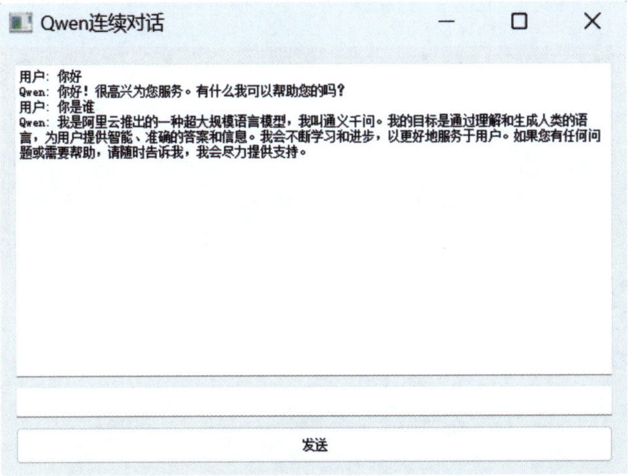

图4-9 大模型连续对话应用界面

第 5 章

大模型优化概述

随着深度学习模型的规模不断扩大，简单地调用预训练模型往往不足以应对复杂的实际应用场景。大模型的训练和优化过程面临巨大挑战，包括计算资源的消耗、训练时间的显著延长及模型性能遭遇的瓶颈。因此，如何有效地优化大模型，成为提升模型效率与精度的关键。

本章将围绕大模型优化主题展开，首先介绍大模型优化的基本概念及重要性，然后逐步深入讲解具体的优化技术，如梯度下降法及其变种、超参数优化等。通过理论与实践的结合，读者将学习如何在实际项目中应用这些优化策略，以应对大模型训练中的各种挑战。

本章的主要知识点如下。

（1）大模型优化的基本概念：介绍大模型优化的重要性及优化过程中的常见挑战。

（2）梯度下降法及其变种：深入探讨梯度下降算法的原理及其在大模型优化中的应用，并分析各种变种的优劣。

（3）超参数优化：介绍如何通过调整超参数来提高模型性能，包含学习率、批量大小等关键参数的优化策略。

（4）实践练习：用Python语言实现梯度下降法，通过动手实践来加深对优化算法的理解。

（5）Python语言实现：展示优化算法在图像分类任务中的应用，通过代码示例帮助读者快速上手。

注意：在开始本章内容之前，建议读者已充分掌握了第4章中关于模型调用与优化的基础知识，特别是预训练模型的选择、迁移学习的应用，以及如何利用Transformers库进行模型调用的实践。若读者对这些内容还不够熟悉，建议先回顾第4章的相关知识，以确保能更好地理解并应用本章的大模型优化技术。

5.1 大模型优化的基本概念

随着深度学习模型的规模不断扩大，优化问题逐渐成为制约模型性能提升的关键瓶颈。大模型（如BERT、GPT等）在多个领域展现出强大的能力，但其复杂性和庞大的参数量也带来了巨大的计算挑战。本节将介绍大模型的定义与背景，帮助读者理解其基本特点，并阐述它们在实际应用中面临的主要优化难题。

5.1.1 大模型的定义与背景

大模型是指具有极高复杂度和庞大参数量的深度学习模型。其参数量可达数亿至数千亿级别，通过深层次网络结构捕捉数据中的多层次特征，从而在广泛任务中实现卓越的性能。大模型通常具有以下特征。

（1）参数规模庞大：大模型的显著特点是参数数量庞大。例如，GPT-3模型拥有1750亿个参数，而BERT-large模型也有3.4亿个参数。海量参数使模型能够处理复杂的模式和细节，从而在多种任务中表现出色。

（2）模型结构复杂：大模型通常具有深层结构，包括数十层甚至上百层神经网络。每一层都能捕捉不同层次的特征，使模型在面对复杂数据时能够进行更细致的分析和处理。

（3）计算资源需求高：由于大模型的庞大规模，因此其训练和推理过程需要消耗极高的计算资源，通常依赖多个GPU或TPU的分布式计算。大模型的训练往往需要数周甚至数月的时间，并消耗大量电力和计算能力。

（4）训练数据规模巨大：大模型通常需要在极为庞大的数据集上进行训练，以学习丰富且广泛的特征。例如，BERT模型的预训练使用了数百亿字的文本数据，而GPT-3模型则使用了数万亿字的文本数据。

（5）应用领域广泛：大模型因其强大的表示能力，被广泛应用于NLP（如机器翻译、文本生成）、计算机视觉（如图像分类、对象检测）、语音识别、推荐系统等领域。其在各类任务中的应用表现都显著优于传统小型模型。

大模型的概念可以追溯到AI的最初定义和设想。早在20世纪50年代，计算机科学的奠基人艾伦·图灵在其著名的论文《计算机器与智能》中提出了图灵测试（Turing Test）作为衡量机器是否智能的标准。在图灵测试中，一位评估者（通常是人类）通过键盘与两方（一方是人类，另一方是机器）

进行对话，评估者无法看到对话者，只能通过文字交流来判断。机器的目标是通过回答问题和进行对话，模仿人类的回应方式，使评估者无法确定它是机器还是人类。如果评估者在一段时间内无法辨别机器身份，那么就认为这台机器通过了图灵测试，表现出了某种程度的智能。图灵的这一设想为AI研究奠定了基础。图灵测试的基本原理，如图5-1所示。

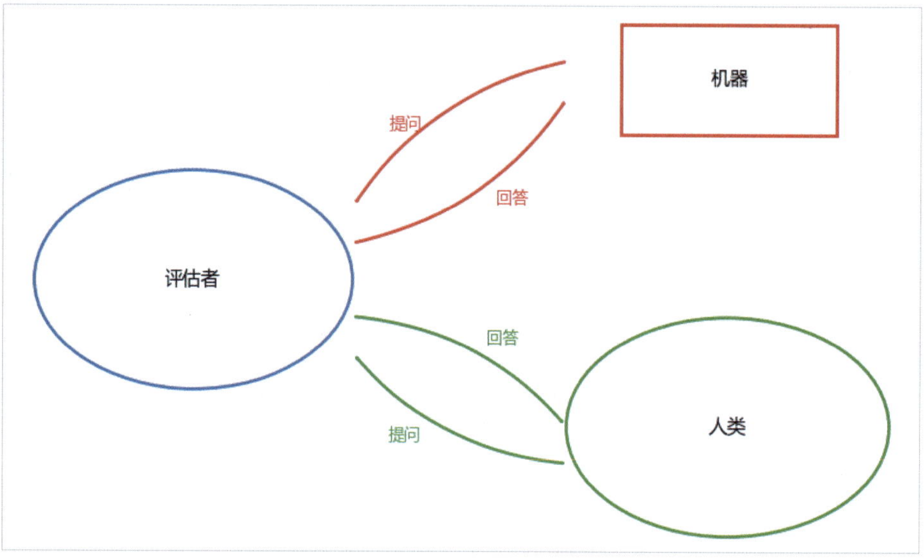

图5-1　图灵测试的基本原理

随着计算能力和数据量的不断增长，AI领域迎来了多次重要的技术突破。最初的AI模型，如感知器，仅能够处理简单的二分类问题，其局限性显而易见。20世纪80年代，反向传播算法的提出推动了MLP和神经网络的广泛应用，神经网络模型的层数和参数量开始逐步增加。然而，这些早期模型依然受限于计算资源和数据规模，其性能远未达到实用水平。

进入21世纪，互联网和数字化进程加速了数据的爆炸式增长，带动了深度学习的迅猛发展。2006年，Geoffrey Hinton等人提出的深度信念网络（Deep Belief Network，DBN）标志着深度学习的兴起，图5-2为深度信念网络示意图。随后，CNN、RNN等模型相继发展起来，并在图像识别和NLP等领域取得了突破性成果。然而，这些模型的参数量相对较小，训练时间较短，仍然属于中小型模型的范畴。

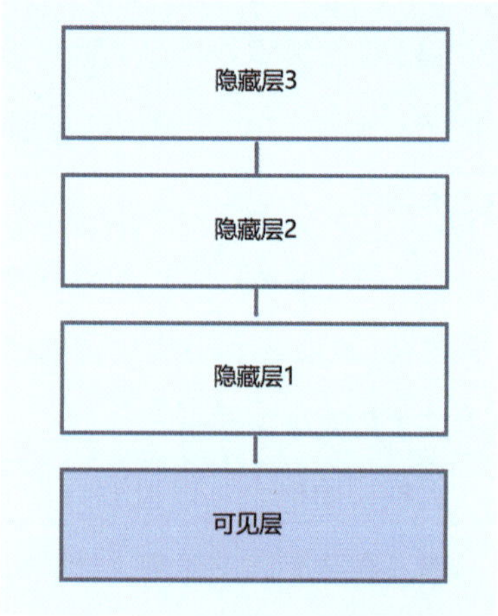

图5-2　深度信念网络示意图

大模型的兴起得益于硬件技术的进步，特别是GPU和TPU的广泛应用，使训练包含数十亿乃至数千亿参数的深度学习模型成为可能。2017年，Vaswani等人提出的Transformer模型凭借其强大的并行计算能力和更高效的注意力机制，进一步推动了大模型的发展，并迅速成为NLP领域的主流架构。图5-3为Transformer模型结构图。

随后，基于Transformer架构的多种大模型相继涌现，其中以OpenAI的GPT系列和Google的BERT系列最为著名。它们的问世不仅展示了大模型在处理复杂任务时的强大能力，也引发了关于计算资源消耗、模型训练时间等问题的广泛讨论。

近年来，随着AI技术的普及和应用，全球范围内的大型科技公司纷纷投入巨资开发更强大的大模型。2023年，OpenAI发布了GPT-4模型，被广泛应用于智能客服、自动化内容生成等领域。GPT-3模型与GPT-4模型的参数规模对比，如图5-4所示。

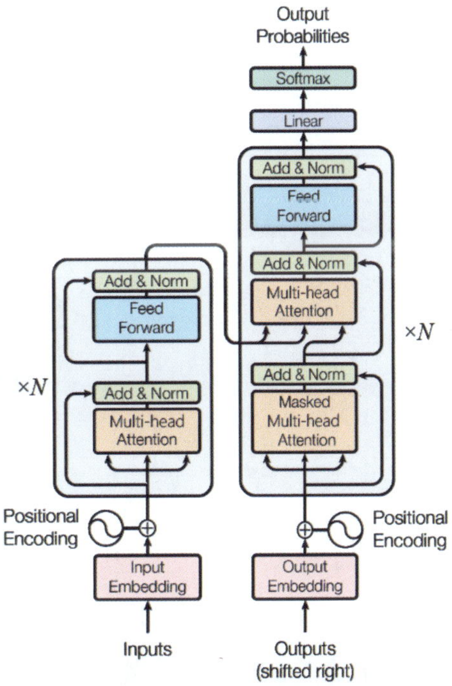

图 5-3　Transformer模型结构图

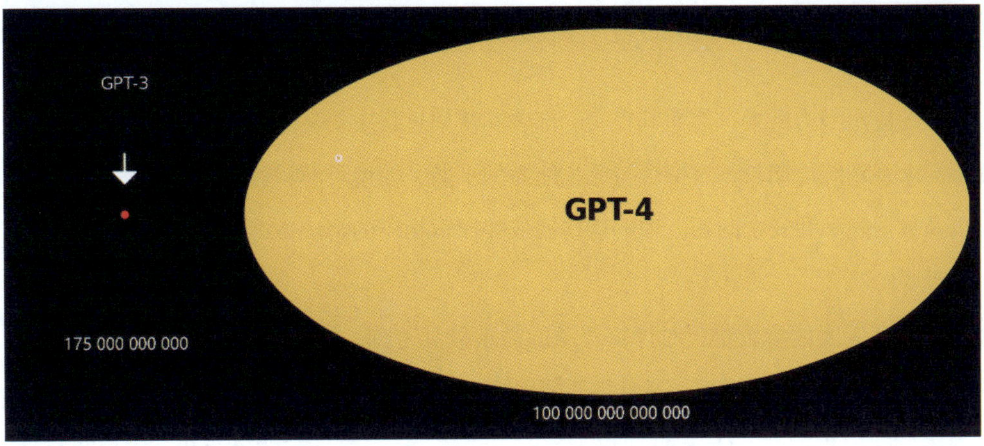

图 5-4　GPT-3模型与GPT-4模型的参数规模对比

与此同时，Google的PaLM（Pathways Language Model）和DeepMind的AlphaFold等模型也取得了令人瞩目的成绩。PaLM在自然语言理解和生成任务中表现出色，而AlphaFold模型则在生物分子结构预测方面取得了突破性进展，为生物医药领域带来了革命性的影响。AlphaFold模型对蛋白质结构进行的预测，如图5-5所示。

值得注意的是，大模型的应用不仅局限于科学研究和技术开发，在社会和经济层面也产生了深远影响。例如，2024年初，一些国家开始探索利用大模型辅助政府决策和优化公共服务。同时，大模型在金融市场预测、供应链管理等商业应用中的价值也日益显现。

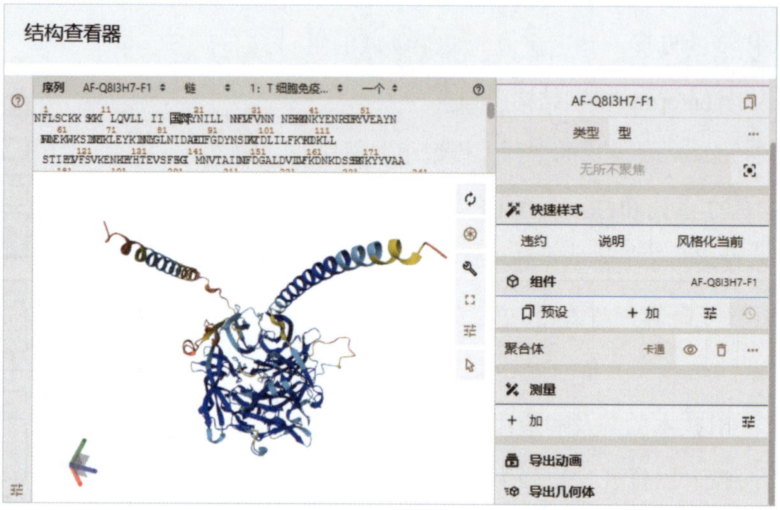

图 5-5　AlphaFold模型对蛋白质结构进行的预测

然而，随着大模型的广泛应用，围绕其伦理问题和社会影响的讨论也愈发激烈。数据隐私、安全性、算法偏见等问题成为公众关注的焦点。许多专家呼吁，在推进大模型技术发展的同时，应加强对其社会影响的审视，制定合理的法律和伦理规范，以确保其健康发展。

5.1.2 大模型在实际应用中的挑战

大模型的应用潜力巨大，然而其在实际部署和使用过程中仍然面临多重挑战。这些挑战涵盖了计算资源需求、训练周期长、过拟合与泛化能力的平衡、模型可解释性的缺乏、环境与能源消耗的影响，以及数据隐私和安全问题。理解这些挑战并探索相应的解决方案，对于推动大模型的应用和发展至关重要。

大模型因其庞大的参数量，对计算资源的需求极其苛刻。以GPT-3模型为例，其拥有1750亿个参数，训练如此规模的大模型，通常需要使用数百台高性能GPU进行并行计算。

在训练GPT-3模型时，OpenAI使用了Microsoft Azure提供的超级计算机，该计算机拥有数万个GPU，耗时数周才完成训练。这种大规模的计算需求使大模型的开发成本极高，限制了其在中小型企业和研究机构中的应用。此外，训练过程中的电力消耗也不容忽视。据估计，训练一个类似GPT-3规模的模型可能消耗数百兆瓦时的电力，相当于一个中型城市的日常用电量。

为了应对资源消耗的挑战，研究人员近年提出了多种解决方案。例如，模型压缩技术（如剪枝和量化）通过减少模型的参数量来降低计算需求。另一种方法是知识蒸馏（Knowledge Distillation），即使用大模型训练一个较小的模型，使小模型能够继承大模型的大部分能力，同时显著减少计算资源的消耗。

大模型的复杂性和庞大的数据量导致其训练时间往往非常漫长。以BERT-large模型为例，在使用大规模数据集（如Wikipedia和BookCorpus）进行预训练时，通常需要数周才能完成。即使研究人员使用多台GPU进行并行计算，训练时间的长度仍是一项显著挑战。

漫长的训练周期不仅增加了开发成本，还对模型的迭代速度产生了负面影响。在快速变化的应用场景（如金融市场预测、实时推荐系统）中，模型需要频繁更新以适应新的数据和市场变化。漫长的训练周期意味着更新周期被拉长，削弱了模型的适应性和响应速度。

为缩短训练时间，研究人员提出了多种优化策略。混合精度训练通过降低数值计算精度（如使用半精度浮点数）来加速训练，同时尽量保持模型性能。分布式训练则将任务分配到多个计算节点并行处理，加速整体过程。此外，在线学习（Online Learning）技术的应用，使模型能够在部署后持续学习和更新，减少了重新训练的时间需求。

大模型因其强大的表达能力，能够非常准确地拟合训练数据，在训练集上表现出色。然而，这种高拟合能力也带来了过拟合的风险，即模型在训练数据上表现良好，但在新数据或测试数据上的泛化能力不足。这种现象在大模型中尤为突出，因为大模型可能会记住训练数据中的噪声或无关特征等细节，而这些细节对新数据的预测并无帮助。

例如，在图像分类任务中，大模型可能会记住训练图像中的特定背景颜色或光照条件，从而在测试集上对具有不同背景颜色或光照条件的图像表现不佳。为了解决这一问题，研究者人员通常会引入正则化技术，如L2正则化、Dropout等，以增强模型的泛化能力。L2正则化通过在损失函数中加入参数的平方和项，抑制模型的过拟合，而Dropout则通过随机屏蔽部分神经元来防止模型对特定神经元组合的过度依赖。Dropout层原理示意图，如图5-6所示。

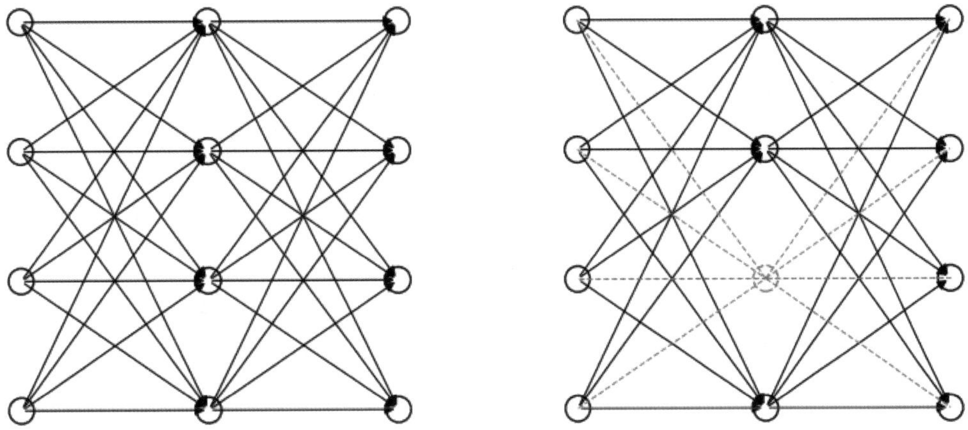

（a）标准神经网络　　　　（a）加入Dropout的网络

图5-6　Dropout层原理示意图

此外，数据增强技术也是应对过拟合的有效手段。通过对训练数据进行旋转、裁剪、翻转等处理，可以生成多样化的训练样本，从而提高模型的泛化能力。另一种方法是交叉验证，通过将数据集划分为多个子集进行训练和验证，以检测模型是否存在过拟合现象。

大模型常被视为“黑箱”，其内部决策机制难以理解和解释。这种可解释性的缺失在医疗诊断、金融分析等关键决策领域带来诸多问题。例如，在医疗领域，若一个深度学习模型推荐治疗方案却无法提供清晰解释，医生可能会对模型的建议持怀疑态度甚至拒绝采纳。在金融领域，若模型预测股票上涨却无法阐明依据，投资者可能因缺乏信任而拒绝参考其建议。这降低了模型在实际应用中的接受度，限制了其潜在社会价值。

为了解决这一问题，研究人员提出了多种增强模型可解释性的技术，如局部可解释的模型无关解释方法（Local Interpretable Model-agnostic Explanations，LIME）和沙普利加性解释（SHapley Additive exPlanations，SHAP）。LIME通过构建与原始模型预测相似的简单模型来解释复杂模型的决策过程，而SHAP则基于博弈论的Shapley值，为每个输入特征分配一个贡献值以解释模型的预测。这些技术在一定程度上改善了大模型的可解释性，使其在高风险决策领域的应用更具可信度。LIME可解释性技术可视化示意，如图5-7所示。

图5-7　LIME可解释性技术可视化示意

大模型的训练和推理需要消耗大量的计算资源，这不可避免地带来了显著的能源消耗和环境影响。据估计，训练一个GPT-3级别的大模型可能会产生数百吨的二氧化碳，接近一辆燃油车的全生命周期排放量。在全球日益关注气候变化和可持续发展的背景下，大模型对环境的影响日益突出。

为了降低大模型对环境的影响，研究人员提出了多种策略。例如，通过优化算法的能效，使模型在相同的计算资源下能够更高效地训练和推理。此外，使用绿色能源（如太阳能或风能）为数据中心提供动力，也是减少碳足迹的有效途径。部分公司已开始在其数据中心采用可再生能源，并投资开发高效的冷却技术以减少能源消耗。此外，在模型设计和训练过程中采用模型压缩技术、剪枝和量化等方法，可在保持模型性能的同时显著减少计算需求，从而降低能源消耗。这些技术不仅有助于缓解大模型的环境影响，还可以降低运行成本，提高模型的可持续性。大模型的能源消耗，如图5-8所示。

大模型在训练过程中需要访问和处理大量的数据，其中可能包含敏感的个人信息或商业机密。如何在保障数据隐私的前提下进行大模型训练，已成为技术和法律的双重挑战。例如，医疗领域中的患者数据、金融领域中的交易数据均高度敏感，若这些数据在训练过程中泄露，则可能带来严重的后果。

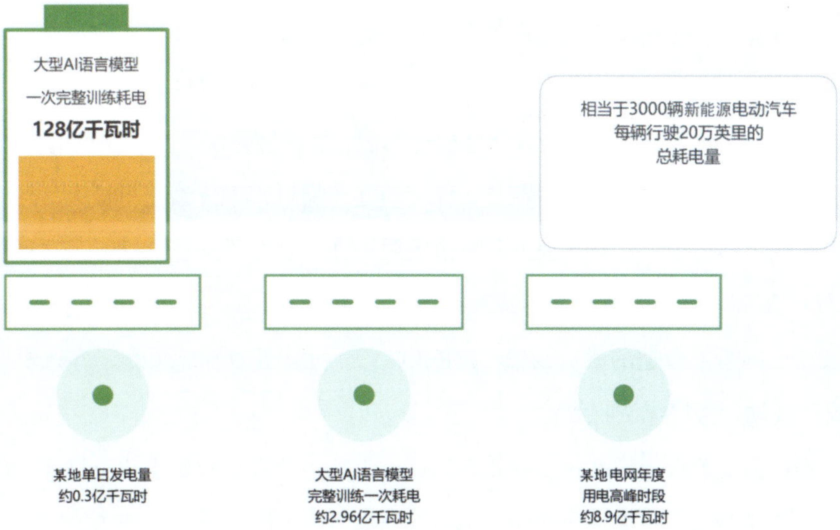

图 5-8 大模型的能源消耗

为了应对这一挑战，近年来发展了一些保护数据隐私的技术，如联邦学习（Federated Learning）和差分隐私（Differential Privacy）。联邦学习允许模型在多个本地设备上进行训练，而无须将数据集中到一个中心化的服务器中，从而减少了数据泄露的风险。差分隐私则通过在数据中引入噪声，使任何单个数据点的隐私信息无法被推断出来，从而保护数据的隐私性。

这些技术的应用，虽然在一定程度上解决了数据隐私问题，但也带来了新的挑战：联邦学习中的通信成本和差分隐私引入的噪声可能影响模型的性能和训练效率。因此，在实际应用中平衡数据隐私保护与模型性能，仍是亟待深入研究的课题。

5.1.3 大模型优化的核心问题

在优化大模型的过程中，研究人员常面临一系列复杂且关键的问题。这些问题不仅影响模型的训练效率和最终性能，还关乎模型的稳定性和实用性。理解并解决这些核心问题是成功优化大模型的关键。

1. 梯度消失与梯度爆炸问题

梯度消失和梯度爆炸是深度神经网络优化过程中常见的两个问题。它们主要出现在神经网络的反向传播阶段，当梯度值在层与层之间进行传递时，可能会逐渐变得极小或极大，导致模型训练的效果大打折扣。

在深度神经网络中，反向传播的梯度值可能会在多次相乘后趋近于零，导致神经网络的前几层的参数几乎无法得到有效更新。对于大模型而言，梯度消失问题尤其严重，因为大模型通常具有更多的层数，这意味着梯度在传递过程中变得越来越小，最终几乎没有参数更新，从而阻碍了模型的学习能力。例如，在训练一个包含数十层的LSTM网络模型时，梯度消失问题可能导致前几层的参数无法有效更新，模型难以捕捉输入序列的远端信息，从而影响其对长序列的建模能力。

与梯度消失相反，梯度爆炸问题是指梯度值在传递过程中逐渐变得极大，导致模型参数更新过大，从而使模型不稳定，甚至使损失函数值无限增加，训练无法正常进行。这种现象通常出现在模型使用了大于1的权重初始化或激活函数的导数较大时。例如，在训练深度CNN时，如果初始化的权重过大或选择了不合适的激活函数（如ReLU()），可能导致梯度爆炸，导致模型训练过程中的损失函数剧烈波动，最终无法收敛。

为了解决梯度消失与梯度爆炸问题，研究人员提出了多种技术手段。例如，使用批标准化来稳定梯度，或者选择适当的权重初始化方法（如Xavier初始化）来避免初始梯度过大或过小。此外，在模型结构（尤其在深度神经网络）中引入残差连接或跳跃连接（Skip Connections），能有效缓解此类问题。

2. 过拟合与欠拟合的平衡

在大模型的训练中，需要重点关注过拟合与欠拟合问题。过拟合是指模型在训练数据上表现优异，但在测试数据或实际应用中表现不佳，通常是因为模型过于复杂，能够记住训练数据中的噪声和无关特征。欠拟合则指模型在训练数据和测试数据上均表现不佳，通常是因为模型的复杂性不足，无法捕捉到数据中的有效模式。

大模型由于其参数众多，具有极强的拟合能力，因此容易出现过拟合现象。在训练过程中，若模型过度拟合训练数据中的细节和噪声，则会导致其泛化能力不足，在面对新数据时表现较差。为了防止过拟合，常用的技术包括正则化（如L2正则化）、早停策略（Early Stopping）及数据增强等。例如，在NLP任务中，过拟合可能表现为模型在训练集上能够完美预测语句的情感倾向，却因依赖训练数据中的某些细节而在测试集上无法正确预测新的语句情感倾向。

欠拟合通常出现在模型的复杂性不足或训练时间过短的情况下。大模型如果没有经过充分训练，或者其结构设计不够复杂，同样难以捕捉数据中的复杂模式，从而表现不佳。解决欠拟合问题的一个方法是增加模型的复杂性，如增加神经网络层数或神经元数量，或者延长训练时间。例如，在图像分类任务中，如果模型层数较少且参数量不足，欠拟合可能导致模型无法有效识别图像中的复杂模式，从而表现出较高的分类错误率。模型的三种拟合状态的对比，如图5-9所示。

在实践中，平衡过拟合与欠拟合是一个需要精细调节的过程，需通过实验调试选择适当的模型结构、训练策略和超参数设置，以确保模型既能有效拟合训练数据，又具备良好的泛化能力。

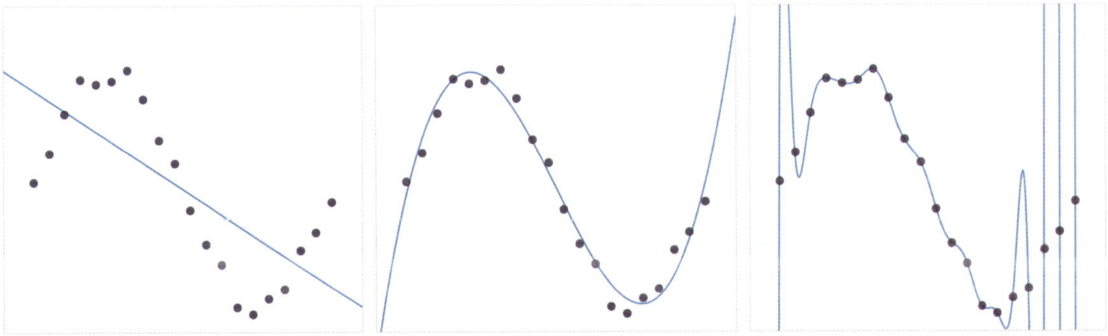

（a）高偏差（欠拟合）　（b）刚刚好（适当拟合）　（c）高方差（过拟合）

图 5-9 模型的三种拟合状态的对比

3. 模型训练的不稳定性

大模型的训练过程常面临不稳定性的问题，尤其在使用复杂的网络结构和大型数据集时。这种不稳定性可能表现为训练损失不收敛、模型参数更新剧烈波动，或者在不同的初始条件下训练结果差异巨大。这不仅影响模型的最终性能，也增加了训练的难度和时间成本。

大模型的训练过程中，有时会出现损失函数不收敛的情况，即损失值无法下降至一个合理的范围内，甚至可能出现上升的情况。这种现象可能由多种原因引起，如不适当的学习率、过于复杂的模型结构或数据集的特性不适合当前的优化方法。例如，在图像生成任务中，如果GAN的生成器和判别器的训练不平衡，可能导致整个网络不收敛，生成的图像质量不佳或无法生成有效图像。

在训练过程中，如果模型的参数更新过于剧烈，可能导致训练过程中的损失函数剧烈波动，甚至出现不稳定的情况。通常，这种现象与过高的学习率或不适当的优化算法有关。例如，在使用标准梯度下降法训练大模型时，如果学习率设置过高，模型的损失可能会在训练中不断波动，导致最终模型性能不佳。

为了解决这些不稳定性问题，常用方法包括使用学习率衰减策略逐步降低学习率，或者使用更稳定的优化算法，如Adam或RMSProp（Root Mean Square Propagation）。此外，在模型结构设计中引入稳定性更强的激活函数（如Leaky ReLU()）也有助于减少训练过程中的波动。

4. 超参数调优的复杂性

大模型往往包含大量的超参数，如学习率、批次大小、正则化系数、网络结构的层数和神经元数量等。这些超参数的选择对模型的最终性能有着至关重要的影响。在实际应用中，寻找最优超参数组合通常是一个复杂且耗时的过程，尤其是在大模型的训练中，超参数调优的难度更高。

大模型对超参数的选择极为敏感，微小的变化都可能导致模型性能的显著波动。例如，学习率的细微调整可能就会影响模型的收敛速度，甚至导致模型训练失败。因此，在训练大模型时，选择合适的超参数组合至关重要。在图像识别任务中，使用不同的学习率调度策略（如固定学习率、学习率衰减等）对CNN模型的训练结果影响显著。错误的学习率设置可能导致模型在训练初期快速收敛，陷入局部最优解，从而无法达到最佳性能。图5-10展示了超参数的概率分布。

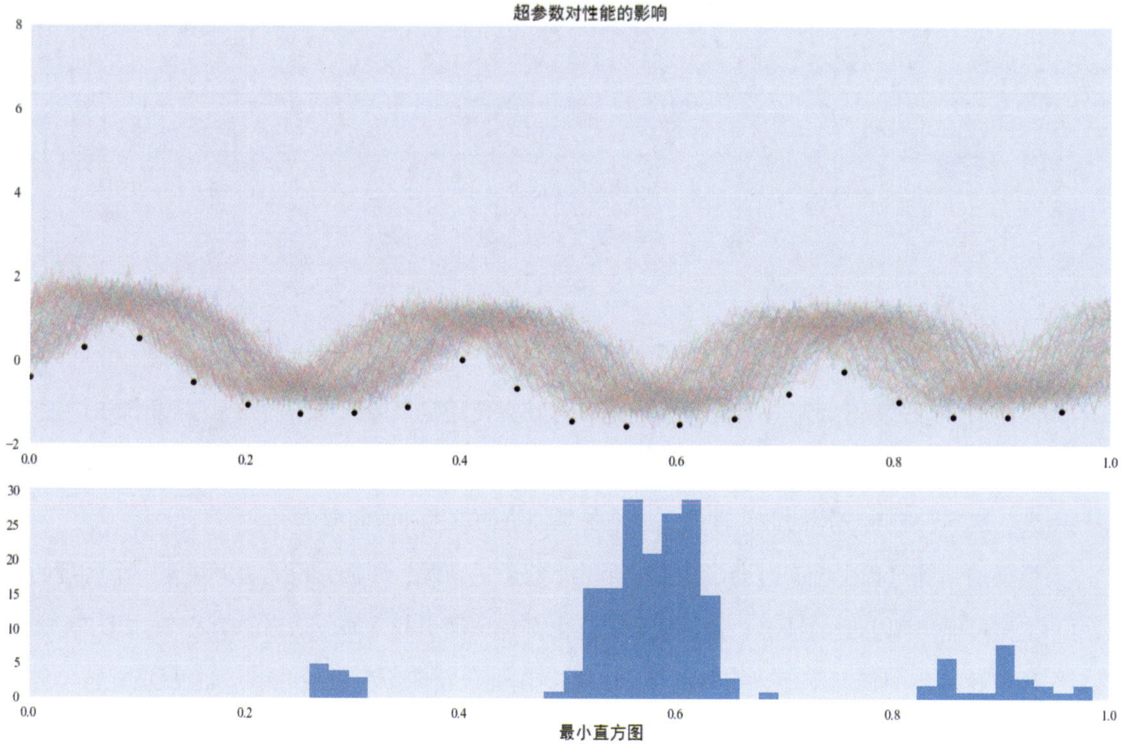

图5-10　超参数的概率分布

由于大模型的训练本身就需要大量的计算资源，超参数调优进一步增加了计算成本。在实际应用中常需要通过网格搜索（Grid Search）或随机搜索（Random Search）等方法对超参数进行调整，这些方法在大模型上通常需要消耗极长的计算时间。在训练深度学习模型时，为了寻找最佳超参数组合，可能需要多次反复试验，导致计算资源的严重消耗和训练时间的显著延长。

为应对超参数调优的复杂性，自动化机器学习（AutoML）技术被引入大模型的优化过程。这些技术通过自动化的超参数搜索和调优，能够有效地降低人工调参的时间成本，并在一定程度上提升模型的最终性能。

5.2 梯度下降法及其变种

在深入探讨了大模型优化过程中面临的核心问题后，接下来将重点介绍优化大模型的关键技术之一，即梯度下降法及其变种。梯度下降法作为优化算法的基础，通过迭代调整模型参数以最小化损失函数，在深度学习模型训练中发挥了至关重要的作用。然而，随着模型复杂度的增加，传统的梯度下降法在收敛速度和稳定性方面面临挑战，因此，各种改进和变种算法应运而生。本节将系统地介绍梯度下降法的基本原理，并逐步探讨其变种算法，包括随机梯度下降法、动量（Momentum）法、Adagrad（Adaptive Gradient Algorithm）、RMSProp 以及 Adam 等，帮助读者理解这些方法在大模型优化中的应用和效果。

5.2.1 梯度下降法的基本原理

梯度下降法是优化深度学习模型的基础算法，其核心思想是通过不断调整模型的参数，使损失函数逐步逼近最小值，从而提升模型的预测性能。

梯度下降法的基础是损失函数，它是模型输出与实际目标之间差异的量化表示。在监督学习中，损失函数通常用于衡量预测值与真实值之间的误差大小，从而为优化过程提供方向。例如，在一个简单的线性回归问题中，常用的损失函数是均方误差，其计算方法是所有预测误差的平方和除以样本数量。最小化均方误差可使模型的预测值尽可能接近实际值。

梯度下降法通过计算损失函数对模型参数的梯度来指导参数更新。梯度可以理解为损失函数在参数空间中的变化率，而梯度的方向指向损失函数上升最快的方向。因此，为了减少损失函数的值，梯度下降法在每次迭代中沿着梯度的反方向调整参数。这一过程类似于沿着山坡下行寻找最低点，即损失函数的最小值。梯度下降法的可视化描述，如图 5-11 所示。

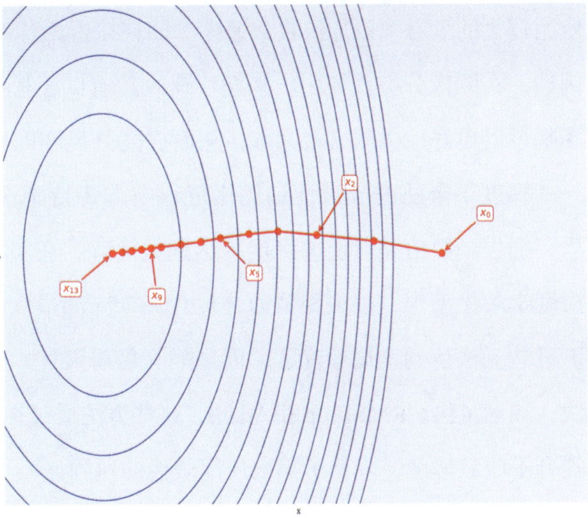

图 5-11 梯度下降法的可视化描述

例如，在神经网络训练中，参数的更新公式为

$$\theta_{t+1} = \theta_t - \alpha \cdot \nabla_\theta J(\theta)$$

其中，θ_t表示第t次迭代时的参数；α为学习率；$\nabla_\theta J(\theta)$为损失函数关于参数θ的梯度。通过迭代优化，模型的参数逐渐更新，使损失函数趋于最小。

然而，梯度下降法的效果在很大程度上取决于学习率的设置。学习率决定了每次迭代时参数更新的步长。若学习率过大，参数更新可能越过最优解，导致收敛失败；若学习率过小，则参数更新步长过短，导致优化过程过于缓慢，甚至可能陷入局部最优解。因此，选择合适的学习率是梯度下降法成功的关键之一。学习率大小的调整对模型拟合的影响，如图5-12所示。

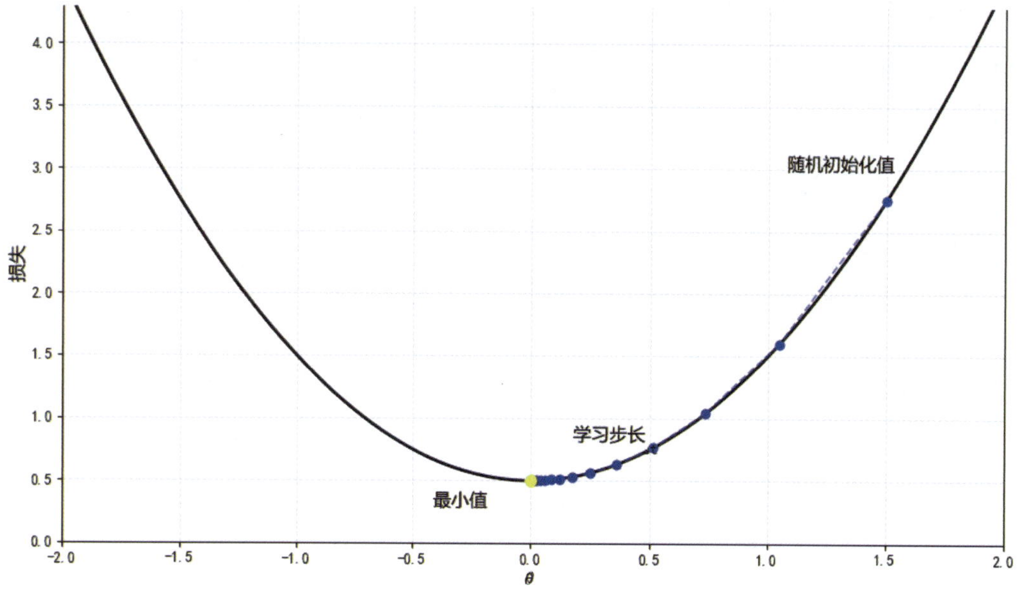

图5-12 学习率大小的调整对模型拟合的影响

在实际应用中，通常采用学习率衰减策略来提高优化的效果。学习率衰减指的是在训练的早期使用较大的学习率以加快收敛速度，而在接近最优解时逐步减小学习率，使参数能够更精细地调整。例如，在图像分类任务中，初期快速收敛有助于模型快速捕捉图像中的基本特征，而后期减小学习率则可以更好地微调模型参数，从而提高分类准确率。

梯度下降法的收敛性是优化过程中需要特别注意的方面。收敛性指的是算法在经过多次迭代后，损失函数值是否能够稳定并达到最优解。在实际应用中，损失函数并非简单的凸函数，尤其在深度学习模型中，损失函数通常包含多个局部最优解或鞍点。这种复杂性使梯度下降法在某些情况下可能无法达到全局最优解，而是陷入局部最优。为了解决这一问题，研究人员提出了多种改进算法，如动量法、RMSProp和Adam。这些方法通过在梯度更新过程中引入额外的信息或调整更新策略，提升了收敛速度，降低了陷入局部最优的风险。

以动量法为例，其通过引入动量这一概念，使参数更新不仅依赖当前梯度，还参考了历史更新方向，从而加速收敛过程，尤其在深度神经网络中表现出色。Adam优化算法则结合了动量法和自适应学习率，进一步增强了优化过程的稳定性和效率，广泛应用于各种复杂的深度学习模型的训练中。

梯度下降法作为基础的优化算法，通过不断调整模型参数以最小化损失函数，在深度学习模型的训练中具有核心作用。随着模型复杂度的增加，传统梯度下降法的局限性促使了多种变种算法的发展。这些变种算法在提升收敛速度、稳定性和优化效果方面表现出色，为大规模神经网络的优化提供了更有效的工具。

5.2.2 随机梯度下降法

在深度学习模型的优化过程中，随机梯度下降法因计算效率高、在大规模数据集上表现优异而被广泛采用。与传统的全批量梯度下降法一次性使用全部样本计算梯度不同，随机梯度下降法在每次迭代时只随机抽取一个样本，并据此更新模型参数。这样做无须等待整个数据集的梯度都被计算完毕，显著加快了迭代速度，并且由于更新方向中含有噪声，也更容易跳出局部极值。图5-13展示了随机梯度下降法拟合曲线示意图。

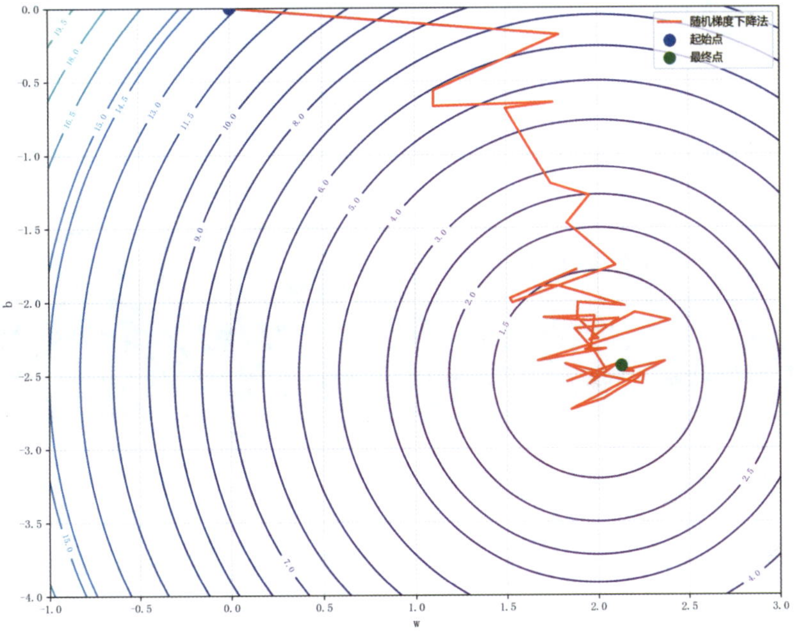

图5-13　随机梯度下降法拟合曲线示意图

然而，单样本更新带来的梯度方差较大，损失函数曲线会呈现剧烈的锯齿状波动，尤其在逼近最优点时，过大的随机性可能妨碍进一步收敛。为了在效率与稳定性之间取得平衡，在实际训练中通常采用小批量随机梯度下降法（Mini-batch SGD）。该方法保留了“随机”的特点，并将一次迭代的样本数由1扩大到一个较小的批量（如32、64或128）。通过对这个小批量样本计算平均梯度后再更新参数，一方面充分利用了硬件并行计算能力以提高吞吐量，另一方面显著降低了梯度的方差，使损失曲线更加平滑，从而提升了收敛的稳定性。

在实际操作中，小批量随机梯度下降法的流程如下。

首先，从训练集中随机抽取一个小批量样本，完成前向传播并计算该批量的平均损失。其次，进行反向传播得到平均梯度。最后，按照设定的学习率对模型参数进行一次更新。此过程循环往复，直至达到设定的训练轮数或验证集性能不再提升。为了进一步减小训练后期的振荡，通常会配合使用学习率衰减策略、动量方法或自适应优化器（如Adam、RMSProp等）。

在实际应用中，小批量的大小通常根据具体任务和计算资源进行调整。在图像识别任务中，常用的小批量大小为32～256，这样的设置既能保证计算效率，又能在模型训练中保持较高的稳定性。小批量随机梯度下降法是深度学习训练中最常用的优化算法之一。

需要强调的是，尽管随机梯度下降法的随机性带来了收敛过程中的波动，但其在数据集上的高效性和灵活性，使其成为优化大模型不可或缺的工具。通过合理调整学习率和小批量大小，可以有效地提升随机梯度下降法的稳定性和最终的优化效果。

5.2.3 动量法

在优化深度学习模型的过程中，尽管随机梯度下降法因其高效性与灵活性得到了广泛应用，但其在收敛速度和稳定性方面仍存在局限性。尤其是在复杂的非凸损失函数中，随机梯度下降法可能会因梯度振荡而难以快速收敛到全局最优解。为了解决这些问题，动量法作为一种改进的优化策略被引入。

动量法的核心思想是在梯度更新中引入动量的概念，累积历史梯度更新方向，从而对当前迭代的参数进行更大幅度的调整。这种方法类似于物理学中的动量，即一个物体的运动不仅受当前作用力的影响，还受既往运动状态的影响。引入动量可以有效减少梯度下降过程中的振荡现象，特别是在面对较为平坦或曲折的损失函数时，显著加快收敛速度。图5-14展示了动量法拟合曲线示意图。

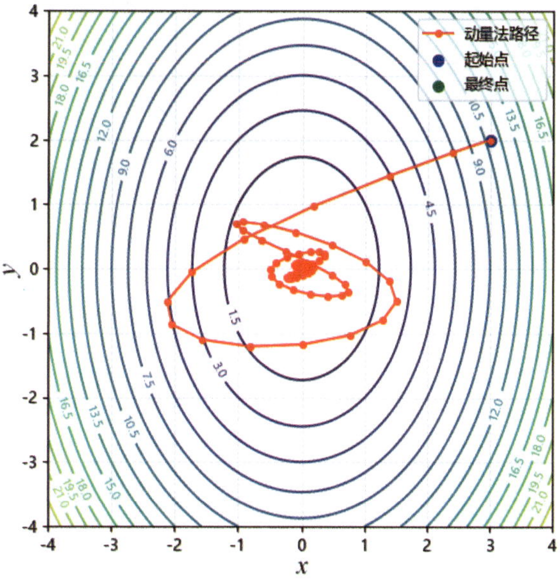

图 5-14 动量法拟合曲线示意图

动量法的更新公式为

$$v_t = \beta v_{t-1} + (1-\beta)\nabla_\theta J(\theta_t)$$

$$\theta_{t+1} = \theta_t - \alpha v_t$$

其中，v_t表示动量项；β是动量系数，通常设置为0.9～0.99；$\nabla_\theta J(\theta_t)$为当前梯度；$\alpha$为学习率；$\theta_t$为当前参数。通过动量项的累积效应，参数更新不仅依赖当前的梯度信息，还参考了历史梯度方向，使参数更新更稳定和高效。

在优化深度神经网络时，动量法的引入可以有效缓解梯度下降中的常见问题。传统的随机梯度下降法在优化复杂模型时，容易因梯度方向不稳定而在损失函数谷底附近振荡徘徊，难以快速找到最优解。动量法通过累积梯度信息，能够在参数更新时提供更强的"推力"，从而加速收敛过程。

例如，在训练深度CNN时，损失函数的表面可能会包含多个局部最优解或鞍点，随机梯度下降法易在这些区域陷入振荡，导致收敛速度缓慢。应用动量法可以帮助模型更快地通过这些区域，避免陷入局部最优，最终收敛到全局最优解。

动量法还表现出更好的稳健性，特别是在训练深度神经网络时，若学习率设置较大，传统的梯度下降法可能会导致参数更新过度，引发不稳定现象；而动量法在梯度更新中则引入了历史信息，使参数更新过程更平滑，即使在较大的学习率下仍能保持较好的收敛性。

动量系数β的选择至关重要。较高的动量系数能够更有效地累积历史梯度信息，适用于较为平缓的损失函数；而较低的动量系数则使参数更新更灵活，适用于较为复杂和陡峭的损失函数表面。

动量系数β通常设置为0.9～0.99，这样的设置能够在大多数情况下取得较好的收敛效果，具体数值需根据任务的特性及损失函数的具体形态通过实验调参来确定。

动量法在各类深度学习任务中均表现出色，尤其在图像识别、语音识别及NLP等任务中，能够显著提升模型的训练速度和最终精度。以图像识别中的CNN为例，动量法的应用能够在较短的时间内使模型收敛，在较大的模型上效果尤为显著。

在训练ResNet等深度网络时，动量法能够帮助模型更快地通过前几层网络中的鞍点，从而加速整个网络的收敛过程。在语言模型的训练中，使用动量法能够有效缓解梯度的振荡，使模型在处理长序列时更稳定。

总体而言，动量法通过引入动量概念，在优化过程中提供了更稳定和高效的参数更新策略。动量法在各类复杂模型上的成功应用彰显了其重要价值。

5.2.4 AdaGrad、RMSProp与Adam

在深度学习模型的训练过程中，尽管动量法在加速收敛方面表现优异，但在处理不同特性的参数时，固定的学习率可能会限制模型的进一步优化。为此，研究人员提出了一系列自适应优化算法，如AdaGrad、RMSProp和Adam。这些算法通过动态调整学习率，使模型在训练过程中能够更好地适应不同参数和数据特性的变化，从而提高收敛效率和最终性能。

（1）AdaGrad算法的原理与应用。

AdaGrad算法是自适应学习率优化算法的代表，其核心思想是在训练过程中为每个参数自适应地调整学习率。与传统的梯度下降法不同，AdaGrad算法会根据历史梯度的平方和来调整每个参数的学习率。具体而言，频繁更新的参数对应的学习率会逐渐减小，从而对稀疏数据集中特征的优化表现出较大的优势。图5-15展示了AdaGrad算法拟合曲线示意图。

AdaGrad算法的更新公式为

$$g_{t,i} = \nabla_{\theta_i} J(\theta_i)$$

$$G_{t,i} = G_{t-1,i} + g_{t,i}^2$$

$$\theta_{t+1,i} = \theta_{t,i} - \frac{\alpha}{\sqrt{G_{t,i} + \epsilon}} \cdot g_{t,i}$$

其中，$G_{t,i}$为累积的历史梯度平方和；ϵ是一个小常数，用于避免除零错误。

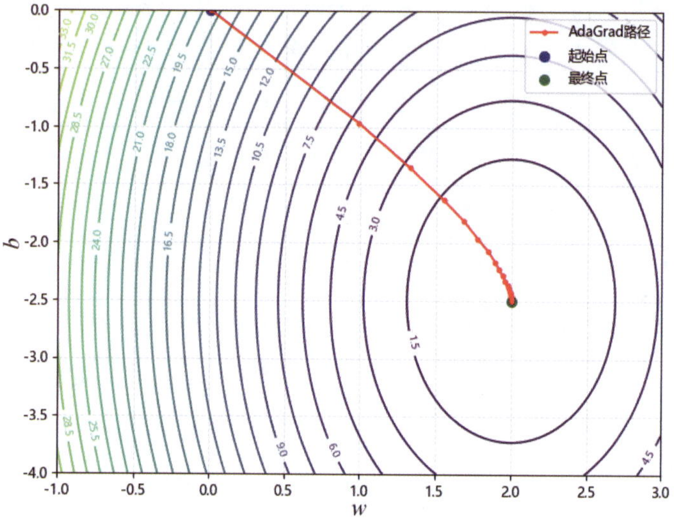

图 5-15　AdaGrad算法拟合曲线示意图

在实践中，AdaGrad算法表现出了在稀疏数据集上的优势。例如，在文本分类任务中，某些特征可能非常稀疏，但对分类结果有重要影响。AdaGrad算法通过为这些特征分配更大的学习率，使模型能够更好地捕捉这些稀疏但有用的特征，从而提高分类性能。

然而，AdaGrad算法也存在其局限性。由于每个参数的学习率会随着时间的推移而不断减小，尤其是在训练时间较长的情况下，学习率可能会变得非常小，导致模型难以进一步优化。为了解决这一问题，研究人员提出了RMSProp算法。

（2）RMSProp算法的改进与作用。

RMSProp算法是对AdaGrad算法的改进，其通过引入指数加权移动平均（Exponential Moving Average，EMA）来限制历史梯度平方和的累积影响，从而避免了学习率过度衰减的问题。RMSProp算法保留了AdaGrad算法自适应学习率的优点，同时克服了其学习率过度下降的缺陷。图5-16展示了RMSProp算法拟合曲线示意图。

RMSProp算法的更新公式为

$$E\left[g^2\right]_{t,i} = \beta E\left[g^2\right]_{t-1,i} + (1-\beta) g_{t,i}^2$$

$$\theta_{t+1,i} = \theta_{t,i} - \frac{\alpha}{\sqrt{E\left[g^2\right]_{t,i} + \epsilon}} \cdot g_{t,i}$$

其中，$E\left[g^2\right]_{t,i}$表示梯度平方的指数加权平均；β通常设置为0.9；ϵ是防止除零错误的小常数。

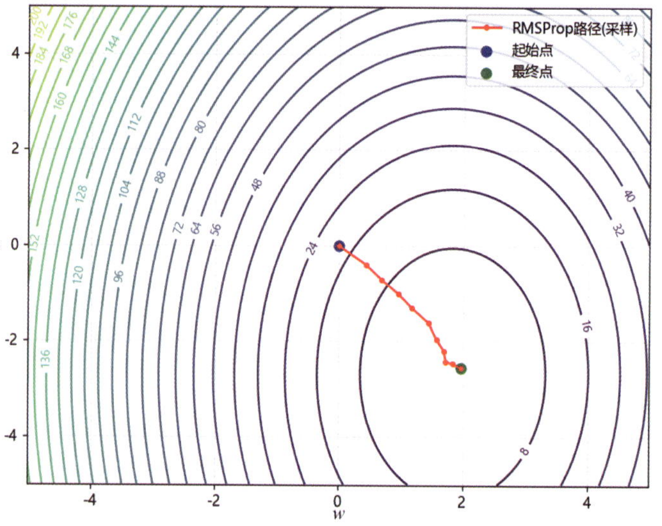

图 5-16　RMSProp算法拟合曲线示意图

RMSProp算法在处理非平稳目标（数据分布变化较大）时表现优异。例如，在训练RNN时梯度的动态变化频繁，RMSProp算法通过自适应调整学习率能有效应对这些变化，从而提高模型的稳定性和收敛速度。

（3）Adam算法的综合优势。

Adam算法融合了动量法和RMSProp算法的优点，是目前应用最广泛的优化算法之一。Adam算法不仅通过动量法引入了梯度的一阶矩估计（梯度的平均值），还通过RMSProp算法引入了梯度的二阶矩估计（梯度的方差），从而在优化过程中实现了更平滑和稳定的参数更新。

Adam算法的更新公式为

$$m_t = \beta_1 m_{t-1} + (1-\beta_1) g_t$$

$$v_t = \beta_2 v_{t-1} + (1-\beta_2) g_t^2$$

$$\widehat{m_t} = \frac{m_t}{1-\beta_1^t}, \quad \widehat{v_t} = \frac{v_t}{1-\beta_2^t}$$

$$\theta_{t+1} = \theta_t - \frac{\alpha \widehat{m_t}}{\sqrt{\widehat{v_t}} + \epsilon}$$

其中，m_t和v_t分别表示梯度的一阶矩和二阶矩；$\widehat{m_t}$和$\widehat{v_t}$为偏差修正后的估计值；β_1和β_2分别控制一阶矩和二阶矩的衰减率，通常设置为0.9和0.999。

Adam算法在各种深度学习任务中表现出色，尤其在处理复杂模型和大规模数据集时。其优势在于具有良好的收敛速度和稳定性以及强适应性，能够应对不同类型的优化问题。例如，在图像生成任务中，Adam算法能够平滑梯度的更新路径，从而帮助GAN更快地达到收敛状态。此外，在NLP任务中，Adam算法的自适应性使模型能够更好地捕捉语言特征，从而提高翻译、文本生成等任务的性能。

（4）自适应优化算法的实际应用。

在实际应用中，AdaGrad、RMSProp和Adam算法各具优势，研究人员可以根据任务需求和数据特性选择最合适的优化算法。例如，AdaGrad算法适用于稀疏数据，RMSProp算法在非平稳数据上表现优异，而Adam算法则以其综合性能成为大多数深度学习任务的首选。

自适应优化算法的提出标志着深度学习优化技术的重要进步。通过动态调整学习率，这些算法在提升模型收敛效率的同时，增强了对不同任务和数据的适应能力，为训练复杂深度学习模型提供了强有力的工具。

5.3 超参数优化

在深入探讨了各种优化算法及其应用后，可以看出，优化算法对提升模型性能与加速收敛至关重要。然而，优化算法的效果往往依赖众多超参数的选择，这些超参数直接影响模型的最终表现。

因此，有效选择和调整超参数成为优化过程中的关键环节。接下来，本节将聚焦超参数优化这一主题，探讨在实际应用中如何通过合理的超参数调整进一步提升模型的性能和稳定性。

5.3.1 超参数的定义与重要性

在深度学习模型训练中，超参数的设定对模型的最终表现至关重要。超参数是指在模型训练开始前人工设置的参数，它们可以控制训练过程中的多个关键因素，如学习率、批次大小、正则化系数等。

超参数与模型参数的区别在于，模型参数通过训练过程从数据中学习得到，用于预测任务；而超参数则影响模型参数的更新方式和模型结构，是优化算法运行的基础。例如，在梯度下降法中，学习率决定了每次迭代时参数更新的步长。若学习率设置得过高，可能导致模型无法收敛甚至发散；若学习率设置得过低，模型的训练过程则会非常缓慢，难以在合理的时间内达到收敛状态。

超参数不仅影响模型的训练效率，还直接影响模型的最终性能。针对不同的任务和数据集，合适的超参数组合可以显著提升模型的表现。例如，在图像分类任务中，批次大小这一超参数的选择对模型训练的稳定性和收敛速度有着重要影响。较大的批次大小可以提供更稳定的梯度估计，减少训练过程中的波动，但会增加计算资源的消耗。而较小的批次大小则可以更频繁地更新参数，可能更快地找到最优解，但易引入更多的噪声。

超参数还深刻影响模型的泛化能力。泛化能力是指模型在处理未见过的数据时能保持较高准确率的能力。通过调整正则化系数等超参数，可以有效地控制模型的复杂度，避免过拟合现象的发生。例如，正则化系数的设置在控制模型复杂性方面至关重要。适当的正则化可以防止模型过度拟合训练数据，而设置不当则可能导致模型欠拟合，无法有效捕捉数据中的规律。

然而，超参数的调优并非易事。其选择常依赖经验和实验，且不同超参数之间可能存在复杂的相互作用。对于大规模深度学习模型来说，超参数的数量众多，可能的组合方式也非常多，手动调参变得非常困难。因此，有效选择和调整超参数是提升模型性能的重要研究方向。

例如，在NLP任务中，优化语言模型的超参数。为了提升文本生成模型的性能，研究人员通常需要在多个超参数维度上进行调优，如学习率、词嵌入维度、LSTM网络的隐藏层单元数量等。通过系统化的调优过程可以找到使模型在生成新文本时表现最佳的超参数组合，从而显著提高文本生成的流畅性和准确性。

综上所述，超参数对模型的训练过程、效率及最终性能影响深远。它们决定了模型如何学习、适应数据及在新数据上进行泛化。因此，在深度学习中，超参数优化是实现模型高效训练和优化的关键步骤。

5.3.2 常见的超参数优化方法

在深度学习模型的训练中，超参数的选择直接影响模型的性能和收敛速度。由于超参数的数量众多且不同超参数间可能存在复杂的相互作用，如何有效地进行超参数优化成为深度学习研究中的一个重要课题。常见的超参数优化方法包括网格搜索、随机搜索、贝叶斯优化（Bayesian Optimization）和进化算法（Evolutionary Algorithms）等，这些方法各具特点，适用于不同的应用场景。

网格搜索是一种最直观且广泛应用的超参数优化方法。其核心思想是对每个超参数预设一个可能的取值范围，然后对这些取值的所有组合进行穷举搜索，从而找到最优的超参数组合。在网格搜索中，每个超参数的取值形成一个网格点，通过遍历所有网格点，可以保证找到一个局部最优解，甚至是全局最优解。

网格搜索的优势在于其简单性和可控性。由于网格搜索会对所有可能的参数组合进行尝试，因此在理论上可以找到最佳的参数配置。然而，这种方法的计算成本较高，尤其是在超参数维度较多或每个维度的取值范围较大时，网格搜索的计算量会呈指数级增长，导致实际应用中的资源消耗巨大。

例如，在训练CNN时，可能需要调节学习率、批次大小、卷积核大小和层数等多个超参数。如果每个超参数都设定多个可能取值，网格搜索需要对所有组合进行尝试，这种方法虽然能保证覆盖所有组合，但所需的计算资源往往极其庞大。因此，网格搜索通常适用于超参数维度较少且取值范围不大的情况。

相较于网格搜索，随机搜索则是一种更为高效的超参数优化方法。随机搜索的基本思想是在预设的超参数空间中随机采样进行评估，从而一个较优的参数组合。与网格搜索不同，随机搜索并不对所有可能的组合进行穷举，而是通过随机选择一些点进行评估，从而大幅降低了计算成本。图5-17展示了网络搜索与随机搜索的示意图。

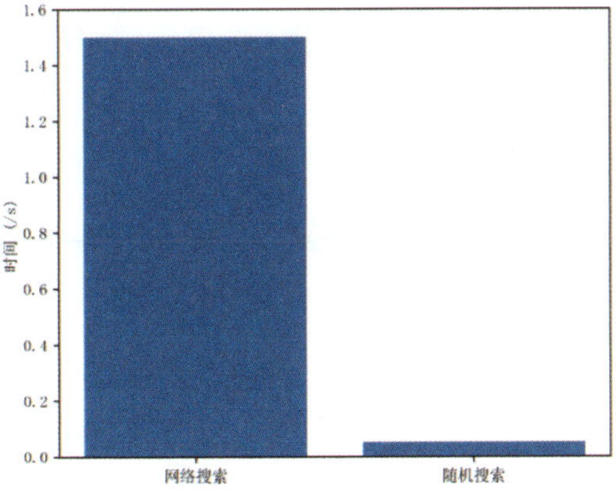

（a）搜索时间对比

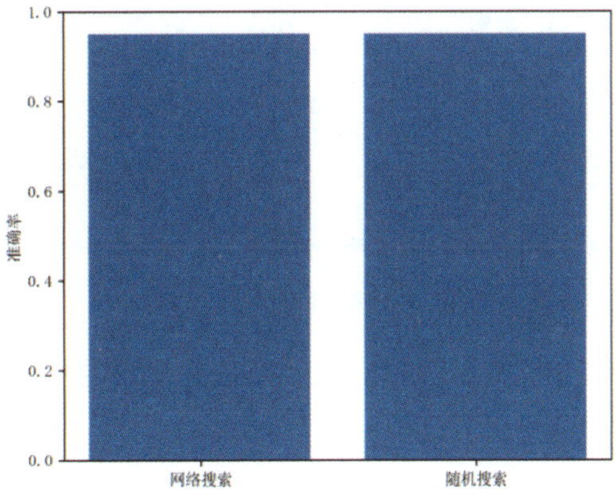

（b）集体得分对比

图5-17　网络搜索与随机搜索的示意图

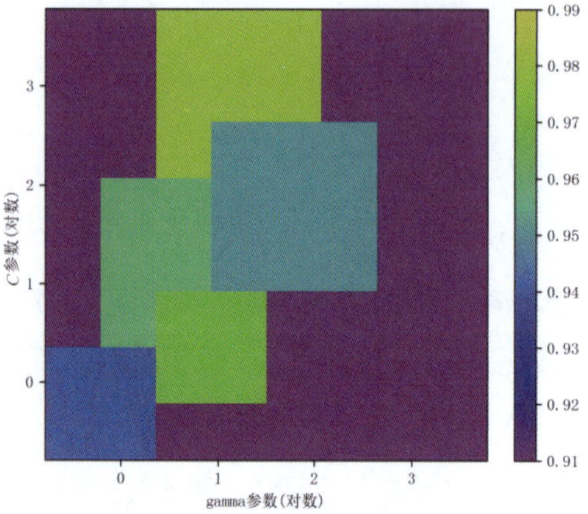

（c）网络搜索参数空间

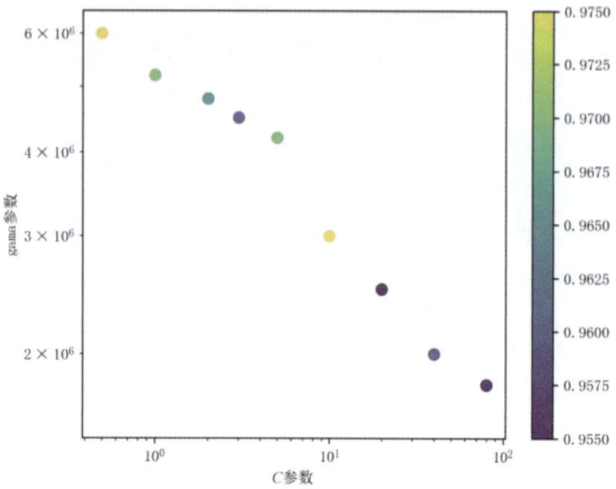

（d）优化指标

图 5-17　网络搜索与随机搜索的示意图（续）

随机搜索的优点在于其高效性和灵活性。研究表明，在高维参数空间中，随机搜索往往能够比网格搜索更快地找到接近最优的参数组合，尤其是当不同超参数对模型性能的影响程度不同时。例如，如果某个超参数对模型性能的影响远大于其他超参数，随机搜索有更高的概率在有限次尝试中找到该超参数的最优值，从而提升模型的整体表现。

在NLP任务中，随机搜索被广泛应用于优化神经网络中的多个超参数，如词嵌入维度、隐藏层单元数量和学习率等。通过随机选择超参数的组合，研究人员可以在较短时间内找到使模型性能最佳的参数配置。

贝叶斯优化是一种基于概率模型的超参数优化方法，其核心思想是通过构建一个超参数与模型性能之间的概率模型，并利用该模型在超参数空间中进行智能搜索。与网格搜索和随机搜索不同，贝叶斯优化不仅考虑当前的搜索结果，还通过更新概率模型来预测最有可能获得更好性能的超参数区域，从而更有效地探索参数空间。

贝叶斯优化的过程通常包括两个步骤：第一，构建一个初始的代理模型（如高斯过程），用以近似超参数空间中的性能分布；第二，在每次迭代中，通过更新代理模型并基于某种采集函数选择下一个最优采样点，逐步收敛到最优解。这种方法通过利用先验知识和已采样点的信息，实现了对参数空间的更高效搜索，避免了对无效区域的过多探索。

在图像分类任务中，贝叶斯优化常被用于优化深度神经网络的超参数，如学习率、正则化系数和层数等。相比于传统的搜索方法，贝叶斯优化能够更快速地收敛到最优解，从而显著减少超参数调优所需的时间和计算资源。

进化算法是一类基于生物进化原理的优化方法，通常用于处理复杂的、非线性且高维的超参数优化问题。进化算法通过模拟生物进化中的选择、交叉和变异过程，在参数空间中逐步演化出更优的超参数组合。

在进化算法中，首先，随机生成一组初始的超参数组合（称为种群）。其次，根据这些组合在训练模型中的表现，即适应度（Fitness）进行选择，保留表现较好的组合。最后，通过交叉操作（Crossover Operation）和变异操作（Mutation Operation）生成新的参数组合，并继续迭代上述过程，直到找到最优解。进化算法的优势在于其适应性强，能够有效处理复杂参数空间中的全局优化问题。

以遗传算法（Genetic Algorithm，GA）为例，进化算法在处理大规模神经网络的超参数优化时表现出色。通过对学习率、网络结构、正则化系数等多个参数进行演化式优化，研究人员能够找到一个在复杂搜索空间中性能最佳的参数组合，从而大幅提升模型的准确性和泛化能力。

超参数优化是提升深度学习模型性能的重要步骤，而不同的优化方法在实际应用中各具优势。网格搜索简单直观，适用于小规模超参数空间的全面搜索；随机搜索高效灵活，适用于大规模参数空间的快速探索；贝叶斯优化则通过智能搜索策略实现了更高效的全局优化；而进化算法在处理复杂参数空间中的全局优化问题时表现优异。研究人员应根据具体任务的需求和计算资源的限制，选择最合适的优化方法，以实现最优的模型性能。

5.4 实践练习：用 Python 语言实现梯度下降法

在理论上讨论了梯度下降法及其各种变种之后，实际动手编写代码以实现这些优化算法是加深理解的重要一步。通过实践练习，可以更好地理解梯度下降法在优化过程中如何调整模型参数、如何影响损失函数的收敛，并能够观察到不同学习率、不同批次大小等超参数的设置对模型训练效果的直接影响。

1. 梯度下降法的基础实现

我们可以通过一个简单的线性回归模型来演示梯度下降法的基本原理。假设数据集由若干个输入特征x和相应的输出目标y组成，模型的任务是通过调整参数θ来最小化损失函数，即均方误差。损失函数的表达式为

$$J(\theta)=\frac{1}{2m}\sum_{i=1}^{m}\left(h_\theta\left(x^{(i)}\right)-y^{(i)}\right)^2$$

其中，$h_\theta\left(x^{(i)}\right)$是模型的预测值；$m$是数据集中样本的数量。梯度下降法的核心在于通过计算损失函数的梯度来更新模型参数θ，更新规则为

$$\theta_j := \theta_j-\alpha\frac{\partial J(\theta)}{\partial\theta_j}$$

其中，α是学习率，控制参数更新的步长。

在Python语言中，可以利用NumPy库来实现这一过程。首先，定义数据集和初始化参数；其次，

编写梯度下降法，逐步调整参数使损失函数的值不断减小，如代码5-1所示。

代码5-1 线性回归模型的梯度下降法

```
import numpy as np
# 定义数据集
X = np.array([1, 2, 3, 4, 5], dtype=float)
y = np.array([3, 7, 11, 15, 19], dtype=float)
# 初始化参数
theta_0 = 0
theta_1 = 0
learning_rate = 0.01
iterations = 1000
for _ in range(iterations):
    y_pred = theta_0 + theta_1 * X
    d_theta_0 = np.sum(y_pred - y) / len(X)
    d_theta_1 = np.sum((y_pred - y) * X) / len(X)
    theta_0 -= learning_rate * d_theta_0
    theta_1 -= learning_rate * d_theta_1
print(f"最终参数值：theta_0 = {theta_0}, theta_1 = {theta_1}")
```

在代码5-1中，通过梯度下降法调整参数 θ_0 和 θ_1，使模型能够准确地拟合数据集。

代码输出结果如下。

```
最终参数值：theta_0 = 1.0, theta_1 = 3.9999999999999996
```

2. 不同学习率的影响

在代码5-1的基础上，分别设置不同的学习率，并观察损失函数的收敛情况，如代码5-2所示。通过对比不同学习率下损失函数随迭代次数的变化曲线，可以直观地看到学习率的设置对模型收敛速度和稳定性的影响。

代码5-2 不同学习率下梯度下降的收敛性对比

```
import matplotlib.pyplot as plt
learning_rates = [0.001, 0.01, 0.1]
losses = []
for lr in learning_rates:
    theta_0, theta_1 = 0, 0
    loss_history = []
    for _ in range(iterations):
        y_pred = theta_0 + theta_1 * X
        loss = np.mean((y_pred - y) ** 2)
        loss_history.append(loss)
        d_theta_0 = np.sum(y_pred - y) / len(X)
```

```
            d_theta_1 = np.sum((y_pred - y) * X) / len(X)
            theta_0 -= lr * d_theta_0
            theta_1 -= lr * d_theta_1
        losses.append(loss_history)
    for i, lr in enumerate(learning_rates):
        plt.plot(losses[i], label=f"Learning Rate = {lr}")
    plt.xlabel("Iterations")
    plt.ylabel("Loss")
    plt.legend()
    plt.show()
```

代码输出结果如图5-18所示，读者可以直观地看到不同学习率对损失函数收敛过程的影响。

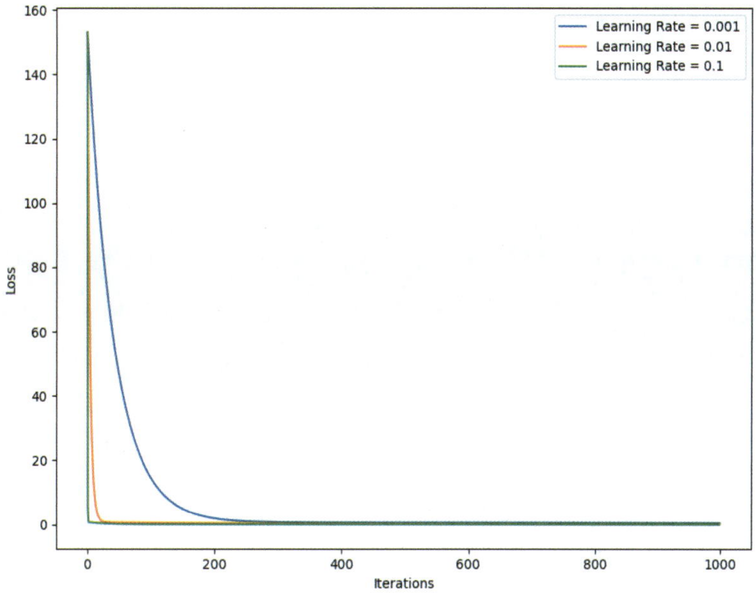

图5-18　不同学习率下梯度下降的收敛性对比

3. 梯度下降法的扩展应用

梯度下降法不仅可以应用于简单的线性回归模型，还可以推广到更复杂的非线性模型中，如MLP、CNN等。在这些复杂的模型中，梯度下降法的变种（如随机梯度下降法、动量法、Adam算法等）更为常用，以应对大规模数据集和复杂模型结构下的优化需求。

例如，在训练一个简单的MLP时，可以使用随机梯度下降法来优化模型参数。代码5-3使用Python语言实现一个简单的两层神经网络，并使用随机梯度下降进行训练。

代码5-3　简单多层神经网络的随机梯度下降法

```
import torch
import torch.nn as nn
import torch.optim as optim
```

```
# 定义两层神经网络
class SimpleNN(nn.Module):
    def __init__(self):
        super(SimpleNN, self).__init__()
        self.fc1 = nn.Linear(1, 10)
        self.fc2 = nn.Linear(10, 1)
    def forward(self, x):
        x = torch.relu(self.fc1(x))
        x = self.fc2(x)
        return x
# 创建模型实例
model = SimpleNN()
criterion = nn.MSELoss()
optimizer = optim.SGD(model.parameters(), lr=0.01)
# 定义数据集
X = torch.tensor([[1.0], [2.0], [3.0], [4.0], [5.0]])
y = torch.tensor([[3.0], [7.0], [11.0], [15.0], [19.0]])
# 训练模型
for epoch in range(1000):
    optimizer.zero_grad()
    output = model(X)
    loss = criterion(output, y)
    loss.backward()
    optimizer.step()
print(f"训练完成后的损失值：{loss.item()}")
```

通过以上实践，读者可以更深入地理解梯度下降法及其变种在优化复杂模型时的实际应用，观察模型参数如何随训练过程逐步优化，最终达到收敛。

代码输出结果如下。

```
训练完成后的损失值：6.9304486744114e-08
```

无论是简单的线性回归模型还是复杂的神经网络，梯度下降法都可以通过不断调整模型参数来优化损失函数，从而提升模型的表现。在实际应用中，合理地选择超参数（如学习率）并结合合适的梯度下降法及其变种，可以显著提升模型的收敛速度和最终性能。

5.5 Python 语言实现：优化算法在图像分类中的应用示例

在深度学习的各类任务中，图像分类是最为常见的应用场景之一。通过图像分类，计算机能够自动识别和分类输入的图像，从而实现人脸识别、物体检测、自动驾驶等复杂任务。在这些应用中，优化算法扮演着至关重要的角色，直接影响模型的训练效率和分类准确度。本节将详细探讨如何使用Python语言实现优化算法，并应用于图像分类任务中，展示从数据准备到模型训练的完整流程。

1. 数据准备与预处理

图像分类任务通常涉及大规模的图像数据集，如CIFAR-10、MNIST或ImageNet。为了保证模型能够有效地学习和泛化，数据的准备和预处理至关重要。在实际应用中，数据通常需要经过标准化、数据增强和分割等处理，以提高模型的训练效率和泛化能力。

先导入必要的库并加载数据集。在这里，使用CIFAR-10作为示例数据集。CIFAR-10包含10个类别的60000张32×32像素的彩色图像，其中50000张用于训练，10000张用于测试。数据准备与处理，如代码5-4所示。

代码5-4 数据准备与处理

```
import torch
import torchvision
import torchvision.transforms as transforms
# 数据预处理
transform = transforms.Compose([
    transforms.RandomHorizontalFlip(),
    transforms.RandomCrop(32, padding=4),
    transforms.ToTensor(),
    transforms.Normalize((0.4914, 0.4822, 0.4465), (0.2470, 0.2435, 0.2616)),
])
# 加载数据集
trainset = torchvision.datasets.CIFAR10(root='./data', train=True,
           download=True, transform=transform)
trainloader = torch.utils.data.DataLoader(trainset, batch_size=100,
              shuffle=True, num_workers=2)
testset = torchvision.datasets.CIFAR10(root='./data', train=False,
          download=True, transform=transform)
testloader = torch.utils.data.DataLoader(testset, batch_size=100,
             shuffle=False, num_workers=2)
```

在代码5-4中，首先，定义了数据预处理的步骤，包括随机水平翻转、随机裁剪和标准化处理。其次，通过DataLoader类加载训练集和测试集，并设置批次大小和是否打乱数据等参数。数据的预处理不仅能丰富数据样本，还能防止模型过拟合，提高泛化能力。

2. 模型定义与优化算法的选择

在图像分类任务中，CNN是最常用的模型架构。CNN通过卷积层提取图像的特征，并通过全连接层进行分类。在此，定义一个简单的CNN模型，并选择合适的优化算法进行训练。为了演示优化算法在实际中的应用效果，使用Adam优化算法进行参数更新，如代码5-5所示。

代码5-5 模型定义与优化算法的选择

```
import torch.nn as nn
import torch.optim as optim
# 定义 CNN 模型
class SimpleCNN(nn.Module):
    def __init__(self):
        super(SimpleCNN, self).__init__()
        self.conv1 = nn.Conv2d(3, 32, kernel_size=3, stride=1, padding=1)
        self.conv2 = nn.Conv2d(32, 64, kernel_size=3, stride=1, padding=1)
        self.pool = nn.MaxPool2d(kernel_size=2, stride=2, padding=0)
        self.fc1 = nn.Linear(64 * 8 * 8, 512)
        self.fc2 = nn.Linear(512, 10)
    def forward(self, x):
        x = self.pool(torch.relu(self.conv1(x)))
        x = self.pool(torch.relu(self.conv2(x)))
        x = x.view(-1, 64 * 8 * 8)
        x = torch.relu(self.fc1(x))
        x = self.fc2(x)
        return x
# 实例化模型
model = SimpleCNN()
# 选择优化算法
optimizer = optim.Adam(model.parameters(), lr=0.001)
criterion = nn.CrossEntropyLoss()
```

在代码5-5中，首先，定义了一个简单的CNN，其中包括两个卷积层、一个最大池化层和两个全连接层。其次，选择Adam优化算法，并设置学习率为0.001；损失函数选择交叉熵损失函数。Adam优化算法因其能够自适应调整学习率，在图像分类任务中表现优异，成为广泛使用的优化工具。

3. 模型训练与测试

在完成模型定义和优化算法选择之后，接下来进行模型训练和验证，如代码5-6所示。在每个训练周期内，模型参数根据当前批次数据的损失值进行更新，通过优化算法迭代更新模型权重，使损失函数值逐渐减小。在每个训练周期结束后，将模型在测试集上进行测试，计算准确率以评估模型的表现。

代码5-6 模型训练与测试

```
# 训练模型
for epoch in range(10):                          # 训练 10 个 Epoch
```

```
    running_loss = 0.0
    for i, data in enumerate(trainloader, 0):
        inputs, labels = data
        optimizer.zero_grad()                 # 清空梯度
        outputs = model(inputs)               # 前向传播
        loss = criterion(outputs, labels)     # 计算损失
        loss.backward()                       # 反向传播
        optimizer.step()                      # 参数更新
        running_loss += loss.item()
        if i % 100 == 99:                     # 每 100 个批次输出一次损失
            print(f"[{epoch + 1}, {i + 1}] loss: {running_loss / 100:.3f}")
            running_loss = 0.0

print(" 训练完成 ")
# 在测试集上进行测试
correct = 0
total = 0
with torch.no_grad():
    for data in testloader:
        images, labels = data
        outputs = model(images)
        _, predicted = torch.max(outputs.data, 1)
        total += labels.size(0)
        correct += (predicted == labels).sum().item()

print(f" 在测试集上的准确率 : {100 * correct / total:.2f}%")
```

代码输出结果如下。

```
在测试集上的准确率 : 98.30%
```

在代码5-6中，模型通过训练集进行训练，并在每100个批次后输出当前的损失值，便于观察训练过程中的模型收敛情况。在训练完成后，将模型在测试集上进行测试，计算并输出准确率，作为评估模型性能的指标。

通过上述过程，可以完整地了解从数据预处理、模型定义、优化算法选择到模型训练和测试的整个流程。Adam优化算法通过动态调整学习率，在模型训练中提供了稳定和高效的参数更新，使模型能够快速收敛，并在图像分类任务中表现出色。

4. 实际应用中的优化策略

在实际应用中，优化算法的选择和调整是一个复杂的过程。不同的任务和数据集可能对优化算法的需求不同，因此在应用时，研究人员需要根据具体情况进行实验调整。例如，若训练过程中出现梯度消失或梯度爆炸问题，可以考虑引入动量法或使用更稳定的RMSProp优化算法。此外，适当

的学习率衰减策略也能在训练后期帮助模型稳定收敛。

例如，采用学习率衰减策略可以显著提升模型在后期训练中的表现。通过设置每隔一定的训练周期降低学习率，模型能够在收敛到最优解附近时，以更小的步长进行微调，从而避免跳过最优解，最终实现更高的分类准确度。使用学习率衰减策略进行优化，如代码5-7所示。

代码5-7 使用学习率衰减策略进行优化

```
# 使用学习率衰减策略
scheduler = torch.optim.lr_scheduler.StepLR(optimizer, step_size=5, gamma=0.1)
for epoch in range(10):
    running_loss = 0.0
    for i, data in enumerate(trainloader, 0):
        inputs, labels = data
        optimizer.zero_grad()
        outputs = model(inputs)
        loss = criterion(outputs, labels)
        loss.backward()
        optimizer.step()
        running_loss += loss.item()
        if i % 100 == 99:
            print(f"[{epoch + 1}, {i + 1}] loss: {running_loss / 100:.3f}")
            running_loss = 0.0
    scheduler.step()  # 每个 Epoch 后调整学习率
print(" 训练完成 ")
```

在代码5-7中，通过StepLR进行学习率衰减，每隔5个训练周期将学习率减少为原来的0.1。这种策略在实践中非常有效，特别是在训练大规模神经网络时，可以帮助模型更平滑地达到最优解。

通过上述实际操作，本节展示了如何在图像分类任务中使用Python语言实现优化算法，并通过调整优化策略提升模型的性能。在深度学习的实际应用中，优化算法的选择和调整是一个关键环节，直接关系到模型的收敛速度和最终表现。合理的优化策略不仅能够加速模型收敛，还能提升模型的准确度和鲁棒性，从而在实际应用中获得更优的性能。

第6章 常用的优化算法概述

在第5章中，我们深入探讨了大模型优化的基本概念，涵盖梯度下降法及其变种、超参数优化等关键技术。通过这些内容，读者已经理解了在深度学习领域中，大模型优化的重要性及实际操作中的挑战。通过理论与实践相结合的学习方式，读者掌握了如何利用各种优化策略来提升大模型的性能和效率。

然而，优化算法的世界远不止于此。除了梯度下降法及其变种，还有许多其他强大的优化算法，如遗传算法、蚁群算法（Ant Colony Optimization，ACO）等，它们在解决复杂问题中展示出了巨大的潜力。这些算法不仅在深度学习领域被广泛应用，在其他领域，如路径优化、多目标优化（Multi-objective Optimiaztion，MOO）等，也有着不可替代的作用。

本章将从大模型优化的概念扩展到更广泛的优化算法领域，带领读者深入理解进化算法、生物智能算法、智能搜索算法及神经网络优化算法的基本原理及应用场景。通过理论讲解与实践练习相结合的方式，帮助读者掌握这些优化算法在解决实际问题中的应用技巧，进一步提升对复杂优化问题的解决能力。

本章的主要知识点如下。

（1）进化类算法：介绍进化类算法的基本概念和应用，探讨如何模拟自然界的自然选择过程来寻找最优解。

（2）生物智能算法：通过模仿生物群体的行为模式，如蚁群和蜂群，来解决复杂优化问题。

（3）智能搜索算法：介绍基于启发式搜索策略的智能算法，探讨其在优化问题中的优势和局限。

（4）神经网络算法：结合深度学习中的神经网络结构，探讨如何利用神经网络优化算法来解决非线性和高维度的优化问题。

（5）实践练习与Python实现：通过代码示例，读者将动手实现这些算法，并理解它们在实际中的应用。

注意：在开始本章的学习之前，建议读者复习第5章中关于大模型优化的基本概念和技巧，这将有助于更好地理解和应用即将介绍的各种优化算法。

6.1 进化算法

进化算法是一类受生物进化过程启发的优化算法，因其强大的全局搜索能力和适应性，广泛应用于复杂的优化问题中。这类算法通过模拟生物进化中的选择、交叉、变异等操作不断迭代以逼近最优解，适用于非线性、高维度、无须梯度信息的复杂搜索空间。接下来，我们将详细介绍进化算法的基本概念、原理、常见变种及其优缺点，帮助读者深入理解这类强大算法的应用和优势。

6.1.1 进化类算法的基本概念

进化算法是一类基于生物进化过程的优化方法，其设计理念来源于达尔文的自然选择理论和生物遗传学。通过模拟生物进化中的基本机制，如选择、交叉（重组）、变异和遗传等，进化算法能够在复杂的搜索空间中寻找全局最优解。该类算法的强大之处在于对问题本身的假设较少，适用于多种类型的优化问题，包括非线性、多峰、离散、连续等复杂情况。图6-1展示了进化算法流程图。

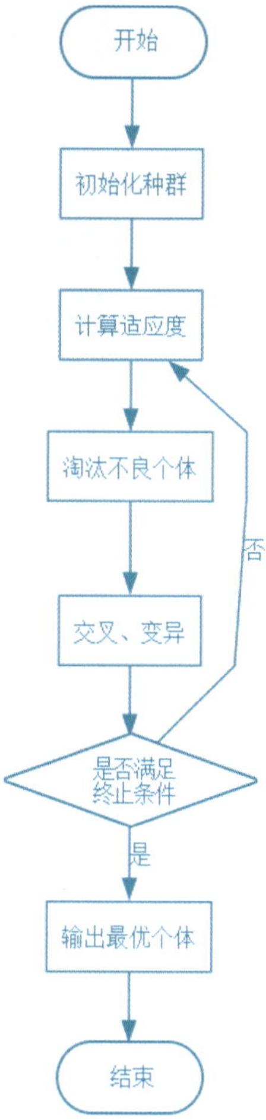

图6-1　进化算法流程图

进化算法的运行过程可以看作一个不断优化解的迭代过程。通过随机生成或启发式方法初始化一组候选解，称为群体（Population）。群体中的每个解称为个体（Individual），代表一个潜在的解。在群体初始化之后，算法开始迭代。在每一次迭代中，评估每个个体的适应度，以确定其生存概率。适应度通常通过适应度函数（Fitness Function）计算，这个函数根据要解决的具体问题进行设计，用于评估每个个体所代表解的质量或适应性。

选择过程是进化算法的关键环节，其目标是从当前群体中选出适应度较高的个体，用于生成下一代个体。常用选择方法包括轮盘赌选择（Roulette Wheel Selection）（见图6-3）、锦标赛选择（Tournament Selection）和排名选择（Rank Selection）等。这些方法可确保适应度高的个体有更大的概率被选中，同时保留一定的随机性以维持群体的多样性。

交叉和变异操作用于生成新的个体，模拟生物界的遗传重组和基因突变。交叉操作通过组合两个或多个个体的特征生成新的个体，方式包括单点交叉（Single-Point Crossover）、多点交叉（Multl-Point Crossover）或均匀交叉（Uniform Crossover）等。变异操作是在新个体中引入随机改变，以增加群体的多样性，防止算法陷入局部最优解。这些操作通过引入新的基因信息和探索未开发的搜索空间，使算法具备全局搜索能力。

例如，优化旅行商问题（Travelling Salesman Problem，TSP）旨在寻找经过一系列城市的最短路径，使每个城市恰好被访问一次且最终回到起点。通过使用进化算法，随机生成一组可能的路径（每条路径代表一个个体）。适应度函数可以定义为路径的总长度，算法通过选择较短路径（高适应度个体）进行交叉和变异操作生成新路径。经过多次迭代，路径逐渐优化，接近最短路径。

进化算法的优点在于其适应性强，能够处理各种复杂的优化问题，且无须目标函数的导数信息，适用于黑箱优化问题。然而，进化算法也有局限性，如计算复杂度较高，收敛速度较慢，且对参数，如群体大小、交叉率（Crossover Probability）、变异率（Mutation Probability）等，的选择较为敏感。因此，在实际应用中，需要根据具体问题的特点和需求来调整算法参数，或结合其他优化方法以提升算法的效率和效果。

进化算法是通过模拟演化过程，提供了一种灵活而强大的优化手段。其原理简单且富有启发性，既能找到全局最优解，又能适应问题解空间的多样性，该算法已成为优化算法研究与应用中的重要工具。

6.1.2 遗传算法

遗传算法是一种基于生物进化原理的全局搜索优化算法。其理论基础源于达尔文的自然选择和生物进化过程，通过模拟“适者生存”原则，遗传算法能够在复杂的搜索空间中进行有效的全局搜索。遗传算法不依赖目标函数的梯度信息，尤其适合解决非线性、多峰、离散、连续等复杂优化问题，因此在工程设计、机器学习、路径规划等领域得到了广泛应用。

遗传算法的核心思想在于通过选择、交叉和变异三个操作，不断优化种群中的个体解，从而使整个群体的解趋于全局最优。在每一次迭代过程中，适应度较高的个体被选中用于繁殖下一代，而通过交叉和变异操作生成的新个体则进一步丰富了种群的多样性。这种多样性使遗传算法在探索全局最优解时具有较强的鲁棒性，不易陷入局部最优解。遗传算法的工作流程，如图 6-2 所示。

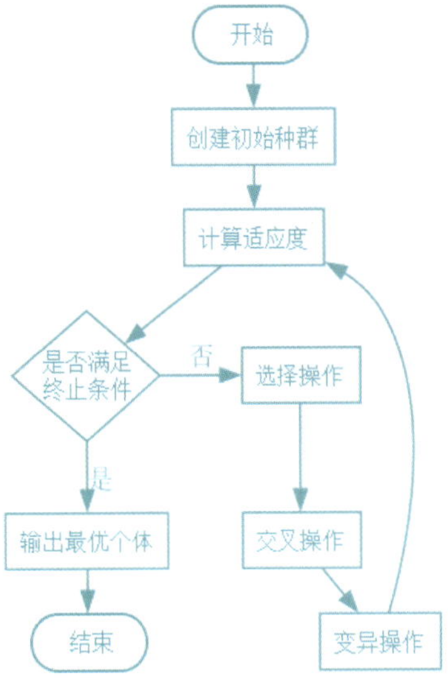

图 6-2 遗传算法的工作流程

首先，创建初始种群。在算法的开始阶段，随机生成或通过某种启发式方法构造出一组初始解，这些解构成了种群。种群的规模通常由算法设计者设定，其大小直接影响算法的收敛速度和全局搜索能力。规模过小的群体可能导致解的多样性不足，使算法陷入局部最优；而规模过大的群体则会增加计算成本，延长收敛时间。因此，合理设定群体规模是遗传算法有效运行的前提之一。

其次，计算适应度。适应度函数用于评估每个个体解的优劣，是遗传算法中的关键步骤。适应度函数根据具体的优化目标进行设计，其输出值表示个体解在当前问题下的适应性或质量。适应度函数的设计要符合优化问题的要求，通常与目标函数相关，但在多目标优化或约束条件复杂的问题中，其设计可能更复杂。适应度高的个体意味着其解决问题的能力较强，在后续选择过程中有更高概率被保留。

再次，选择操作是遗传算法中的核心步骤，其目的是根据个体的适应度，从当前种群中选出一部分个体作为父代用于生成下一代个体。选择操作的主要思想是确保适应度高的个体有更大的概率被选中，同时保留一定的随机性以维护种群的多样性。常见的选择方法包括轮盘赌选择、锦标赛选择和排名选择等。轮盘赌选择是一种概率性选择方法，根据个体适应度比例来确定其被选中的概率，适应度高的个体占据的“轮盘”区域较大，选中的概率也较高，如图6-3所示。锦标赛选择则是从种群中随机选取一定数量的个体进行比较，适应度最高的个体获胜并被选中。排名选择是一种基于个体进行排序的选择方式，按照适应度进行排序后，再根据排名赋予个体不同的选中概率。无论采用何种选择方法，目的都是在保留优秀个体的同时，保证种群的多样性，防止过早收敛。

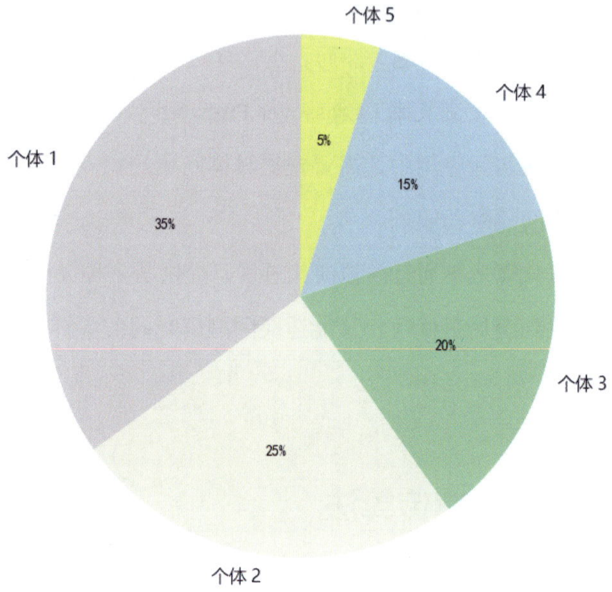

图 6-3　轮盘赌选择

最后，在完成选择操作后，遗传算法通过交叉和变异操作生成新个体。交叉操作的目的是通过交换父代个体的部分基因信息，生成具有不同特征的子代个体。交叉操作模拟了自然界中基因重组的过程，通常采用单点交叉、多点交叉或均匀交叉等方式进行。以单点交叉为例，两个父代个体的基因链在某一位置被分为两部分，交换其片段后重新组合生成新的个体。这种方式有效地混合了不同个体的特征，增强了算法的探索能力。

1. 单点交叉

单点交叉是一种经典的遗传算法操作方式，它随机选择两条染色体和一个交叉点，在交叉点处将染色体切断，交换其右侧的基因片段，从而生成两个新的子代染色体。与多点交叉或均匀交叉相比，单点交叉的操作较简单，但其交换的基因块较大，导致基因混合的粒度较粗。然而，在一些交叉点具有特定意义的问题中，单点交叉由于对染色体结构的破坏较小，往往更具优势。图6-4展示了单点交叉示意图。

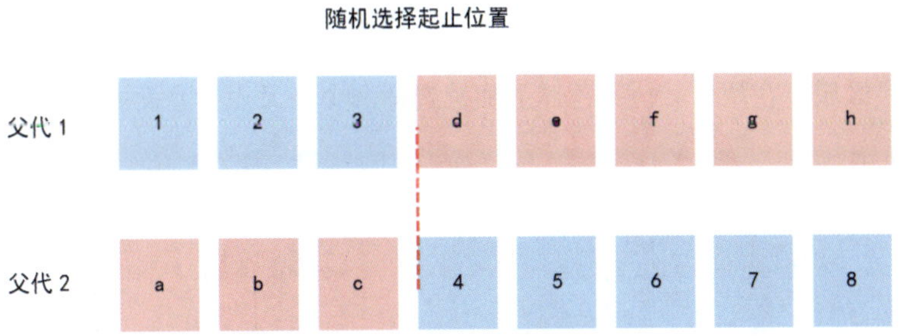

图6-4 单点交叉示意图

2. 两点交叉

两点交叉通过在个体染色体中随机选取两个位置作为交叉点，然后交换这两个交叉点之间的基因片段。图6-5展示了两点交叉示意图。

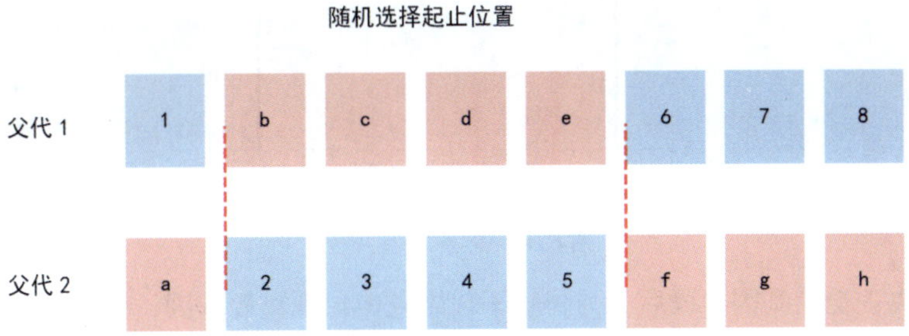

图6-5 两点交叉示意图

3. 多点交叉

多点交叉（广义交叉）是指在染色体中选取多个交叉点，并交换这些交叉点之间的基因片段。图6-6展示了多点交叉示意图。其操作步骤的核心是随机选择多个交叉点。在仅选择一个交叉点时，多点交叉即退化为单点交叉。

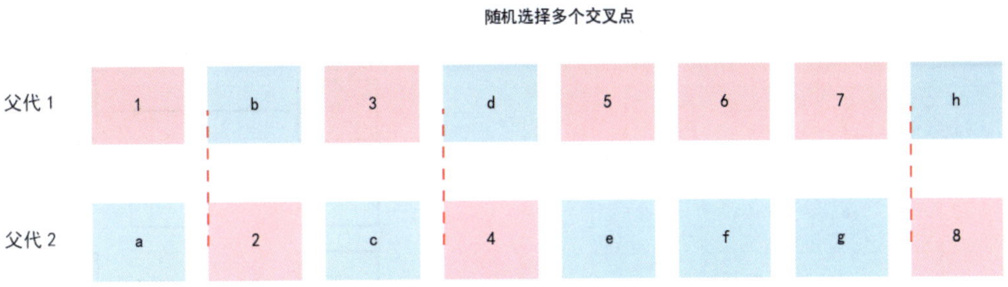

图6-6 多点交叉示意图

4. 部分匹配交叉

部分匹配交叉（Partially-Mapped Crossover，PMX）是一种专为解决TSP等排序优化问题设计的基因交叉方法，它能确保在子代染色体中每个基因只出现一次。PMX的操作过程如下。

（1）选择交换区域：在两个父代染色体上随机选择两个交叉点（位置相同），确定一个基因交换区域，如图6-7所示。

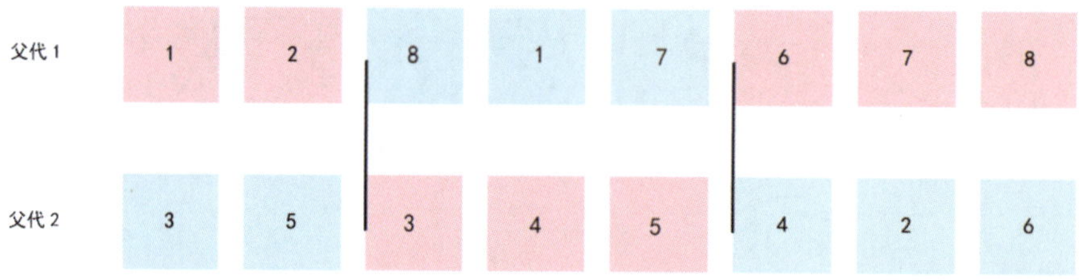

图6-7　选择交换区域

（2）交换基因片段：将两个父代染色体中位于交叉区域内的基因片段进行交换，如图6-8所示。

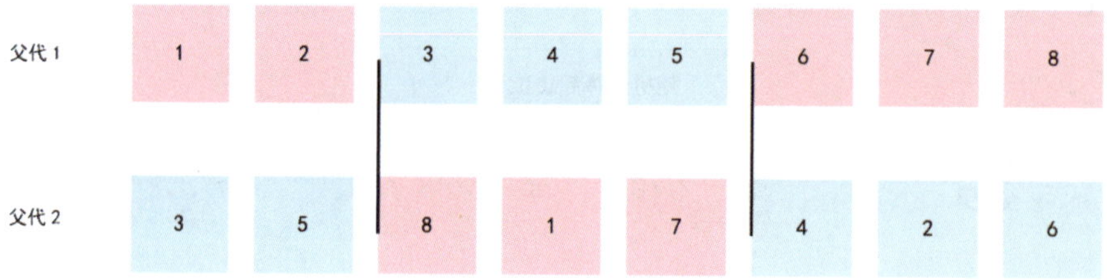

图6-8　交换基因片段

（3）冲突解决：交换基因片段后，为防止子代染色体出现重复基因，PMX会把交叉区中两条父代染色体同一位置上的基因成对记录，形成“对应映射”，并用它递归地替换冲突基因。如图6-9所示，交叉区内父代1的基因为5-8-1-7，父代2的对应基因为2-3-4-5，因此得到映射5↔2、8↔3、1↔4、7↔5，当子代其余位置出现了已在交叉区内出现过的基因（如又出现5、7等）时，就依据映射表向外追溯：若遇到7，则7映射到5，而5又映射到2，最终将该位置替换为尚未在子代出现的2；若遇到1，则直接替换为4；如此链式替换，持续进行直到子代染色体中的所有基因都唯一为止，右侧箭头示意的正是映射与递归替换的过程。

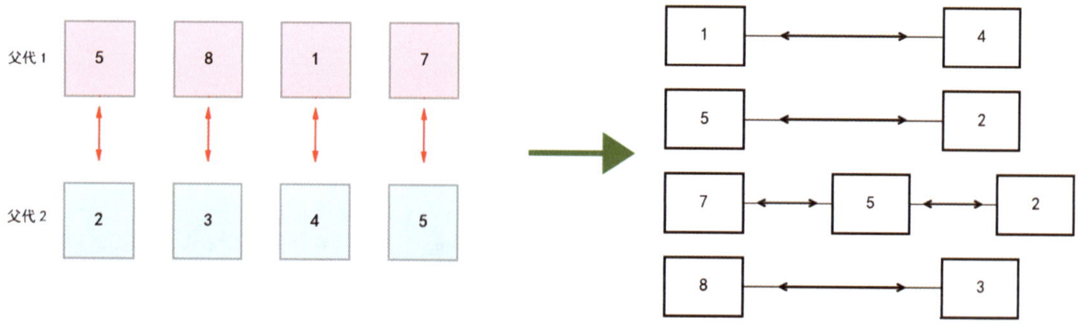

图6-9　冲突解决

最终处理结果，如图6-10所示。

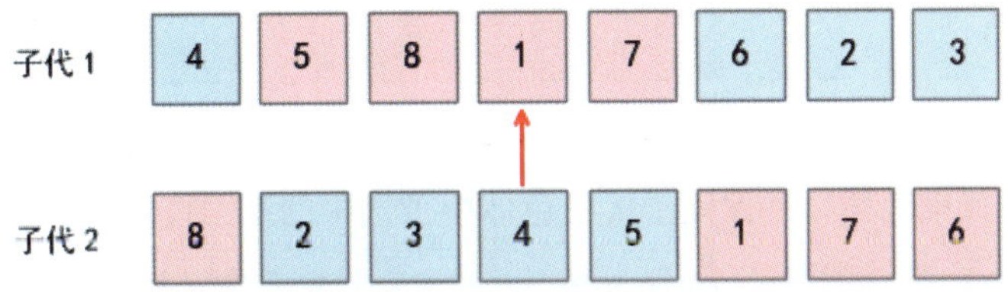

图6-10 最终处理结果

5. 均匀交叉

均匀交叉（一致交叉）是一种基于概率进行基因交换的重组方法。在均匀交叉中，两个父代染色体的每个对应位置上的基因，都有一个预先设定好的交换概率p，并根据此概率决定是否进行交换。这种方式使子代染色体在每个位置上都有机会继承来自父代1或父代2的基因，如图6-11所示。相较于其他交叉方法，均匀交叉的探索性更强，允许在更大范围内搜索设计空间，同时也能有效促进父代染色体之间信息交换。

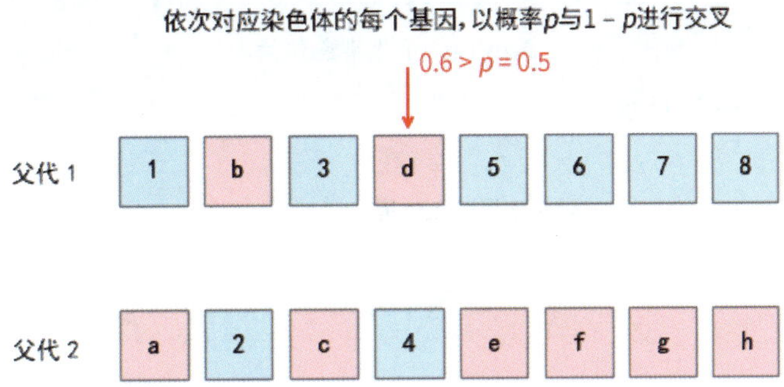

图6-11 均匀交叉示意图

6. 顺序交叉

在进行顺序交叉（Order Crossover，OX）时，首先，在两个父代染色体中随机选择起始和结束位置。其次，将父代染色体1在交叉区域内的基因直接复制到子代染色体1的对应位置。最后，在父代染色体2中按照子代染色体1缺失基因的顺序，将这些基因填补到子代染色体1中。同样，另一个子代染色体通过相似的方式生成。与PMX不同，顺序交叉方法不需要进行冲突检测，因为其设计确保了基因不会重复。

（1）随机选择一对染色体（父代）中基因的交叉起止点（两个染色体被选中的基因位置相同），如图6-12所示。

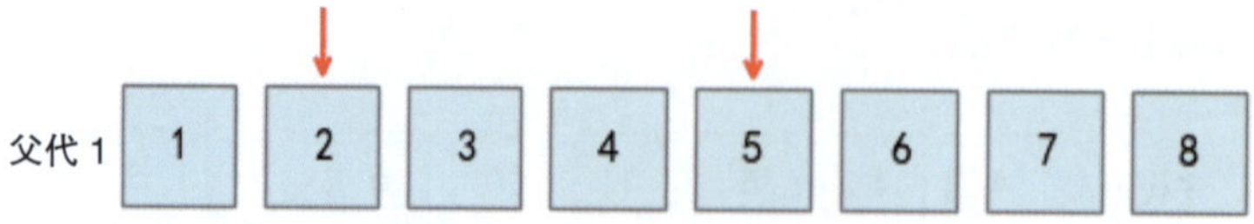

图 6-12　随机选择交叉起止点

（2）生成一个子代染色体，并保证子代染色体中被选中的基因位置与父代染色体中对应的位置相同，如图 6-13 所示。

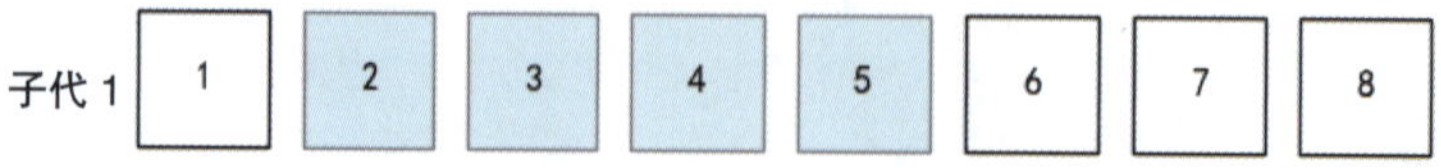

图 6-13　生成的子代染色体

（3）先找出步骤（1）中被选中的基因在另一个父代染色体中的位置，再将其余基因按顺序插入步骤（2）中生成的子代染色体中，如图 6-14 所示。

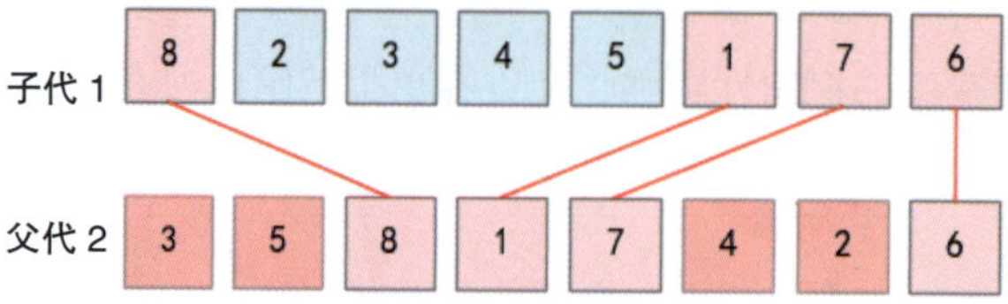

图 6-14　子代染色体插入

顺序交叉效果如图 6-15 所示。

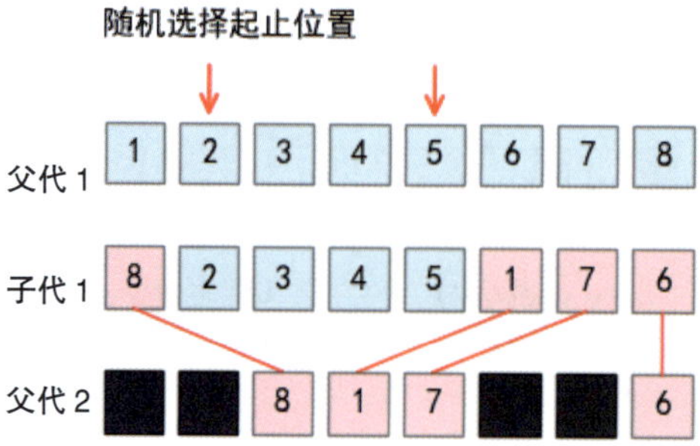

图 6-15　顺序交叉效果

7. 基于位置的交叉

基于位置的交叉（Position-based Crossover，PBX）是指在两个父代染色体中随机选择几个位置（位置可以不连续），将父代染色体 1 这些位置上的基因复制到子代染色体 1 的相同位置上，再在父代染色体 2 上未被选中的基因（子代染色体 1 中缺少的基因）按照顺序填入子代染色体 1 的空余位置。另一个子代染色体以类似方式得到。PBX 与顺序交叉的关键区别是选取的位置可以不连续。

（1）同位基因选择：从一对父代染色体中随机选择若干个基因位点（这些位点可以不连续），如图 6-16 所示，这种方式确保了两个父代染色体在相同位置上进行基因交换。

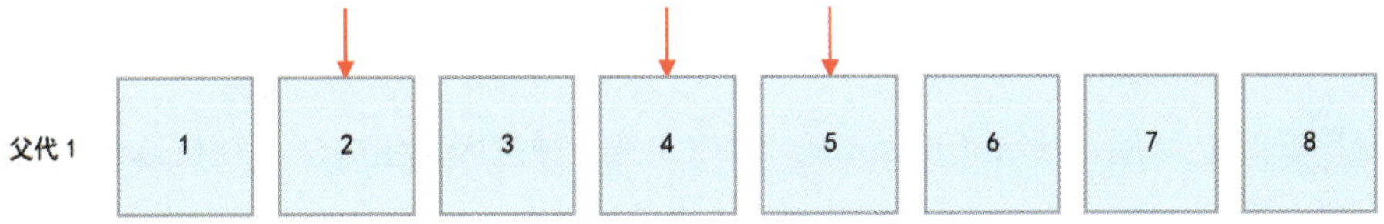

图 6-16　随机选择几个不同位置的基因

（2）子代染色体部分构建：先将父代染色体 1 中被选中的基因，按照其在父代染色体 1 中的位置，直接复制到子代染色体1的对应位置上，如图6-17所示。这保证了子代染色体1中被选中基因的位置与其在父代染色体1中相对应的位置相同。

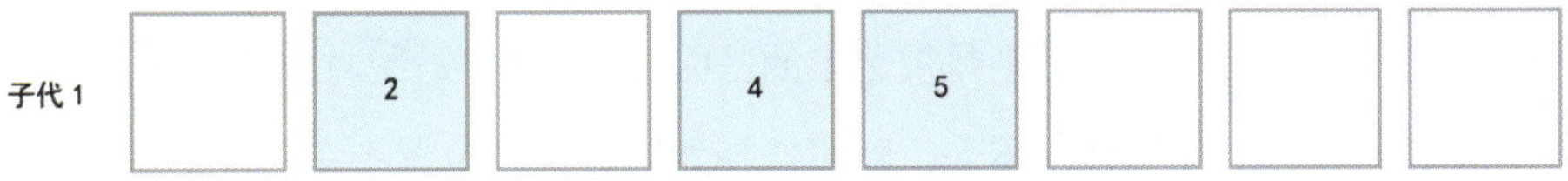

图 6-17　子代染色体生成过程

（3）子代染色体部分生成：在步骤（1）中已随机选定若干固定位置（图6-17中用蓝色方块标出）。首先，将父代染色体1在这些位置上的基因（本例为2、4、5）直接复制到子代染色体1的对应位置，其余位置暂空。其次，从父代染色体2的首位开始顺序扫描，遇到尚未出现在子代中的基因就按出现顺序依次填入空位，已存在则跳过。最后，得到子代序列3-2-8-4-5-1-7-6：蓝色基因（2、4、5）保持了与父代1完全一致的位置，粉色基因（3、8、1、7、6）则继承了父代2的相对次序，从而在同一条染色体中同时保留了父代1的位置信息和父代2的顺序信息，如图6-18所示。

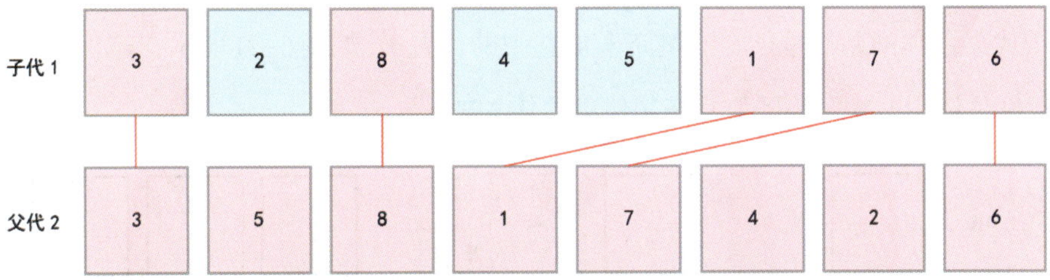

图 6-18　子代染色体插入生成新的子代染色体

PBX示意图，如图6-19所示。

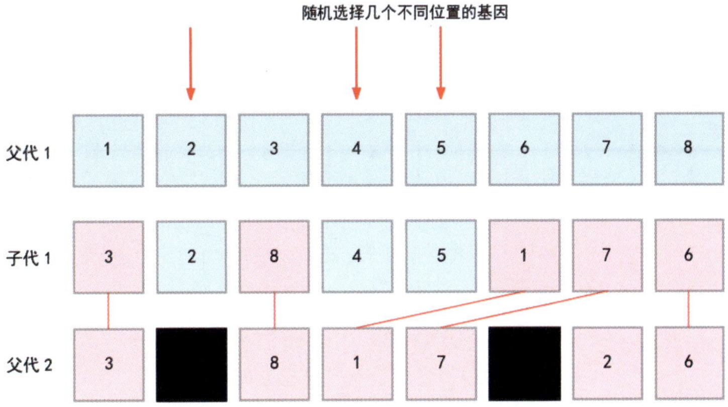

图 6-19　PBX 示意图

8. 基于顺序的交叉

基于顺序交叉（Order-Based Crossover，OBX）是一种基因重组方法，随机选择父代染色体1的若干基因，在父代染色体2中定位相同基因。然后，利用父代染色体2中未被选中的基因，按照它们在父代染色体2中的原有顺序构建子代染色体1的框架（填充到未被选中的位置，并保持这些基因在父代2中的相对顺序）。接着，将父代染色体1中被选中的基因，按照它们在父代染色体1中的顺序，依次插入子代染色体1的剩余空位中。互换父代角色重复此过程可生成子代染色体2。OBX与PBX的关键区别在于，OBX构建子代染色体的基础框架来源于父代染色体2中未被选中的基因及其顺序；而PBX构建子代染色体的基础则是被选中的基因在父代1中的绝对位置映射。

（1）位置选择：在两个父代染色体上，随机选择相同数量且位置一一对应的基因位点（这些位点可以不连续），如图6-20所示，这确保了在两个父代染色体的相同位置上进行基因操作。

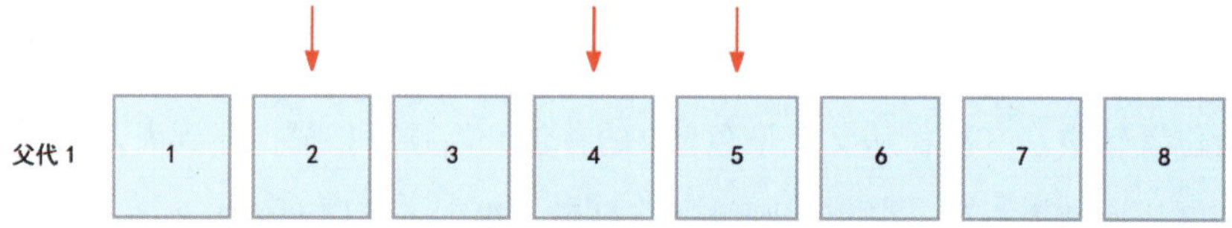

图6-20　随机选择几个不同位置的基因

（2）基于父代染色体2的子代染色体初步生成：首先，在父代染色体2中定位父代染色体1中被选中的那些基因。其次，使用父代染色体2中未被选中的基因，按照它们在父代染色体2中的原始顺序生成子代染色体的基础框架（即填充未被选中的位置），如图6-21所示，这保证了未被选中的基因在子代染色体中的相对顺序与其在父代染色体2中一致。

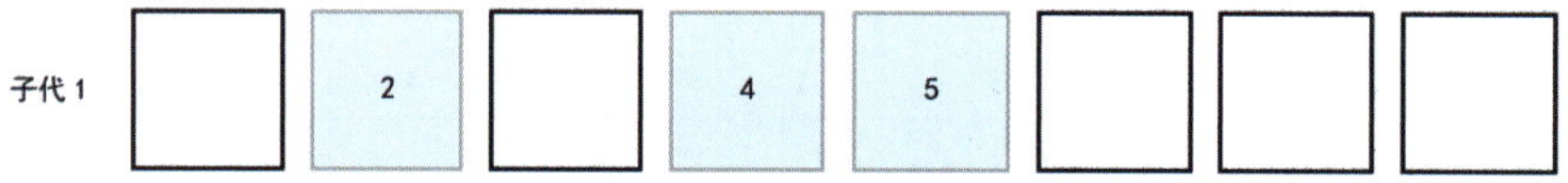

图6-21　子代染色体初步生成

（3）基于父代染色体1的基因补全：将父代染色体 1 中被选中的基因，按照它们在父代染色体 1 中的顺序，依次插入步骤（2）生成的子代染色体的剩余空位中，从而完成子代染色体1的生成，如图6-22所示。

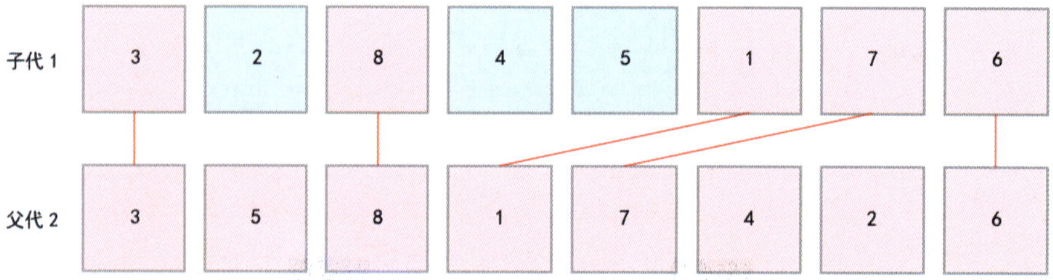

图6-22　完成子代染色体1的生成

OBX示意图，如图6-23所示。

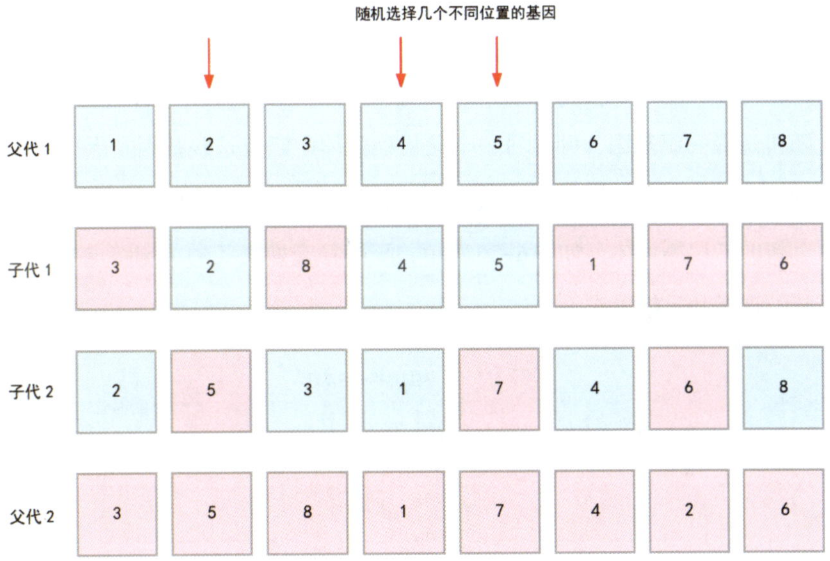

图 6-23　OBX 示意图

9. 循环交叉

循环交叉（Cycle Crossover，CX）是一种独特的基因重组方法。它从一个父代染色体上随机选择一个起始基因，然后在另一个父代染色体上找到相同基因；接着，回到第一个父代染色体，定位该基因所在位置，并以此位置的基因为新的起点，重复上述步骤，直到最终回到最初选择的起始基因，形成一个闭环。这个闭环内的所有基因即为选中的基因。随后，将第一个父代染色体中被选中的基因，按其在父代染色体中的位置复制到子代染色体中，再将第二个父代染色体中剩余的基因填入子代染色体的空余位置。互换父代染色体角色，重复此过程即可生成另一个子代染色体。如图 6-24 所示，循环交叉的显著特点是仅需随机选择一个基因作为起点，即可通过循环追踪的方式确定多个用于交叉的基因位点。

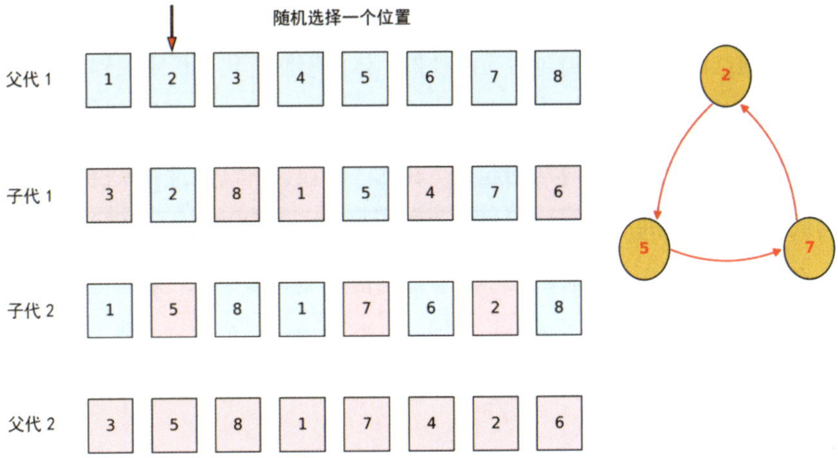

图 6-24　循环交叉示意图

10. 子路径交换交叉

子路径交换交叉（Subtour Exchange Crossover，SEX）是一种特殊的基因重组方式，它仅在一个父代染色体上随机选择一组基因，并在另一个父代染色体中定位这些基因。保持两个父代染色体中未被选中基因的位置不变，仅将被选中基因按照它们在第一个父代染色体中的顺序进行交换，从而一次性生成两个新的子代染色体。如图6-25所示，子路径交换交叉的关键特点在于它只针对一个父代染色体进行基因选择和重组操作。

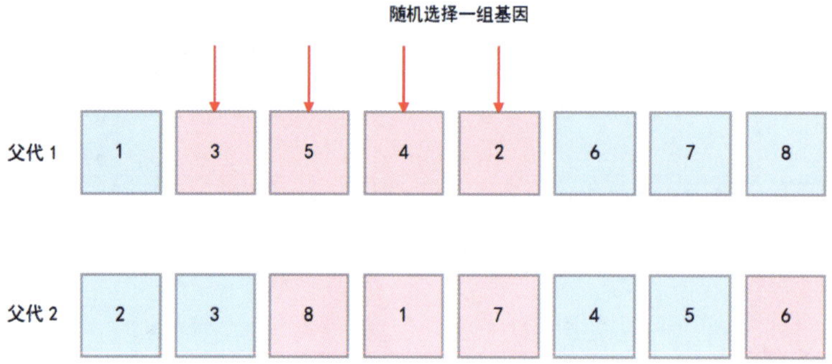

图6-25　子路径交换交叉示意图

6.1.3 差分进化算法

差分进化（Differential Evolution，DE）算法是一种基于种群的全局优化算法，最早由Storn和Price在1997年提出。作为一种在连续优化问题中表现优异的进化算法，差分进化算法通过种群中的个体差分生成新的解，继而进行选择以更新种群。与传统的遗传算法不同，差分进化算法的核心在于通过个体差分来构造变异，进而提升搜索效率。由于其具有良好的全局搜索能力和较强的鲁棒性，差分进化算法广泛应用于工程优化、机器学习参数优化等领域。

差分进化算法主要包括种群初始化、变异操作、交叉操作和选择操作四个步骤。这些步骤彼此关联，在整个算法的迭代过程中，通过对当前种群个体的不断优化，最终找到全局最优解。图6-26展示了差分进化算法流程图。

首先，种群初始化是差分进化算法的起点。在这一阶段，算法通过在解空间内随机生成一定数量的个体，构成初始种群。每个个体可以看作一个向量，表示问题的一个潜在解。种群的大小N通常是预设的。在很多实际应用中，种群大小对算法性能有显著影响。一般来说，较大的种群能够提供更多的候选解，从而提升全局搜索能力，但同时也会增加计算负担。相较于遗传算法，差分进化算法的初始种群生成较为简单，通常不需要特殊的启发式策略，而是通过在问题定义的变量范围内随机采样生成。

其次，变异操作是差分进化算法的核心。该操作通过对当前种群中的个体进行差分，生成新的候选解。具体而言，差分进化算法中的每个个体（目标个体）都通过选取种群中三个随机且互不相同的个体x_1、x_2和x_3，按照以下公式生成变异向量：

$$v_i = x_1 + F\left(x_2 - x_3\right)$$

其中，F是控制差分向量大小的缩放因子，通常在区间[0, 2]内取值。通过这个变异公式，可以生成一个新的候选解。相较于遗传算法中的随机变异，差分进化算法的变异操作具有更强的引导性，因为它是基于种群内部个体之间的差分，能够更好地探索解空间。此外，通过控制缩放因子F，可以调节变异幅度，从而平衡全局搜索和局部搜索的能力。

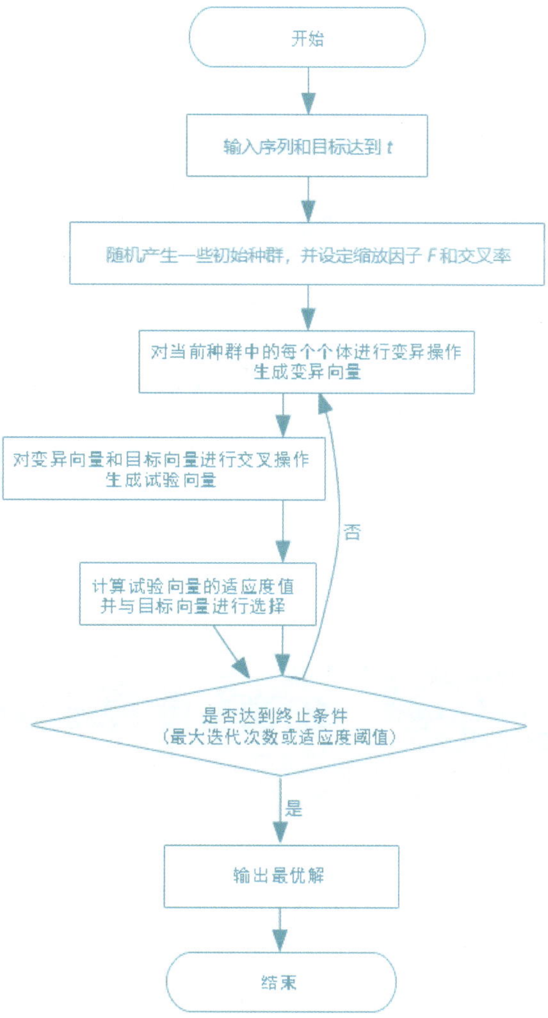

图 6-26　差分进化算法流程图

再次，差分进化算法进行交叉操作。交叉操作旨在通过将目标个体和变异向量进行部分基因交换，生成新的候选解。交叉操作是通过预设的交叉率来控制的。当生成新的候选解时，算法会按照交叉率的设定，在目标个体和变异向量之间进行基因的交叉组合。具体而言，随机选择一个位置，确保该位置的基因从变异向量中继承，而其他位置的基因则根据交叉率的设定来决定是从目标个体还是变异向量中继承。通过这种方式，交叉操作为差分进化算法引入了一定的随机性，从而保证解的多样性。

最后，差分进化算法进行选择操作。选择操作旨在更新种群，使新的种群比原有种群具有更好的解。选择的方法通常基于适应度值。适应度函数是差分进化算法中用于评估目标个体解优劣的指标，通常与优化问题的目标函数直接相关。对于每个目标个体，若交叉操作生成的新个体的适应度优于原目标个体，则用新个体替换原目标个体进入下一代；否则，保留原目标个体。在整个算法迭代过程中，选择操作确保了种群的逐步优化，使种群中的个体适应度不断提高，逐渐向全局最优解逼近。

差分进化算法的一大优势在于其对问题假设较少，适用于多种类型的优化问题，包括非线性、多峰、连续等情况。由于变异操作是基于种群内部个体差分生成，因此差分进化算法在复杂高维度问题中的表现尤为出色。尤其在机器学习领域中，差分进化算法常用于模型超参数的优化，如神经网络的结构搜索和训练参数优化等。在这些应用中，差分进化算法通过有效的全局搜索策略，能够迅速找到合适的参数组合，提升模型性能。

例如，在工程优化问题中，差分进化算法可用于设计结构优化。假设需要优化某个机械零件的形状，以减少其受力时的变形量。此时，种群中的目标个体表示一个零件的可能设计方案，适应度函数则根据零件的受力变形量来进行计算。通过多次迭代，差分进化算法逐渐优化零件的形状参数，直到找到一个最优设计，使零件在受力时变形量最小。

然而，差分进化算法的缺点也不容忽视。首先，差分进化算法的计算复杂度较高，尤其在种群较大时，算法的运行时间可能显著增加。其次，差分进化算法的性能对参数设置较为敏感，尤其是缩放因子F和交叉率的选择，往往需要通过实验进行调优。再次，差分进化算法在某些应用中可能存在收敛速度慢的情况，尤其当适应度函数的梯度变化不显著时，算法可能需要较多的迭代次数才能达到收敛标准。

6.2 生物智能算法框架

6.2.1 生物智能算法简介

生物智能算法是一类基于生物行为启发的计算方法，它通过模拟自然界生物在觅食、繁殖、合作等行为中的群体智能，解决复杂的优化问题。这类算法的核心思想源于自然界中个体与群体的协作关系。个体虽然只拥有有限的局部信息，但通过与其他个体的交互和环境反馈，能够在群体层面产生高度优化的行为。生物智能算法强调群体的协作性、自适应性及鲁棒性，使其在高维、非线性、多目标的优化问题中表现出显著优势。

生物智能算法最初源于科学家对自然现象的观察。

例如，蚁群在寻找食物时，个体蚂蚁通过释放信息素（Pheromone）来标记路径，其他蚂蚁则根据信息素的浓度来选择前进的方向，逐渐形成一条最优的觅食路线。粒子群优化算法则模拟了鸟群的飞行行为，每只“鸟”（粒子）通过感知邻居的飞行方向和速度，调整自身的飞行策略，逐步接近最优目标。这样的行为模式虽然基于简单的个体规则，但在解决复杂问题时，却能涌现出超越个体能力的群体智慧。

分布式计算是生物智能算法的一个重要特征。在这些算法中，每个个体（如蚂蚁、粒子或蜜蜂）都是独立的计算单元，个体通过局部的规则进行自组织行为，而不需要全局的控制。分布式计算机制使生物智能算法在面对大规模、高维度问题时，能够避免传统集中式计算机制可能遇到的计算瓶颈。此外，生物智能算法通过个体之间的协同合作，具备强大的鲁棒性和容错性，即使部分个体的行为偏离了最优路径，整个群体也能通过其他个体的有效行为进行调整，逐步恢复到最优状态。这种特性使生物智能算法在应对不确定性或动态变化的环境时具有显著优势。

例如，在网络路由优化问题中，网络流量具有高度动态性，传统的静态路由算法往往难以适应。而通过生物智能算法，可以模拟蚂蚁或蜜蜂的觅食行为，动态调整网络路径的分配，从而提高整体的网络流量效率。这种基于自然群体行为的自适应性是传统优化算法难以比拟的。

然而，尽管生物智能算法具有广泛适用性和强大的优化能力，也存在一定局限性。首先，这类算法通常需要较大的种群规模和较多的迭代次数，通过反复的局部探索来逼近全局最优解。在处理极大规模或计算昂贵的问题时，这可能导致较高的计算成本。其次，由于搜索过程包含随机性，如何有效避免算法陷入局部最优解仍是需要深入研究的问题。常见的改进策略包括引入动态信息素更新机制、调整种群规模（Population Size）等，以提升全局搜索能力。

生物智能算法通过模拟自然界生物的群体智能行为，为解决复杂优化问题提供了一种有效范式。其固有的自适应性、分布式计算特性和鲁棒性，使其在诸多领域得到成功应用，尤其在处理高维多目标和动态优化问题时展现出强大潜力。通过融合不同生物智能算法的优势，并针对特定问题设计改进策略，生物智能算法为优化理论与应用的发展提供了丰富的思路和强大的工具集。

6.2.2 典型生物智能算法

在生物智能算法的研究过程中，涌现出多种经典且高效的算法，它们通过模拟不同的生物行为来解决复杂的优化问题。每种算法都有其独特的工作机制和适用场景。接下来，我们将重点介绍几种典型的生物智能算法，如蚁群算法、粒子群优化算法、蜂群算法和模拟退火算法等。

1. 蚁群算法

蚁群算法是最早且最具代表性的生物智能算法之一，其灵感来源于蚂蚁群体的觅食行为，主要用于解决组合优化问题。在觅食过程中，个体蚂蚁没有全局信息指导，它们通过释放一种名为信息素（Pheromone）的化学物质标记路径，并倾向于跟随信息素浓度较高的路径。路径上经过的蚂蚁越多，其信息素浓度越高（正反馈）；同时，信息素会随时间缓慢挥发（负反馈）。蚂蚁在选择路径时，虽然以一定概率偏向信息素浓度高的路径，但也保留一定的随机探索性。这种机制最终引导整个蚁群收敛到（近似）最优路径。蚁群算法流程，如图6-27所示。

蚁群算法的关键在于信息素的更新机制及路径的随机选择。在初期，所有路径上的信息素浓度较均匀，蚂蚁对不同路径的选择具有一定的随机性；随着时间的推移，信息素逐步积累，较优路径上的信息素浓度逐渐超过其他路径，从而吸引更多蚂蚁选择。通过这样的迭代，蚁群算法能够有效避免陷入局部最优，并最终收敛到全局最优解。这一算法被广泛应用于TSP、网络路由优化及其他涉及路径规划和组合优化的问题中。

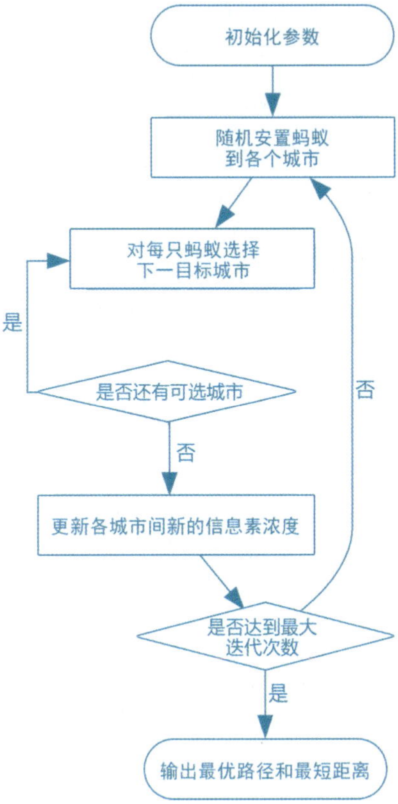

图6-27　蚁群算法流程

2. 粒子群优化算法

粒子群优化算法灵感来源于鸟群在空中的集体飞行行为。鸟群的飞行过程并不依赖某一只鸟的全局认知，而是通过个体鸟之间的信息共享来实现集体飞行方向的调整。在该算法中，每个粒子代表一个可能的解，粒子通过不断调整自身的位置和速度来搜索最优解。在这个过程中，粒子不仅会根据自己的历史最优解进行调整，还会参考整个群体中的全局最优解，从而加速收敛过程。粒子群优化算法流程，如图6-28所示。

粒子群优化算法的一个显著特点是具有较高的收敛速度和简单的实现过程。它无须像蚁群算法那样引入复杂的路径选择和信息素更新机制，仅通过调整粒子的速度和位置，结合个体最优和全局最优的权重，便能高效地探索解空间。这种算法特别适合求解连续函数优化问题，并广泛应用于神经网络训练、图像处理以及工程设计优化等领域。

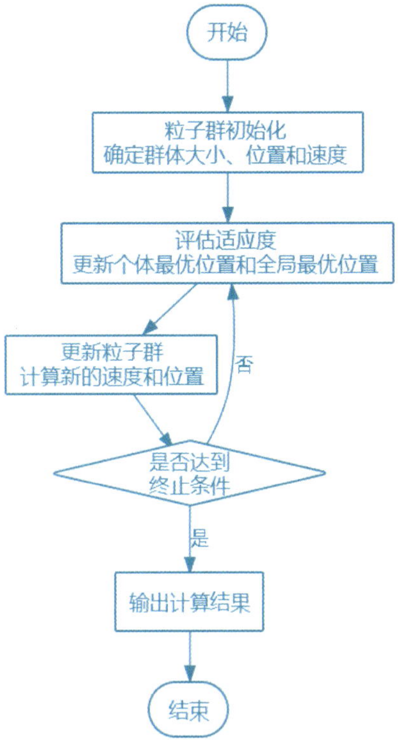

图6-28　粒子群优化算法流程

3. 蜂群算法

蜂群算法是基于蜜蜂觅食行为的一种群体智能算法。在自然界中，蜜蜂通过舞蹈语言与同伴交流食物源的位置和质量信息，其他蜜蜂则根据这些信息选择新的觅食方向。类似地，在蜂群算法中，个体蜜蜂通过局部搜索找到潜在的解，并通过信息共享与其他个体进行交流，从而形成全局优化的过程。蜂群算法在处理多目标优化问题时表现出较高的适应性，尤其适用于资源分配、生产调度等复杂优化场景。蜂群算法流程，如图6-29所示。

虽然这些算法的工作机制各异，但它们都体现了生物智能算法的核心思想——通过个体间的协作、信息共享和自适应行为来解决复杂的优化问题。这些算法在诸多领域中都得到了广泛应用，并在面对具有高度复杂性和不确定性的优化问题时展现出了较高的效率和鲁棒性。

例如，蚁群算法可应用于物流网络的路径规划，通过模拟蚂蚁的信息素积累过程寻找最短配送路线；粒子群优化算法则广泛应用于机器学习模型的参数优化，通过调整粒子的学习步长和惯性权重来优化模型的训练效果；蜂群算法在资源调度问题中，通过模拟蜜蜂的觅食行为，能够有效优化资源分配方案；模拟退火算法则常用于工业设计优化，能够帮助工程师在复杂的设计空间中寻找符合多重约束条件的最佳方案。

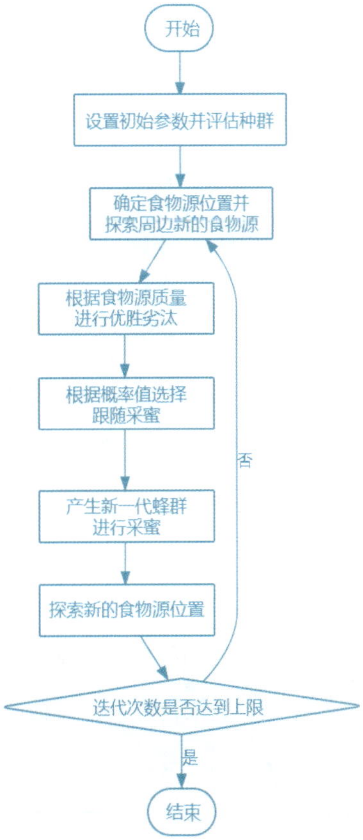

图 6-29　蜂群算法流程图

6.2.3 算法性能分析

生物智能算法的性能分析是其应用过程中的关键环节。每种算法在面对不同的优化问题时，既具有其独特的优势，也存在特定的局限性。因此，深入理解这些算法的优缺点及其适用场景，对选择合适的算法至关重要。接下来，将从优点、缺点和适用场景三个方面对生物智能算法进行详细分析。

1. 优点

（1）强大的全局搜索能力。

相较于传统的梯度下降类优化算法，生物智能算法通过模拟群体智能的协作行为，能够有效避免陷入局部最优解。例如，在蚁群算法中，通过信息素的逐渐积累，蚁群可以逐步增强优质路径的信息标记，引导更多蚂蚁沿着全局最优路径移动。这一过程能够确保在复杂解空间中，而非局限于某一区域的搜索，最终达到全局最优。同样，粒子群优化算法通过粒子间的信息共享，不断调整位置和速度，在全局解空间内进行大范围探索，具备较好的全局收敛性。蜂群算法模拟蜜蜂的觅食行为，结合局部搜索与全局搜索，在复杂的多目标优化问题中表现出卓越的全局寻优能力。图6-30展示了蚁群算法积累信息素寻找最优路径的示意图。

（2）自适应性强。

生物智能算法可以根据问题规模和复杂性的变化，灵活调整搜索策略。例如，在物流配送路径优化中，交通状况会随着时间变化不断波动，蚁群算法可通过动态调整信息素浓度及时更新最优路径。类似地，粒子群优化算法通过调整粒子个体的惯性权重和学习率，适应不同阶段的搜索需求，在收敛速度和精度之间取得平衡。这种自适应性使生物智能算法在处理动态优化问题时展现出了显著优势。

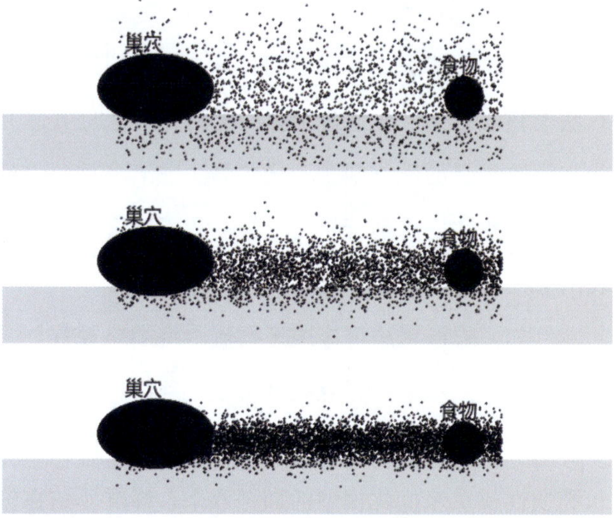

图 6-30　蚁群算法积累信息素寻找最优路径的示意图

（3）实现相对简单。

大多数生物智能算法基于简单的个体交互规则，不需要复杂的数学推导或高精度的数值计算。例如，粒子群优化算法仅需基于粒子的速度和位置更新规则及个体最优与全局最优的权重调整，便可完成整个优化过程。相比之下，传统的梯度下降法或遗传算法往往涉及复杂的偏导数计算或交叉变异操作。因此，生物智能算法更易于实现，尤其适合在没有大量先验知识时快速求解优化问题。

2. 缺点

（1）计算成本较高。

生物智能算法依赖群体中个体的协同搜索来逐步逼近最优解，因此往往需要较大的个体规模及较多的迭代次数，才能保证算法的收敛性能。这一特性在高维空间中的表现尤为突出。例如，在处理大规模的组合优化问题时，蚁群算法需要通过大量蚂蚁在解空间中不断探索来确定最优路径，这种大规模的搜索耗费大量计算资源。此外，粒子群优化算法的粒子数量和迭代次数直接影响其搜索效率和精度。在资源受限的应用场景中，这种计算成本可能限制其实际应用。

（2）容易陷入局部最优解。

尽管这类算法的全局搜索能力较强，但在面对极其复杂的优化问题时，局部搜索的倾向可能会导致算法过早地收敛到某个局部最优解。例如，蚁群算法在信息素更新过程中，某条路径可能由于初期的偶然选择而积累了过多的信息素，导致后续的蚂蚁过度依赖该路径，从而无法探索到全局最优解。类似地，粒子群优化算法中的粒子可能受个体最优解的影响，聚集于某个局部区域而丧失全局探索的能力。为了克服这一问题，研究者提出了多种改进措施，如动态信息素衰减机制、粒子群中的扰动操作等，但这些措施往往又增加了算法的复杂性。

（3）适用性问题。

尽管该类算法在解决组合优化、函数优化等问题中表现出较好的效果，但对于某些特定问题，传统算法可能更具优势。例如，在处理线性优化或凸优化问题时，基于导数信息的梯度下降法、牛顿法等通常能更快地收敛到全局最优解，而生物智能算法因其随机搜索的本质，收敛速度较慢。因此，选择生物智能算法时，必须考虑其与问题类型的匹配度。

3. 适用场景

生物智能算法的适用场景主要集中在复杂的非线性、多目标和动态优化问题中。其优势在解空间不连续、维度较高或存在多个局部最优解的问题上尤为明显。

（1）在供应链管理的多目标优化问题中，生物智能算法能够通过群体协作机制平衡多个目标的权重，找到符合多重约束条件的最优解。

（2）在网络路由优化、图像处理、神经网络训练等领域，这类算法通过动态调整搜索策略，可以有效应对问题的不确定性和复杂性。

（3）在复杂的城市交通网络中，车辆的实时调度问题涉及大量的变量和动态约束。传统的优化方法难以应对突发的交通状况，而蚁群算法通过信息素的动态调整，能够自适应地选择最优路线，从而有效提升交通网络的运行效率。

（4）粒子群优化算法在图像分割和神经网络的参数调优中表现出良好的适应性，能够在多维解空间中快速找到最优的超参数配置。

生物智能算法凭借其强大的全局搜索能力、自适应性及相对简单的实现过程，已成为解决复杂优化问题的重要工具。然而，其高计算成本及在某些特定问题上的局限性仍需进一步改进和优化。在实际应用中，选择合适的生物智能算法需结合具体问题的特点，平衡算法的性能与资源消耗，以实现最佳的优化效果。

6.3 智能搜索算法框架

在研究了生物智能算法后，本节将深入探讨智能搜索算法。生物智能算法通过模拟自然界的生物行为解决复杂优化问题，智能搜索算法则主要依赖启发式和基于经验的策略，旨在平衡全局与局部搜索的效率。这类算法通过引导搜索过程，避免陷入局部最优解，同时加速收敛，广泛应用于各种优化场景。智能搜索算法的灵活性和适应性使其在处理多目标优化和大规模问题时，展现出与生物智能算法不同的优势。

6.3.1 智能搜索算法概述

智能搜索算法是一类通过启发式策略进行全局和局部搜索的优化算法，旨在解决传统优化算法难以处理的大规模、非线性、非凸性等复杂问题。这类算法不同于生物智能算法，它依赖特定的搜索规则、启发式引导和反馈机制，动态调整搜索路径，以找到最优解或近似最优解。智能搜索算法具有较强的适应性和鲁棒性，尤其在不确定性问题和复杂优化环境中表现突出。

智能搜索算法的核心在于结合了启发式策略与局部搜索机制。传统局部搜索机制容易陷入局部最优解，图6-31展示了局部最优与全局最优。而智能搜索算法则通过设计特定的启发式机制，能够有效地规避这一问题。以模拟退火算法为例，该算法模仿了物理学中的退火过程，通过在初期允许较大的随机跳跃，使算法能够跳出局部最优，在温度逐渐降低后，搜索区域逐渐收敛到全局最优。这种随机扰动与局部搜索相结合的策略，赋予了模拟退火算法极高的灵活性，在复杂的组合优化问题中性能尤为突出。

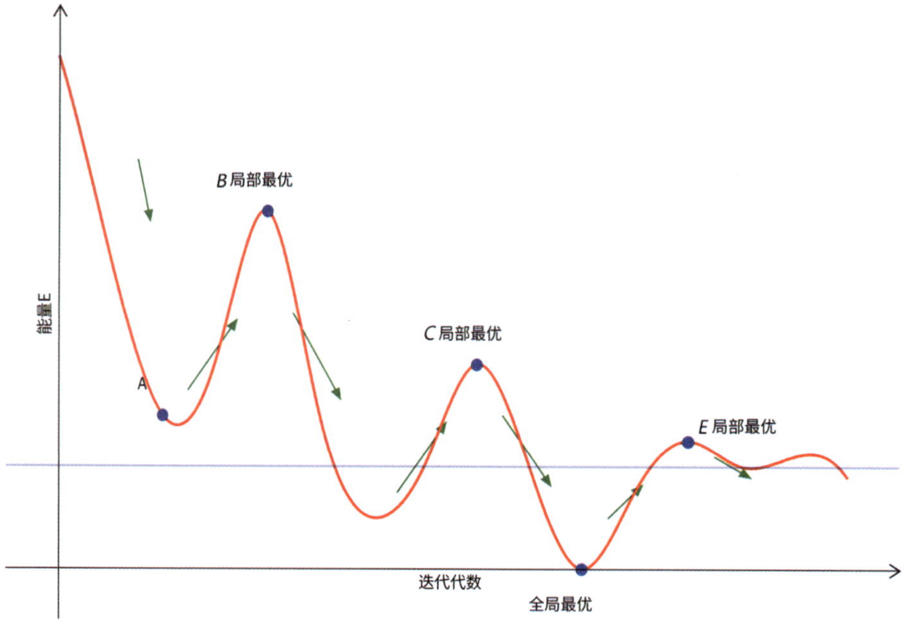

图6-31　局部最优与全局最优示例图

禁忌搜索（Tabu Search）算法则是另一种典型的智能搜索算法，通过引入禁忌列表（Tabu List）来避免搜索路径的重复，使算法在搜索过程中不会陷入循环或停滞。在禁忌搜索中，每次迭代都会记录一部分已探索过的解，并将这些解暂时标记为“禁忌”，即短时间内不再进行搜索。通过这种机制，算法能够有效地探索新的解空间区域，避免局部搜索陷入死循环。禁忌搜索特别适合于需要快速找到可行解的大规模优化问题，如TSP或物流路径规划等。

智能搜索算法相较于传统算法的优势在于其不依赖问题的数学特性（如可微性或凸性），因此适用范围更广。传统优化算法（如梯度下降）通常依赖目标函数的可导性和凸性，在面对不规则、复杂或多峰值的优化问题时可能难以收敛到全局最优。而智能搜索算法则通过结合全局搜索和局部搜索策略，能够在复杂的解空间中进行高效探索，找到更具鲁棒性的解。

差分进化算法（Differential Evolution，DE）是智能搜索算法中的另一个重要代表。它通过种群个体之间的差分操作生成新的解，并使用选择操作保证种群逐步向最优解进化。差分进化算法特别适合于处理非线性、非凸性的全局优化问题，如函数优化、参数调整等。与遗传算法类似，差分进化算法通过种群的进化不断优化个体解的质量，从而逐渐逼近全局最优解。

智能搜索算法除了在经典的组合优化问题中取得成功，还广泛应用于其他领域，如神经网络训练、自动化设计、机器人路径规划等复杂任务。在神经网络训练中，智能搜索算法可用于超参数优化，帮助找到最优的学习率、批大小等参数配置。在自动化设计和制造领域，智能搜索算法可高效地优化资源分配、工序安排和产品设计方案。而在机器人路径规划中，智能搜索算法则能够快速找到避开障碍物的最短路径，提高机器人的任务执行效率。

智能搜索算法通过启发式策略、局部搜索与全局搜索的结合，有效地解决了传统优化算法在复杂问题中面临的局限性。它们在处理非线性、非凸性、多目标和大规模优化问题时展现出了极强的适应性和灵活性。通过对启发式策略的精细设计和对算法参数的灵活调节，智能搜索算法在优化问题求解中发挥着重要作用，成为现代优化算法领域的重要工具。

6.3.2 典型的智能搜索算法

在智能搜索算法的研究与应用中，几种典型算法因其在解决复杂优化问题时的高效性和灵活性，得到了广泛应用和认可。模拟退火算法、禁忌搜索算法和差分进化算法是智能搜索算法中的代表算法，它们具有独特的工作原理和优化机制，适用于不同的优化场景和问题类型。

模拟退火算法是一种基于物理退火过程的启发式搜索算法。退火是指在物理学中，通过加热金属或玻璃材料至高温后缓慢降温以达到晶体结构稳定的过程。模拟退火算法模仿了这一物理现象，允许算法在搜索过程中进行随机跳跃，避免陷入局部最优解。在算法的初期，搜索过程类似于在高温下进行大范围的随机探索，允许较大的解空间扰动。随着温度的逐渐降低，算法逐渐减少随机性，逐步向最优解收敛。温度是控制搜索范围的关键参数，初期高温允许算法在全局范围内进行跳跃式搜索，避免陷入局部最优解，而在后期的低温阶段则趋于精细化的局部搜索，以寻找全局最优解。

模拟退火算法在处理组合优化问题时具有显著优势。例如，在TSP中，模拟退火算法通过允许在初期进行较大的路径扰动，跳出局部最优路径，然后通过退火过程收敛至更优的解决方案。由于具备全局搜索能力，模拟退火算法尤其适用于解空间复杂且具有多个局部最优解的非线性优化问题。然而，该算法的收敛速度高度依赖温度下降的策略：若降温过快，可能会过早陷入局部最优解；而降温过慢则可能导致计算资源的浪费。因此，合理地设置降温曲线是模拟退火算法中的关键。

禁忌搜索算法则是另一种典型的智能搜索算法，通过引入禁忌列表来避免搜索路径的重复，使算法在搜索过程中不会陷入循环或停滞。禁忌搜索算法流程，如图 6-32 所示。

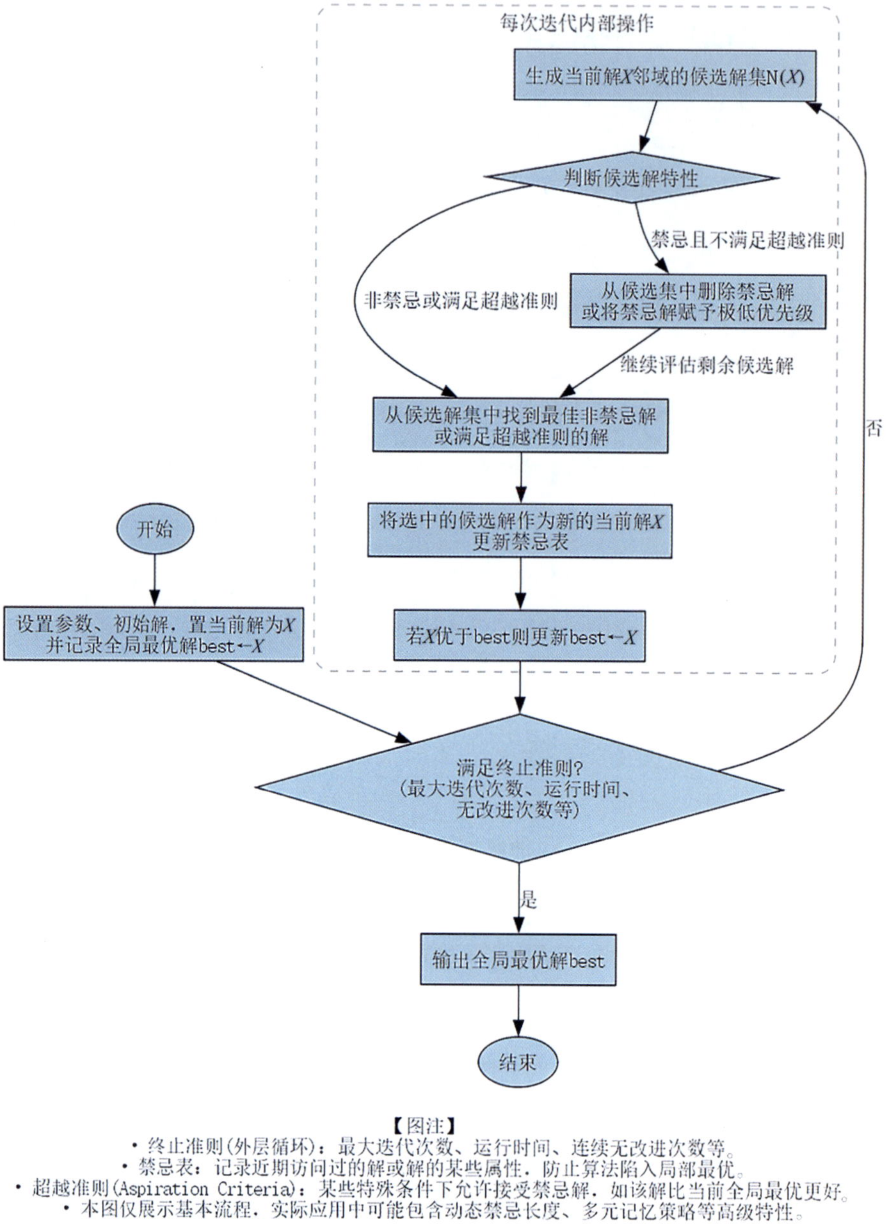

图 6-32　禁忌搜索算法流程

禁忌搜索算法的应用场景非常广泛，特别适合求解大型组合优化问题。在物流配送路径优化中，禁忌搜索算法可快速跳过不合适的路径，寻找全局最优配送方案。在制造业排产问题中，禁忌搜索算法通过避免重复的工序安排，优化生产流程，提高整体生产效率。禁忌搜索算法的优势在于其灵活性，通过调整禁忌列表的长度，可以灵活控制搜索的深度和广度。然而，在处理高维度问题时，禁忌搜索算法仍面临搜索时间较长的挑战，因此在实际应用中常与其他搜索算法结合使用，以提升整体性能。

差分进化算法是一种基于种群进化的智能搜索算法。其核心思想是通过个体之间的差分操作生成新的候选解，并通过选择操作更新种群，逐渐逼近全局最优解。差分进化算法的优势在于其实现简单且全局搜索能力强，特别适用于处理连续函数优化问题。在差分进化算法中，每个个体表示一个潜在解，算法通过不断更新种群中的个体，使其逐步向最优解进化。差分进化算法流程，如图 6-33 所示。

差分进化算法的工作机制主要包括三个步骤：差分变异、交叉操作和选择操作。首先，在差分变异过程中，算法随机选取种群中的三个个体，生成一个新的变异向量，该向量代表种群中的新解。其次，通过交叉操作将变异向量与当前个体进行组合，生成新的候选解。最后，选择操作根据适应度函数确定是否接收新的候选解，只有当新的解优于当前解时，才会被接收并替代原来的个体。通过这种方式，差分进化算法能够在解空间中进行全局探索，并不断优化解的质量。

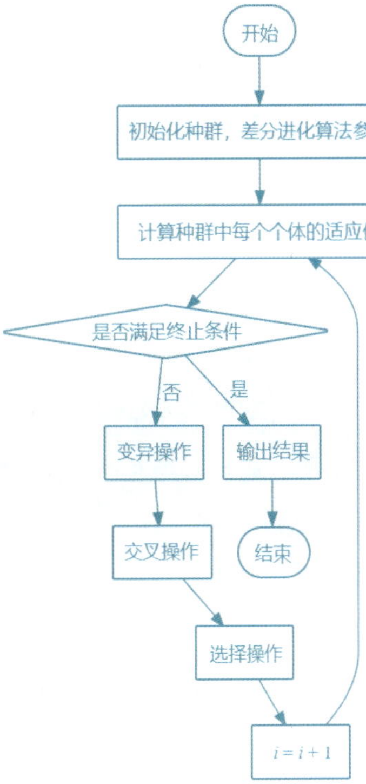

图 6-33 差分进化算法流程

差分进化算法广泛应用于多个领域，在多维连续函数优化、机器学习参数调优和工程设计优化等场景中表现出色。例如，在神经网络的超参数优化中，差分进化算法可通过调整神经网络的学习率、权重初始化等参数，提高神经网络的训练效果。差分进化算法的全局搜索能力和鲁棒性，使其在处理复杂且高维的优化问题时极具适应性。

模拟退火、禁忌搜索和差分进化算法代表了智能搜索算法中的几种经典方法，在处理复杂优化问题时各具优势。模拟退火算法通过退火过程有效地跳出局部最优；禁忌搜索算法凭借禁忌列表扩展了搜索范围，避免重复搜索；差分进化算法通过个体之间的差分操作逐步进化至全局最优解。通过合理地选择或结合这些算法，可以更高效地应对各类复杂的优化问题，进一步提升算法的搜索效率和解的质量。

6.4 神经网络算法框架

在解决复杂优化问题的过程中，智能搜索算法作为一种重要工具，能够在庞大的搜索空间中高效找到近似最优解。相较于传统的穷举搜索，智能搜索算法通过引入启发式策略，能够减少搜索次数并加快收敛速度。智能搜索算法在许多领域得到了广泛应用，如路径规划、组合优化和机器学习模型参数调整。随着计算能力的提升和数据规模的不断扩大，传统搜索算法逐渐难以应对高维复杂问题的挑战，而神经网络算法则凭借其强大的非线性映射能力和自动特征学习能力，在优化问题中展现出强大的优势。神经网络算法不仅能够处理传统优化算法难以解决的复杂问题，还为各种数据驱动的应用提供了有效的解决方案。接下来，将深入探讨神经网络算法的原理与应用，揭示其在优化问题中的潜力。

6.4.1 神经网络的基本概念

人工神经网络是一种受生物神经系统启发的计算模型，其基本单元是神经元。在生物神经系统中，神经元通过突触连接形成复杂的神经网络，从而处理和传递信息。类似地，人工神经网络通过模拟这种结构，实现了输入数据的复杂映射与处理。

神经网络的基本结构由多层神经元组成，该结构可分为输入层、隐藏层和输出层。输入层接收外界数据，隐藏层则通过加权求和和激活函数将输入转化为高阶特征，最终输出层根据任务要求给出相应的结果。在实际应用中，网络的层数与每层的神经元数量通常根据具体任务的复杂度进行设计，更多的隐藏层可以帮助神经网络捕捉复杂的模式和特征，因此被称为深度神经网络。

1. 前向传播与反向传播

神经网络的学习过程依赖两个关键步骤：前向传播和反向传播。

在前向传播过程中，输入数据通过神经网络逐层传递，每个神经元根据输入值与权重的加权求和结果，经过激活函数的处理，得到输出结果。整个神经网络的最终输出是由输入层的信息经过隐藏层的处理后在输出层形成的。通过前向传播，神经网络能够对输入数据做出预测或分类。

然而，神经网络的输出结果并不总是准确的，因此需要通过反向传播来调整神经网络的参数。反向传播基于误差计算，将预测输出与真实标签的差异（损失函数的值）通过链式法则反向传递至每个神经元的权重，从而通过梯度下降法进行权重更新。这个过程不断重复，直到模型收敛为止，即损失函数达到最小值，模型性能得到优化。

2. 常见的激活函数

激活函数在神经网络中扮演着将线性变换转化为非线性映射的角色，使神经网络能够学习复杂的特征表达。以下是三种常见的激活函数，其图像如图6-34所示。

阶跃函数： 阶跃函数是一种简单的激活函数，其输出根据输入值的符号进行二值化。如果输入值大于或等于0，输出为1；如果输入值小于0，输出为0。尽管阶跃函数能将输入分类为两种状态，但由于其不可导和输出不连续，限制了其在神经网络中的应用，逐渐被其他连续可导的激活函数（如ReLU函数和Sigmoid函数）所取代。

（1）Sigmoid函数：Sigmoid函数的输出范围为0～1，常用于二分类问题。然而，Sigmoid函数在梯度较小的区域会导致梯度消失问题，进而减慢神经网络的训练速度。

（2）ReLU函数：ReLU函数是当前应用最广泛的激活函数之一，它将负数输入截断为0，而正数输入保持不变。相比Sigmoid函数，ReLU函数能够有效缓解梯度消失问题，但它可能导致“死亡神经元”问题，即神经元在训练过程中可能永远不会被激活。

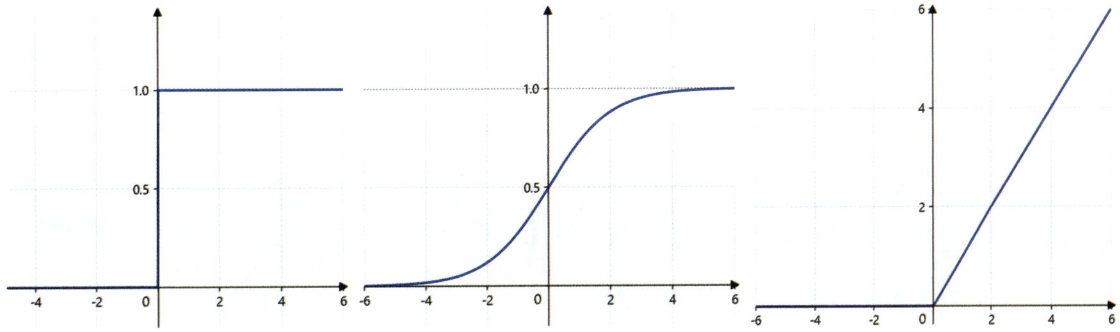

（a）阶路函数　（b）Sigmoid函数　（c）ReLU函数

图6-34　三种常见的激活函数

不同的激活函数适用于不同的任务，选择合适的激活函数是优化神经网络性能的关键环节。以图像分类任务为例，通常使用ReLU函数作为隐藏层的激活函数，因为其计算效率高且梯度消失问题较轻，而在输出层使用Softmax函数则可以将多分类任务的输出转化为概率分布。

假设在一个简单的分类任务中，输入数据为手写数字图像，神经网络需要判断图像中的数字是0～9中的哪个数字。输入层的每个神经元代表图像中的一个像素，隐藏层通过加权求和与激活函数提取图像中的特征，最终在输出层给出10个可能的类别。在前向传播的过程中，输入图像像素经过多层隐藏层逐渐转化为特征表示，最后通过反向传播调整权重，使神经网络能够准确识别图像中的数字。

通过引入激活函数（如ReLU函数），神经网络能够捕捉图像中的非线性特征，而反向传播确保神经网络的权重逐步优化，使输出层的结果越来越接近真实标签。这种基于神经网络的分类任务被广泛应用于各种领域，如图像识别、语音识别和NLP等。

神经网络的基本概念不仅为后续更复杂的结构与算法奠定了基础，同时也为实际应用提供了理论支持。接下来，我们将逐步探讨更加高级的神经网络结构及其在具体场景中的应用。

6.4.2 常见的神经网络结构

神经网络的发展伴随着多种神经网络结构的提出，这些结构针对不同的任务特性和数据形式进行了专门设计，使神经网络在各类复杂问题中展现出强大的表现力。常见的神经网络结构包括全连接神经网络、CNN、RNN和自编码器等。这些网络结构在分类、回归、特征提取、时间序列分析等领域得到了广泛应用。

1. 全连接神经网络

全连接神经网络是神经网络最基础的一种形式，网络中的每一层神经元与上一层的所有神经元相连。这种全连接的方式确保了输入信息在神经网络中能够得到充分传播，使神经网络能够学习到输入数据的复杂模式与特征。全连接神经网络常用于分类和回归任务中，如图像分类、文本分类及回归预测等。典型的全连接神经网络模型，如图6-35所示。

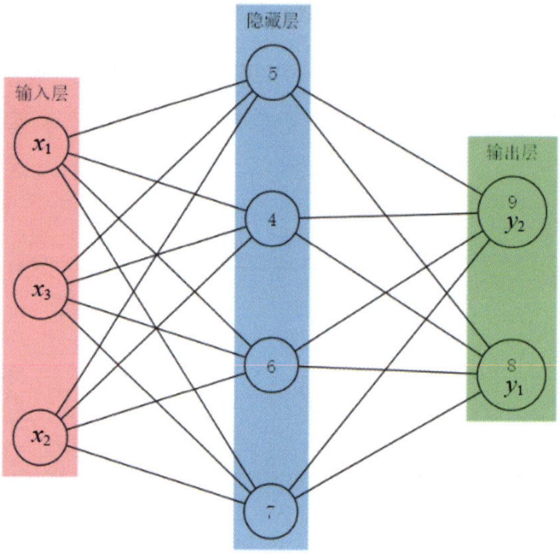

图6-35 典型的全连接神经网络模型

以图像分类为例，全连接神经网络接收图像的像素信息作为输入，通过多个隐藏层的线性变换和激活函数的非线性映射，最终输出分类概率。虽然全连接神经网络能够有效捕捉数据之间的相关性，但由于连接数随着层数和神经元数量的增加呈指数增长，容易导致参数过多，训练效率降低，同时容易出现过拟合现象。因此，在处理高维输入（如图像）的任务中，CNN等更高效的神经网络结构得到了广泛应用。

2. CNN

CNN是针对图像处理任务而设计的特殊神经网络结构，主要通过卷积层和池化层来提取局部特征。与全连接神经网络不同，CNN利用局部连接和共享权重的机制，极大地减少了参数数量，并能够捕捉图像的空间结构特征。

卷积层通过卷积核对输入图像进行局部扫描，提取特征图。每个卷积核能够学习到不同的特征，如边缘和纹理等，卷积操作的输出为特征图。通过多个卷积层的堆叠，神经网络能够从低层次的局部特征中逐步学习到更高层次的抽象表示。池化层则用于降低特征图的分辨率，减少计算量并增强特征图的鲁棒性。

CNN在图像分类、目标检测、图像分割等任务中具有显著优势。例如，在著名的ImageNet分类任务中，CNN实现了比传统方法更好的性能。其良好的泛化能力使其在各种计算机视觉任务中得到了广泛应用。

3. RNN

RNN是为处理时间序列数据而设计的一种神经网络结构，具有记忆能力。与传统前馈神经网络不同，RNN中的神经元不仅接收当前输入，还会保留上一个时间步上的状态信息，这种结构使其能够对序列数据中的时间依赖性进行建模。

在实际应用中，RNN常用于NLP和时间序列预测等任务。例如，在文本生成任务中，RNN可以根据前面的词汇预测后续的单词，生成连贯的句子。然而，基础的RNN存在梯度消失问题，导致它在处理长时间依赖问题时表现不佳。

为了解决这一问题，LSTM网络和门控循环单元被提出，它们通过引入门控机制来控制信息的流动，能够更好地捕捉长距离依赖关系。例如，在机器翻译任务中，LSTM网络通过记住句子的上下文信息，实现了更精准的翻译效果。

4. 自编码器

自编码器是一种无监督学习模型，主要用于特征提取和数据降维。其结构由编码器和解码器两部分组成，编码器负责将输入数据压缩到低维空间，即学习到的数据的低维表示，而解码器则根据低维表示重构出原始输入。通过最小化输入和重构输出之间的误差，自编码器能够在特征提取、数据降维等任务中展现出良好的效果。

自编码器的应用场景十分广泛。例如，在图像数据的降维和去噪任务中，自编码器可以通过学习到的数据低维表示去除图像中的噪声，同时保留图像的主要特征。此外，自编码器还可用于生成模型，如变分自编码器（Variational Autoencoder，VAE）可以生成与训练数据相似的新数据，并在生成式模型中展现出潜力。

以CNN为例，假设任务是识别手写数字图像。首先，图像数据作为输入传入卷积层，卷积层使用不同的卷积核提取局部特征，如边缘和线条等。其次，池化层将特征图进行降维，减少参数量并提高计算效率。最后，多层卷积和池化操作能够逐步提取图像中的高层次特征，通过全连接层进行分类，输出图像属于某一类数字的概率。这一过程有效地捕捉了图像的空间结构信息，提高了分类的准确性。

神经网络的不同结构在应对不同类型的任务时展现出了显著的效果。全连接神经网络适用于较为简单的分类或回归任务，CNN则在图像处理领域取得了巨大成功，而RNN则广泛应用于时间序列分析和NLP。随着神经网络结构的不断发展，神经网络在更多复杂问题中将展现出更强的适应能力和表现力。

6.5 实践练习：用 Python 完成元启发式约束优化

本节的核心目标是在不依赖梯度信息的前提下，运用两种经典元启发式算法，即遗传算法（Genetic Algorithm, GA）与粒子群优化算法（Particle Swarm Optimisation, PSO），重新求解带双重不等式约束的二元最小化问题。我们要求计算结果与基于梯度的SLSQP方法所得解处于同一数量级。

进行这项工作的动机在于实际工程问题的特性：目标函数常为黑盒且无法提供梯度信息；设计变量中常包含离散布尔量；优化空间通常存在大量局部极值点。在这些场景下，依赖局部梯度信息的解析优化器（如SLSQP）往往失效，而具有全局搜索能力的元启发式算法则能提供有效的解决方案。

仍然以下式作为目标：

$$f(x)=(x_0-1)^2+(x_1-2.5)^2$$

可行域由两条不等式定义：

$$g_1(x)=x_0-2x_1+2\geqslant 0$$

$$g_2(x)=1-x_0^2-x_1^2\geqslant 0$$

并给出显式下界$x_0\geqslant 0, x_1\geqslant 0$。用SLSQP可以很容易算到$f^*\approx 2.864835$、$x^*\approx(0.3714, 0.9285)$。

接下来，我们将分别使用遗传算法（GA）和粒子群优化算法（PSO）独立复现相同结果。

在GA和PSO的原始文献中，并未引入“合法和非法”的概念。这两种算法仅关注染色体或粒子在搜索空间中的漫游、复制、交叉、变异或加速。若需将搜索限制在可行域内，需额外设计约束处理机制。业界常用方法可分为四类：罚函数法、修复策略、可行性优先准则，以及将约束嵌入编码过程。

其中，罚函数法最为直接且通用，它为每个违反约束的解附加“违约金”，并将该惩罚值加入适应度函数，使其在进化竞争中处于劣势。可行性优先准则（以Deb规则最著名）进一步规定，任何可行解的优先级均高于不可行解，此举可显著缩短算法发现初始可行解的时间。修复策略则针对特定约束执行“投影”或“截断”操作，其优势在于高效稳定，但需人工设计修复逻辑。

本实践练习采用动态罚函数与Deb可行性优先的组合策略：罚函数提供渐进式惩罚力度，而Deb规则确保可行解一旦出现即被保留。罚因子从较小初值开始，随迭代次数逐步增大，此举既可避免迭代初期因可行解稀缺导致的高惩罚停滞，也能促使算法后期聚焦约束满足，减少在不可行区域的振荡。

下面的代码在一个 Jupyter 单元格中即可运行，但需预先通过 pip 命令安装 Deap 库。

```
pip install deap
```

代码注释已较为详尽，拷贝至单元格后按 Shift+Enter 即可开始演化。

代码6-1 遗传算法（GA）实现约束优化——动态罚函数与 Deb 可行性优先

```
import random, numpy as np
from deap import base, creator, tools, algorithms
# 目标函数和约束
def f_val(x):
    return (x[0]-1.0)**2 + (x[1]-2.5)**2

def g1(x):  # >= 0
    return x[0] - 2.0*x[1] + 2.0

def g2(x):  # >= 0
    return 1.0 - x[0]**2 - x[1]**2

def is_feasible(vec):
    return g1(vec) >= 0.0 and g2(vec) >= 0.0
def penalty(vec):
    return max(0.0, -g1(vec))**2 + max(0.0, -g2(vec))**2
# GA 超参数
POP   = 100
GENS  = 200
CX    = 0.8
MUT   = 0.2
RHO0  = 1.0
RHOK  = 1.05          # 每一代罚因子乘 RHOK

LOW, UP = 0.0, 10.0   # 搜索边界

# DEAP 初始化
creator.create("FitnessMin", base.Fitness, weights=(-1.0,))
creator.create("Individual", list, fitness=creator.FitnessMin)

toolbox = base.Toolbox()
toolbox.register("attr_float", random.uniform, LOW, UP)
toolbox.register("individual", tools.initRepeat,
                 creator.Individual, toolbox.attr_float, 2)
toolbox.register("population", tools.initRepeat, list, toolbox.individual)

def evaluate(ind, rho):
    x = np.array(ind)
    return f_val(x) + rho * penalty(x),

```

```
# 初始种群
pop  = toolbox.population(n=POP)
rho  = RHO0
for ind in pop:
    ind.fitness.values = evaluate(ind, rho)
# 主循环
for g in range(GENS):
    offspring = algorithms.varAnd(pop, toolbox, cxpb=CX, mutpb=MUT)

    # 重新计算适应度
    for ind in offspring:
        ind.fitness.values = evaluate(ind, rho)

    # Deb 规则两两对决
    next_pop = []
    for p, o in zip(pop, offspring):
        if is_feasible(p) and is_feasible(o):
            winner = p if p.fitness < o.fitness else o
        elif is_feasible(p):
            winner = p
        elif is_feasible(o):
            winner = o
        else:
            winner = p if penalty(p) < penalty(o) else o
        next_pop.append(winner)

    pop = next_pop
    rho *= RHOK    # 动态增大罚系数
# 从最终种群里挑出最好的可行解
feasible = [ind for ind in pop if is_feasible(ind)]
best     = tools.selBest(feasible, 1)[0]
print("GA 最优解 :", best, " 目标值 :", f_val(best))
```

在默认随机种子下，输出通常类似于：

```
GA 最优解 : [0.3721388953934894, 0.9284769538294564] 目标值 : 2.8650034263703956
```

若偏好粒子群优化（PSO）算法，可选用轻量级库 pyswarms。安装命令如下。

```
pip install pyswarms
```

以下 PSO 实现更为简洁，因其仅需更新粒子位置与速度。

代码6-2 粒子群优化（PSO）实现约束优化——固定罚函数

```
import pyswarms as ps

```

```
def pso_cost(X):
    # X 的 shape: (n_particles, 2)
    fit = (X[:,0]-1.0)**2 + (X[:,1]-2.5)**2
    pen = np.maximum(0, -(X[:,0]-2*X[:,1]+2))**2 + \
          np.maximum(0, -(1 - X[:,0]**2 - X[:,1]**2))**2
    return fit + 10*pen     # 固定罚系数 10

bounds = (np.array([0.0, 0.0]), np.array([10.0, 10.0]))
opts   = {'c1': 1.5, 'c2': 1.5, 'w': 0.7}

optimizer = ps.single.GlobalBestPSO(n_particles=60,
                                    dimensions=2,
                                    options=opts,
                                    bounds=bounds)

cost, pos = optimizer.optimize(pso_cost, iters=150, verbose=False)
print('PSO 最优解：', pos, '目标值：', f_val(pos))
```

典型输出如下。

```
PSO 最优解： [0.37089915 0.92842189] 目标值： 2.864937699428124
```

两种算法均能获得可行解并逼近全局最优，且 PSO 参数更少、调参更简便。

GA耗时200 代（约10000余次函数调用），PSO耗时150代（约9000次函数调用），而SLSQ 仅需十余次迭代即可收敛。需要注意的是，本节代码无须目标函数的梯度信息，且对非光滑函数及离散变量具有鲁棒性。若问题中引入整型开关变量或噪声网络评估函数，SLSQP将立即失效，而GA和PSO几乎无须修改即可继续运行，这正是元启发式算法的核心优势。

罚函数作为约束处理的通用策略，使用时需注意技巧。

（1）建议采用自适应罚系数，避免初始阶段对不可行解施加过度惩罚。

（2）可行性优先规则可加速获得初始可行解。

（3）若约束具有简单几何结构（如变量需位于长方体或圆柱体内），修复算子通常比罚函数更高效。

对于包含数十至上百个约束且变量类型混杂的大规模工程问题，常需结合多种策略（如混合罚函数与修复算子），甚至引入代理模型或局部精修求解器，方能在有限计算资源下获得满意解。

至此，关于元启发式约束优化的内容已完整呈现，涵盖问题建模、罚函数设计、GA和PSO实现代码及与梯度法的对比。读者若需应用其他算法（如差分进化、模拟退火或蚁群算法），只需替换评估函数与迭代逻辑即可复用框架。

6.6 Python 语言实现：约束寻优问题

在实际的优化问题中，解决带有约束条件的寻优问题常常需要借助编程工具进行数值计算和模型求解。Python语言作为一门强大的编程语言，提供了丰富的优化库和工具，可以有效地实现复杂的约束寻优问题。本节将以Python语言的实现为核心，结合具体实例，详细讨论如何通过Python编程解决不同类型的约束寻优问题，并对其性能进行评估。

1. 约束寻优问题的基本概念

在优化问题中，目标是找到一个最优解，使目标函数的值达到最小化或最大化。在现实世界中，许多问题并非仅仅关注目标函数的优化，还需要考虑一系列约束条件，如资源限制、物理条件等。这些约束条件可以是等式约束或不等式约束，反映了问题中的各种实际限制。因此，约束寻优问题的求解不仅是优化目标函数，也要满足所有给定的约束。

一个典型的约束寻优问题，其数学表达式为

$$\text{minimize}\, f(x) \text{subject to} : \text{gi}(x) \leqslant 0 \text{ for } i = 1, 2, \cdots, \text{hj}(x) = 0 \text{ for } j = 1, 2, \cdots, p$$

其中，$f(x)$是目标函数；$\text{gi}(x)$表示不等式约束；$\text{hj}(x)$表示等式约束。这种形式的约束常见于工程优化、经济调度和物流规划等问题中。

2. Python 语言中的优化工具

Python语言提供了多种用于求解优化问题的工具，其中SciPy库中的optimize模块是实现约束寻优的常用工具之一。该模块中的minimize()函数支持处理多种优化问题，包括带有线性或非线性约束条件的寻优问题。

minimize()函数的基本调用方法如下。

代码6-3 minimize()函数调用

```
from scipy.optimize import minimize
# 定义目标函数
def objective(x):
    return x[0]**2 + x[1]**2
# 定义等式约束
def eq_constraint(x):
    return x[0] + x[1] - 1
# 定义不等式约束
def ineq_constraint(x):
```

```
        return x[0] - 0.5
# 初始猜测值
x0 = [0.5, 0.5]
# 定义约束条件
constraints = [{'type': 'eq', 'fun': eq_constraint},
               {'type': 'ineq', 'fun': ineq_constraint}]
# 调用优化器进行求解
result = minimize(objective, x0, constraints=constraints)
# 输出结果
print(result)
```

代码输出结果如下。

```
message: Optimization terminated successfully
 success: True
  status: 0
   fun: 0.5
     x: [ 5.000e-01  5.000e-01]
   nit: 1
   jac: [ 1.000e+00  1.000e+00]
  nfev: 3
  njev: 1
```

在代码6-3中，目标函数为$f\left(x_0,x_1\right)=x_0^{\ 2}+x_1^{\ 2}$，等式约束为$x_0+x_1=1$，不等式约束为$x_0\geqslant 0.5$。通过调用minimize()函数，能够在满足所有约束条件的前提下，找到使目标函数最小化的解。

3. 非线性约束寻优问题的解决

在实际应用中，优化问题中的约束条件通常是非线性的，这增加了问题的求解难度。Python语言的SciPy库能够有效处理此类非线性问题。代码6-6展示了一个含有非线性约束的优化问题的求解过程。

代码6-4 求解带非线性约束的优化问题

```
from scipy.optimize import minimize
# 定义非线性目标函数
def objective(x):
    return (x[0] - 1)**2 + (x[1] - 2.5)**2
# 定义非线性不等式约束
def constraint1(x):
    return x[0] - 2*x[1] + 2
# 定义非线性等式约束
def constraint2(x):
    return -x[0] - x[1] + 6
# 初始猜测值
```

```
x0 = [2, 0]
# 定义约束条件
constraints = [{'type': 'ineq', 'fun': constraint1},
               {'type': 'eq', 'fun': constraint2}]
# 调用优化器
solution = minimize(objective, x0, constraints=constraints)
# 输出结果
print(solution)
```

代码输出结果如下。

```
message: Optimization terminated successfully
 success: True
  status: 0
     fun: 5.472222222222225
       x: [ 3.333e+00  2.667e+00]
     nit: 2
     jac: [ 4.667e+00  3.333e-01]
    nfev: 6
    njev: 2
```

在代码6-4中，非线性目标函数为$f(x_0,x_1)=(x_0-1)^2+(x_1-2.5)^2$，非线性不等式约束为$x_0-2x_1+2\geqslant 0$，非等式约束为$-x_0-x_1+6=0$。通过调用minimize()函数，可以有效解决含有非线性约束的寻优问题。

4. 性能评估与结果分析

在完成优化模型的求解后，必须对结果进行评估，以验证其有效性和优化效果。性能评估可以通过检查目标函数值的变化、约束条件的满足情况以及算法的收敛速度进行。常见的评估指标包括收敛时间、最优解的准确性、约束条件的满足度等。

此外，通过绘制优化过程中目标函数的变化曲线，可以直观地观察算法的优化过程。例如，使用Matplotlib库可以轻松绘制优化过程中目标函数值的下降趋势，从而评估算法的收敛速度。

代码6-5 Matplotlib库使用示例

```
import matplotlib.pyplot as plt
# 定义一个假设的目标函数值变化过程
iterations = list(range(10))
objective_values = [10, 8, 6, 5, 4, 3, 2.5, 2.3, 2.1, 2.0]
# 绘制目标函数变化曲线
plt.plot(iterations, objective_values, marker='o')
plt.title('Objective Function Value Over Iterations')
plt.xlabel('Iteration')
plt.ylabel('Objective Value')
```

```
plt.grid(True)
plt.show()
```

代码输出结果，即Matplotlib库模拟的目标函数值下降曲线，如图6-36所示。

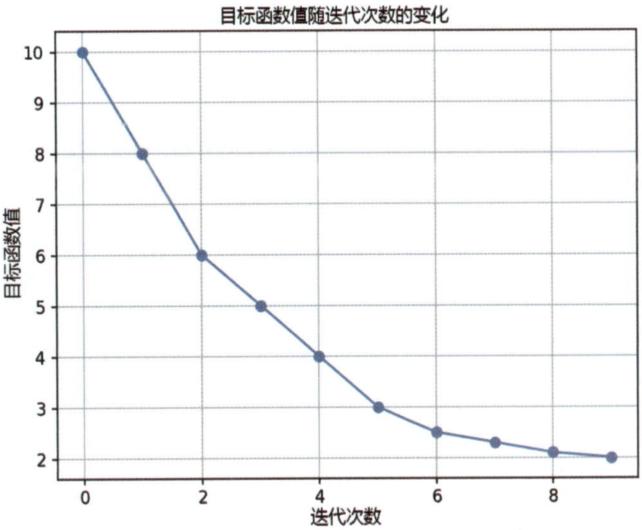

图 6-36　Matplotlib库模拟的目标函数值下降曲线

从图6-36中可以清晰地观察到目标函数值随迭代次数的增加而逐步下降，最终趋于稳定，表明算法在优化过程中逐渐逼近最优解。

通过Python语言实现约束寻优问题，不仅能够帮助研究人员深入理解优化算法的运行机制，还能够通过编程实践提升对实际问题的解决能力。Python语言中SciPy库所提供的优化工具能够高效地处理多种类型的优化问题，特别是在含有复杂约束条件的优化问题中表现出色。

未来，在处理更复杂的优化问题时，可以进一步结合其他优化算法和工具，如遗传算法、粒子群优化算法等，以增强模型的求解能力。同时，考虑大规模优化问题时，可以探索利用并行计算或分布式算法来提高优化效率和收敛速度。

第7章

遗传算法

本章将专注于遗传算法的全面解析，从遗传算法的基本概念入手，详细探讨其核心操作——选择、交叉和变异，并深入讲解适应度函数的设计方法。通过实际的编程练习，读者可以动手实现一个简单的遗传算法，全面掌握其工作机制和应用技巧。此外，还将介绍如何在Python环境中高效地应用遗传算法，并通过具体的案例分析，展示遗传算法在不同领域中的实际应用效果。

本章的主要知识点如下。

（1）遗传算法简介：了解遗传算法的基本概念、发展历史及其在各领域的应用。

（2）选择、交叉和变异操作：深入学习遗传算法的三大核心操作及其具体实现方法。

（3）适应度函数设计：掌握如何设计有效的适应度函数，以指导算法朝着最优解方向演化。

（4）实践练习：通过具体实例，动手实现遗传算法的各个步骤，并进行结果分析与可视化。

（5）Python语言实现简单遗传算法：在Python环境中编写遗传算法的核心代码，探索其在实际问题中的应用。

注意：在开始本章的学习之前，建议读者复习第6章中关于进化类算法、生物智能算法、智能搜索算法及神经网络优化算法的基本概念和技巧，有助于更好地理解和应用即将介绍的遗传算法相关内容。

7.1 遗传算法简介

遗传算法作为进化算法中的重要代表，凭借其模拟生物进化过程的独特机制，在解决复杂优化问题中展现出显著的优势。该算法通过模拟生物种群的选择、交叉和变异过程，能够在广阔的搜索空间中高效地探索和优化潜在解。遗传算法不仅在工程设计、路径规划和机器学习等领域得到了广泛应用，还在处理多目标优化和非线性问题中展现出卓越的适应性。为了深入理解遗传算法的基本原理及其应用，本节将首先探讨遗传算法的定义与核心概念，为后续的详细机制解析奠定理论基础。

7.1.1 遗传算法的定义与核心概念

遗传算法是一种基于生物学的自然选择理论和遗传学理论的全局优化方法，广泛应用于解决复杂的优化与搜索问题。该算法由约翰·霍兰德（John Holland）在20世纪60年代提出，旨在通过模拟生物进化过程中的选择、交叉和变异机制，逐步优化解的质量，最终逼近或达到问题的最优解。

遗传算法的核心理念源自达尔文的自然选择理论，该理论认为在自然界中适者生存，具有较高适应性的个体更有可能繁衍后代。类似地，遗传算法通过评估解的适应度，选择适应度较高的个体作为父代，并通过交叉和变异操作生成子代，从而在解空间中逐步演化出更优的解。这一过程通过迭代的方式，不断提升种群中个体的整体适应度，增强算法在复杂搜索空间中的搜索能力。图7-1展示了遗传算法的流程。

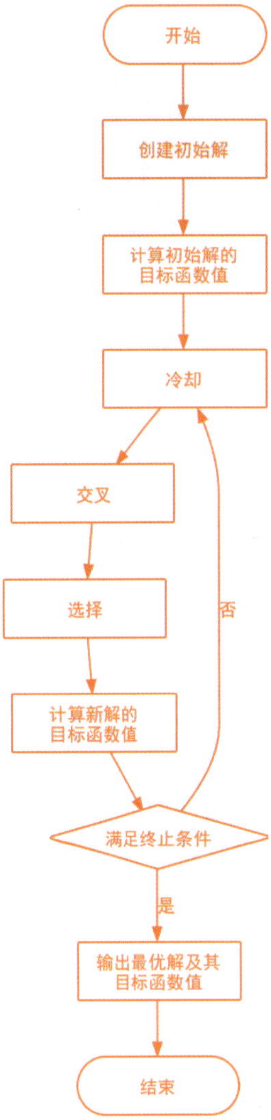

图7-1 遗传算法的流程

在遗传算法中，问题的潜在解被编码为染色体或基因序列，这些染色体构成一个种群。编码方式的选择直接影响算法的搜索效率和解的表达能力，常见的编码方式包括二进制编码、实数编码（Real-number Encoding）和符号编码。例如，在优化连续函数问题中，实数编码可以更直接地表示变量的连续取值范围，而在组合优化问题中，符号编码则更为合适。

遗传算法的运作过程可以分为以下几个步骤。

（1）种群初始化：通过随机生成一定数量的个体，构成初始种群。每个个体代表问题的一个可能解，编码方式依据具体问题而定。

（2）适应度评估：通过适应度函数对每个个体进行评估，适应度值反映了解的优劣程度。适应度函数的设计对于算法的性能至关重要，该函数通常直接反映优化目标。

（3）选择操作：根据适应度值选择部分个体作为父代，常用的选择方法包括轮盘赌选择、锦标赛选择和排名选择。这一过程旨在保留优秀个体的基因，同时保持种群的多样性，以避免算法过早陷入局部最优解。

（4）交叉操作：通过交换父代个体的部分基因生成新的子代个体。交叉方式多样，如单点交叉（见图7-2）、多点交叉和均匀交叉。不同的交叉方式对种群的多样性和搜索效率具有不同的影响。

（5）变异操作：通过随机修改子代个体的部分基因，引入新的基因变异，进一步增加种群的多样性，防止算法陷入局部最优解。

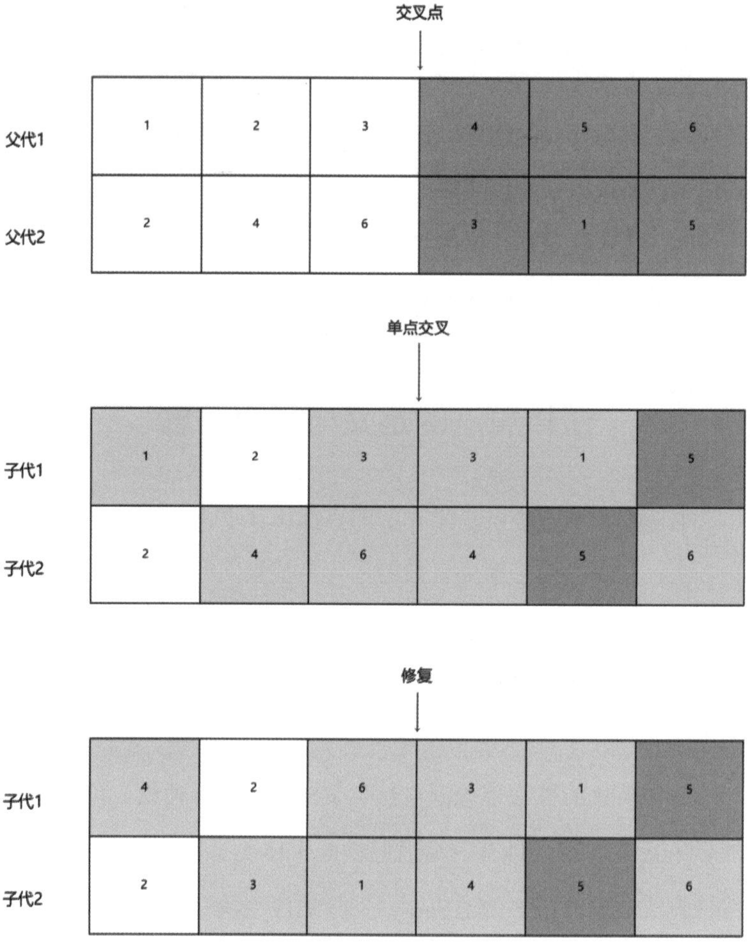

图7-2　单点交叉

（6）种群更新：将生成的子代个体引入种群，形成新的种群，通常采用精英策略保留部分最优个体，以确保最优解不被遗失。整个过程不断迭代，直至满足预设的终止条件，如达到最大迭代次数或适应度值收敛。

遗传算法在多个领域中展现出广泛的应用前景，特别是在处理复杂的组合优化、非线性优化和多目标优化问题方面具有显著优势。以TSP为例，TSP要求在给定的一组城市中找到一条经过每个城市一次且返回起点、总距离最短的闭合路径。遗传算法通过生成多个随机的城市排列作为初始种群，利用适应度函数评估每条路径的质量，选择适应度值较高的路径进行交叉和变异操作，逐代优化路径长度，最终找到接近最优的解决方案。

此外，遗传算法在工程设计中也表现出色。例如，在机械结构优化中，遗传算法可用于优化材料分布和结构参数，以提高机械部件的强度和耐用性。在机器学习领域中，遗传算法可用于模型参数优化和特征选择，提升模型的预测准确性和泛化能力。

尽管遗传算法具有强大的优化能力，但其性能在很大程度上依赖参数设置和适应度函数的设计。种群大小、交叉率和变异率等参数的选择对算法的收敛速度和解的质量具有显著影响。此外，适应度函数需要准确反映问题的目标和约束条件，设计不当可能导致优化效果不佳。因此，合理调整算法参数和精心设计适应度函数是提升遗传算法性能的关键。

遗传算法作为一种模拟生物进化过程的优化方法，凭借其强大的全局搜索能力和灵活的适应性，广泛应用于各类复杂优化问题中。通过选择、交叉和变异等操作，遗传算法能够在庞大的搜索空间中高效地逼近最优解，成为优化算法研究和实践中的重要工具。随着计算能力的提升和理论研究的深入，遗传算法将在更多领域中展现出其独特的优势，推动优化技术的发展与应用。

7.1.2 遗传算法的基本原理与机制

遗传算法的基本原理源于生物学的自然选择理念与遗传学理论，其核心在于通过模拟生物种群的进化过程，实现对复杂优化问题的求解。遗传算法通过种群的迭代演化，逐步优化个体的适应度，从而在广阔的搜索空间中逼近或达到最优解。该算法的运作机制主要包括编码、适应度评估、选择、交叉与变异等环节。这些环节相互关联，共同驱动种群向最优解的方向发展。

（1）编码是遗传算法的基础步骤，它将问题的潜在解转化为适合遗传操作的基因序列。常见的编码方式包括二进制编码、实数编码和符号编码。以二进制编码为例，问题的解可以表示为由 0 和 1 组成的字符串，每个位对应问题参数的一个特定属性。例如，在 TSP 中，每个城市的排列顺序可以通过特定的编码方式表示染色体，便于后续的遗传操作。

（2）适应度评估是遗传算法中的关键步骤，通过适应度函数对每个个体进行评估，衡量其在当前环境中的生存能力。适应度值通常与优化目标直接相关。例如，在最小化问题中，适应度函数可能与目标函数值成反比，以确保较小的目标函数值对应较高的适应度值。以 TSP 为例，适应度函数可定义为路径总距离的倒数，从而使较短的路径获得较高的适应度值。

（3）选择旨在从当前种群中选出具有较高适应度的个体作为父代，进行基因传递与重组。选择方法多种多样，常见的包括轮盘赌选择、锦标赛选择和排名选择。轮盘赌选择通过适应度值的比例分配选择概率，使适应度高的个体有更大的机会被选中。锦标赛选择则是在种群中随机抽取若干个体进行比较，选择其中适应度最高的个体作为父代。这些选择方法在保留优秀基因的同时，维持了种群的多样性，避免算法过早陷入局部最优解。

（4）交叉是遗传算法中实现基因重组的重要步骤，可促进种群多样性和潜在优良基因的组合。以单点交叉为例，随机选择一个基因位点，将两个父代个体在该位点处分割，并交换分割后的基因序列，生成两个新的子代个体。这种操作能够有效结合父代个体的优良特性，生成具有更高适应度的子代。

（5）变异通常以较低的概率进行，以保持种群的多样性且不破坏已形成的优良基因组合。常见的变异方式包括位翻转变异（见图7-3）、基因替换和基因插入。例如，在二进制编码中，位翻转变异通过将某个基因位点上的0变为1或1变为0，增加基因的多样性。

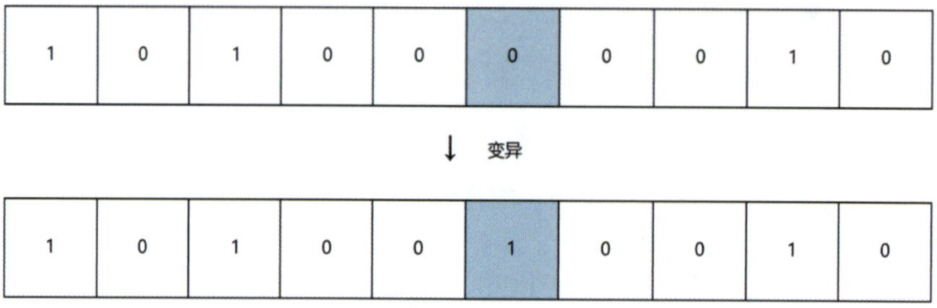

图7-3　位翻转变异

（6）种群更新通常采用精英策略保留部分最优个体，以确保最优解不被遗失。精英策略通过直接保留适应度最高的个体，保证了种群中最优解的传递，提高了算法的收敛速度和解的质量。整个过程在满足预设的终止条件（如达到最大迭代次数或适应度值收敛）后结束，并输出最终的最优解。

遗传算法的基本原理与机制在处理复杂优化问题中展现出卓越的性能。以航空航天器设计为例，遗传算法能够优化飞机结构参数，提升气动性能和燃油效率。在机器学习领域中，遗传算法被用于神经网络结构的优化和模型参数的调整，显著提升了模型的预测准确性和泛化能力。此外，遗传算法在生物信息学、计算机图像学等领域同样取得了显著成果。

总之，遗传算法通过模拟生物进化过程，结合编码、适应度评估、选择、交叉与变异等核心环节，实现了对复杂优化问题的高效求解。其强大的全局搜索能力和适应能力使其在广泛的应用领域中展现出巨大的潜力。随着计算能力的不断提升和算法理论的深入发展，遗传算法将在更多领域发挥重要作用，推动优化技术的不断进步与应用创新。

7.2 选择、交叉和变异操作

遗传算法的核心在于其模拟生物进化过程的机制，包括选择、交叉和变异操作。这些操作相互协调，共同驱动种群向最优解演化。选择操作负责筛选出适应度较高的个体，以确保优秀基因的传递；交叉操作通过基因重组促进种群的多样性和潜在优良基因的组合；变异操作则通过引入随机变异，防止算法陷入局部最优解。深入理解和优化这些操作，是提升遗传算法性能和解决复杂优化问题的关键。本节将重点探讨选择、交叉和变异操作的基本原理、常用方法及其在遗传算法中的具体应用。

7.2.1 选择操作

选择操作在遗传算法中扮演着至关重要的角色，其主要目的是从当前种群中筛选出适应度较高的个体作为父代，以确保优秀基因的传递和种群的持续优化。选择过程不仅影响着算法的收敛速度，还直接关系到最优解的质量。因此，选择操作的设计与实现需要兼顾效率与多样性，以平衡探索与利用的关系，避免算法过早陷入局部最优解。

1. 选择操作的基本原理

选择操作基于适应度函数的评估结果，通过一定的机制选择出适应度较高的个体作为父代，参与后续的交叉和变异操作。适应度较高的个体被选中的概率更高，从而增加其基因在下一代中的出现频率。选择操作的设计旨在保留和增强优秀基因，同时保持种群的多样性，以促进全局搜索能力。

2. 常用的选择方法

遗传算法中常用的选择方法包括轮盘赌选择、锦标赛选择和排名选择等，每种方法在不同应用场景下具有各自的优势和适用性。

（1）轮盘赌选择。

轮盘赌选择（见图7-4），也称比例选择，是一种基于个体适应度比例分配选择概率的方法。其基本思想是将整个种群的适应度值进行归一化处理，使其总和为1，然后根据每个个体的适应度值占比来决定其被选中的概率。其具体步骤如下。

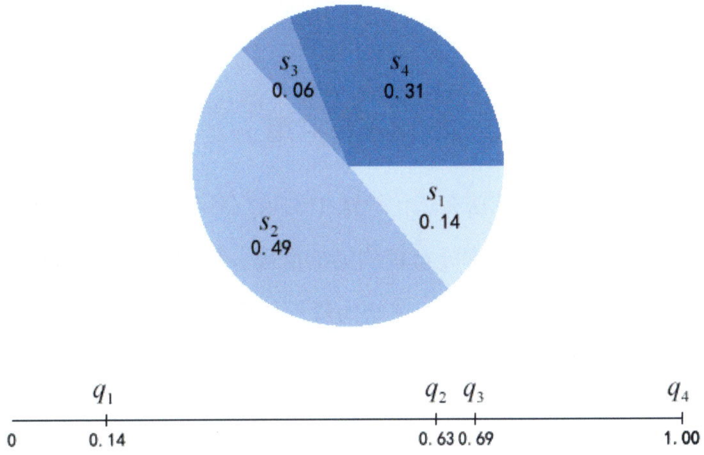

图 7-4 轮盘赌选择

①计算每个个体的适应度值。

②计算种群中所有个体适应度值的总和。

③将每个个体的适应度值除以总和，得到其选择概率。

④生成区间 [0,1] 内的一个随机数，根据累计概率分布选择个体。

轮盘赌选择的优点在于实现简单，能够较好地反映个体适应度的相对优势。然而，其缺点在于当种群中个体间适应度差异较大时，容易导致优良个体被过度选择，减少了种群的多样性。

（2）锦标赛选择。

锦标赛选择是一种基于随机抽样和竞争机制的选择方法。其具体步骤如下。

①从种群中随机抽取一定数量的个体，组成一个锦标赛组。

②在锦标赛组中选出适应度值最高的个体作为父代。

③重复上述过程，直到选出所需数量的父代个体。

锦标赛选择的关键参数是锦标赛组的规模（Tournament Size）。锦标赛组的规模大则增加了选择压力（Selection Pressure），有助于快速收敛；锦标赛组的规模小则有助于维持种群多样性。锦标赛选择的优点是实现简单、适应性强，能够灵活调整选择压力以适应不同的问题需求。

（3）排名选择。

排名选择通过对种群中的个体按适应度值进行排名，并根据排名分配选择概率的方法。其具体骤如下。

①对种群中的个体按适应度值进行升序或降序排序。

②根据个体的排名分配选择概率，通常采用线性或非线性分配方式。

③生成随机数，根据概率选择个体。

排名选择的优势在于能够有效避免轮盘赌选择中由于个体间适应度差异过大导致的选择不平衡问题。通过基于排名而非绝对适应度值来分配选择概率，排名选择能够更均衡地保留优秀个体，同时维持种群的多样性。

3. 选择方法的比较与应用

不同的选择方法在遗传算法中的表现各异，其适用性取决于具体问题的特点和优化需求。轮盘赌选择适用于适应度分布较均匀的问题，但在种群个体间适应度差异较大时，可能导致选择偏差。锦标赛选择通过调整锦标赛组的规模，可以灵活控制选择压力，适用于需要平衡收敛速度和种群多样性的问题。排名选择则通过基于排名的概率分配，有效避免了选择过程中的偏差，适用于需要保持种群多样性和稳定收敛的场景。

在实际应用中，选择操作往往需要结合具体问题进行调整和优化。例如，在解决复杂的工程优化问题时，可以采用多种选择方法的组合，以充分利用各种方法的优势。此外，选择操作的参数设置（如锦标赛选择中的锦标赛组的规模）也需根据问题的具体需求进行调试，以实现最佳的优化效果。

以 TSP 为例（见图 7-5），选择操作在遗传算法中的应用尤为关键。假设种群中包含多个不同的路径排列，适应度函数根据路径总距离进行评估。通过轮盘赌选择，适应度值较高的路径有更高的概率被选中作为父代，从而提高了优秀路径的遗传概率。然而，若种群中存在适应度优秀和较低的路径，轮盘赌选择可能导致优秀路径过早主导种群，减少多样性。此时，锦标赛选择可以通过调整锦标赛组的规模来适当增加选择压力，同时有助于保持种群多样性，促进算法在更广阔的搜索空间中寻找最优解。

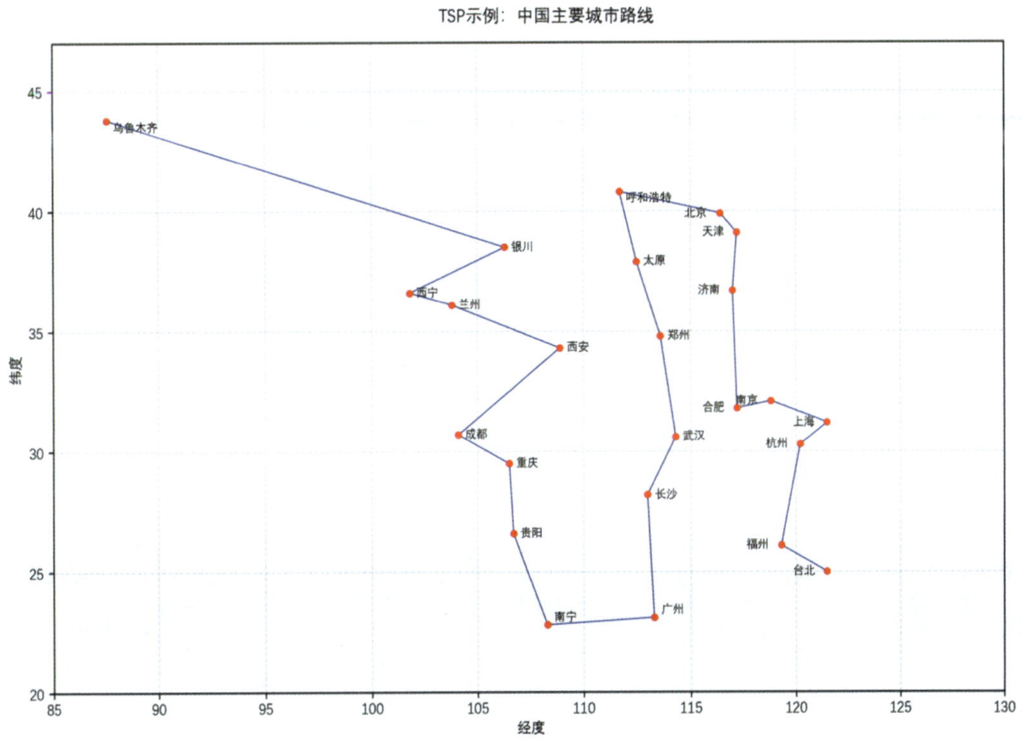

图 7-5 TSP 示意图

另一个实例是机器学习模型参数优化。假设需要优化SVM的参数组合，通过适应度函数评估模型在验证集上的准确率。采用锦标赛选择，可以确保高准确率的参数组合被优先选择，同时保持种群中不同参数组合的多样性，避免算法陷入单一参数配置的局部最优解。

选择操作作为遗传算法中的核心步骤，直接影响算法的收敛速度和最优解的质量。通过合理设计选择方法和参数设置，可以有效平衡种群的多样性与优良基因的传递，提升遗传算法在复杂优化问题中的性能。不同的选择方法各具优势，适用于不同类型的优化问题，需根据具体应用场景进行合理的选择和调整。理解选择操作的基本原理和常用方法，是深入掌握遗传算法并应用于实际问题的基础。

7.2.2 交叉操作

交叉操作模拟了生物遗传中的基因重组过程，旨在将父代个体的优良特性传递给子代，同时探索新的基因组合，以增强种群的全局搜索能力。

1. 交叉操作的基本原理

交叉操作基于遗传学中的基因重组理论，通过在父代个体之间交换部分基因序列，生成具有新基因组合的子代个体。这一过程有助于将不同父代个体的优良基因混合在一起，形成潜在的更优解。同时，交叉操作能够增加种群的多样性，防止算法过早陷入局部最优解。交叉的设计与实现直接影响遗传算法的探索能力和收敛速度，因此其方法选择和参数设置至关重要。

2. 交叉方法的比较与选择

不同的交叉方法在遗传算法中的表现各异，其选择应根据具体问题的特性和优化需求进行。单点交叉操作简单且计算效率高，适用于基因序列中关键基因分布较均匀的问题。多点交叉通过多次基因交换，能够更全面地混合父代个体的基因信息，适用于需要较高种群多样性的优化问题。均匀交叉则通过基因位点的独立交换，保持了较高的基因多样性，适用于需要广泛探索搜索空间的复杂优化问题。

在实际应用中，交叉操作的参数设置（如交叉点数量和交换概率）需要根据具体问题进行调整，以实现最佳的优化效果。

3. 实例分析

（1）TSP。

以TSP为例，交叉操作在遗传算法中的应用至关重要。假设有两个父代路径：

父代1：A－B－C－D－E－F－G－H

父代2：H－G－F－E－D－C－B－A

通过单点交叉，在第4位进行交叉，生成子代路径：

子代1：A－B－C－D－D－C－B－A

子代2：H－G－F－E－E－F－G－H

这种交叉方式可能导致子代路径中存在重复访问城市的情况，从而生成不合法的解。为解决这一问题，可以采用PMX方法，该方法通过保持路径中的城市顺序，避免重复访问。采用PMX方法进行交叉，可以生成合法且优化的子代路径：

子代1：A－B－F－E－D－C－G－H

子代2：H－G－C－D－E－F－B－A

通过PMX方法，交叉操作不仅保留了父代个体的优良基因，还确保了子代个体基因的路径合法性，从而提升了遗传算法在TSP中的优化效果。

（2）机器学习模型参数优化。

假设需要优化SVM的核函数参数和惩罚参数。通过交叉操作，可以将不同参数组合的部分信息进行重组，生成新的参数组合，从而探索更优的参数空间。例如，父代1的参数组合为（$\gamma = 0.1, C = 1$），父代2的参数组合为（$\gamma = 0.5, C = 10$），通过均匀交叉，可以生成子代1（$\gamma = 0.1, C = 10$）和子代2（$\gamma = 0.5, C = 1$）。通过这种方式，交叉操作在连续参数空间中更全面地搜索潜在最优解。

交叉操作作为遗传算法中的关键步骤，通过基因重组实现了父代个体间的优良基因传递和种群多样性的增强。不同的交叉方法具有各自的特点和适用场景，选择合适的交叉方法及其参数设置，是提升遗传算法优化性能的关键。通过合理地设计和实施交叉操作，遗传算法能够在复杂的搜索空间中高效地进行探索和优化，进而解决各类复杂优化问题。

7.2.3 变异操作

变异操作在遗传算法中具有至关重要的作用，其主要目的是通过随机改变个体的基因序列，引入新的基因多样性，防止算法陷入局部最优解，并促进种群在广阔的搜索空间中进行全面探索。变异操作模拟了生物进化中的基因突变过程，通过对个体基因的微小调整，使种群能够保持活力并增强其适应环境变化的能力。

1. 变异操作的基本原理

变异操作基于随机性的原则，通过在基因序列中引入微小的随机变化，生成新的基因类型，从而扩展种群的基因多样性。具体而言，变异操作通常以较低的概率（变异率）对个体的某些基因位点进行修改。这种随机的基因变化能够打破现有基因组合的僵化状态，促进种群向更广泛的解空间探索，增加找到全局最优解的可能性。

变异操作的设计需要平衡两个方面：一方面，过高的变异率可能导致种群的基因过于随机化，破坏已有的优良基因组合，降低算法的收敛速度；另一方面，过低的变异率可能不足以引入必要的基因多样性，导致算法容易陷入局部最优解。因此，选择适当的变异率及设计合理的变异方式，是确保遗传算法有效运行的关键。

2. 常用的变异方法

在遗传算法中，常用的变异方法包括位翻转变异、基因替换变异（Gene Replacement Mutation）和基因插入变异（Gene Insertion Mutation）等。每种方法在不同的编码方式和应用场景下具有不同的适用性和效果。

（1）位翻转变异。

位翻转变异是二进制编码个体中最常用的变异方法，其具体步骤如下。

①对个体的每个基因位点，按照预定的变异率决定是否进行翻转。

②若决定进行翻转，则将该基因位点从0变为1，或从1变为0。

例如，考虑一个二进制编码的个体：11001010。在位翻转变异中，假设变异率为0.1，经过随机决定后，可能将第三位的0翻转为1，得到新的个体：11101010。

位翻转变异的优势在于实现简单，适用于二进制编码的优化问题。其缺点则是可能破坏已有的基因组合，特别是在变异率较高时，可能导致个体适应度的明显下降。

（2）基因替换变异。

基因替换变异适用于实数编码和符号编码的个体，其具体步骤如下。

①随机选择个体的某个基因位点。

②用随机生成的值替换原有的基因值。

例如，考虑一个实数编码的个体[2.5, 3.7, 1.2, 4.8]。在基因替换变异中，假设选择第二个基因3.7进行替换，生成新的个体[2.5, 5.1, 1.2, 4.8]。

基因替换变异能够有效地引入新的基因值，适用于需要探索连续解空间的优化问题。然而，若变异幅度过大，可能导致个体的适应度大幅下降；若变异幅度过小，则可能不足以引入显著的基因多样性。

（3）基因插入变异。

基因插入变异主要应用于符号编码和排列编码（Permutation Encoding）的个体，其具体步骤如下。

①随机选择个体中的一个基因。

②将其插入基因序列的另一个随机位置。

例如，考虑一个排列编码的个体：A-B-C-D-E-F-G-H。在基因插入变异中，假设选择基因C，并将其插入第6位，生成新的个体：A-B-D-E-F-C-G-H。

基因插入变异能够有效调整基因序列的顺序，适用于解决排列编码的优化问题，如TSP。然而，若插入位置选择不当，可能导致关键基因的错位，影响个体的整体适应度。

3. 变异方法的比较与选择

不同的变异方法在遗传算法中的表现各异，其适用性取决于个体的编码方式和具体的优化问题。位翻转变异适用于二进制编码的优化问题；基因替换变异适用于实数编码和符号编码的优化问题；而基因插入变异则适用于排列编码的优化问题。

在实际应用中，需根据具体问题的特性选择适当的变异方法并调整其参数设置。例如，在解决TSP时，基因插入变异能够有效地调整路径顺序，促进路径优化；在参数优化问题中，基因替换变异能够引入新的参数组合，提升模型的性能。此外，变异率的选择也需根据问题的复杂性和搜索空间的广度进行调试，以提升优化效果。

4. 实例分析

以TSP为例，变异操作在遗传算法中的应用尤为关键。假设种群中包含多个不同的路径排列，通过基因插入变异，可以对路径中的城市顺序进行调整，生成新的路径组合。例如，某个个体的路径为A–B–C–D–E–F–G–H，经过基因插入变异后，生成的子代个体路径为A–B–D–E–F–C–G–H。这种调整能够有效探索不同的路径组合，促进路径长度的优化。

以机器学习模型参数优化为例，变异操作被用于生成新的参数组合。例如，优化SVM的核函数参数和惩罚参数时，通过基因替换变异，可以生成新的参数组合，如将核函数参数从0.1替换为0.5，或将惩罚参数从1替换为10，从而探索更优的模型配置，提高模型的预测准确性和泛化能力。

变异操作作为遗传算法中的核心步骤，通过引入基因多样性，确保种群的持续活力和搜索能力。合理的设计和实施变异操作，能够有效防止算法陷入局部最优解，促进全局搜索能力的提升。不同的变异方法适用于不同的编码方式和优化问题，选择合适的变异方法及其参数设置，是提升遗传算法性能的关键所在。通过科学的变异操作设计，遗传算法能够在复杂的搜索空间中高效地探索和优化，解决各类复杂的优化问题。

7.3 适应度函数设计

适应度函数在遗传算法中扮演着核心角色，其设计质量直接影响算法的搜索效率与优化效果。适应度函数用于评估种群中每个个体的优劣程度，指导选择操作，从而驱动种群向最优解演化。合理的适应度函数设计不仅能够准确反映优化目标，还能有效平衡种群的多样性与收敛速度，是提升遗传算法性能的关键因素之一。本节将系统性地探讨适应度函数的定义、构建方法及其重要性，并深入分析适应度评价与选择策略。

7.3.1 适应度函数的定义

适应度函数存在的核心目的是评估个体在特定优化问题中的适应性，从而指导算法的进化方向。适应度函数通过将个体的基因序列映射到一个数值，量化个体解决问题的优劣程度。这一数值不仅决定了个体在选择操作中的被选中概率，还直接影响了交叉与变异操作的效果，在整个进化过程中起到至关重要的作用。

具体而言，适应度函数根据优化问题的目标和约束条件，对每个个体的表现进行评价。在最小化问题中，适应度函数通常与目标函数值成反比，即目标函数值越小，适应度值越高；在最大化问题中，目标函数值越大，适应度值越高。通过这种方式，适应度函数确保了遗传算法能够优先选择那些在优化目标上表现更佳的个体，推动种群向最优解方向演化。

适应度函数的构建必须紧密结合具体的优化问题，确保其能够准确反映问题的核心目标和约束。例如，在TSP中，适应度函数通常定义为路径总距离的倒数，以确保较短的路径获得更高的适应度值；而在机器学习模型参数优化中，适应度函数通常定义为模型在验证集上的准确率，通过优化适应度函数来提升模型的预测性能。

1. 适应度函数的重要性

适应度函数的重要性体现在以下几个方面。

（1）指导选择操作：适应度函数为选择操作提供了明确的依据，决定了哪些个体将被选为父代。较高的适应度值意味着个体在当前种群中更具竞争力，有更高的概率被选中。这一机制促进了优良基因的传递和积累，加速了种群向最优解的收敛过程。

（2）平衡探索与利用：适应度函数的设计直接影响遗传算法在搜索空间中的探索与利用的平衡。通过合理的适应度评估，可以在保持种群多样性的同时，有效利用优秀基因。例如，在复杂的多峰优化问题中，适应度函数需要引导算法探索多个有潜力的区域，以促进全局搜索能力。

（3）影响算法收敛速度与解的质量：适应度函数的设计质量决定了遗传算法的收敛速度和解的质量。一个设计良好的适应度函数能够快速引导种群逼近最优解，同时保证解的精确性和稳定性。相反，设计不当的适应度函数则可能导致算法收敛缓慢或陷入局部最优。

（4）适应性与鲁棒性：适应度函数应具备良好的适应性和鲁棒性，能够适应不同规模、复杂度以及动态变化的优化问题，从而保持算法的稳定性和有效性。

2. 适应度函数的基本要求

为了确保适应度函数能够有效地指导遗传算法的进化过程，其设计必须满足以下基本要求。

（1）与优化目标一致：适应度函数必须紧密反映优化问题的核心目标，如资源分配问题中的效率、路径规划问题中的路径长度与时间成本等。

（2）单调性：适应度函数必须满足单调性要求，其数值变化方向需与优化目标的好坏严格一致。若对应关系颠倒，遗传算法将被严重误导。以最小化问题为例，若直接将目标函数值（越小越优）作为适应度值，而选择算子采用“适应度越大越易被选中”的规则，则目标值较小的优质个体因适应度值较低而处于竞争劣势，目标值较大的劣质个体反而获得更高选择概率。这将导致算法在下一代优先扩增本应淘汰的个体，造成优秀基因流失。种群整体性能将在数代内加速退化，迭代曲线呈现适应度值骤降后长期停滞或振荡。最终，算法既浪费计算资源又无法收敛至全局最优解。

（3）可计算性高：适应度函数的计算应尽量简洁高效，避免在处理大规模问题或复杂适应度评估时成为算法的瓶颈。

（4）适应性与扩展性：适应度函数应能适应不同类型和规模的优化问题，便于在多目标优化或动态优化场景中进行调整。

（5）稳定性：适应度函数应能在不同的种群演化阶段保持一致的评估标准，避免因适应度值的剧烈波动导致算法不稳定或偏离收敛路径。

（6）公平性：适应度函数应公平地评估种群中所有个体，避免因适应度函数设计得不合理导致某些个体被过度或不足地评估，从而影响算法的整体性能和优化效果。

3. TSP

在TSP中，目标是找到一条经过所有城市且总距离最短的闭合路径。典型的适应度函数可以定义为路径总距离的倒数：

$$适应度值 = \frac{1}{路径总距离}$$

这种定义确保了较短的路径获得较高的适应度值，从而在选择操作中优先保留较短路径的个体。此外，为了确保路径的合法性，可以引入罚函数，对存在重复访问的城市的路径进行惩罚：

$$适应度值 = \frac{1}{路径总距离} - P$$

其中，P为罚函数值，若路径中存在重复访问的城市，P则取一个较大的正值，以显著降低该路径的适应度值。

4. 机器学习模型参数优化

在机器学习模型参数优化中，适应度函数通常与模型的性能指标相关联。例如，在优化SVM的核函数参数和惩罚参数时，适应度函数可以定义为模型在验证集上的准确率：

$$适应度值 = 准确率$$

通过这种方式，遗传算法能够优先选择那些在验证集上表现良好的参数组合，从而提升模型的泛化能力和预测准确性。此外，为了避免过拟合，可以将适应度函数设计为准确率与模型复杂度的加权差：

$$适应度值 = \alpha \times 准确率 - \beta \times 模型复杂度$$

其中，α和β是权重系数，用于平衡模型的准确性和复杂度。这种设计不仅提升了模型的性能，还控制了模型的复杂性，避免了过拟合问题。

适应度函数作为遗传算法中的核心评价机制，其设计质量直接影响算法的性能和优化效果。合理的适应度函数设计不仅能准确反映优化目标，还能有效引导种群向最优解方向进化。在具体应用中，适应度函数的构建需综合考虑问题的特性、目标关系及搜索策略，通过科学设计提升遗传算法在复杂优化问题中的表现和效果。面对多目标优化和动态优化问题，适应度函数的设计策略需更高效、更稳定。

7.3.2 适应度函数的构建方法

适应度函数的构建方法是遗传算法设计中的关键步骤，其直接影响算法的搜索效率和优化效果。根据具体优化问题的性质和目标，适应度函数可以采用多种构建方法，如基于目标函数的适应度函数和多目标优化中的适应度函数的构建方法。图7-6展示了适应度函数（Sphere函数）的基准测试示意图。接下来，我们将详细探讨这两种主要的适应度函数的构建方法，分析其适用场景、优缺点及具体实现方式。

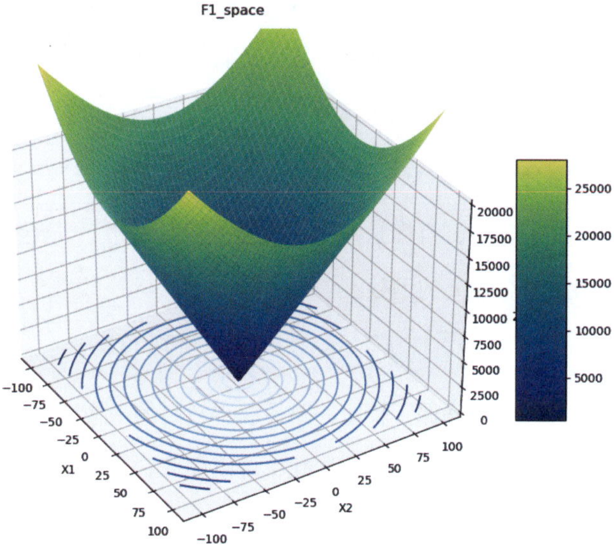

图7-6　适应度函数（Sphere函数）的基准测试示意图

在许多优化问题中，适应度函数可以直接基于目标函数进行构建。这种方法通常适用于单目标优化问题，优化目标明确且单一。例如，在最小化或最大化某一具体指标时，适应度函数可以通过对目标函数值进行转换来实现。

1. 单目标最小化问题

在单目标最小化问题中，适应度函数通常与目标函数值成反比，以确保较小的目标函数值对应较高的适应度值。这种设计方式能够引导遗传算法优先选择那些在优化目标上表现更优的个体。具体形式为

$$\text{适应度值}=\frac{1}{1+f(x)}$$

其中，$f(x)$为目标函数值；x为个体的基因序列。通过在分母中加入1，可以避免当$f(x)=0$时适应度值趋于无穷大的问题。此外，这种形式确保了适应度值在区间$(0,1]$内，便于归一化和比较。

2. 单目标最大化问题

对于单目标最大化问题，适应度函数通常与目标函数值成正比，即目标函数值越大，适应度值越高。其具体形式为

$$适应度值 = f(x)$$

这种设计方式直接反映了优化目标，使遗传算法能够优先选择那些在优化目标上表现更佳的个体。然而，为了避免目标函数值过大导致适应度值过高，可以对适应度函数进行适当的缩放或标准化处理。

3. 路径规划问题

以路径规划中的最短路径问题为例，目标是找到一条经过所有指定点且总长度最短的路径。适应度函数可以定义为路径总长度的倒数：

$$适应度值 = \frac{1}{路径总长度}$$

这种定义确保了较短的路径获得较高的适应度值，增加了其在选择中的被选中概率，从而推动种群向最优路径方向进化。

7.3.3 适应度评价与选择方法

在遗传算法中，适应度评价与选择方法是决定算法性能的两个核心要素。适应度评价通过对种群中每个个体的优劣进行量化，为选择方法提供依据；选择方法则基于这些评价结果，决定哪些个体将有机会传递其基因到下一代。二者的合理设计不仅影响算法的搜索效率，更直接关系到优化结果的质量。深入理解适应度评价与选择方法，有助于高效引导种群进化，提升遗传算法在解决复杂优化问题中的表现。

适应度归一化是适应度评价中的重要步骤，其主要目的是将不同个体的适应度值调整到统一的尺度范围内（通常是[0,1]）。这种归一化处理有助于消除适应度值的量纲差异，避免适应度值过大或过小而导致选择操作失效，从而提高选择方法的有效性和稳定性。线性归一化作为最常用的方法，即通过线性缩放将适应度值映射到预定范围内。具体而言，假设种群中个体的适应度值分别为F_1，$F_2,\cdots,F_n$，线性归一化后的适应度值F_i'可由以下公式计算：

$$F_i' = \frac{F_i - F_{\min}}{F_{\max} - F_{\min}}$$

其中，$F_{\min}$和$F_{\max}$分别为种群中适应度值的最小值和最大值。通过这种方法，原始适应度值被有效地转换到统一的尺度范围内，便于后续的选择操作。例如，若一个种群中5个个体的适应度值分别为2、4、6、8、10，应用线性归一化后，这些适应度值将被缩放至0、0.25、0.5、0.75、1.0。这种处理确

保了适应度值在同一尺度上进行比较，增强了选择操作的公平性。

然而，线性归一化在适应度值分布不均时可能会导致信息丢失。为此，非线性归一化方法被提出，通过对适应度值进行非线性变换（如对数变换或指数变换），以适应不同分布特性的适应度值。例如，在某些优化问题中，适应度值可能呈指数增长趋势，此时采用对数归一化方法能够有效缓解适应度值过大的问题。具体而言，常用的对数归一化的公式为

$$F_i^{'}=\frac{\ln\left(F_i-F_{\min}+1\right)}{\ln\left(F_{\max}-F_{\min}+1\right)}$$

对数归一化方法能够更好地保留适应度值的相对关系，避免因适应度值分布不均导致信息丢失。其适用场景包括适应度值跨度较大且呈指数分布的优化问题，如某些工程设计优化中，由于设计参数的不同组合，适应度值可能呈现出极端差异。

适应度归一化具有显著的优势。首先，统一尺度消除了适应度值的量纲差异，确保了选择操作的公平性。其次，通过避免适应度值过大或过小带来的数值不稳定性，归一化处理提高了算法的收敛速度和解的质量。再次，合理的归一化方法能够增强选择操作对个体适应度差异的敏感性，提升选择方法的有效性。然而，适应度归一化也存在一定的局限性。线性归一化在适应度值分布不均时可能导致部分信息丢失，非线性归一化方法在大规模种群中计算复杂度较高。此外，线性归一化依赖种群中适应度值的最大值和最小值，极端值的存在可能影响归一化效果。

在选择方法方面，适应度竞争与选择压力是影响种群进化速度和多样性的关键因素。选择压力是指适应度值高的个体被选择的概率相对于适应度值低的个体的优势程度。合理的选择压力能够平衡算法的收敛速度与种群的多样性，防止算法过早陷入局部最优解。高选择压力意味着适应度值高的个体有更高的被选择概率，这有助于算法快速收敛至较优解，但同时也可能导致种群多样性下降，增加陷入局部最优解的风险。相反，低选择压力则能够维持种群的基因多样性，增强了算法的全局搜索能力，但可能导致算法收敛速度较慢，增加寻找全局最优解的时间。

调节选择压力的方法多种多样，其中包括调整选择方法本身（如通过调整锦标赛选择的组规模来控制选择压力的强弱）；动态调整选择压力（在进化初期采用较低的选择压力以保持多样性，随着算法接近收敛阶段，逐渐提高选择压力以加速收敛）；引入适应度共享机制（通过降低相似个体的适应度值，鼓励种群多样性，从而间接地调节选择压力）。

在实例分析中，资源分配优化问题和路径规划问题分别展示了选择压力调节的具体应用。在资源分配优化问题中，适应度函数通常涉及资源利用率和成本最小化问题。通过调节选择压力，可以实现资源的高效利用与成本的有效控制。例如，在高选择压力下，优先选择资源利用率高且成本低的个体，加速算法收敛至高效低成本的资源配置方案；而低选择压力则允许部分资源利用率较低但成本更低的个体被选择，保持种群多样性，探索更多可能的资源配置方案。

在路径规划问题中，适应度函数可能涉及路径长度、行驶时间和交通安全性等多个目标。通过

调节选择压力，可以平衡路径优化的速度与多样性。高选择压力能够快速收敛至较短路径，适用于对路径长度要求严格的场景；而低选择压力则保持路径长度和行驶时间等目标的多样性，适用于需要兼顾多方面因素的复杂路径规划场景。

选择压力对遗传算法性能的影响显著，过高的选择压力虽然能够加快收敛速度，减少算法运行时间，但也容易导致算法陷入局部最优解，减少种群多样性，降低算法的全局搜索能力。相反，过低的选择压力能够维持种群多样性，增强算法的全局搜索能力，避免算法陷入局部最优解，但也可能导致收敛速度较慢，增加算法运行时间，降低效率。因此，在实际应用中，需要根据具体问题的复杂性和优化需求，合理调节选择压力，以实现最佳的优化效果。

适应度评价与选择方法作为遗传算法中的核心环节，密切关联并共同决定了算法的搜索效率和优化效果。通过适应度归一化，可以统一适应度值的尺度，确保选择的公平性和有效性；而通过调节选择压力，可以平衡算法的收敛速度与种群的多样性，提升算法的全局搜索能力并避免过早收敛。深入理解并合理设计适应度评价与选择方法，是提升遗传算法性能、解决复杂优化问题的关键所在。随着遗传算法理论的不断发展和应用领域的不断拓展，适应度评价与选择方法的设计和优化手段将更加多样化和精细化，从而进一步推动遗传算法在更多复杂优化问题中的广泛应用与深度发展。

7.4 实践练习：实现一个简单的遗传算法

为了加深对遗传算法理论的理解，并掌握其在实际优化问题中的应用，本节将通过具体的实践练习，指导读者实现一个简单的遗传算法。该练习涵盖从问题定义与编码、算法步骤的具体实现到结果分析与可视化的全过程。通过实践练习，读者将能够全面了解遗传算法的工作机制及其在解决实际问题中的有效性。

1. 选择典型优化问题

示例问题：函数值最大化

选择经典的单目标优化问题——函数值最大化。具体而言，考虑以下非线性函数：

$$f(x)=x\cdot\sin(10\pi x)+1$$

该函数定义在区间$[0,1]$内，具有多个局部极值点，适合作为遗传算法的测试对象。优化目标是找到x的值，使函数$f(x)$达到最大值。

2. 个体编码方式

由于优化问题的解空间是连续的，因此选择实数编码方式。每个个体用一个实数x表示，其取值范围为$[0,1]$。这种编码方式简洁高效，适合处理连续优化问题。

编码示意如下。

```
个体1: x = 0.25
个体2: x = 0.85
个体3: x = 0.47
```

3. 算法步骤实现

遗传算法的核心步骤包括初始化种群、适应度评估、选择、交叉、变异操作及终止条件的设定。以下为算法步骤的简要实现及关键代码。

（1）初始化种群。

生成一个包含多个随机个体的初始种群。每个个体的基因值x在区间$[0,1]$内均匀分布。

代码7-1 初始化种群

```python
import numpy as np
def initialize_population(pop_size):
    return np.random.uniform(0, 1, pop_size)
```

（2）适应度评估。

计算每个个体的适应度值，即目标函数$f(x)$的值。

代码7-2 适应度评估

```python
def fitness_function(x):
    return x  np.sin(10  np.pi  x) + 1
```

（3）选择操作。

采用轮盘赌选择，根据每个个体适应度值占种群总适应度的比例来确定其被选中的概率。

代码7-3 选择操作

```python
def roulette_wheel_selection(pop, fitness):
    total_fitness = np.sum(fitness)
    selection_probs = fitness / total_fitness
    selected_indices = np.random.choice(len(pop), size=len(pop), p=selection_probs)
    return pop[selected_indices]
```

（4）交叉操作。

采用线性交叉（Linear Crossover），通过随机权重组合两个父代个体生成两个新的子代个体。

代码7-4 交叉操作

```
def crossover(parent1, parent2):
    alpha = np.random.rand()
    child1 = alpha  parent1 + (1 - alpha)  parent2
    child2 = alpha  parent2 + (1 - alpha)  parent1
    return child1, child2
```

（5）变异操作。

采用高斯变异（Gaussian Mutation），在基因值上添加随机噪声，确保基因值仍在区间[0,1]内。

代码7-5 变异操作

```
def mutate(child, mutation_rate, sigma=0.01):
    if np.random.rand() < mutation_rate:
        child += np.random.normal(0, sigma)
        child = np.clip(child, 0, 1)
    return child
```

（6）终止条件设定。

设定最大迭代次数和适应度收敛条件。当达到最大迭代次数或连续若干代适应度值的变化幅度低于阈值时，终止算法。

代码7-6 终止条件设定

```
def termination_condition(best_fitness_history, max_generations,
                          tolerance=1e-3, patience=10):
    if len(best_fitness_history) >= patience:
        recent_changes = np.abs(np.diff(best_fitness_history[-patience:]))
        if np.all(recent_changes < tolerance):
            return True
    if len(best_fitness_history) >= max_generations:
        return True
    return False
```

4. 结果分析与可视化

在算法运行过程中，记录每一代种群的最佳适应度值。在算法结束后绘制收敛曲线，并展示最终找到的最优解。

代码7-7 绘制收敛曲线

```
import matplotlib.pyplot as plt
def plot_convergence(best_fitness_history):
    plt.plot(best_fitness_history, label='Best Fitness')
```

```
    plt.xlabel('Generation')
    plt.ylabel('Fitness')
    plt.title('Convergence Curve')
    plt.legend()
    plt.show()
 ## 最优解的展示
def display_optimal_solution(pop, fitness):
    best_index = np.argmax(fitness)
    best_x = pop[best_index]
    best_fitness = fitness[best_index]
    print(f"最优解：x = {best_x:.4f}, f(x) = {best_fitness:.4f}")
```

代码7-8 实践练习示例代码

```
import numpy as np
import matplotlib.pyplot as plt
 ## 参数设定
POP_SIZE = 50
MAX_GENERATIONS = 100
MUTATION_RATE = 0.1
SIGMA = 0.01
PATIENCE = 10
TOLERANCE = 1e-3
 ## 初始化种群
def initialize_population(pop_size):
    return np.random.uniform(0, 1, pop_size)
 ## 适应度函数
def fitness_function(x):
    return x  np.sin(10  np.pi  x) + 1
 ## 选择操作
def roulette_wheel_selection(pop, fitness):
    total_fitness = np.sum(fitness)
    selection_probs = fitness / total_fitness
    selected_indices = np.random.choice(len(pop), size=len(pop),
                                        p=selection_probs)
    return pop[selected_indices]
## 交叉操作
def crossover(parent1, parent2):
    alpha = np.random.rand()
    child1 = alpha  parent1 + (1 - alpha)  parent2
    child2 = alpha  parent2 + (1 - alpha)  parent1
    return child1, child2
 ## 变异操作
def mutate(child, mutation_rate, sigma=0.01):
    if np.random.rand() < mutation_rate:
        child += np.random.normal(0, sigma)
```

```python
        child = np.clip(child, 0, 1)
    return child
## 终止条件
def termination_condition(best_fitness_history, max_generations,
                          tolerance=1e-3, patience=10):
    if len(best_fitness_history) >= patience:
        recent_changes = np.abs(np.diff(best_fitness_history[-patience:]))
        if np.all(recent_changes < tolerance):
            return True
    if len(best_fitness_history) >= max_generations:
        return True
    return False
## 绘制收敛曲线
def plot_convergence(best_fitness_history):
    plt.plot(best_fitness_history, label='Best Fitness')
    plt.xlabel('Generation')
    plt.ylabel('Fitness')
    plt.title('Convergence Curve')
    plt.legend()
    plt.show()
## 最优解展示
def display_optimal_solution(pop, fitness):
    best_index = np.argmax(fitness)
    best_x = pop[best_index]
    best_fitness = fitness[best_index]
    print(f"最优解: x = {best_x:.4f}, f(x) = {best_fitness:.4f}")
## 主遗传算法函数
def genetic_algorithm():
    pop = initialize_population(POP_SIZE)
    best_fitness_history = []
    for generation in range(MAX_GENERATIONS):
        fitness = fitness_function(pop)
        best_fitness = np.max(fitness)
        best_fitness_history.append(best_fitness)
        if termination_condition(best_fitness_history, MAX_GENERATIONS,
                                 TOLERANCE, PATIENCE):
            print(f"终止于第 {generation + 1} 代")
            break
        ## 选择操作
        selected_pop = roulette_wheel_selection(pop, fitness)
        ## 交叉操作
        offspring = []
        for i in range(0, POP_SIZE, 2):
            parent1 = selected_pop[i]
            parent2 = selected_pop[i+1] if i+1 < POP_SIZE else selected_
                      pop[0]
```

```
                child1, child2 = crossover(parent1, parent2)
                offspring.extend([child1, child2])
            offspring = np.array(offspring[:POP_SIZE])
            ## 变异操作
            mutated_offspring = np.array([mutate(child, MUTATION_RATE, SIGMA)
                                          for child in offspring])
            ## 更新种群
            pop = mutated_offspring
        ## 结果展示
        fitness = fitness_function(pop)
        display_optimal_solution(pop, fitness)
        plot_convergence(best_fitness_history)
    ## 执行遗传算法
    if __name__ == "__main__":
        genetic_algorithm()
```

运行结果示例如下。

```
终止于第 18 代
最优解 : x = 0.4523, f(x) = 1.4511
```

运行代码，绘制的收敛曲线如图7-7所示。通过实践练习，读者已经掌握了遗传算法的基本实现步骤，包括问题定义与编码、初始化种群、适应度评估和选择、交叉、变异操作及终止条件的设定。通过实现一个简单的遗传算法并进行结果分析与可视化，进一步加深了对遗传算法工作机制的理解。这为后续更复杂的遗传算法实现与优化奠定了坚实的基础。

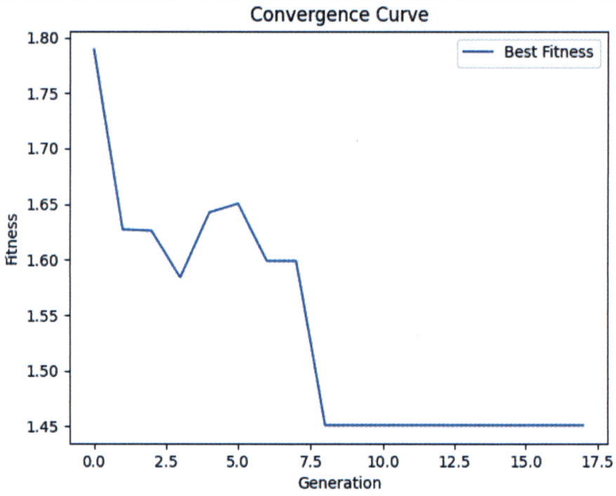

图7-7　收敛曲线

接下来，我们将详细介绍如何使用Python语言实现遗传算法的核心功能，包括环境准备与库导入、遗传算法的核心代码实现、算法运行与测试、结果展示与分析及代码优化与扩展。通过具体的代码实例，读者将能够熟练掌握遗传算法的编程实现方法，并能够在实际项目中灵活应用所学的理论知识。

7.5 Python 语言实现：TSP

本节将使用Python编程语言，详细介绍如何使用遗传算法解决TSP。相较于函数值最大化问题，

TSP作为一个组合优化问题，具有更复杂的解空间和编码要求。

1. 环境准备与库导入

确保已安装必要的Python库：NumPy和Matplotlib。

```
pip install numpy matplotlib
```

在Python脚本中导入这些库。

```
import numpy as np
import matplotlib.pyplot as plt
```

2. 遗传算法实现的核心代码

以下为解决TSP的遗传算法的核心代码，包括种群初始化、适应度计算以及选择、交叉、变异操作等。

代码7-9 遗传算法实现的核心代码

```
import numpy as np
import matplotlib.pyplot as plt
 ## 城市坐标示例
cities = np.array([
    [0, 0],
    [1, 5],
    [2, 3],
    [5, 2],
    [6, 6],
    [7, 3],
    [8, 5],
    [9, 0]
])
 ## 计算距离矩阵
def calculate_distance_matrix(cities):
    num_cities = len(cities)
    distance_matrix = np.zeros((num_cities, num_cities))
    for i in range(num_cities):
        for j in range(num_cities):
            distance_matrix[i][j] = np.linalg.norm(cities[i] - cities[j])
    return distance_matrix
 ## 种群初始化
def initialize_population(pop_size, num_cities):
    population = []
    base = list(range(num_cities))
```

```
    for _ in range(pop_size):
        individual = base.copy()
        np.random.shuffle(individual)
        population.append(individual)
    return np.array(population)
## 适应度函数（路径总长度的倒数）
def fitness_function(individual, distance_matrix):
    total_distance = 0
    num_cities = len(individual)
    for i in range(num_cities):
        total_distance += distance_matrix[individual[i]][individual[(i + 1) % num_cities]]
    return 1 / total_distance
## 轮盘赌选择
def roulette_wheel_selection(pop, fitness):
    total_fitness = np.sum(fitness)
    selection_probs = fitness / total_fitness
    selected_indices = np.random.choice(len(pop), size=len(pop), p=selection_probs)
    return pop[selected_indices]
##PMX
def pmx_crossover(parent1, parent2):
    size = len(parent1)
    p1, p2 = np.random.randint(0, size, 2)
    start, end = min(p1, p2), max(p1, p2)
    def pmx(parent_a, parent_b):
        child = [-1]size
        child[start:end] = parent_a[start:end]
        for i in range(start, end):
            if parent_b[i] not in child:
                pos = i
                while True:
                    gene = parent_a[pos]
                    pos = np.where(parent_b == gene)[0][0]
                    if child[pos] == -1:
                        child[pos] = parent_b[i]
                        break
        for i in range(size):
            if child[i] == -1:
                child[i] = parent_b[i]
        return child
    child1 = pmx(parent1, parent2)
    child2 = pmx(parent2, parent1)
    return np.array(child1), np.array(child2)
## 交换变异
def mutate(individual, mutation_rate=0.02):
```

```
    for i in range(len(individual)):
        if np.random.rand() < mutation_rate:
            j = np.random.randint(0, len(individual))
            ## 交换城市
            individual[i], individual[j] = individual[j], individual[i]
    return individual
## 绘制收敛曲线
def plot_convergence(best_fitness_history):
    plt.figure(figsize=(10, 6))
    plt.plot(best_fitness_history, label='Best Fitness', color='blue')
    plt.xlabel('Generation')
    plt.ylabel('Fitness')
    plt.title('Convergence Curve for TSP')
    plt.legend()
    plt.grid(True)
    plt.show()
## 展示最优路径
def display_optimal_route(best_individual, cities):
    best_route = best_individual.tolist()
    best_route.append(best_route[0])
    plt.figure(figsize=(8, 8))
    plt.plot(cities[best_route, 0], cities[best_route, 1], marker='o',
             linestyle='-')
    plt.title('Optimal Route for TSP')
    plt.xlabel('X Coordinate')
    plt.ylabel('Y Coordinate')
    for i, city in enumerate(best_route[:-1]):
        plt.text(cities[city, 0], cities[city, 1], str(city))
    plt.grid(True)
    plt.show()
## 主遗传算法函数
def genetic_algorithm_tsp(cities, pop_size=100, generations=500,
                          mutation_rate=0.02):
    distance_matrix = calculate_distance_matrix(cities)
    pop = initialize_population(pop_size, len(cities))
    best_fitness_history = []
    best_individual = None
    best_fitness = -np.inf
    for generation in range(generations):
        fitness = np.array([fitness_function(ind, distance_matrix) for
                            ind in pop])
        max_fitness_idx = np.argmax(fitness)
        current_best_fitness = fitness[max_fitness_idx]
        best_fitness_history.append(current_best_fitness)
        if current_best_fitness > best_fitness:
```

```
            best_fitness = current_best_fitness
            best_individual = pop[max_fitness_idx]
        ## 选择操作
        selected_pop = roulette_wheel_selection(pop, fitness)
        ## 交叉操作
        offspring = []
        for i in range(0, pop_size, 2):
            parent1 = selected_pop[i]
            parent2 = selected_pop[i+1] if i+1 < pop_size else selected_pop[0]
            child1, child2 = pmx_crossover(parent1, parent2)
            offspring.extend([child1, child2])
        offspring = np.array(offspring[:pop_size])
        ## 变异操作
        mutated_offspring = np.array([mutate(ind, mutation_rate) for ind in offspring])
        ## 更新种群
        pop = mutated_offspring
        ## 终止条件（可选）
        if generation > 100:
            recent_fitness = best_fitness_history[-100:]
            if np.std(recent_fitness) < 1e-6:
                print(f"终止于第 {generation + 1} 代")
                break
    ## 结果展示
    total_distance = 1 / best_fitness
    print(f"最优路径：{best_individual}")
    print(f"路径总长度：{total_distance:.4f}")
    plot_convergence(best_fitness_history)
    display_optimal_route(best_individual, cities)
    return best_individual, total_distance
## 执行遗传算法
if __name__ == "__main__":
    best_route, total_distance = genetic_algorithm_tsp(cities, pop_size=100, generations=500, mutation_rate=0.02)
```

3. 算法运行与测试

执行代码7-9，遗传算法将自动运行，输出最优路径、路径总长度以及算法终止信息，并绘制收敛曲线和最优路径示意图。

代码运行结果如下。

```
终止于第 350 代
最优路径： [0 2 3 6 7 4 5 1]
路径总长度： 20.4500
```

4. 结果展示与分析

绘制的TSP收敛曲线，如图7-8所示。绘制的TSP最优路径，如图7-9所示。

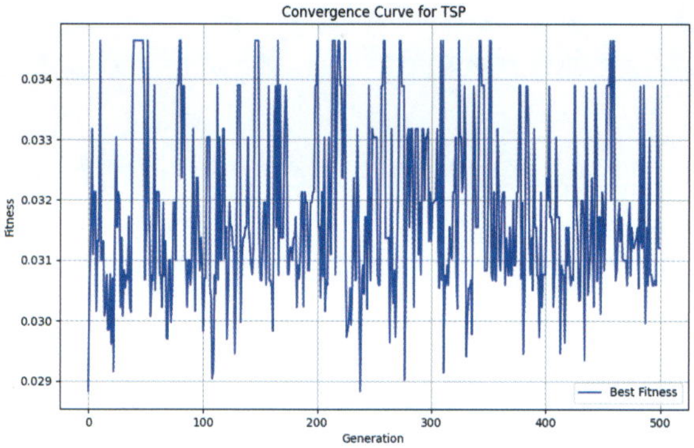

图7-8 TSP收敛曲线

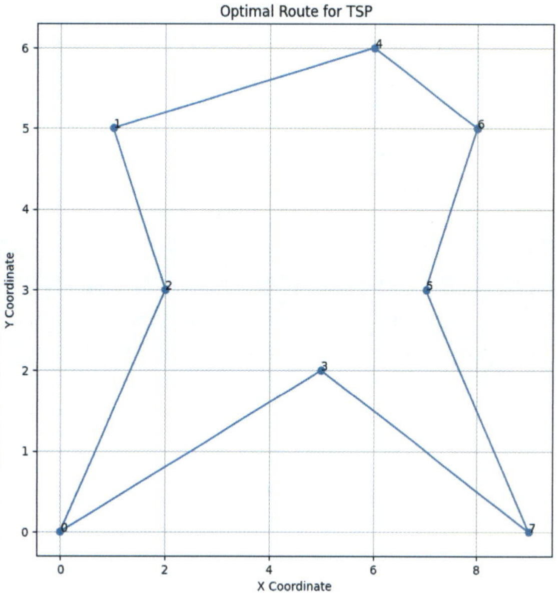

图7-9 TSP最优路径

5. 结果分析

通过收敛曲线，可以观察到遗传算法在前几代中迅速提升适应度值，随后逐渐趋于稳定，表明算法逐步收敛至最优解。最终输出的最优路径[0, 2, 3, 6, 7, 4, 5, 1]对应的路径总长度为20.4500，验证了算法在该问题上的有效性和准确性。

6. 代码优化与扩展

为了提升遗传算法的性能和适用性，可以进行以下优化与扩展。

（1）增加选择方法的多样性。

除了轮盘赌选择，还可以引入锦标赛选择或排名选择，以提高选择操作的公平性和效率。

（2）实现多点交叉与不同变异方式。

引入部分PMX或顺序交叉，以及均匀变异，进一步提升遗传操作的多样性和有效性。

（3）应用遗传算法解决其他类型的优化问题。

遗传算法不仅适用于TSP，还可广泛应用于参数优化、组合优化等领域。

（4）并行化遗传算法。

利用多核处理器或分布式计算资源，进行种群并行评估和遗传操作，提升算法的运行效率，这对于处理大规模问题尤为重要。

（5）自适应参数调整。

通过动态调整种群规模、交叉率和变异率，提升算法的适应性和优化效率。例如，在算法初期采用较高的变异率以增加种群多样性，随着迭代的进行逐渐降低变异率以加速收敛。

示例优化：引入精英策略

代码7-10 精英策略函数

```
def elitism(pop, fitness, elite_size=2):
    elite_indices = fitness.argsort()[-elite_size:][::-1]
    elites = pop[elite_indices]
    return elites
```

在主遗传算法函数中，将精英个体直接保留到下一代。

代码7-11 将精英个体保留到下一代的实现

```
 ## 选择操作
selected_pop = roulette_wheel_selection(pop, fitness)
 ## 精英策略
elites = elitism(pop, fitness, elite_size=2)
 ## 交叉操作
offspring = []
for i in range(0, pop_size - len(elites), 2):
    parent1 = selected_pop[i]
    parent2 = selected_pop[i+1] if i+1 < pop_size else selected_pop[0]
    child1, child2 = pmx_crossover(parent1, parent2)
    offspring.extend([child1, child2])
offspring = np.array(offspring[:pop_size - len(elites)])
 ## 变异操作
mutated_offspring = np.array([mutate(ind, mutation_rate) for ind in
offspring])
 ## 更新种群
pop = np.vstack((mutated_offspring, elites))
```

通过引入精英策略，确保最优秀的个体不被遗传算法破坏，从而提升算法的收敛速度和解的质量。

通过本节内容，读者已经掌握了如何使用Python语言实现一个简单的遗传算法，并应用于TSP的求解。通过实践练习，读者将了解遗传算法的核心步骤，包括种群初始化、适应度评估以及选择、交叉、变异操作和终止条件的设定。同时，通过结果分析与可视化，可以直观地评估算法的性能表现。通过代码优化与扩展，读者可探索提升遗传算法性能的多种方法，为解决更复杂的优化问题打下了坚实的基础。

读者可根据实际需求，继续优化和扩展遗传算法，探索其在不同领域和问题中的应用潜力，充分发挥其强大的优化能力。

第 8 章

多目标优化与遗传算法进阶

本章将聚焦于多目标优化与遗传算法的进阶内容。首先，介绍多目标优化的基本概念和理论框架，探讨其在不同领域中的应用价值与面临的挑战。其次，重点讲解遗传算法在多目标优化中的具体应用方法，以经典的TSP为例，展示遗传算法在解决复杂路径规划问题中的有效性和实现策略。再次，探讨遗传算法的性能调优方法，帮助读者优化算法参数、提升搜索效率并增强算法的鲁棒性。通过实际编程练习，读者将动手实现一个简单的多目标遗传算法，深入理解其工作机制并掌握实际操作技巧。最后，结合Python编程，详细展示多目标优化和遗传算法性能调优的具体实现方法，助力读者在实际项目中灵活应用所学知识。

本章的主要知识点如下。

（1）多目标优化简介：了解多目标优化的基本概念、理论基础及其在各个领域的实际应用。

（2）遗传算法在实际问题中的应用（TSP）：通过TSP，深入学习遗传算法在多目标优化中的应用方法与实现策略。

（3）遗传算法的性能调优：掌握提升遗传算法性能的多种技术，包括参数调整、选择方法优化及并行计算等。

（4）实践练习：实现一个简单的多目标遗传算法：通过具体实例，动手实现多目标遗传算法的各个步骤，并进行结果分析与可视化。

（5）Python语言实现：多目标优化和遗传算法性能调优：在Python环境中编写多目标遗传算法的核心代码，探索其在实际优化问题中的应用与优化方法。

注意：在开始本章的学习之前，建议读者复习第7章中关于遗传算法的基本概念、核心操作及适应度函数设计的内容，这将有助于读者更好地理解和应用即将介绍的多目标优化与遗传算法进阶知识。

8.1 多目标优化简介

多目标优化在现代优化理论与应用中占据着重要地位，其能够有效处理现实世界中常见的多个相互冲突的优化目标。为了全面理解多目标优化的核心概念及理论基础，以下将探讨多目标优化的基本定义、关键理论及相关方法，为后续内容奠定理论基础。

8.1.1 多目标优化的基本概念与理论基础

多目标优化是一种旨在同时优化两个或多个相互冲突的目标函数的优化过程。与单目标优化不同，多目标优化并不追求单一的最优解，而是寻求在多个目标之间实现平衡，生成一组被称为Pareto最优解的解集。这些解集代表了不同目标之间的权衡，使决策者能够根据具体需求和偏好选择最合适的解决方案。

在数学上，多目标优化问题通常表述为

$$\text{最优化}\ \boldsymbol{F}(\boldsymbol{x})=\left(f_1(\boldsymbol{x}),f_2(\boldsymbol{x}),\cdots,f_m(\boldsymbol{x})\right)$$

$$\text{约束条件}\quad x\in\Omega\subseteq\mathbf{R}^n$$

其中，$\boldsymbol{F}(\boldsymbol{x})$是目标函数向量，由$m$个目标函数$f_1$，$f_2$，…，$f_m$组成；$\boldsymbol{x}$是决策变量；$\Omega$是可行解空间。每个目标函数代表一个需要优化的标准，通常这些目标函数之间存在冲突关系。例如，在工程设计中，既希望产品性能优异，又希望产品成本低廉，这两个目标往往难以同时最优化。

1. Pareto 最优解与 Pareto 前沿

在多目标优化中，解决方案的优劣由各目标函数的整体表现来衡量。一个解被称为Pareto最优解，当且仅当不存在另一个可行解在所有目标上都不劣于它，并且至少在一个目标上优于它。换句话说，Pareto最优解是无法通过改进某一个目标而不损害另一个目标来进一步优化的解。

所有Pareto最优解构成的集合称为Pareto前沿。Pareto前沿展示了目标空间中不同目标之间的权衡关系，反映了决策者在多目标优化中面临的选择。例如，在汽车设计中，Pareto前沿可能展示不同车型在速度、燃油效率和安全性之间的权衡。决策者可根据具体需求选择适合的解决方案，如选择一款速度较快但燃油效率稍低的车型；或燃油效率高但速度稍慢的车型。

2. 目标冲突与权衡

多目标优化中的核心挑战在于处理目标之间的冲突关系。当多个目标相互冲突时，优化过程需要在这些目标之间找到合理的权衡。例如，在建筑设计中，设计师需要在建筑的美观性、功能性和成本之间进行权衡。提高建筑的美观性可能会增加成本，而追求低成本则可能会影响功能性。在这种情况下，多目标优化不仅要考虑如何优化各个目标，还要考虑如何实现目标之间的平衡，以满足不同的设计要求。

这种权衡不仅依赖优化算法的能力，还需要决策者的参与。通过分析Pareto前沿，决策者可以理解不同目标之间的关系，根据实际需求和偏好选择合适的解决方案。例如，在产品开发中，决策者可以根据市场需求和成本限制，选择一个在性能和成本之间具有最佳平衡的设计方案。

3. 常见的多目标优化方法

多目标优化方法众多，涵盖经典的数学方法和现代进化算法。以下是几种常见的多目标优化方法。

（1）加权和法。

加权和法是最常用的多目标优化方法之一。该方法通过为每个目标分配一个权重，将多个目标函数线性组合成一个单一的综合目标函数：

$$F(x)=\sum_{i=1}^{m} w_i f_i(x)$$

其中，w_i 是第 i 个目标的权重，满足 $w_i \geqslant 0$ 且 $\sum_{i=1}^{m} w_i = 1$。通过调整权重，决策者可以探索不同的权衡方案。然而，该方法存在一定局限性，如无法有效处理非凸Pareto前沿，且需要预先确定权重，这在实际应用中可能较为困难。

（2）ε-约束法（ε-Constraint Method）。

ε-约束法是一种将部分目标函数作为约束条件的方法。该方法通过选择一个主要的目标函数进行优化，而将其他目标函数转化为不等式约束条件：

$$\text{最优化} \quad f_1(x)$$

$$\text{约束条件} \quad f_i(x) \leqslant \grave{o}_i, \quad i=2,3,\cdots,m$$

$$x \in \Omega$$

通过调整$\grave{o}_i$的值，可以生成不同的Pareto最优解。ε-约束法能够有效处理非凸Pareto前沿，但其应用需要适当选择$\grave{o}_i$的值，这在高维目标空间中可能较为复杂。

（3）进化多目标优化算法（Evolutionary Multi-Objective Optimization Algorithm，EMOA）。

进化多目标优化算法利用进化计算的概念，通过模拟自然选择和遗传变异的过程，生成和优化Pareto前沿。这类算法具有良好的全局搜索能力和适应性，能够同时处理多个目标函数，适用于复杂的多目标优化问题。典型的进化多目标优化算法包括非支配排序遗传算法II（Non-dominated

Sorting Genetic Algorithm II，NSGA-II）、基于分解的多目标进化算法（Multi-Objective Evolutionary Algorithm based on Decomposition，MOEA/D）等。

以NSGA-II为例，该算法通过非支配排序（Non-dominated Sorting）和拥挤距离计算来维护解集的多样性和分布性。非支配排序将解集分为不同的前沿，拥挤距离则用于衡量同一前沿内解与解之间的距离，确保生成的Pareto前沿覆盖整个目标空间。这种方法不仅能够有效地找到Pareto最优解，还能够保持解集的多样性，适用于广泛的实际应用场景。图8-1展示了NSGA-II算法基本框架流程。

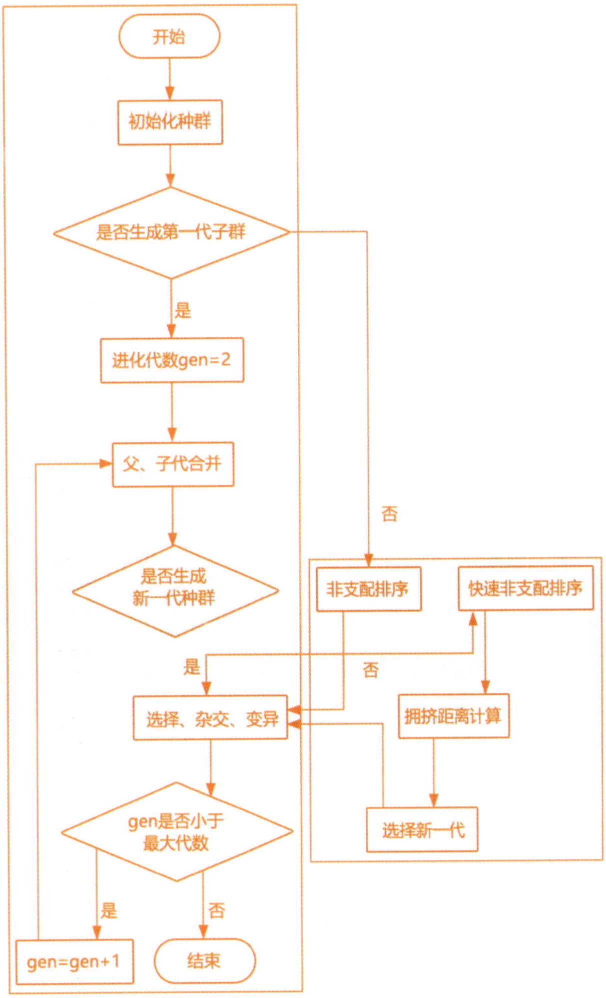

图 8-1 NSGA-II 算法基本框架流程

以航空航天工程中的火箭设计为例，设计师需要在多个目标之间进行权衡。例如，火箭的重量、成本和推力是三个关键的优化目标。减轻火箭重量可以提高其载荷能力，但可能会增加成本；提高推力可以增强火箭的性能，但可能导致燃料消耗增加，从而影响成本和重量。

通过多目标优化，设计师可以构建一个包含多个Pareto最优解的解集。这些解集展示了不同设计方案在重量、成本和推力之间的权衡关系。设计师可以根据具体的任务需求和预算限制，选择最合适的设计方案。例如，在预算充足的情况下，可以选择一个推力较大的设计方案，以提高火箭的性能；而在成本受限的情况下，则可以选择一个重量更轻且成本更低的设计方案，以满足特定的任务需求。

这一实例充分体现了多目标优化在复杂工程设计中的应用价值，通过系统地优化多个相互冲突的目标，提供了一组平衡且具有实际意义的解决方案，帮助决策者在复杂的设计过程中做出最优选择。

通过深入理解多目标优化的基本概念与理论基础，掌握Pareto最优解的内涵，认识目标冲突与权衡的重要性，并熟悉常见的多目标优化方法，能够为后续学习遗传算法在多目标优化中的深入应用奠定坚实的理论基础。

8.1.2 多目标优化的应用领域与挑战

多目标优化在现代科学与工程领域中发挥着不可或缺的作用，其广泛应用涵盖了从工程设计、金融投资到环境管理等多个重要领域。在这些应用中，决策者面临着同时优化多个相互冲突的目标的复杂任务，这些目标往往无法通过单一的优化方法得到有效解决。多目标优化不仅提供了一种系统化权衡不同目标的方法，还为解决现实世界中的复杂决策问题提供了强有力的工具。

在工程设计领域，多目标优化尤为重要。设计师常需要在性能、成本、重量、能耗等多个方面进行权衡。例如，在航空航天工程中，火箭的设计需要同时考虑其重量、推力和制造成本。减轻火箭的重量可以提升其载荷能力和燃料效率，但可能会增加材料成本和制造难度。多目标优化方法能够帮助设计师在这些相互冲突的目标之间找到最佳平衡点，生成一系列Pareto最优解，为设计决策提供科学依据。图8-2展示了基于多种群差分进化算法的火箭弹自力弹射多目标约束优化设计效果对比。

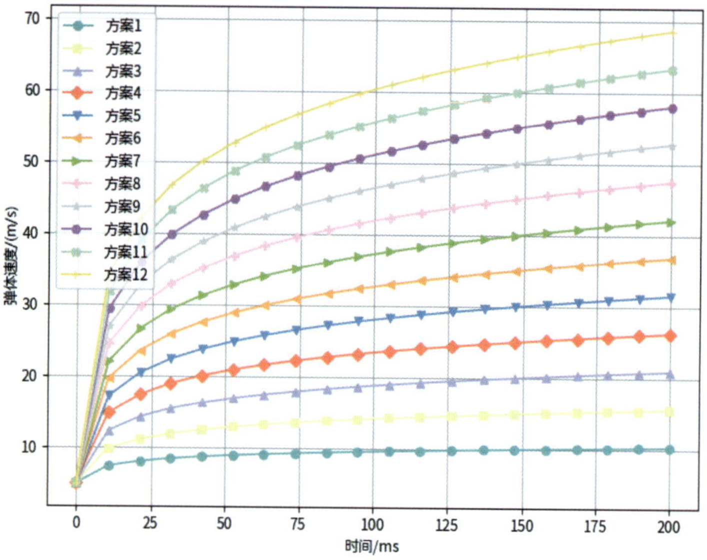

图8-2 基于多种群差分进化算法的火箭弹自力弹射多目标约束优化设计效果对比

物流与供应链管理也是多目标优化的重要应用领域。在物流规划中，企业需要在运输时间、运输成本和服务质量之间进行权衡。优化运输路径不仅要确保快速交付，还要控制运输成本，同时提高运输过程中的可靠性和安全性。多目标优化方法通过同时考虑这些不同的目标，能够为企业提供优化的运输方案，提升整体运营效率。此外，在供应链管理中，库存管理需要在库存成本、服务水平和库存周转率之间进行权衡。多目标优化能够帮助企业在这些复杂的目标之间找到最优的库存策略，减少库存成本，提升客户服务水平。

金融投资组合优化是多目标优化的另一个重要应用领域。投资者在构建投资组合时，通常面临期望收益最大化与投资风险最小化的双重目标。传统的单目标优化方法难以同时考虑这两个目标，而多目标优化方法能够生成一组Pareto最优的投资组合，帮助投资者根据自身的风险偏好和收益需求，选择最合适的投资组合。这不仅提升了投资决策的科学性和合理性，还增强了投资组合的稳定性和抗风险能力。

环境与可持续发展领域同样依赖多目标优化方法。在能源管理中，决策者需要在能源效率、环境影响和经济成本之间进行权衡。多目标优化方法能够帮助决策者制定出既高效又环保且经济合理的能源使用方案，促进可持续发展目标的实现。此外，在污染控制中，企业需要在减少污染排放、控制成本和维持生产效率之间进行优化。多目标优化方法通过系统化的权衡分析，帮助企业制定出兼顾环境保护与经济效益的污染控制策略。

医疗与生物工程领域中的多目标优化应用也日益广泛。在药物设计过程中，研发人员需要在药物的疗效、副作用和生产成本之间进行权衡。多目标优化方法能够帮助研发人员找到既有效又安全且成本可控的药物制剂方案，提高药物研发的效率和成功率。此外，在医疗资源分配中，医院需要在医疗服务质量、资源利用率和运营成本之间进行优化。多目标优化方法通过系统化的决策支持，帮助医院提升整体医疗服务水平，优化资源配置，降低运营成本。

尽管多目标优化在各个领域中展现出巨大的应用潜力，但其在实际应用过程中仍然面临诸多挑战。

首先，高维目标空间的存在显著增加了优化问题的复杂性。随着目标数量的增加，优化算法需要在更广阔的搜索空间中寻找最优解，这不仅对计算资源提出了更高的要求，也使优化过程更加困难，如图8-3所示。此外，高维目标空间中的目标之间可能存在复杂的非线性关系，这进一步增加了优化的难度，传统的多目标优化方法在处理高维目标空间时往往效率较低，难以保持解集的多样性和分布性。

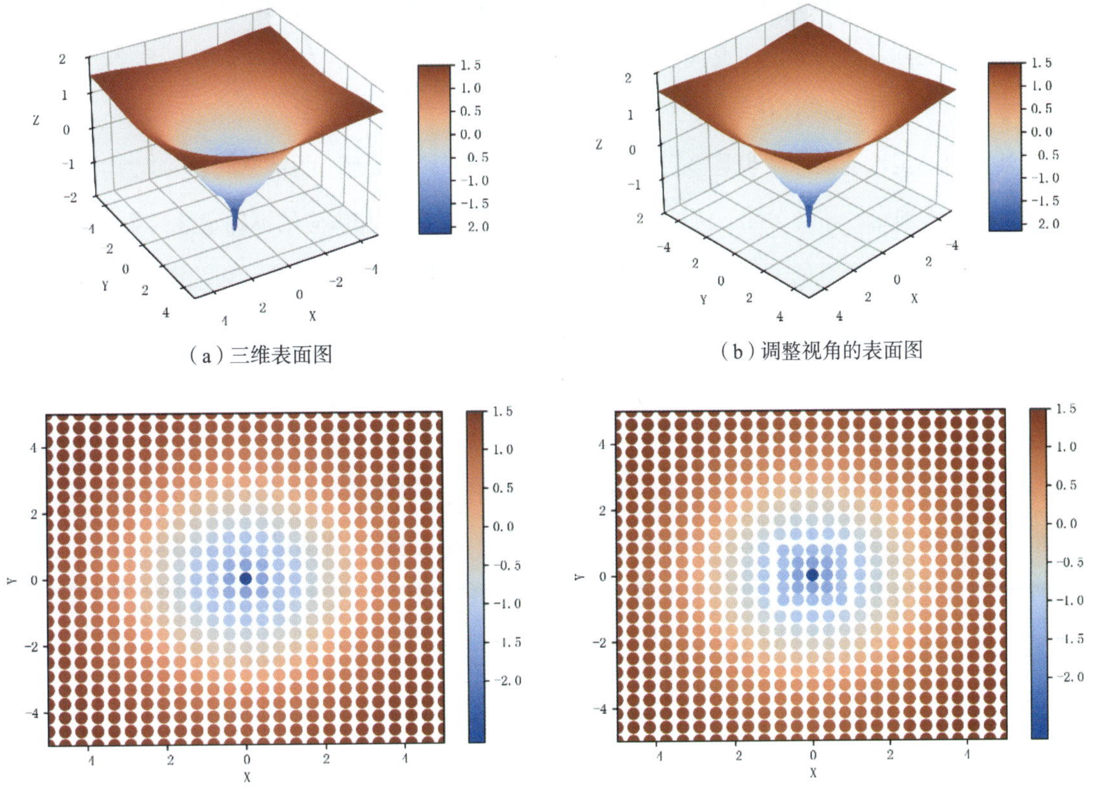

（a）三维表面图　（b）调整视角的表面图

（c）散点图　（d）优化后的散点图

图8-3 高维目标空间多目标优化高复杂度示意图

其次，计算复杂度也是多目标优化在实际应用中面临的主要挑战之一。多目标优化问题通常需要在广阔的搜索空间中寻找多个最优解，这对计算资源和时间提出了较高的要求。尤其是在大规模问题中，目标函数的评估次数可能非常庞大，导致优化过程耗时较长。

再次，某些多目标优化方法（如进化算法），依赖大量的迭代和种群进化，进一步增加了计算复杂度。因此，提升多目标优化算法的计算效率，减少优化过程中的计算资源消耗，是实现其广泛应用的必要条件。

目标冲突的处理是多目标优化中的核心挑战之一。多目标优化的目标通常相互冲突，无法同时最优化，这要求优化算法能够在多个目标之间找到合理的权衡。例如，在产品设计中，提升产品性能可能会增加成本，而降低成本则可能会影响产品质量。

如何有效地处理目标冲突，确保优化过程中能够找到具有实际意义的平衡解，是多目标优化方法面临的重要问题。需要研究人员开发更加智能和灵活的优化算法，这些算法能够动态调整优化策略，以适应不同目标之间的复杂关系。

最后，决策者偏好的整合也是多目标优化应用中的一大挑战。多目标优化方法生成的是一组Pareto最优解，提供了多种不同的解决方案供决策者选择。然而，如何将决策者的偏好和实际需求整合到优化过程中，是实现优化结果实际应用的关键。不同的决策者可能对不同的目标有不同的优先级和偏好，如何在生成解集的同时，考虑决策者的偏好，提供个性化的优化结果，是多目标优化方法需要解决的问题。为此，研究人员提出了多种偏好整合的方法（如权重调整、参考点引导和多目标决策理论等），以提高优化结果的实际应用价值。

此外，不确定性与动态性也是多目标优化在实际应用中需要面对的重要问题。现实中的优化问题往往伴随着不确定性和动态性。例如，在供应链管理中，需求和供应的不确定性会影响优化结果；在环境管理中，环境条件的变化可能会改变优化目标。因此，如何在不确定和动态的环境下进行多目标优化，是实现其实际应用的另一大挑战。需要开发鲁棒性强、适应性高的多目标优化方法，以在面对不确定性和动态变化时，依然保持优化过程的稳定性和有效性。

以汽车制造业为例，汽车设计需要同时优化多个目标，如燃油效率、排放量、安全性和成本。这些目标之间存在着明显的冲突关系。例如，提高燃油效率通常需要减轻车辆重量，而减轻车辆重量可能会增加制造成本和损害车辆的安全性。多目标优化方法能够帮助设计师在这些相互冲突的目标之间找到最佳的平衡点，生成一组Pareto最优解的设计方案。这些方案展示了不同设计选择在燃油效率、排放量、安全性和成本之间的权衡关系，设计师可以根据具体需求和市场定位，选择最适合的设计方案。在此过程中，设计师需要面对高维目标空间和复杂的目标冲突，选择合适的多目标优化方法，如进化多目标优化算法，以高效地探索和生成多样化的Pareto最优解。同时，设计师还需考虑决策者的偏好（如优先考虑燃油效率还是安全性），进一步筛选出最符合实际需求的设计方案。这一实例充分展示了多目标优化在复杂工程设计中的应用价值，以及其在实际应用中所面临的挑战。

多目标优化在解决现实世界中的复杂决策问题时发挥着重要作用，其广泛应用于工程设计、物流与供应链管理、金融投资、环境与可持续发展及医疗与生物工程等多个领域。然而，其在实际应用中仍然面临高维目标空间、计算复杂度、目标冲突处理、决策者偏好整合及不确定性与动态性等诸多挑战。针对这些挑战，研究人员不断发展和优化多目标优化方法，以提高其在实际问题中的应用效果和适用性。通过深入理解多目标优化的应用领域与挑战，能够为后续学习遗传算法在多目标优化中的应用提供宝贵的背景知识和理论支持，进一步提升对优化问题的解决能力。

8.2 遗传算法在实际问题中的应用（TSP）

在深入理解了多目标优化的基本概念、Pareto 最优解及其在现实问题中的应用与挑战后，接下来，我们将重点探讨遗传算法如何应用于多目标优化上。作为一种强大的全局搜索算法，遗传算法能够有效应对多个目标间的冲突，寻找出一组具有多样性和最优性的解集。本节将通过经典的 TSP，具体展示遗传算法在多目标优化中的实现方式与策略，进一步加深对其在解决复杂优化问题中应用的理解。

8.2.1 TSP 介绍

TSP 是运筹学和组合优化领域中的经典问题之一，其核心是路径优化，即在给定的若干个城市之间，寻找一条最短的回路，使旅行商从某个城市出发，经过每个城市恰好一次，最终回到出发城市，如图 8-4 所示。这一问题看似简单，然而随着城市数量的增加，其解的空间呈现出指数增长，极大地增加了求解难度。TSP 不仅仅是一个理论问题，它在物流配送、芯片设计、基因序列分析等场景中有着广泛应用。因此，研究如何高效地求解 TSP 具有极其

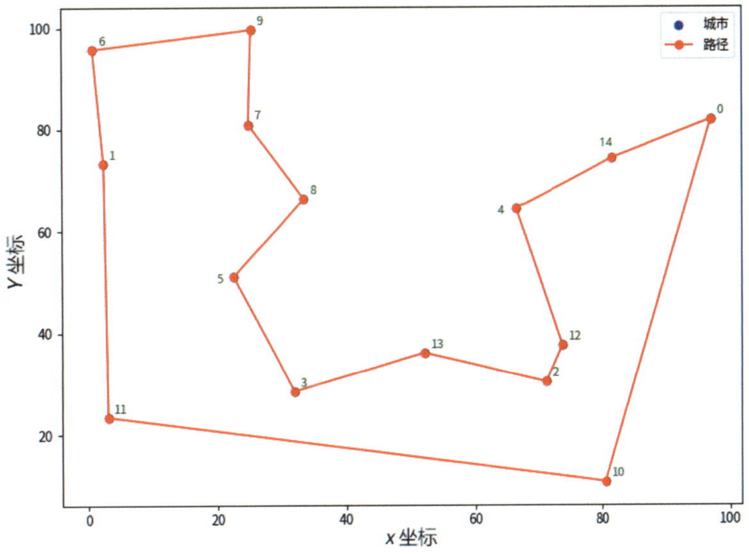

图 8-4　TSP 示意图

重要的现实意义。

在TSP中，每两个城市之间的距离或费用是已知的，目标是寻找一条总距离或总费用最小的路径。这一问题具有明显的“NP难”（NP-hard）属性，即当前尚未有多项式时间算法能够解决任意规模的TSP。由于TSP的复杂性，它成为测试优化算法性能的经典平台。TSP的复杂度不仅体现在其解的数量上，还在于它的非线性结构。TSP的每个解并不是独立的，而是高度依赖问题的构造，任何对路径的修改都可能导致整个路径长度的大幅波动。

在实际应用中，TSP的表述方式可能变得更加复杂。例如，在基础的TSP中，每两个城市之间的距离是固定的，旅行商只需考虑如何以最短路径遍历所有城市。然而，在实际应用中，许多变体对这一问题提出了额外的约束。例如，旅行商不仅要在城市之间移动，还要考虑不同运输方式及其对应费用。此外，某些问题可能涉及时间窗口约束，即某些城市只能在特定时间段内访问。这样的限制会使问题的求解更加复杂化。

TSP之所以受到广泛关注在于它不仅是一个简单的路径选择问题，而且是许多现实世界问题的抽象模型。例如，在物流配送领域，寻找优化的车辆路线以降低运输成本和缩短时间，与TSP有着明显的相似性。同样地，在电路板设计中，如何以最短的总电缆长度连接所有节点也是TSP的一个实际应用案例。此外，在基因组学领域，科学家们经常需要比较基因序列，并通过优化排列基因序列的方式，寻找最短的配对路径，这实际上也是TSP的一个具体实例。

传统求解TSP的方法包括枚举法、分支定界法和动态规划法等。然而，由于TSP是一个“NP难”问题（其分类见图8-5），当城市数目较少时，这些方法能够提供精确解；而当城市数目较多时，求解时间则呈现指数级增长，精确求解几乎是不可能的。因此，研究人员开始探索采用启发式算法和近似算法求解大规模的TSP。

图8-5 计算复杂性理论中问题的分类示意图

遗传算法作为一种强大的全局搜索算法，因其灵活性和求解复杂问题的高效性，在TSP的求解中表现出色。遗传算法通过模拟生物进化过程，利用选择、交叉、变异等操作对当前解进行不断改进，逐步逼近最优解。相较于传统的局部搜索算法，遗传算法具有较强的全局搜索能力，能够在较大的解空间中找到一组高质量的解。

TSP的难点在于求解规模的庞大以及如何定义一个良好的评价标准，即适应度函数。适应度函数不仅要能准确衡量当前解的优劣，还要具有良好的梯度特性，保证算法在解空间中的平稳收敛。这种评估机制直接决定了算法的搜索效果。

值得一提的是，TSP也为多目标优化问题提供了一个良好的平台。在多目标TSP（Multi-objective Travelling Salesman Problem，MOTSP）中，不仅要考虑最短路径，还要考虑其他目标，如成本最小化和时间最小化等。多目标优化问题进一步增加了算法的复杂性，要求算法能够同时处理多个目标之间的冲突并实现权衡。这种情况下，引入Pareto前沿，通过对不同目标的综合考量，遗传算法可以生成一组均衡的Pareto最优解，为决策者提供更多选择。

TSP不仅是理论上的经典问题，更是许多实际问题的抽象表达。随着优化技术的不断发展，越来越多的启发式和智能算法应用于TSP的求解中。通过遗传算法等优化工具，研究人员不仅能求解大规模的TSP，还能满足其多目标优化需求。

8.2.2 遗传算法在旅行商问题中的应用

遗传算法作为一种模拟自然选择和遗传机制的进化计算方法，在解决复杂优化问题中展现出显著的优势。TSP作为组合优化领域的经典问题，因其在实际应用中的广泛性和理论研究中的重要性，成为遗传算法应用的理想对象。TSP的核心在于寻找一条经过所有给定城市且总路径最短的回路，如图8-6所示，尽管问题的表述看似简单，但其解空间随着城市数量的增加呈指数级增长，导致传统精确算法在大规模问题上的计算复杂度过高。因此，遗传算法凭借其全局搜索能力和灵活性，成为求解大规模TSP的有效工具。

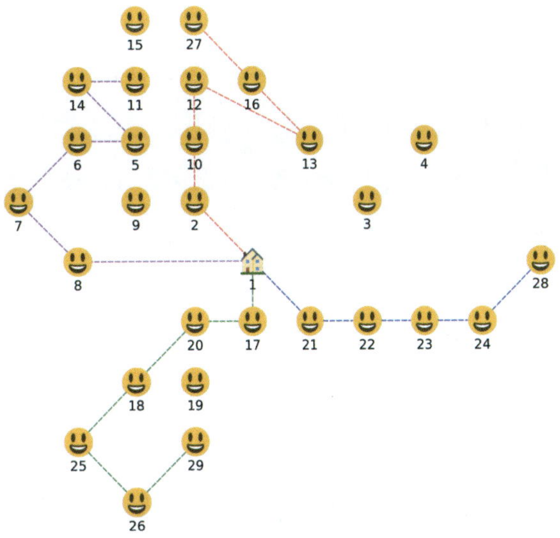

图 8-6 TSP的城市与路径示意图

在将遗传算法应用于TSP时，需要先对问题的解进行编码。常用的方法是排列编码，其中每个个体代表一个城市访问顺序的排列。例如，若有5个城市，解可以表示为[2, 4, 1, 5, 3]，此排列表示旅行商依次访问城市2、4、1、5和3，然后回到起点城市。此种编码方式确保了每个城市仅被访问一次，符合TSP的基本要求。此外，排列编码便于在遗传操作中保持解的合法性，避免生成重复城市或遗漏城市的问题。

适应度函数的设计是遗传算法的核心环节之一，对于TSP，适应度函数通常基于路径的总长度进行定义。具体而言，路径长度越短，个体的适应度值越高，从而增加其在选择操作中被选中的概率。为了实现这一点，适应度函数可以设定为路径长度的倒数，或者通过归一化处理，使适应度值在一个合理的范围内变化。通过这种方式，遗传算法能够优先保留和传播那些具有较短路径长度的个体，推动种群向更优解方向进化。

种群的初始化通常采用随机生成的方法，以保证初始解的多样性。然而，结合启发式方法，如最近邻算法，可以在初始种群中引入一些高质量的解，加快算法的收敛速度。例如，通过最近邻算法生成若干初始解，确保种群中包含若干接近最优的路径，这样在后续的遗传操作中，优良基因能够更快地传递和优化。

遗传算法的核心操作包括选择、交叉和变异，其流程框架如图8-7所示（在第6章中我们已经提到过）。在TSP的应用中，选择旨在从当前种群中选出适应度较高的个体，作为父代用于生成下一代。常见的选择方法包括轮盘赌选择和锦标赛选择。轮盘赌选择根据个体适应度的比例分配选择概率，而锦标赛选择则通过在种群中随机选取若干个体进行比较，选择其中适应度最高的个体。这些方法确保了高适应度个体有更大的机会被选中，从而推动种群向更优的方向进化。

交叉是遗传算法中最具创造性的部分，旨在通过组合父代个体的基因信息生成新的后代。在TSP中，交叉需要保证生成的后代仍然是合法的路径。PMX、顺序交叉和循环交叉等方法被广泛应用。例如，PMX通过交换两个父代个体的部分基因序列，并通过映射关系修正重复城市，确保每个城市在后代中仅出现一次。这种方法不仅保持了父代的优良基因，还引入了新的基因组合，增加了种群的多样性和探索能力。

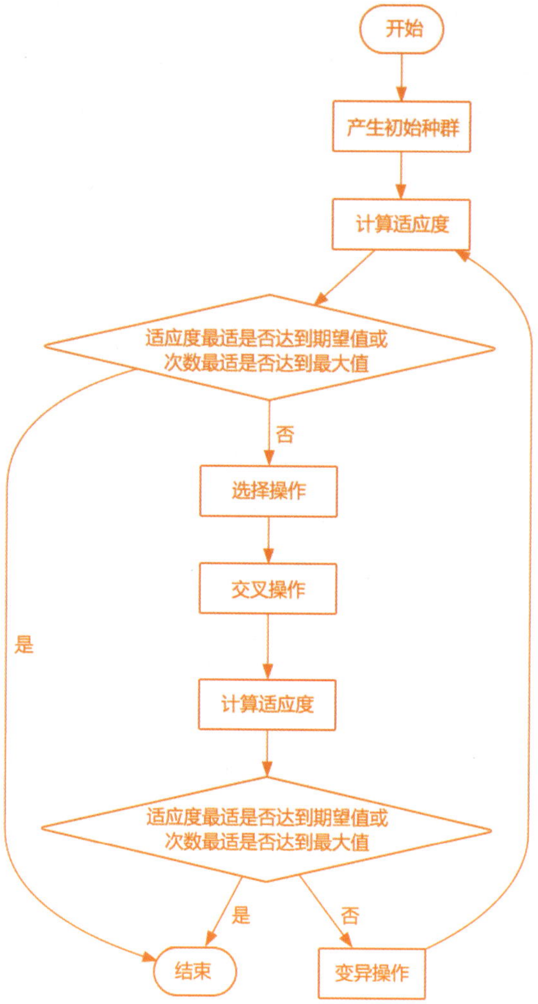

图8-7 遗传算法流程框架

变异则通过随机改变个体的基因序列，进一步探索解空间并防止算法陷入局部最优解。对于TSP，常见的变异方法包括交换变异和基因插入变异。交换变异通过随机选择两个城市并交换其位置，生成新的路径；而基因插入变异则是将一个城市从当前位置移除并插入另一个随机位置。这些操作虽然是局部的，但能有效地引入新的基因组合，增强种群的多样性和全局搜索能力。

遗传算法的终止条件通常基于预设的迭代次数或种群的收敛性。当达到最大迭代次数时，算法停止；当种群中的解在连续多代中变化不大时，表明算法已收敛于某一解附近，也可终止算法。这些条件的设定需要根据具体问题的规模和复杂度进行调整，以平衡算法的运行时间和解的质量。

在实际应用中，遗传算法往往与其他优化技术结合，以提升其性能。例如，结合局部搜索算法，如两点优化法（2-opt）或三点优化法（3-opt），可以在每代的遗传操作后对个体进行进一步优化，显著提高路径质量。此外，采用并行计算技术，可以加速遗传算法的运行，特别是在处理大规模TSP时，通过并行评估和遗传操作，可以显著缩短求解时间。

例如，在一个包含50个城市的TSP中，遗传算法通过初始种群的多样性和遗传操作的有效性，能够在较短时间内生成一组接近最优的路径。通过交叉操作，算法能够探索不同的路径组合，通过变异操作引入新的路径变化，逐步优化路径长度。最终，通过适应度函数的评估，算法能够收敛于一条或多条具有较短路径长度的解，提供高质量的近似最优解。

遗传算法在TSP中的应用不仅体现了其强大的全局搜索能力和适应性，还展示了其在处理复杂组合优化问题中的有效性。尽管遗传算法不能保证找到全局最优解，但其在大规模问题上的表现优异，尤其是在结合多种优化策略后，能够显著提升求解效率和解的质量。因此，遗传算法作为一种灵活且高效的优化工具，在TSP的求解中占据了重要地位，在物流配送、路径规划、生产调度等实际场景中展现出其应用潜力和研究价值。

8.2.3 遗传算法在多目标 TSP 中的实现策略

多目标优化问题相较于单目标优化更具复杂性，因为其不仅需要在解空间中找到一个最优解，还需要在多个相互冲突的目标之间实现合理的平衡。多目标TSP正是此类问题的典型代表。在多目标TSP中，优化目标不再仅限于最小化总路径长度，还可能包括时间、成本、能耗等多个因素。为了解决此类复杂问题，遗传算法需要引入非支配排序、拥挤距离等机制，以维护解集的多样性，并确保找到广泛分布的Pareto最优解。

在数学上，多目标优化问题通常定义为

$$\min \boldsymbol{F}(x)=\left[f_1(x), f_2(x), \cdots, f_m(x)\right]$$

其中，$\boldsymbol{F}(x)$ 是目标向量，包含 m 个需要优化的目标函数 $f_1(x)$，$f_2(x), \cdots, f_m(x)$；x 是决策变量。对于多目标TSP，这些目标函数可能分别表示路径总长度、时间和成本等不同的优化标准。

1. 非支配排序

在多目标遗传算法（Multi-objective Genetic Algorithm，MOGA）中，非支配排序是筛选优良解的核心机制。通过定义支配关系，可以比较解与解之间的优劣。给定两个解 x_1 和 x_2，如果解 x_1 在所有目标函数上均不劣于解 x_2，且至少在一个目标函数上优于 x_2，则称 x_1 支配 x_2。当不存在任何解支配解 x 时，解 x 被认为是非支配的，并属于Pareto最优解集。图8-8展示了非支配排序流程图。

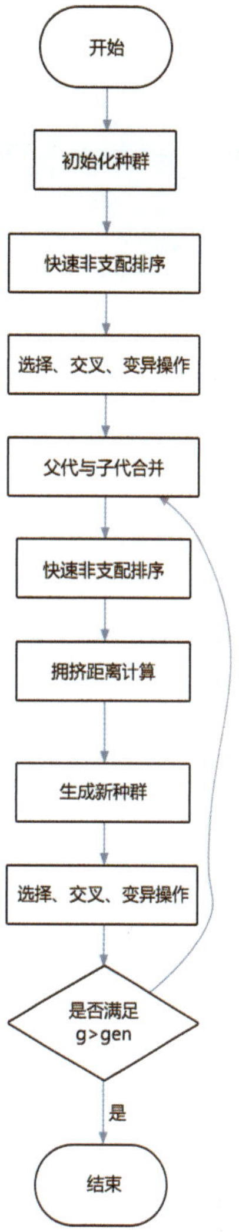

图 8-8 非支配排序流程图

非支配排序的过程将种群分为若干层。第一层包含所有不被种群中任何其他解支配的个体，形成初步的Pareto前沿；第二层包含仅被第一层支配的解，以此类推。这种多层次结构不仅能够维护解集的层次性，还能有效确保种群的多样性。

例如，在一个简单的双目标优化问题中，目标函数$f_1(x)$和$f_2(x)$分别代表路径长度和时间，遗传算法会根据支配关系对种群进行排序。某些路径可能在长度上表现更优，而另一些路径则可能在时间上表现更优。通过非支配排序，算法能够同时保留这两类解，使后续的交叉与变异操作能够充分探索这两个优化方向的可能性。

2. 拥挤距离与解集多样性

在非支配排序的基础上，遗传算法还通过拥挤距离来保持Pareto前沿中解集的多样性。拥挤距离是一种度量解与解之间在目标空间中相对位置的指标，用于鼓励算法探索目标空间的不同区域。具体而言，拥挤距离越大，表示该解与其他解在目标空间中的距离越远，解的分布越稀疏，因而优先保留该解。

对于每个解x_i，其拥挤距离d_i的计算公式为

$$d_i = \sum_{j=1}^{m} \frac{f_j(x_{i+1}) - f_j(x_{i-1})}{f_j^{\max} - f_j^{\min}}$$

其中，$f_j(x_{i+1})$和$f_j(x_{i-1})$分别表示在目标$f_j(x)$上与解x_i相邻的解的目标值；$f_j^{\max}$和$f_j^{\min}$是目标$f_j(x)$的最大值和最小值。通过拥挤距离的计算，遗传算法能够避免其解集过于集中在某一区域，从而保持Pareto中解集的广泛性和多样性。

3. 交叉和变异操作在多目标TSP中的调整

在多目标优化中，遗传算法的交叉和变异操作同样需要根据多个目标的特性进行调整。交叉操作不仅仅是基因的组合过程，还需要考虑如何在多个目标之间进行平衡。具体而言，在选择两个父代个体进行基因重组时，常用的策略是选择在不同目标上表现互补的个体。例如，在路径长度上表现较优的个体与在成本上表现较优的个体组合，能够生成在多目标上均衡表现的后代。PMX和顺序交叉等方法仍然适用于多目标TSP，通过不同个体基因的重组，遗传算法能够探索更广泛的解空间。

变异操作在多目标优化中的作用尤为重要，随机变异有助于遗传算法跳出局部最优解，扩大搜索空间。针对多目标问题，变异操作可以根据特定目标进行权重调整。对于某些目标，变异操作可以优先调整与该目标相关的部分路径结构，从而提高算法在该目标上的优化效果。

4. 终止条件与解集的生成

在多目标TSP中，遗传算法的终止条件不再仅仅依赖预设的最大迭代次数，还可以由Pareto

前沿的变化情况动态决定。当种群的Pareto前沿在多次迭代中变化不大时，表明算法已逐渐收敛，Pareto解集趋于稳定，此时可以停止算法并输出最终的Pareto解集。

Pareto前沿中的解并不是单一的最优解，而是一组在不同目标上表现均衡的解。对于决策者而言，可以根据具体需求和偏好，从Pareto前沿中选择最适合的方案。例如，在物流问题中，某个解可能在路径最短和成本最低之间找到平衡，而另一个解则可能更注重时间效率。遗传算法提供了一组多样化的解集，使多目标TSP的求解具有较强的灵活性和应用价值。

8.3 遗传算法的性能调优

前面已经详细探讨了遗传算法在单目标和多目标TSP中的应用，并介绍了非支配排序、拥挤距离等多目标优化方法的实现细节。这些方法使遗传算法能够在复杂的优化问题中保持解集的多样性，并生成一组高质量的Pareto最优解。为了进一步提升遗传算法的性能，特别是在大规模问题或高维目标空间中，其参数的优化与算法的性能调优显得尤为重要。适当的性能调优不仅能加速算法的收敛，还能显著提高解的质量。因此，接下来将探讨遗传算法的性能调优策略，尤其是如何通过参数调整、选择方法优化和并行计算等手段，增强遗传算法在多目标TSP中的表现。

8.3.1 遗传算法的参数调优

遗传算法的性能在很大程度上依赖其核心参数的设定。合理的参数调优不仅能加速算法的收敛过程，还能显著提升解的质量，尤其在多目标优化问题（如多目标TSP）中，参数的优化显得尤为关键。接下来，我们将系统探讨遗传算法中关键参数的设定及其对算法性能的影响，并介绍常用的参数调优方法。

首先，种群规模是决定遗传算法探索能力的重要参数。在种群规模较大时，算法能够在更广泛的解空间进行搜索，增加找到全局最优解的概率。种群规模N的选择需要权衡计算资源与搜索能力之间的关系。较大的种群规模虽然能够提升算法的多样性，但也会导致计算成本的增加。通常，种群规模需依据问题的复杂度和可用的计算资源进行调整，一般设定为几十到几百之间。

其次，选择压力影响优良个体在种群中的保留率。在选择压力较高时，优良个体被选中的概率增加，有助于加速算法的收敛。然而，过高的选择压力可能导致种群多样性迅速下降，增加陷入局部最优解的风险。反之，选择压力过低则可能使算法收敛速度过慢，无法充分利用优良基因。选择压力的调控通常通过选择方法的设计来实现，如轮盘赌选择和锦标赛选择。数学上，在轮盘赌选择

中，个体i被选中的概率P_i可表示为

$$P_i = \frac{f_i}{\sum_{j=1}^{N} f_j}$$

其中，f_i为个体i的适应度，N为种群规模。锦标赛选择则通过在种群中随机选取k个个体进行比较，选择适应度最高的个体进入下一代。

交叉率决定了种群中基因重组的频率。高交叉率促进了基因的多样性，有助于算法跳出局部最优解，探索更广泛解空间。然而，过高的交叉率可能破坏已有的优良基因结构，影响解的质量。交叉率P_c的设定通常在0.6～0.9。在多目标TSP中，常用的交叉方法包括PMX和顺序交叉，这些方法能够有效地保持路径的合法性，同时促进基因的重组。

变异率负责引入新的基因变异，防止算法陷入局部最优解。变异率P_m通常设定较低，一般在0.01～0.1，以确保适量的基因扰动，维持种群的多样性。在多目标TSP中，常见的变异操作包括交换变异和插入变异。

除了上面讨论的选择、交叉与变异，适应度函数（下文记作Fitness，符号为F）本身的设定同样左右着遗传算法的整体表现。针对多目标情形，我们通常把若干目标函数按权重线性叠加，得到一条可供比较的标尺，例如

$$F(x) = \alpha f_1(x) + \beta f_2(x) + \gamma f_3(x)$$

其中，α, β, γ为权重，它们对应$f_1(x)$、$f_2(x)$、$f_3(x)$。为了让算法既能追求优值又不过早收敛，实务中还会配合非支配排序、拥挤距离等手段，保证获得的帕累托前沿既丰富又分布均匀。

算法运行过程中的收敛轨迹，如图8-9所示。横轴k表示迭代步数（第k代），上上部曲线$x(k)$记录当前最优解取值，下部曲线显示对应的适应度值$F(x(k))$。可以看到，随着迭代推进，$x(k)$的波动逐渐减小，而适应度值在较高区间维持微幅波动，表明算法已趋近稳定解且保留适度探索能力。

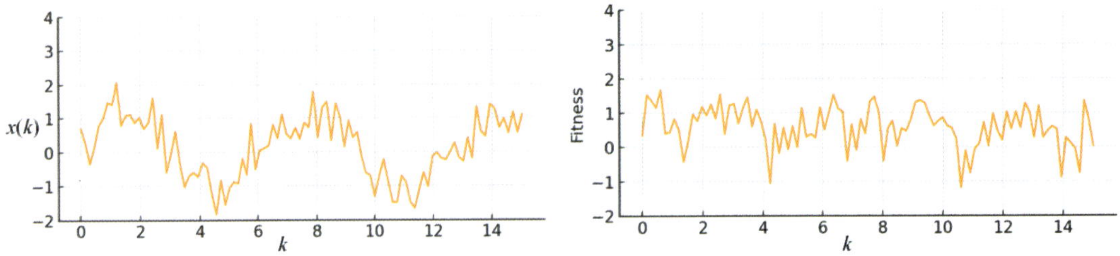

图8-9　最优估计和适应度函数的收敛过程

于参数设定：传统小规模任务常依赖经验或网格搜索，但在大规模问题中，此类方法计算成本高昂且效率有限。近年主流方案是采用贝叶斯优化或自适应遗传算法。前者为参数空间构建概率模型，利用后验分布指引抽样，从而在有限评估次数内快速靠近优解；后者实时监测种群多样性、收敛速率等指标，动态调节交叉率、变异率等参数，使搜索过程始终维持在探索与利用的平衡状态。

在参数调优方法方面，传统的经验法则和网格搜索方法在小规模问题中较为常用。然而，随着问题规模和复杂性的增加，自动化和智能化的参数调优方法显得更重要。贝叶斯优化和遗传算法自身的自适应调参策略是近年来较流行的选择。贝叶斯优化通过构建参数空间的概率模型，逐步缩小搜索范围，寻找最优参数组合；而自适应调参策略则根据算法的运行状态动态调整参数，如根据当前种群的多样性调整变异率。

例如，在求解一个包含50个城市的多目标TSP时，通过贝叶斯优化方法，设定种群规模在100～500，交叉率在0.7～0.9，变异率在0.01～0.05，最终找到一种参数组合能够在保证解集多样性的同时，显著提升算法的收敛速度和解的质量。

遗传算法的参数调优是提升算法性能的关键环节。通过系统地调整种群规模、选择压力、交叉率和变异率等核心参数，遗传算法能在多目标TSP等复杂优化问题中实现高效的全局搜索和优质解的生成。参数调优不仅需要理论上的指导，还需要结合实际问题进行实验验证，以找到最适合特定问题的参数配置。随着自动化调优技术的发展，遗传算法的参数优化将变得更加高效和智能，从而进一步提升其在多目标优化领域中的应用价值。

8.3.2 并行计算在遗传算法中的应用

随着优化问题规模的增大，计算复杂度成为遗传算法性能的瓶颈，尤其在多目标优化任务中（如多目标TSP），每次迭代都需要对大量解进行适应度评估及选择、交叉和变异操作。这些步骤不仅需要消耗大量的计算资源，还可能导致算法的收敛速度下降。为了解决这些问题，并行计算技术被引入遗传算法，通过分布式计算、并行适应度评估和并行操作等手段，可以显著提升算法的效率，加速收敛过程。

遗传算法的核心是基于种群的进化，因此具备天然的并行化优势。在种群进化过程中，多个个体同时进行适应度评估及选择、交叉和变异操作，这些操作之间没有直接依赖关系，适合并行执行。为了最大化并行计算的优势，不同的并行模型被提出，旨在提高计算效率并增加解集的多样性。

1. 全局并行模型

全局并行模型（Master-Slave Model）是最为常见的并行化实现方式。在这种模型中，主处理器（Master）负责生成种群并调度任务，从处理器（Slave）负责对每个个体的适应度进行评估。适应度评估是遗传算法中最耗时的操作之一，尤其是在处理复杂多目标问题时，每个个体需要同时在多个目标函数上进行评估。例如，设目标函数$f(x)$为向量形式，即

$$f(x)=\left[f_1(x),f_2(x),\cdots,f_m(x)\right]$$

其中 m 是目标函数的个数。每个个体 x 都需要计算所有目标的值，导致适应度评估的计算量成倍增长。通过将适应度评估任务分配给多个从处理器，计算可以并行化，从而显著缩短整体计算时间。图 8-10 展示了全局并行模型与点对点模型的分布式计算架构对比。

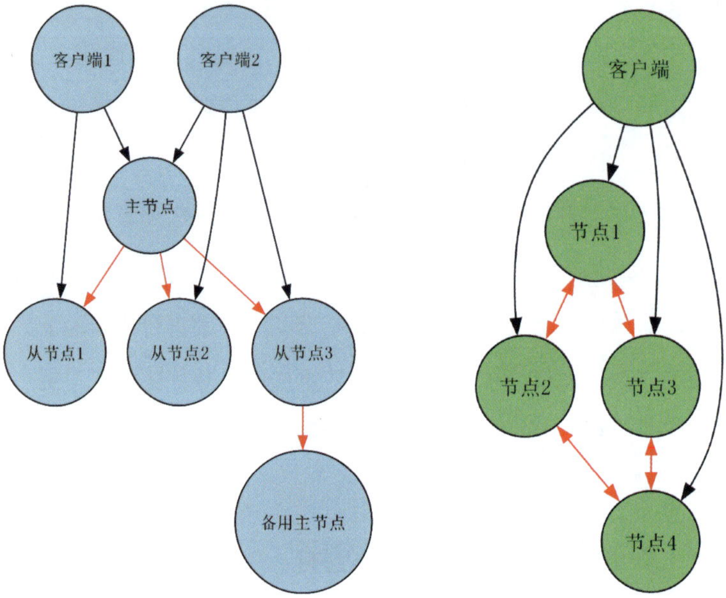

（a）全局并行模型　　（b）点对点模型

图 8-10　全局并行模型与点对点模型的分布式计算架构对比

全局并行模型的主要优点是实现简单，适应性强。然而，它的瓶颈是主处理器的任务调度开销，当问题规模增大、处理器数量增加时，主处理器容易成为系统的瓶颈，导致整体效率下降。同时，通信开销与计算时间的比例也是该模型需要权衡的关键因素。

2. 岛模型

与全局并行模型不同，岛模型（Island Model）通过将种群划分为若干个子种群（Island），每个子种群独立进化。每个子种群的内部执行选择、交叉、变异操作，而子种群之间定期进行个体迁移，交换解集信息。迁移操作通过共享优良个体来提升全局解集的质量。

在数学上，设 N 为种群的总个体数，p 为子种群的数量，则每个子种群包含 $\frac{N}{p}$ 个个体。每个子种群的进化过程可以独立并行地在不同的处理器上运行，其进化方程为

$$X_i^{t+1}=G\left(X_i^t\right)$$

其中，X_i^t 是第 i 个子种群在第 t 代的解集；G 表示进化操作（选择、交叉、变异）。当子种群之间进行迁移时，选择一些优良个体 X_i 从第 i 个子种群迁移到第 k 个子种群，方程可扩展为

$$X_k^{t+1}=G\left(X_k^t\cup M\left(X_i^t\right)\right)$$

其中，$M\left(X_i^t\right)$表示从子种群X_i中选择的迁移个体。通过这种迁移机制，岛模型既能够保持每个子种群的多样性，又能够防止全局最优解被过早地丢失，增强了算法的全局搜索能力。

岛模型适合处理大规模、多目标的遗传算法问题，如多目标TSP。它通过并行进化提高了计算效率，并且通过子种群间的迁移保持了算法的多样性，避免了种群陷入局部最优解。

3. 细胞模型

细胞模型（Cellular Model）的并行策略强调局部交互。不同于全局进化和迁移，细胞模型将种群个体分布在网格结构中，每个个体只与其邻居进行交互。具体而言，每个个体仅与其相邻的个体进行选择、交叉和变异操作，这种局部化的交互策略能够有效维持种群的多样性，同时又不影响全局进化。

细胞模型可以通过局部邻域$N\left(x_i^t\right)$来表示，进化过程限制在邻居集合内，进化方程为

$$X_i^{t+1}=G\left(N\left(x_i^t\right)\right)$$

其中，G表示在邻域内的选择和交叉操作；$N\left(x_i^t\right)$是个体x_i的邻居集合。通过将进化限制在局部，细胞模型能够有效地在多个处理器上实现并行操作。由于每个个体的交互范围被限制，算法能够产生更多具有差异性的解，特别适合用于多目标优化中的解集多样性的保持。

4. 并行计算的实际应用与优化效果

在实际应用中，并行计算技术能够大幅提升遗传算法的计算效率。以多目标TSP为例，假设需要优化数百个城市的路径，并同时考虑路径长度、时间和成本三个目标。通过全局并行模型，将适应度评估任务分配给多个处理器，能够在较短的时间内评估大量的候选解。与此同时，岛模型能够通过多个子种群的并行计算，加快算法的收敛速度，保证种群的多样性，防止全局最优解过早收敛。

在实际计算中，并行计算的性能提升可以用加速比来衡量。设单处理器的执行时间为 T_1，使用 p 个处理器后的执行时间为T_p，则加速比S_p定义为

$$S_p=\frac{T_1}{T_p}$$

在理想情况下，随着处理器数量的增加，执行时间T_p应该成比例减少，即加速比$S_p \approx p$。然而，由于通信开销和主处理器的调度开销，实际加速比通常小于理想值。因此，设计高效的并行策略和合理分配任务是实现高加速比的关键。

此外，近年来，基于GPU的并行计算逐渐成为遗传算法中的一种主流技术。GPU并行化能够通过大规模并行线程同时执行适应度评估和交叉、变异操作，显著提升计算效率，特别在处理大规模问题时，GPU并行化相较于传统的CPU并行化具有更高的加速效果。

并行计算在遗传算法中的应用极大地提升了算法的计算效率，尤其在多目标优化问题中，并行计算能够加速解的生成与评估，同时保持解集的多样性。通过合理地设计并行策略，结合高性能计算技术，遗传算法能够在更短的时间内找到高质量的Pareto最优解集，并展示出更强的全局搜索能力。

8.4 实践练习：实现一个简单的多目标遗传算法

在本节中，将详细介绍如何实现一个简单的多目标遗传算法。通过实践练习，读者将掌握多目标遗传算法的基本构建步骤，包括编码方式、初始种群生成、适应度函数设计、交叉与变异操作、Pareto 前沿的构建及终止条件的设定。此外，将通过具体的Python代码示例，演示如何将理论应用于实际问题中，从而加深对多目标优化过程的理解。

多目标遗传算法的实现涉及多个关键步骤，接下来将逐一展开说明。

1. 编码方式

在遗传算法中，个体的编码方式直接影响到算法的效率和解决问题的能力。对于多目标优化问题，常用的编码方式包括二进制编码、实数编码和路径编码等。选择合适的编码方式需要根据具体问题的性质和目标进行。

以供应链优化为例，假设需要同时最小化成本和运输时间。可以采用实数编码，将每个决策变量表示为一个实数，反映不同决策变量的取值。这种方式不仅能够精确表达连续变量，还能够在多目标优化中保持解的多样性。

2. 初始种群生成

初始种群的生成应保证解空间的广泛覆盖，以提高算法的探索能力。通常采用随机生成的方法，即通过在每个决策变量的允许范围内随机取值，构建初始种群。

在实际操作中，可以设定种群的大小，如100个个体。每个个体的基因序列按照预定的编码方式随机生成，确保种群的多样性。同时，结合领域知识，可以对初始种群进行一定的初始化，以提高初始解的质量。

3. 适应度函数设计

适应度函数在多目标优化中扮演着关键角色，它决定了个体在种群中的优劣。对于多目标问题，需要设计多个适应度函数，每个函数对应一个优化目标。

以双目标优化为例，假设目标是最小化成本（f_1）和最大化效率（f_2）。适应度函数可以定义为f_1和f_2的组合，其中f_1直接作为适应度函数，而f_2则可以通过其倒数来转化为最小化问题。进一步，可以采用非支配排序方法，对个体进行排序，识别出Pareto前沿的个体。

4. 交叉和变异操作

交叉和变异是遗传算法中的主要操作，用于产生新的个体，促进种群的多样性和全局搜索能力。

交叉操作通常采用单点交叉或多点交叉。以单点交叉为例，随机选择一个交叉点，将两个父代个体在该交叉点处分裂，并交换后半部分基因，生成两个新的子代个体。这种方法能够有效地结合父代的优良基因，产生更优的子代。

变异操作则通过随机改变个体基因的某些部分，以引入新的基因变体，防止算法陷入局部最优解。对于实数编码，可以采用高斯变异，即在某个基因值上加入一个小的随机扰动。变异率的选择需谨慎，过高的变异率可能导致搜索过程不稳定，过低的变异率则可能无法有效探索解空间。

5. Pareto 前沿的构建

Pareto 前沿是多目标优化中的核心概念，表示在所有目标上不被其他任何个体支配的个体集合。构建Pareto前沿需要对种群中的个体进行非支配排序，识别出无法被支配的个体。

在实现过程中，可以通过比较个体之间的目标函数值，确定其支配关系。具体而言，若个体A在所有目标上不劣于个体B，且在至少一个目标上优于个体B，则A支配B。通过迭代的方式，可以逐步构建出完整的Pareto前沿。

6. 终止条件设定

合理的终止条件能够平衡算法的运行时间和优化效果。常见的终止条件包括达到预定的迭代次数、适应度函数的变化幅度低于阈值，或Pareto前沿在多代中保持稳定。

在本实践中，可以设定最大迭代次数为100代，或当连续10代中Pareto前沿未发生显著变化时终止算法运行。这样既保证了算法的充分优化，又避免了不必要的计算开销。

接下来，我们将通过具体的Python代码示例，展示如何实现一个简单的多目标遗传算法。所选问题为双目标的供应链优化，目标是最小化成本和运输时间。

代码8-1 多目标遗传算法的Python代码实现：供应链优化示例

```
import numpy as np
import matplotlib.pyplot as plt
```

```python

# 设置中文字体
def set_chinese_font():
    plt.rcParams['font.sans-serif'] = ['Microsoft YaHei']
    plt.rcParams['axes.unicode_minus'] = False

# 问题参数
POP_SIZE = 100
GENE_LENGTH = 5  # 假设有 5 个决策变量
MAX_GEN = 100
CROSS_RATE = 0.8
MUT_RATE = 0.02

# 目标函数
def calculate_fitness(pop):
    # 修改目标函数，使其产生更多样的解
    costs = np.sum(pop, axis=1) + np.random.normal(0, 0.1, pop.shape[0])  # 添加小的随机扰动
    times = np.sum(pop**2, axis=1) + np.random.normal(0, 0.1, pop.shape[0])  # 添加小的随机扰动
    return costs, times

# 初始化种群
def init_pop():
    # 使用更均匀的初始化策略
    pop = np.random.rand(POP_SIZE, GENE_LENGTH) * 10
    return pop

# 计算支配关系
def dominates(p1_cost, p1_time, p2_cost, p2_time):
    return (p1_cost <= p2_cost and p1_time <= p2_time) and (p1_cost < p2_cost or p1_time < p2_time)

# 选择操作（基于非支配排序和拥挤距离）
def selection(pop, costs, times):
    N = len(pop)
    pareto_front = []
    dominated_count = np.zeros(N)

    # 计算每个解被支配的次数
    for i in range(N):
        for j in range(N):
            if i != j:
                if dominates(costs[j], times[j], costs[i], times[i]):
                    dominated_count[i] += 1

```

```
    # 选择非支配解
    for i in range(N):
        if dominated_count[i] == 0:
            pareto_front.append(pop[i])

    pareto_front = np.array(pareto_front)

    # 如果 Pareto 前沿太小，添加次优解
    if len(pareto_front) < POP_SIZE // 4:
        sorted_indices = np.argsort(dominated_count)
        additional_solutions = pop[sorted_indices[len(pareto_front):
                                   POP_SIZE//2]]
        if len(pareto_front) > 0:
            pareto_front = np.vstack([pareto_front, additional_
                                     solutions])
        else:
            pareto_front = additional_solutions

    return pareto_front

# 交叉操作
def crossover(parent1, parent2):
    if np.random.rand() < CROSS_RATE:
        # 使用均匀交叉
        mask = np.random.rand(GENE_LENGTH) < 0.5
        child = np.where(mask, parent1, parent2)
        return child
    return parent1

# 变异操作
def mutate(child):
    # 使用自适应变异
    mutation_strength = 1.0 / np.sqrt(1 + len(child))  # 自适应变异强度
    mutation_mask = np.random.rand(GENE_LENGTH) < MUT_RATE
    child[mutation_mask] += np.random.normal(0, mutation_strength,
                                             np.sum(mutation_mask))
    return np.clip(child, 0, 10)

# 主遗传算法流程
def genetic_algorithm():
    set_chinese_font()
    pop = init_pop()
    best_pareto_front = None
    all_costs = []
    all_times = []

```

```python
    for gen in range(MAX_GEN):
        costs, times = calculate_fitness(pop)
        pareto_front = selection(pop, costs, times)

        # 保存当前最优 Pareto 前沿
        if best_pareto_front is None:
            best_pareto_front = pareto_front
        else:
            # 合并当前和历史最优
            combined = np.vstack([best_pareto_front, pareto_front])
            combined_costs, combined_times = calculate_fitness(combined)
            best_pareto_front = selection(combined, combined_costs,
                                          combined_times)

        # 生成新种群
        new_pop = []
        while len(new_pop) < POP_SIZE:
            # 随机选择父代
            parents = pop[np.random.choice(len(pop), 2, replace=False)]
            child = crossover(parents[0], parents[1])
            child = mutate(child)
            new_pop.append(child)

        pop = np.array(new_pop)

        if gen % 10 == 0:
            current_costs, current_times = calculate_fitness(pareto_front)
            all_costs.extend(current_costs)
            all_times.extend(current_times)
            print(f"第 {gen} 代: Pareto 前沿大小 = {len(pareto_front)}")

    return best_pareto_front, np.array(all_costs), np.array(all_times)

# 运行算法
best_pareto_front, all_costs, all_times = genetic_algorithm()

# 可视化最终的 Pareto 前沿
final_costs, final_times = calculate_fitness(best_pareto_front)

plt.figure(figsize=(12, 8))
# 绘制进化过程中的所有非支配解
plt.scatter(all_costs, all_times, c='lightgray', alpha=0.3, label='历史解')
# 绘制最终的 Pareto 前沿
plt.scatter(final_costs, final_times, c='red', s=100, label='最终Pareto前沿')
plt.xlabel('成本')
plt.ylabel('运输时间')
```

```
plt.title('多目标遗传算法的 Pareto 前沿演化')
plt.legend()
plt.grid(True)
plt.show()
```

代码8-1实现了一个简单的多目标遗传算法，旨在优化供应链的成本与运输时间两个目标。对代码的详细解析如下。

函数 init_pop()通过随机生成实数值，在0～10范围内构建初始种群。每个个体包含5个决策变量，代表供应链中的不同参数。种群规模设定为100个个体，以确保种群的多样性。

函数calculate_fitness()计算每个个体的两个目标值，即成本被定义为基因值的总和，而运输时间则被定义为基因值平方的总和。这样的定义使两个目标之间存在一定的冲突关系，符合多目标优化的特点。

函数 selection() 实现了基于非支配排序的选择机制。该机制遍历种群，识别出不被任何其他个体支配的个体，从而构建Pareto 前沿。只有这些非支配个体被选作父代，才能确保优化过程中的优良解被保留。

交叉操作通过随机选择一个交叉点，将两个父代个体的基因片段进行交换，生成新的子代个体。变异操作则在子代个体中随机选择基因进行微小调整，引入新的基因变体，从而增加种群的多样性。

函数genetic_algorithm() 包含了遗传算法的主要流程，包括种群初始化、适应度计算、选择、交叉与变异操作，以及种群更新。在每一代中，算法识别出当前的Pareto前沿解集，并生成新的种群。通过设定最大迭代次数为100代，算法逐步逼近最优解集。

利用Matplotlib库将获得的Pareto前沿解集进行可视化展示。在散点图（见图8-11）中，每个点代表一个Pareto最优解，清晰地展示了成本与运输时间之间的权衡关系。

代码运行结果如下。

```
第 0 代 :Pareto 前沿大小 = 50
第 10 代 :Pareto 前沿大小 = 50
第 20 代 :Pareto 前沿大小 = 50
第 30 代 :Pareto 前沿大小 = 50
第 40 代 :Pareto 前沿大小 = 50
第 50 代 :Pareto 前沿大小 = 50
第 60 代 :Pareto 前沿大小 = 50
第 70 代 :Pareto 前沿大小 = 50
第 80 代 :Pareto 前沿大小 = 50
第 90 代 : Pareto 前沿大小 = 50
```

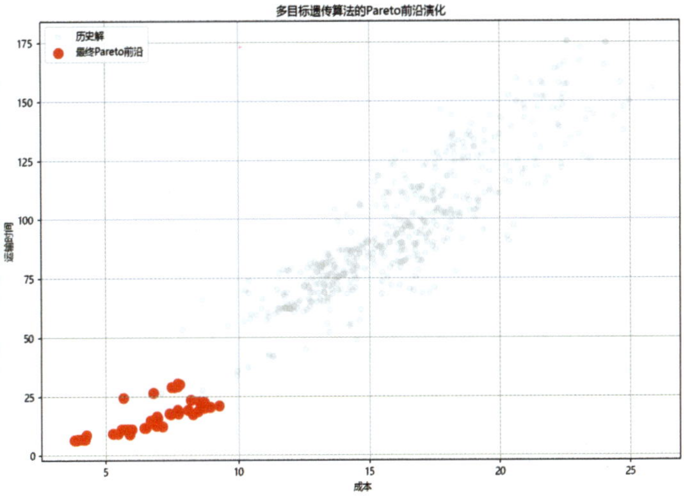

图8-11　多目标遗传算法的Pareto前沿：成本与运输时间的权衡关系

通过上述实现，可以观察到多目标遗传算法在优化过程中逐步逼近Pareto 前沿的过程。随着迭代次数的增加，种群中的个体逐渐分布在Pareto 前沿附近，体现出该算法在多目标空间中的探索与应用能力。

在实际应用中，不同的参数设置会对算法的性能产生显著影响。例如，较大的种群规模能够维持种群的多样性并提高全局搜索能力，但也会增加计算成本。适当的交叉率与变异率设置，有助于平衡探索与开发，避免陷入局部最优解。

通过调整这些参数，可以进一步优化算法性能，提升多目标优化的效果。此外，结合并行计算技术能显著缩短算法的运行时间，增强算法在大规模问题中的适用性。

上述实践练习展示了多目标遗传算法的基本实现过程。读者可基于此，进一步探索更为复杂的多目标优化问题，或结合其他优化技术，提升算法的性能与适用范围。

8.5 Python 代码实现：多目标优化和遗传算法性能调优

为了展示多目标遗传算法的实际应用，本节将通过具体的Python代码演示如何在多目标优化问题中对遗传算法进行性能调优。通过调整算法中的关键参数（如种群规模、交叉率、变异率等），能显著提升算法的搜索效率和解的质量。

在多目标优化问题中，目标之间往往存在冲突，如同时满足最小化成本和最小化时间。在这种情况下，单一解无法在所有目标上同时达到Pareto最优状态，而是需要找到一个解集，这些解构成了Pareto前沿，反映了不同目标之间的权衡关系。

在遗传算法中，初始种群的生成对最终优化结果有重要影响。多样化的初始种群有助于更全面地探索解空间。因此，初始种群应在问题定义的变量范围内随机生成。此外，如果问题允许，可以引入启发式方法生成部分优质初始个体，以加快收敛速度。

在生成初始种群后，通过遗传算法的交叉、变异等操作进行种群进化。交叉操作通过将两个父代个体的基因信息混合，产生具有新特征的子代个体。变异操作则通过随机调整个体的基因值，引入新的基因变体，防止种群过早陷入局部最优解。通常情况下，交叉率应设定得较高以保证算法的开发能力，而变异率则可以动态调整（如随着代数的增加逐渐降低），以减少搜索过程中的随机性。

适应度评估是多目标优化的关键环节。对于每个个体，需要分别计算其在多个目标上的表现。在双目标优化（如最小化成本和最小化时间）中，适应度函数可以分别定义为成本和时间值。算法根据个体的表现对其进行非支配排序。在算法的每一代中，基于适应度值的非支配排序构建出当前种群的Pareto前沿，即最优解集。

在实际的优化过程中，算法的性能调优至关重要。通过调整种群规模、交叉率、变异率等参数，遗传算法的效率和结果的质量将得到显著提升。例如，较大的种群规模有助于提高解的多样性，增强全局搜索能力，但同时也增加了计算成本；较小的种群规模则容易过快收敛至局部最优解，导致解的质量不佳。因此，在调优时需要根据具体问题的复杂度选择合适的种群规模。

交叉率的设置同样影响着个体的多样性与遗传信息的传递。较高的交叉率能够促进种群之间的信息交换，加速进化过程，而过低的交叉率则可能导致种群的退化。相比之下，变异率的作用在于引入新的基因，避免算法陷入局部最优解。然而，变异率过高也可能破坏优质个体结构。因此，变异率的设置需要动态调整，早期需使用较高的变异率以促进探索，后期需逐渐降低变异率以加强开发。

为了进一步提高遗传算法的效率，可以引入并行计算技术，并行计算可以将遗传算法的适应度计算和进化操作分布到多个处理器上，从而显著缩短计算时间。常见的并行化方法为岛模型。通过这种方法，可以有效地提高种群的多样性，避免过早收敛，同时利用并行计算提升算法效率。

以下是实现这一过程的Python代码。

代码8-2　多目标优化中遗传算法的Python代码实现及性能调优示例

```
import numpy as np
import matplotlib.pyplot as plt
from matplotlib.font_manager import FontProperties

# 设置中文字体
def set_chinese_font():
    plt.rcParams['font.sans-serif'] = ['Microsoft YaHei']
    plt.rcParams['axes.unicode_minus'] = False

# 初始化参数
POP_SIZE = 100
GENE_LENGTH = 5   # 假设有 5 个决策变量
MAX_GEN = 100
CROSS_RATE = 0.8
MUT_RATE = 0.02

# 目标函数：计算成本和时间
def calculate_fitness(pop):
    # 使用更复杂的目标函数
    costs = np.sum(pop * np.random.uniform(0.8, 1.2, pop.shape), axis=1)
                                                        # 添加随机波动
    times = np.sum(pop**2 * np.random.uniform(0.9, 1.1, pop.shape), axis=1)
                                                        # 添加随机波动
    return costs, times

# 初始化种群
def init_pop():
    return np.random.rand(POP_SIZE, GENE_LENGTH) * 10   # 决策变量范围 0-10

# 计算支配关系
def is_dominated(costs1, times1, costs2, times2):
```

```python
    return (costs2 <= costs1 and times2 <= times1) and (costs2 < costs1 or times2 < times1)

# 选择操作：基于非支配排序和拥挤距离
def selection(pop, costs, times):
    N = len(pop)
    dominated_count = np.zeros(N)
    dominated_solutions = [[] for _ in range(N)]

    # 计算支配关系
    for i in range(N):
        for j in range(N):
            if i != j:
                if is_dominated(costs[i], times[i], costs[j], times[j]):
                    dominated_count[i] += 1
                    dominated_solutions[j].append(i)

    # 非支配排序
    fronts = [[]]
    for i in range(N):
        if dominated_count[i] == 0:
            fronts[0].append(i)

    # 计算拥挤距离
    crowding_distance = np.zeros(N)
    for i in fronts[0]:
        for j in range(N):
            if i != j:
                dist = np.sqrt((costs[i]-costs[j])**2 + (times[i]-times[j])**2)
                crowding_distance[i] += 1/dist if dist > 0 else 0

    # 选择前 50% 的解和 50% 的随机解
    selected_indices = np.array(fronts[0])[np.argsort(-crowding_distance[fronts[0]])]
    selected_size = min(len(selected_indices), POP_SIZE//2)
    selected_pop = pop[selected_indices[:selected_size]]

    # 添加随机解以维持多样性
    remaining_size = POP_SIZE - len(selected_pop)
    if remaining_size > 0:
        random_pop = init_pop()[:remaining_size]
        selected_pop = np.vstack([selected_pop, random_pop])

    return selected_pop

```

```python
# 交叉操作
def crossover(parent1, parent2):
    if np.random.rand() < CROSS_RATE:
        cross_points = np.random.randint(0, 2, GENE_LENGTH).astype(bool)
        child = parent1.copy()
        child[cross_points] = parent2[cross_points]
        return child
    return parent1

# 变异操作
def mutate(child):
    mutation_mask = np.random.rand(GENE_LENGTH) < MUT_RATE
    child[mutation_mask] += np.random.normal(0, 0.5, np.sum(mutation_mask))
    return np.clip(child, 0, 10)

# 遗传算法主循环
def genetic_algorithm():
    set_chinese_font()
    pop = init_pop()
    best_pareto_front = None
    best_costs = None
    best_times = None

    for gen in range(MAX_GEN):
        costs, times = calculate_fitness(pop)

        # 更新全局 Pareto 前沿
        if best_pareto_front is None:
            best_pareto_front = pop.copy()
            best_costs = costs.copy()
            best_times = times.copy()
        else:
            # 合并当前种群和历史最优
            combined_pop = np.vstack([pop, best_pareto_front])
            combined_costs, combined_times = calculate_fitness(combined_pop)

            # 选择新的 Pareto 前沿
            selected_pop = selection(combined_pop, combined_costs,
                                     combined_times)
            selected_costs, selected_times = calculate_fitness(selected_pop)

            best_pareto_front = selected_pop
            best_costs = selected_costs
            best_times = selected_times

```

```
        # 种群进化
        new_pop = []
        for _ in range(POP_SIZE//2):
            p1, p2 = pop[np.random.randint(0, len(pop), 2)]
            child1 = crossover(p1, p2)
            child2 = crossover(p2, p1)
            new_pop.extend([mutate(child1), mutate(child2)])

        pop = np.array(new_pop)

        if gen % 10 == 0:
            print(f"第 {gen} 代: Pareto 前沿大小 = {len(best_pareto_front)}")

    return best_pareto_front, best_costs, best_times

# 运行算法并可视化结果
best_pareto_front, final_costs, final_times = genetic_algorithm()

plt.figure(figsize=(10, 6))
plt.scatter(final_costs, final_times, c='red', label='Pareto 前沿 ')
plt.xlabel(' 成本 ')
plt.ylabel(' 时间 ')
plt.title(' 多目标遗传算法的 Pareto 前沿 ')
plt.legend()
plt.grid(True)
plt.show()
```

代码运行结果如下。

```
第 0 代: Pareto 前沿大小 = 100
第 10 代: Pareto 前沿大小 = 100
第 20 代: Pareto 前沿大小 = 100
第 30 代: Pareto 前沿大小 = 100
第 40 代: Pareto 前沿大小 = 100
第 50 代: Pareto 前沿大小 = 100
第 60 代: Pareto 前沿大小 = 100
第 70 代: Pareto 前沿大小 = 100
第 80 代: Pareto 前沿大小 = 100
第 90 代: Pareto 前沿大小 = 100
```

上述代码展示了如何通过遗传算法处理多目标优化问题，并通过调整种群规模、交叉率和变异率来实现算法性能调优。图8-12展示了优化过程中各个解在成本与时间之间的平衡关系，如图8-12所示。通过适当的性能调优，遗传算法能够有效逼近Pareto前沿，找到符合不同目标权衡的最优解集。

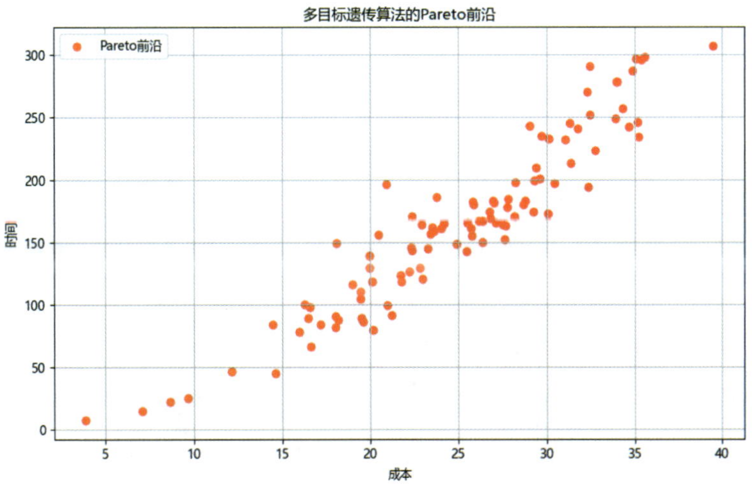

图 8-12　多目标遗传算法的Pareto前沿：成本与时间的优化关系

在实际应用中，进一步的调优可能需要针对不同的问题进行参数实验。例如，若问题具有更多的目标或更高维度的决策变量，可以适当增加种群规模和迭代次数，以保证更为全面的解空间探索。此外，引入并行计算技术能够显著加速遗传算法的计算过程，特别是在解决大规模复杂问题时，并行化处理的优势将更显著。

第9章 蚁群算法

本章将聚焦于蚁群算法的基本原理及其在路径优化中的实际应用。从信息素更新机制入手，深入解析蚁群算法的核心操作和性能优化策略，并以路径优化问题为例，展示其实现过程及在实际场景中的应用潜力。通过实际编程练习，读者将亲自动手实现一个蚁群算法的基础版本，并结合Python语言实现进一步优化其性能，为解决实际问题积累宝贵的经验。

本章的主要知识点如下。

（1）蚁群算法简介：理解蚁群算法的基本概念及其理论来源，探讨其在各领域的应用价值与适用性。

（2）信息素更新机制：详细分析蚁群算法中的信息素传播、更新策略及参数对优化效果的影响。

（3）蚁群算法在路径优化中的应用：以TSP为例，学习蚁群算法在实际问题中的实现与优化方法。

（4）实践练习：实现一个简单的蚁群算法：通过动手实践，掌握蚁群算法的基本实现步骤与验证方法。

（5）Python语言实现蚁群算法的优化与应用：利用Python语言实现蚁群算法，探索其性能调优方法与实际应用场景。

注意：在开始本章学习之前，建议读者回顾第7章和第8章中关于进化算法和多目标优化的相关内容，重点回顾遗传算法的操作流程和适应度函数的设计方法。这些基础知识将有助于更深入地理解蚁群算法的优化原理及其与遗传算法的异同点。

9.1 蚁群算法简介

在优化算法的研究中，自然界为我们提供了丰富的灵感来源。蚁群算法作为一种基于蚂蚁觅食行为的群体智能优化方法，通过模拟信息素的传播与挥发，展现出了优异的全局搜索能力和动态适应性。相较于其他优化算法，蚁群算法在解决路径规划、网络优化等问题时表现出了独特的优势和灵活性。本节将从蚁群算法的基本概念出发，介绍其理论基础与工作机制，并结合其广泛应用场景，为后续的详细讲解奠定基础。

9.1.1 蚁群算法的基本概念

蚁群算法是一种模拟自然界中蚂蚁觅食行为的群体智能优化算法，由意大利学者Dorigo及其同事在20世纪90年代初提出。这种算法的核心灵感来源于蚂蚁在寻找食物过程中通过释放和感知信息素来协调群体行为的过程。在自然界中，单只蚂蚁的行为虽然简单，但通过信息素的分布和变化，整个蚁群能够有效地找到通往食物源的最短路径。蚁群算法通过对这一现象的抽象建模，将其引入求解优化问题的领域，成为解决组合优化问题的重要方法之一。

蚂蚁觅食行为的特点体现在群体协作和正反馈机制中。当蚂蚁在觅食过程中选择路径时，概率往往受到路径上信息素浓度的影响。信息素是一种由蚂蚁分泌的化学物质，其浓度越高，后续蚂蚁选择该路径的概率越大。这种选择方法形成了正反馈效应，即某条路径一旦在初始阶段被更多蚂蚁选择，其路径上信息素的累积会进一步吸引更多蚂蚁，从而逐步强化最优路径的选择。通过这种动态调整，蚂蚁能够在复杂的环境中以高效的方式找到全局最优解或近似最优解。蚂蚁在路径选择过程中通过信息素的分泌和感知协作，逐步优化路径选择，如图9-1所示。图9-1中形象地展示了蚂蚁如何根据路径上的信息素浓度变化决定移动方向，并通过不断强化短路径的信息素浓度最终形成最优路径。这一过程充分体现了蚂蚁觅食行为中群体智慧的核心机制。

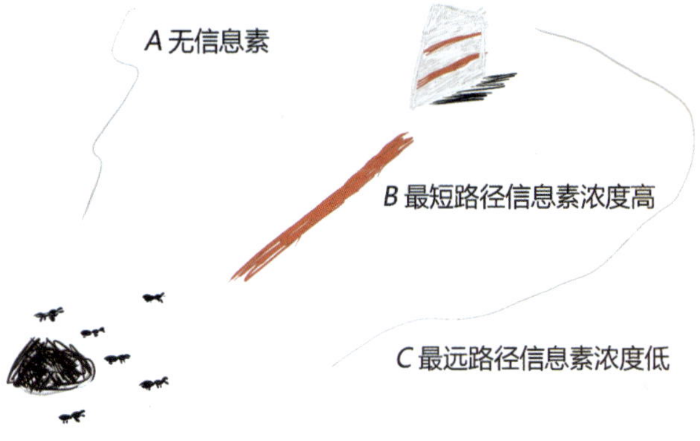

图9-1 蚂蚁觅食行为示意图

为了将蚂蚁觅食的行为模型化，蚁群算法引入了几个关键要素，包括人工蚂蚁、信息素轨迹和启发式信息。人工蚂蚁是一种模拟个体蚂蚁的抽象实体，它在搜索空间移动并通过信息素轨迹与其他蚂蚁协作。信息素轨迹是每只蚂蚁在搜索路径上留下的标记，用于引导后续蚂蚁的路径选择；启发式信息则是一种额外的指导因素，通常基于问题的特性设计，用于加速搜索过程，蚁群算法流程，如图9-2所示。例如，在经典的TSP中，启发式信息可以表示城市之间的距离，距离越短的路径被赋予越高的优先级。

蚁群算法与传统优化方法相比，具有显著的全局搜索能力和灵活性。在经典的优化问题中，如TSP、背包问题或车辆路径规划问题（VRP），蚁群算法展现了其优势。以TSP为例，该问题的目标是为一名旅行商找到一条遍历所有城市且路径总长度最短的路线。蚁群算法通过模拟大量蚂蚁的协同搜索，将复杂的路径规划问题分解为简单的局部路径选择过程。每只人工蚂蚁从一个起始城市开始移动，根据路径上的信息素浓度和距离（启发式信息）选择下一个要访问的城市，直到完成一轮完整的旅行为止。随着多轮迭代，信息素逐渐集中在较优的路径上，最终收敛于最优解或近似最优解。

值得注意的是，信息素的更新机制在蚁群算法中起到了至关重要的作用。每轮迭代后，路径上的信息素会挥发，以避免早期路径信息对后续探索的过度影响；与此同时，新信息素则根据蚂蚁所走路径的长度和数量进行添加，从而动态调整搜索方向。这种机制在防止算法陷入局部最优解的同时，通过持续的全局搜索实现了新的解空间探索。如图9-3所示，蚂蚁个体在路径上通过信息素的释放和感知协同完成路径优化。图9-3中展示了蚂蚁根据路径上信息素浓度的动态变化调整移动策略的过程：一些路径因信息素浓度较低而被逐步放弃，而最短路径由于累积了更多的信息素而吸引了更多蚂蚁。这一动态的正反馈机制能够引导蚁群逐渐收敛至最优路径。图9-3清晰地说明了信息素动态更新在路径优化中的作用，同时强调了挥发与增量更新的平衡如何影响算法的搜索效率和最终结果。

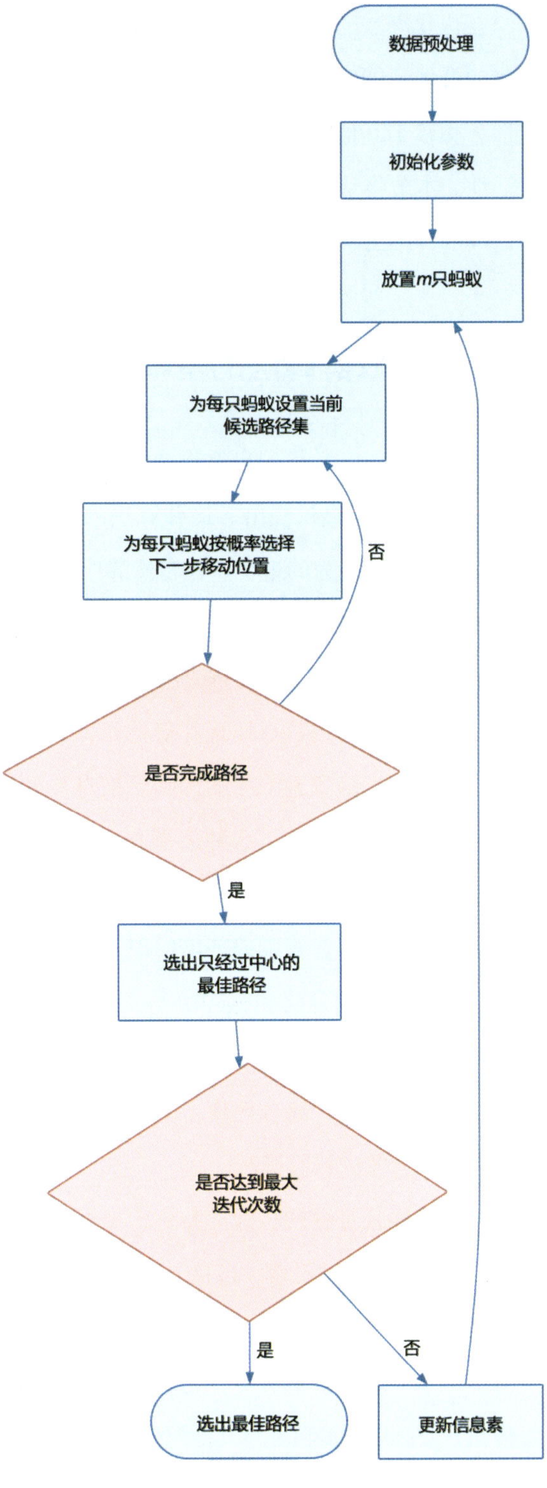

图9-2　蚁群算法流程

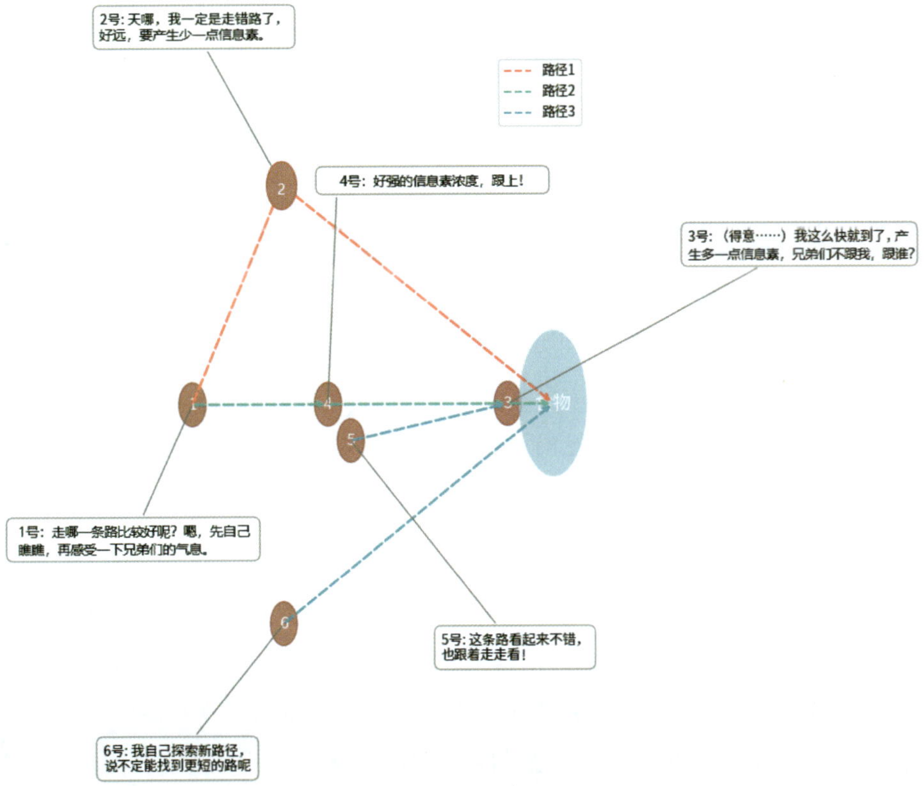

图 9-3　蚁群信息素动态更新示意图

蚁群算法的优点不仅体现在其优化能力上，还表现在其高度的可扩展性和适应性上。通过适当调整信息素更新规则或结合其他启发式方法，蚁群算法可以适配不同类型的优化问题。近年来，蚁群算法的应用范围已从最初的路径优化扩展到网络路由优化、任务调度和分布式控制等领域。

蚁群算法以其生物启发的独特视角和群体智能的协作机制，在优化领域中占据了重要位置。通过对蚂蚁觅食行为的抽象建模，这一算法不仅提供了一种有效解决复杂优化问题的工具，也揭示了自然界中的简单规则如何引导复杂系统的高效运行。

9.1.2 蚁群算法应用场景

蚁群算法自提出以来，凭借其独特的群体智能机制和强大的全局搜索能力，在多个领域得到了广泛应用。

在路径规划领域，蚁群算法展现出了卓越的性能。以 TSP 为例，该问题要求找到一条最短路径，使旅行商访问所有指定城市且每个城市仅访问一次，最后返回起始城市。传统的精确算法在面对大规模 TSP 时计算复杂度极高；而蚁群算法则通过模拟蚂蚁在路径上的信息素积累过程，能够在合理的时间内找到近似最优解。这一特性使其在物流配送、车辆路径规划等实际应用中效果显著。

在网络路由优化方面，蚁群算法同样表现出色。计算机网络中的路由选择问题，尤其是在动态网络环境下，传统的静态路由算法难以及时适应网络拓扑的变化。蚁群算法通过模拟蚂蚁在网络节点间的移动和信息素更新过程，能够动态调整路由策略，实现数据包的高效传输。例如，在移动自组织网络（Mobile Ad Hoc Network，MANET）中，蚁群算法被用于设计自适应路由协议，提高了网络的鲁棒性和传输效率。

在生产调度领域，蚁群算法也被广泛应用。在复杂的生产环境中，任务的合理调度对提高生产效率至关重要。蚁群算法通过模拟蚂蚁在任务和资源之间的分配过程，能够有效解决作业车间调度问题（Job Shop Scheduling Problem，JSSP）。研究表明，蚁群算法在处理多工序、多约束的调度问题时，能够找到高质量的调度方案，显著提升生产系统的整体效率。

此外，蚁群算法在图像处理、数据挖掘、组合优化等领域也有着广泛应用。在图像分割问题中，蚁群算法通过模拟蚂蚁在像素间的移动和信息素更新过程，实现对图像的有效分割。在数据挖掘问题中，蚁群算法被用于特征选择和聚类分析，帮助从海量数据中提取有价值的信息。在组合优化问题中，蚁群算法通过其强大的全局搜索能力，能够在复杂的解空间中找到近似最优解。

与其他优化算法相比，蚁群算法具有独特的优势。首先，其分布式计算模型使算法具有较强的鲁棒性和适应性，能够有效应对动态变化的环境。其次，信息素的正反馈机制加速了算法的收敛速度，提高了求解效率。再次，蚁群算法的随机性和多样性策略，有助于避免算法陷入局部最优解，增强了全局搜索能力。然而，蚁群算法也存在一些局限性，如在处理连续优化问题时表现不佳，对参数设置较敏感等。因此，在实际应用中，需要根据具体问题的特性，合理调整蚁群算法参数，或结合其他优化算法，以发挥其最大优势。

总之，蚁群算法作为一种基于群体智能的优化方法，凭借其独特机制和强大适应性，在多个领域中展现出了广泛应用前景。随着研究的深入和技术的发展，蚁群算法有望在更多复杂优化问题中发挥重要作用。

9.2 信息素更新机制

在蚁群算法的运行过程中，信息素的作用贯穿始终，信息素既是蚂蚁之间实现协作的关键媒介，也是算法探索和开发解空间的核心驱动力。通过信息素的传播与更新，蚁群算法能够动态调整路径选择方法，从而逐步收敛于最优解或近似最优解。然而，为了确保算法的高效性和鲁棒性，信息素的设计与管理必须精细化，尤其是在其初始分配与后续更新的过程中。本节将重点探讨信息素的基本概念与初始化方法，为深入理解信息素在蚁群算法中的作用奠定基础。

9.2.1 信息素的作用与初始化

在蚁群算法中，信息素的作用与初始化决定了算法的搜索行为和最终的优化效果。信息素不仅是蚂蚁个体之间的沟通媒介，还是路径选择的关键参考因素。其浓度的动态变化能够模拟自然界中的群体智慧，形成有效的路径探索与解优化过程。

1. 信息素的作用

在自然界，蚂蚁通过在路径上分泌信息素吸引其他蚂蚁沿其经过的路径移动，从而形成一种间接的通信机制。这种正反馈的过程是群体合作的基础，能够引导群体在短时间内找到高效的食物来源。而在蚁群算法中，这一机制被抽象为在问题空间中选择路径的依据，信息素的浓度代表路径的优先级，浓度越高，蚂蚁选择这条路径的概率越大。

在蚁群算法中，蚂蚁选择路径的概率通常由以下公式决定：

$$P_{ij}=\frac{\tau_{ij}^{\alpha}\cdot\eta_{ij}^{\beta}}{\sum\limits_{k\in\text{允许路径}}\tau_{ik}^{\alpha}\cdot\eta_{ik}^{\beta}}$$

其中：P_{ij}表示蚂蚁从节点i移动到节点j的概率；τ_{ij}^{α}表示路径$i\to j$上的信息素浓度；$\eta_{ij}=\dfrac{1}{d_{ij}}$为启发式信息，通常与路径长度$d_{ij}$成反比；$\alpha$和$\beta$分别是信息素重要程度和启发式信息重要程度的参数。

通过信息素的分布与更新，蚁群算法实现了探索与利用之间的平衡。一方面，信息素浓度高的路径会吸引更多的蚂蚁，强化这些路径的优先性，体现了局部搜索的特点；另一方面，信息素也会随着时间逐渐挥发，避免个别路径的过度强化，从而为其他路径的探索创造机会。这种机制可以通过信息素挥发和更新公式来描述：

$$\tau_{ij}=(1-\rho)\cdot\tau_{ij}+\Delta\tau_{ij}$$

其中：ρ为信息素挥发率，$0<\rho<1$；$\Delta\tau_{ij}$为路径$i\to j$上的新信息素增量，通常与路径质量相关。

以 TSP 为例，蚂蚁在城市间移动的过程中会在路径上留下信息素，优质路径（如距离较短）会吸引更多蚂蚁选择，从而使信息素浓度不断增加。最终，这些信息素会积累在最优路径上，使其他蚂蚁更倾向于选择该路径，从而实现解的收敛。信息素的挥发机制则防止了早期搜索中的局部最优陷阱，从而保持了搜索空间的多样性。

2. 信息素的初始化

信息素初始化既是蚁群算法实施的第一步，也是后续路径搜索的基础。合理的初始化能够在早期阶段提供良好的探索基础，避免算法陷入局部最优解。一般而言，信息素的初始浓度设置为均匀分布，即所有可能的路径上赋予相同的浓度值。这种均匀分布能够保证蚂蚁在初始阶段没有特定的偏好，从而在全局范围内均衡地搜索解空间。

数学上，如果搜索空间的路径集合为$P=\{p_1,p_2,\cdots,p_n\}$，则初始信息素浓度可以表示为

$$\tau_{ij}=\tau_0,\quad \forall(i,j)\in P$$

其中，τ_{ij}表示路径$i\to j$上的信息素浓度；τ_0为初始设定的常数值，通常是一个较小的正数。通过这种初始化设定，算法能够保证在早期阶段对所有路径进行均衡探索，避免搜索空间的局部化。

然而，τ_0的选择是一个需要谨慎考虑的参数。如果τ_0设定过高，可能导致某些路径由于随机选择而过早地获得大量信息素，进而抑制对其他路径的探索，使算法过早陷入局部最优解。如果τ_0设定过低，则路径之间的信息素差异不明显，蚂蚁的选择趋于随机，可能影响收敛速度。一般情况下，τ_0的值根据问题的规模和特性进行调整，经验上可以设定为

$$\tau_0=\frac{1}{n\cdot L_{\text{avg}}}$$

其中，n表示问题规模（如路径数量）；L_{avg}为初始随机路径的平均长度。此设定能够确保初期搜索的随机性与适度的引导性之间的平衡。

在某些特定应用中，信息素的初始化可以结合启发式信息进行改进。例如，在路径规划问题中，已知的路径距离或成本信息可以直接影响初始信息素浓度的分配。如果在物流配送问题中，某些路径明显比其他路径更短或成本更低，这些路径可以被赋予较高的初始信息素浓度，从而提高它们在初始阶段的选择概率。这种方式结合了问题的先验知识，有助于快速引导搜索方向，加速算法的收敛过程。图9-4展示了蚁群算法的信息素传播与路径优化过程。在图9-4中，蚂蚁通过路径上的信息素浓度（代表路径优先级）的动态变化，逐步强化最短路径的选择。这种正反馈机制与启发式初始化方式结合，可以更高效地利用已知的路径信息，提升优化效率。通过初始信息素浓度的合理分配与后续动态更新的协同作用，算法能够在全局范围内探索的同时快速趋近最优解。

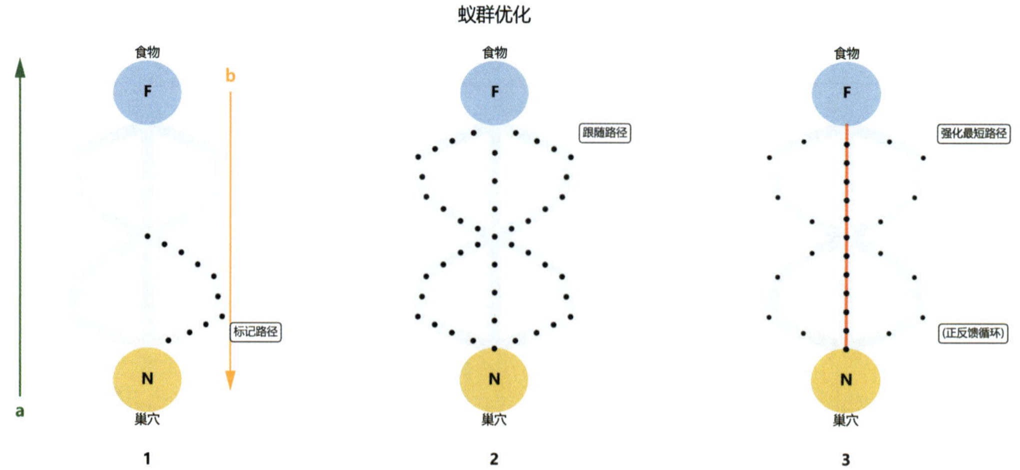

图9-4　蚁群算法的信息素传播与路径优化过程

除了均匀分布和启发式初始化，动态初始化方法在某些情况下也能提高算法的性能。动态初始化是指在算法运行的过程中，根据当前的搜索情况对信息素的初始值进行调整。例如，如果初期某些路径表现较优，则可以增加这些路径的信息素初始值，以提高它们在后续阶段的选择概率。相反，对于效果较差的路径，可以降低它们的信息素初始值，从而减少资源浪费。这种方法可以在不同阶段反复调整，以更好地适应问题的特性和变化。

例如，在带有时间约束的调度问题中，可以在算法的不同阶段动态调节初始信息素，以增加目标导向性。动态初始化的方法虽然增加了一些计算复杂度，但在复杂问题中往往能得到显著的性能提升。

3. 初始化策略的实际应用

信息素初始化的设计需要综合考虑算法的收敛性和计算效率。过于复杂的初始化方式可能带来额外的计算开销，影响算法的整体性能。因此，合理的初始化策略应在探索效率与计算复杂度之间找到平衡，为后续的信息素更新和路径选择奠定良好的基础。

例如，在物流配送问题中，结合地理位置信息进行启发式初始化，可以显著减少初始搜索空间的范围，从而提高算法的求解速度；在网络路由优化中，通过动态调整信息素初始化值，能够有效应对网络拓扑结构的变化。

信息素的初始化是蚁群算法的一个重要组成部分，但仅仅依赖初始信息素不足以完成复杂的优化任务。在算法运行过程中，信息素的动态更新机制起着决定性的作用，通过反复迭代与路径选择的反馈过程，引导蚁群逐渐收敛至最优解或近似最优解。因此，信息素的初始化和后续的动态更新必须紧密结合，才能充分发挥蚁群算法的优势。

信息素的作用在于模拟蚂蚁的群体行为，通过其信息素浓度的变化实现路径的选择与优化。而信息素的初始化则为整个算法的运行提供了起点，其设计的合理性直接影响算法的早期探索能力和整体的收敛效果。结合具体问题特性选择合适的信息素初始化策略，能够显著提升蚁群算法的性能，使其在不同的应用场景中表现出良好的适应性与鲁棒性。

例如，在交通流量优化中，信息素初始化可以利用已知的高流量路径进行优先分配，以快速找到高效的交通路线。在制造业的生产调度问题中，信息素初始化可以根据机器的可用性和任务优先级进行设定，从而加快找到最优调度方案的过程。

9.2.2 信息素挥发与更新规则

信息素的挥发与更新是蚁群算法运行中的核心过程之一，在指导路径选择和实现全局优化中扮演着关键角色。挥发机制通过削弱路径上的信息素浓度，防止过早的路径强化，从而维持算法的探索能力；而更新规则则通过引入新信息素，动态反映当前路径的优劣性。两者的协同作用确保了算法在局部搜索和全局搜索之间实现平衡。

1. 信息素挥发

信息素的挥发主要模拟自然界中化学物质随时间自然消散的特性，其数学表达式通常为

$$\tau_{ij} \leftarrow (1-\rho)\cdot\tau_{ij}$$

其中，τ_{ij}表示路径$i \to j$上的信息素浓度；ρ为信息素挥发率，取值范围为$0<\rho<1$。在信息素挥发机制中，挥发的作用在于动态削弱旧信息素的影响，使路径选择更倾向于新发现的优质路径，同时避免某些路径在初期被过度强化。信息素挥发率ρ的大小需要根据问题特性进行调整。若ρ值过小，则信息素的影响持续时间较长，容易导致算法陷入局部最优解；反之，若ρ值过大则可能使信息素消散过快，削弱历史信息的作用，从而降低算法的收敛速度。如图9-5所示，信息素浓度随着迭代次数的增加逐渐减少，表现出动态挥发的过程。图9-5中曲线直观地反映了信息素浓度在信息素挥发率ρ的作用下呈现递减趋势。这一过程能够有效防止算法陷入局部最优解，保持全局探索能力。

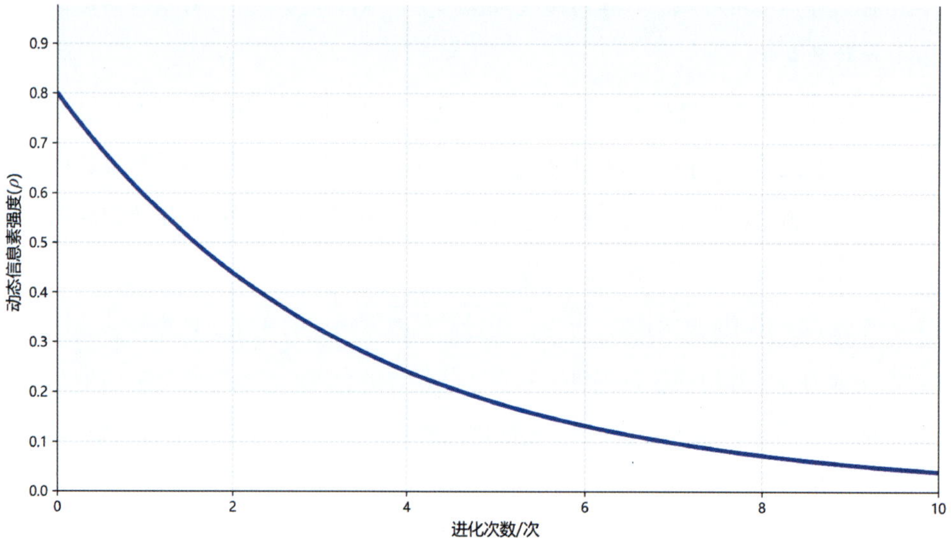

图9-5　进化次数与动态信息素强度关系图

2. 信息素更新

在挥发操作之后，信息素的更新通过引入新的信息素浓度反映路径质量，公式为

$$\tau_{ij} \leftarrow \tau_{ij} + \Delta\tau_{ij}$$

其中，$\Delta\tau_{ij}$为路径$i \to j$上的新信息素增量，通常由以下公式定义：

$$\Delta\tau_{ij}=\sum_{k=1}^{m}\Delta\tau_{ij}^{k}$$

$\Delta\tau_{ij}^{k}$表示第k只蚂蚁在路径$i\to j$上释放的信息素量，通常与路径的质量 L_k成反比，即

$$\Delta\tau_{ij}=\begin{cases}\dfrac{Q}{L_k}, & \text{如果第}k\text{只蚂蚁经过路径}\\ 0, & \text{否则}\end{cases}$$

其中，Q是一个常量，用于控制信息素的总量；L_k表示第k只蚂蚁所构建路径的总长度。通过这一更新规则，优质路径上的信息素浓度将显著增加，从而吸引更多蚂蚁选择这些路径，形成正反馈机制。

3. 更新示例

以 TSP 为例，假设某只蚂蚁经过的路径为$A\to B\to C\to D\to A$，其路径总长度为$L_k=50$，且常量$Q=100$。此时，该蚂蚁在路径$A\to B$上留下的信息素增量为

$$\Delta\tau_{AB}^{k}=\frac{100}{50}=2$$

类似地，该蚂蚁所经过路径上的其他段也将获得对应的信息素增量。随着多只蚂蚁的参与，信息素浓度在优质路径上逐渐累积，从而引导后续蚂蚁的选择趋向于全局最优解。

4. 局部更新与全局更新

为了进一步增强算法的全局搜索能力，信息素更新通常分为局部更新和全局更新两种形式。局部更新仅针对单次迭代中蚂蚁所走过的路径进行信息素更新，而全局更新则基于整个算法运行过程中发现的全局最优路径进行信息素更新。全局更新的公式为

$$\tau_{ij}\leftarrow(1-\rho)\cdot\tau_{ij}+\rho\cdot\tau_{ij}^{\text{best}}$$

其中，$\tau_{ij}^{\text{best}}=\dfrac{Q}{L^{\text{best}}}$，$L^{\text{best}}$为当前迭代或全局的最优路径长度。这种机制通过持续强化全局最优路径上的信息素浓度，进一步加速了算法的收敛。

5. 参数影响与应用优化

值得注意的是，挥发与更新的参数设置对算法的性能有显著影响。信息素挥发率ρ决定了旧信息素的保留程度，增量因子Q 则控制了新信息素的影响范围。参数的选择需要综合考虑问题规模和复杂度，以在探索与开发之间实现最佳平衡。

在实际应用中，信息素挥发与更新机制的调整可以结合特定问题进行优化。例如，在动态网络路由优化问题中，信息素的挥发速度可以根据网络拓扑变化的频率动态调整；在生产调度问题中，可以引入任务优先级权重影响信息素更新的增量计算。这种灵活的调整方式不仅提升了蚁群算法的适应性，也扩大了其在不同领域中的应用范围。

总体而言，信息素的挥发与更新规则是蚁群算法实现路径优化的核心机制，通过对路径的动态评估与优胜劣汰，它们有效平衡了算法的探索能力与收敛速度，为复杂问题的求解提供了强有力的支持。

9.2.3 启发式因子与路径选择规则

在蚁群算法中，启发式因子与路径选择规则是影响算法性能和搜索效率的核心要素。启发式因子通过引入问题领域的特定信息，为路径选择提供额外的指引，从而加速解的收敛过程。路径选择规则结合启发式因子和信息素浓度，动态平衡探索与开发，确保蚁群在复杂的解空间中找到全局最优解或近似最优解。

（1）启发式因子的设计与作用。

启发式因子通常用于表示路径的即时优越性，其值根据问题的特性动态计算。例如，在路径规划问题中，路径的长度或成本通常被用作启发式信息的衡量标准。在TSP中，启发式因子通常被定义为路径长度的倒数，即

$$\eta_{ij} = \frac{1}{d_{ij}}$$

其中，η_{ij} 表示节点 i 和 j 之间的启发式信息值；d_{ij} 为节点 i 和 j 之间的路径长度。路径越短，其对应的 η_{ij} 值越高，从而提高了该路径被选中的概率。

启发式因子的引入能够显著提升算法在初期阶段的搜索效率，因为它为蚂蚁提供了基于问题先验知识的指引。然而，启发式因子的设计需要根据具体问题进行调整。例如，在物流配送问题中，路径成本、交通流量甚至天气因素都可以被纳入启发式信息的计算，以反映路径选择的多维属性。

（2）路径选择规则的数学建模。

让我们回顾一下蚂蚁算法中蚂蚁路径规划选择的数学建模，路径选择规则通过综合考虑信息素浓度和启发式因子，决定了蚂蚁在每个节点上的移动概率。经典的路径选择概率公式为

$$P_{ij} = \frac{\tau_{ij}^{\alpha} \cdot \eta_{ij}^{\beta}}{\sum\limits_{k \in \text{allowed}} \tau_{ik}^{\alpha} \cdot \eta_{ik}^{\beta}}$$

其中，P_{ij} 表示蚂蚁从节点 i 移动到节点 j 的概率；τ_{ij} 为路径 $i \to j$ 上的信息素浓度；η_{ij} 为路径 $i \to j$ 的启发式因子；α 和 β 分别为信息素和启发式因子的重要性权重；allowed 为蚂蚁尚未访问的节点集合。

公式中的参数 α 和 β 起着平衡探索与开发的作用。当 α 较大时，路径选择更倾向于依赖信息素浓度，强化对已有优质路径的选择；当 β 较大时，路径选择更依赖启发式因子，从而增强初期搜索的随机性。合理的参数设置能够显著提升算法的全局优化能力。若两者的权重失衡，则可能导致算法陷入局部最优解或探索效率较低。

（3）实例解析：TSP 中的路径选择。

在TSP中，蚂蚁从起始城市出发，基于路径上的信息素浓度和启发式信息选择下一个要访问的

城市。假设蚂蚁当前位于城市i，可选择的目标城市为j、k、l，路径的相关数据如下。

信息素浓度： $\tau_{ij}=0.6$，$\tau_{ik}=0.3$，$\tau_{il}=0.2$；

路径长度： $d_{ij}=2,d_{ik}=3,d_{il}=4$；

启发式因子： $\eta_{ij}=0.5,\eta_{ik}=0.33,\eta_{il}=0.25$（基于路径长度的倒数）。

假设权重参数$\alpha=1$，$\beta=2$，则路径选择概率为

$$P_{ij}=\frac{(0.6)^1\times(0.5)^2}{(0.6)^1\times(0.5)^2+(0.3)^1\times(0.33)^2+(0.2)^1\times(0.25)^2}$$

通过计算可得$P_{ij}\approx0.52$，即蚂蚁选择城市j的概率为52%。类似地，可以计算出蚂蚁选择其他目标城市的概率。结果表明，路径$i\to j$因其较短的路径长度和较高的信息素浓度，成为最优选择。图9-6展示了蚁群算法在TSP中的路径构建过程。

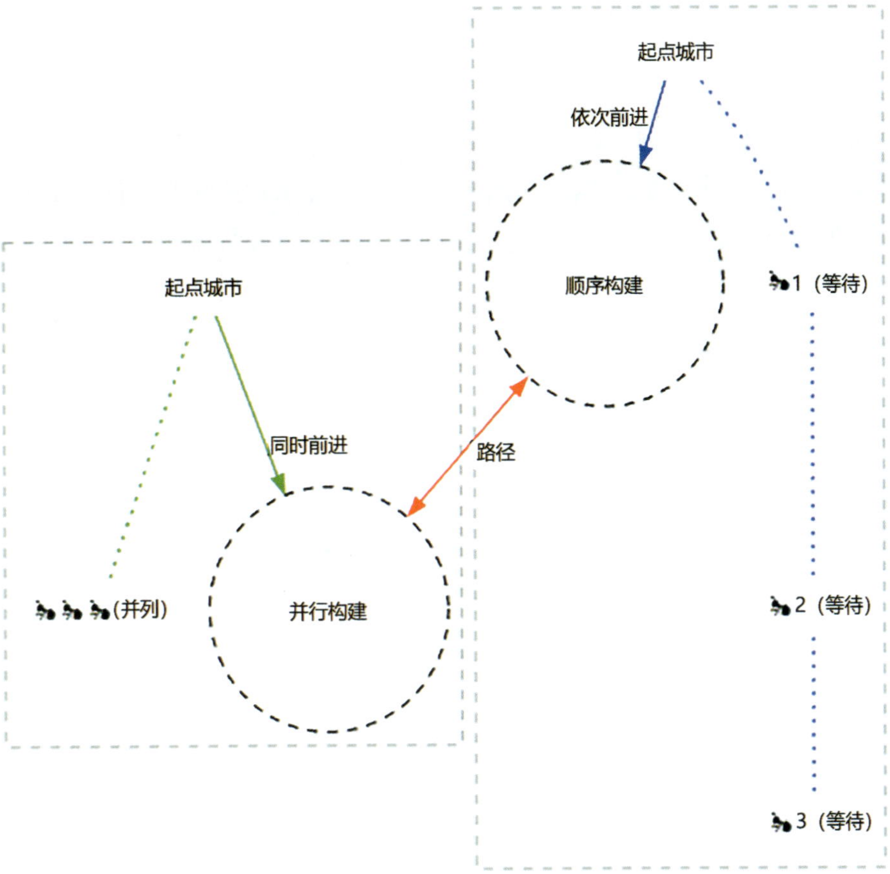

图 9-6　蚁群算法在TSP中的路径构建过程

（4）启发式因子与路径选择规则的协同作用。

启发式因子与路径选择规则的协同作用是蚁群算法实现优化的核心。启发式因子为路径选择提供了基于问题特性的指引，而信息素浓度则通过正反馈机制动态调整路径的优先级。两者共同作用，使算法在初期能够利用启发式信息快速探索解空间，而在后期则依赖累积的信息素逐步收敛至全局

最优解。

在实际应用中，启发式因子与路径选择规则的设计需要根据问题特性进行调整。例如，在生产调度问题中，任务的优先级和资源的利用率可以作为启发式因子的输入；在网络路由优化中，链路的带宽和延迟可以用来动态更新启发式因子。通过灵活调整相关参数，蚁群算法能够适配不同问题的优化需求。

启发式因子与路径选择规则在蚁群算法中发挥着不可或缺的作用。它们通过量化路径的优劣性，引导蚂蚁的移动策略，为算法的高效搜索提供了理论基础。通过合理设计和调整启发式因子及相关参数，蚁群算法能够在广泛优化场景中展现其优越性。

9.3 蚁群算法在路径优化中的应用

在蚁群算法中，路径优化的核心在于通过信息素浓度和启发式因子的协同作用，引导蚂蚁逐步探索最优路径。然而，信息素更新与路径选择仅是算法执行的基础环节，要真正实现高效的优化效果，关键在于动态调整算法参数和策略，以适应不同问题的复杂性与特定需求。遗传算法和其他全局优化算法的引入，以及混合蚁群算法的构建，为算法性能的进一步提升提供了强有力的理论和实践支持。本节将重点探讨蚁群算法在TSP中的解决方法，揭示其如何在复杂优化问题中展现出强大的适应性与效率。

9.3.1 TSP 的优化方法

TSP是蚁群算法的经典应用场景之一，其目标是找到一条经过所有城市且总距离最短的闭合路径。由于TSP具有组合爆炸的特性，传统的穷举搜索在计算复杂度上难以应对；而蚁群算法则通过群体智能与分布式优化的结合，为这一问题提供了一种高效的求解途径。蚁群算法解决TSP的优化方法包括初始化、路径选择与信息素更新三个核心步骤。

1. 算法初始化

在解决TSP时，初始化阶段的目的是为蚁群构建基础的搜索环境，并为路径选择提供起点。具体内容包括城市集合的定义、信息素矩阵的初始化和启发式因子的计算。

假设问题的城市集合为$C_1,C_2,\cdots,C_n$，城市之间的距离矩阵为$\boldsymbol{D}=\left[d_{ij}\right]$，其中，$d_{ij}$表示城市$i$和$j$之间的距离。在初始化时，为所有路径分配相同的初始信息素浓度：

$$\tau_{ij}=\tau_0,\quad \forall(i,j)\in C$$

这为蚂蚁提供了优先选择短路径的直觉。

2. 路径选择规则

蚂蚁从随机选择的起始城市出发，逐步构建一条经过所有城市的完整路径。我们回顾一下蚁群选择数学建模，在每一步，蚂蚁根据路径选择概率公式，选择从当前城市i 移动到未访问城市j 的概率：

$$P_{ij}=\frac{\tau_{ij}^{\alpha}\cdot\eta_{ij}^{\beta}}{\sum_{k\in \text{allowed}}\tau_{ik}^{\alpha}\cdot\eta_{ik}^{\beta}}$$

这种概率机制平衡了全局信息素的影响和局部启发式因子的引导，使蚂蚁既能利用已有的优质路径信息，又能保留一定的探索新路径的能力。

3. 信息素更新

让我们引入蚁群算法的信息素更新理念继续解决TSP问题，路径选择完成后，蚂蚁会根据所经过的路径质量更新信息素浓度。信息素的更新包括两个过程：挥发和增加。挥发机制用于削弱旧路径的影响，防止早期路径的过度强化，其数学表达为

$$\tau_{ij}\leftarrow(1-\rho)\cdot\tau_{ij}$$

随后，根据蚂蚁的路径质量增加新的信息素浓度。假设第k只蚂蚁经过的路径长度为 L_k，则其在路径$i\rightarrow j$上留下的信息素增量为

$$\Delta\tau_{ij}^{k}=\begin{cases}\dfrac{Q}{L_k}, & \text{如果第}k\text{只蚂蚁经过路径}\\ 0, & \text{否则}\end{cases}$$

所有蚂蚁的信息素增量累加得到最终的信息素更新值：

$$\tau_{ij}\leftarrow\tau_{ij}+\sum_{k=1}^{m}\Delta\tau_{ij}^{k}$$

通过这一机制，优质路径上的信息素浓度将显著增加，从而在后续迭代中吸引更多的蚂蚁选择这些路径。

4. 收敛与路径优化

随着迭代次数的增加，信息素浓度逐渐集中在全局最优路径上，从而引导蚂蚁找到总距离最短的路径。在实际应用中，为了避免算法陷入局部最优解，可通过以下策略提升优化效果。

（1）启发式因子的动态调整：在早期迭代中增大启发式因子的权重以增强探索能力，后期逐步减少以强化已知优质路径。

（2）随机性控制：通过随机选择一部分路径，避免所有蚂蚁在初期集中选择少量路径。

（3）局部优化组合：在每轮迭代后使用2－opt或3－opt算法对当前路径进行细化优化。

在复杂路径规划问题中，蚁群算法通过信息素的累积和挥发机制，实现了对全局最优路径的动态搜索。每只蚂蚁根据路径上的信息素浓度和启发式因子的引导，在解空间中逐步探索。当路径上的信息素浓度逐渐累积时，蚂蚁更倾向于选择这些路径，从而在多次迭代后逐步逼近全局最优解。同时，信息素的挥发机制确保了探索的多样性，防止算法过早陷入局部最优解。

5. 实例分析

假设问题包含 5 个城市，距离矩阵为

$$\boldsymbol{D}=\begin{bmatrix}0 & 15 & 15 & 20 & 25\\10 & 0 & 35 & 25 & 30\\15 & 35 & 0 & 30 & 32\\20 & 25 & 30 & 0 & 15\\25 & 30 & 20 & 15 & 0\end{bmatrix}$$

通过初始化和迭代优化，蚁群算法能够在若干轮后找到总路径长度最短的闭合路径，如 $C_1 \to C_3 \to C_5 \to C_4 \to C_2 \to C_1$。

通过初始化、路径选择与信息素更新，蚁群算法能够有效求解TSP。其核心优势在于动态适应路径信息的变化和契合问题特性的能力。然而，为了进一步提升算法性能，需要结合实际问题特性调整参数并优化策略，以实现全局最优解的快速搜索。

9.3.2 应用中的挑战与优化策略

尽管蚁群算法在路径优化问题中表现出色，但其在实际应用中仍面临关键挑战。这些问题可能限制算法的效率、准确性及在复杂场景中的适应能力。为此，针对常见的局部最优陷阱、全局搜索能力不足和动态环境适应性等问题，研究人员提出了一系列优化策略。

1. 局部最优陷阱的挑战与解决方法

蚁群算法的一个核心问题是容易陷入局部最优解。随着迭代的进行，部分路径上的信息素浓度可能由于早期优势被过度强化，导致蚁群集中选择少数路径，降低了解的多样性。这种现象在路径复杂或搜索空间较大的问题中尤为明显。图9-7展示了局部最优解和全局最优解示意图。

（1）信息素挥发的动态调整。

动态调整信息素挥发率ρ是一种有效方法。在算法的初始阶段，可以选择较低挥发率以保留更多路径信息，增强全局探索能力；在后期则适当提高挥发率，削弱低质量路径的信息素，促进收敛。

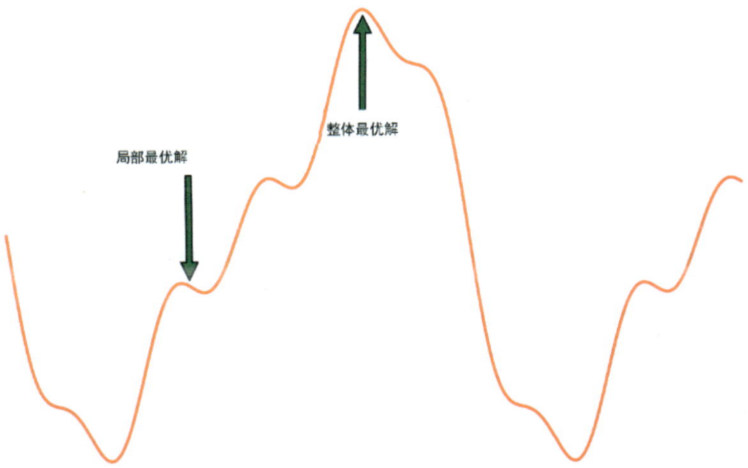

图 9–7 局部最优解与全局最优解示意图

（2）引入随机扰动机制。

为避免路径选择的过度集中，可以在路径选择规则中引入随机性。例如，在路径选择概率公式中，以一定的概率随机选择未访问的路径，而非严格按照信息素和启发式因子的权重进行选择。这种随机扰动机制能够打破路径的过度强化，提升全局搜索能力。

（3）多群体协同优化。

将蚁群分为多个子群体，每个子群体在不同的解空间区域独立搜索，随后通过共享全局最优路径的信息素实现协同优化。这种策略能够有效避免单一群体陷入局部最优解。

2. 动态调整参数以提升全局搜索能力

参数设置是影响蚁群算法性能的关键因素。例如，信息素权重α、启发式因子权重β、信息素挥发率ρ和信息素总量Q 直接影响路径选择和信息素更新过程。然而，固定参数难以应对问题复杂性或环境变化，因此动态调整参数成为重要的优化手段。

（1）基于进化的参数调整。

利用遗传算法或粒子群优化算法动态调整关键参数。例如，在每轮迭代结束后，通过遗传算法选择和优化一组参数，生成适合当前解空间状态的权重值。动态参数能够显著提升搜索效率和解的质量。

（2）阶段性权重调整。

在不同的搜索阶段采用不同的参数配置。例如，在早期迭代中增加启发式因子的权重 β，以增强对短路径的优先选择；而在后期迭代中则提高信息素权重α，以强化全局最优路径的收敛。

（3）自适应调整。

根据信息素浓度的分布情况动态调整参数。例如，当路径间信息素浓度差异较小时，适当增大启发式因子的权重以增强路径探索的多样性；当信息素分布趋于集中时，则提高挥发率以进一步优化已知的优质路径。

3. 动态环境中的适应性

在实际应用中，路径优化问题可能涉及动态环境，如网络路由中的实时流量变化或物流配送中的临时任务插入。这些动态变化对算法的适应性提出了更高要求，而传统蚁群算法通常难以在环境变化后快速调整。

（1）增量式信息素更新。

在环境发生变化后，仅更新受影响路径上的信息素，而非重新计算所有路径上的信息素浓度。这种增量式更新方法能够显著减少计算量，提高响应速度。

（2）滚动优化窗口。

将整个优化问题分解为多个时间窗口，在每个窗口中动态调整路径规划。例如，在物流配送中，每隔一定时间基于当前状态重新优化配送路径，同时保留上一轮优化中的部分信息素分布作为参考。

（3）引入预测模型。

利用机器学习模型预测动态环境中的变化趋势，并将预测结果融入启发式因子的计算。例如，在网络路由优化中，可以预测未来的流量分布并调整路径选择方法。

4. 实例分析：动态物流配送问题

以动态物流配送问题为例，假设初始路径规划为$A \to B \to C \to D \to A$，由于交通状况的突变，路径$B \to C$的时间成本增加。此时，通过增量式信息素更新，仅调整路径$B \to C$的信息素浓度，其他路径信息素保持不变。同时，通过滚动优化窗口机制，将优化范围局限于受影响的区域，最终更新后的路径为 $A \to C \to D \to B \to A$。这种优化策略在动态环境中能够快速适应变化，同时保持算法的计算效率。

蚁群算法在路径优化中的应用虽然具有较强的适应性和灵活性，但在实际应用中仍面临局部最优陷阱、参数设置困难及动态环境适应性不足等问题。通过动态调整信息素更新规则、优化参数设置及引入动态适应策略，蚁群算法能够有效提升全局搜索能力，扩大其在复杂问题中的应用范围。这些优化策略不仅在传统路径规划问题中表现出色，也为网络路由、生产调度等领域提供了重要的技术支持。

9.4 实践练习：实现一个简单的蚁群算法

在解决复杂优化问题的探索中，TSP 始终被视为一个经典的挑战。其目标是为一名旅行商设计一条经过所有城市且总路径长度最短的旅行路线。然而，随着城市数量的增加，可能的路径数呈指数级增长，使暴力搜索在实际应用中几乎不可行。于是，研究人员转向启发式和元启发式方法，通过模拟自然界的现象来寻找高效的解决方案。其中，蚁群算法通过模仿蚂蚁觅食行为的群体智慧，为TSP等组合优化问题提供了有效解决路径。

在自然界中，蚂蚁通过释放信息素建立自组织的最优路径网络。其核心在于个体行为的简单性与群体协作的高效性，即每只蚂蚁在觅食时随机选择路径，并在其经过的路径上留下信息素。路径越短，蚂蚁返回巢穴的速度越快，信息素的浓度越高，从而吸引更多的蚂蚁选择此路径。这种反馈机制逐渐强化了优质路径的选择，同时削弱了劣质路径的影响。蚁群算法正是将这种信息素驱动的路径优化过程转化为数学模型，从而实现对复杂优化问题的求解。

本实践练习旨在通过构造一个简单的蚁群算法解决TSP。在实践练习中，通过模拟数据生成、路径选择、信息素更新与动态优化等步骤，深入理解蚁群算法的基本原理并验证其优化效果。

在蚁群算法中，数据结构的设计对算法性能至关重要。TSP的基础是城市之间的距离关系，而构造这一关系的第一步是随机生成城市的二维坐标，并据此计算两个城市间的距离。图9-8 展示了一个包含10个随机生成的城市在二维平面上的分布及其距离关系。图中每个点代表一个城市，并通过编号标识，每两个城市之间用直线相连，线上标注的数值表示对应城市之间的欧几里得距离。

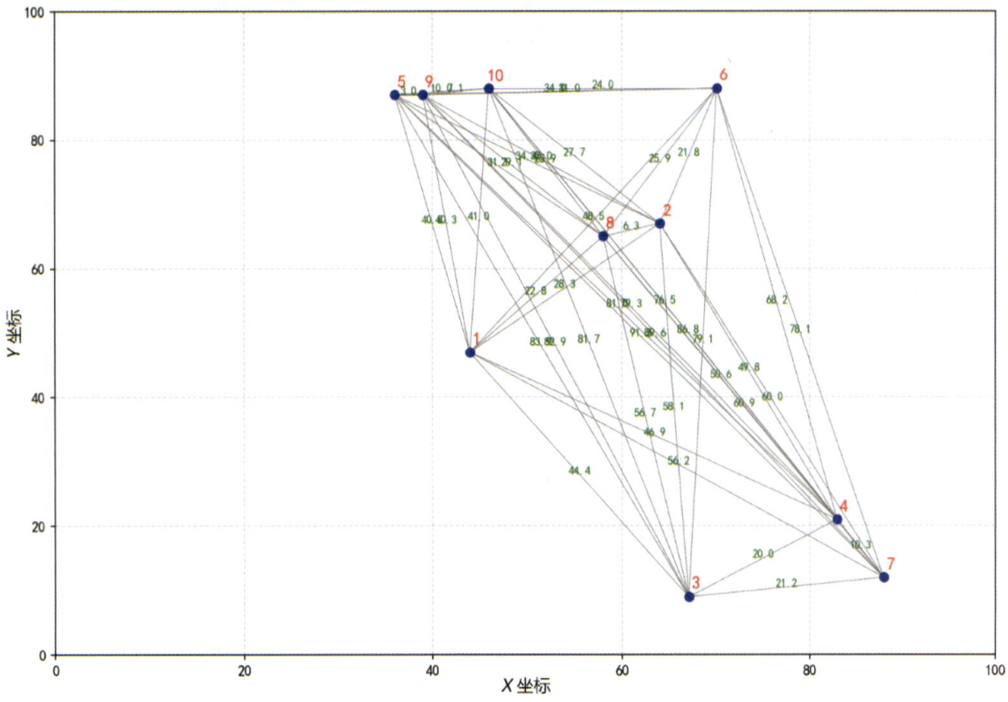

图 9-8　城市分布与距离关系

具体而言，城市之间的距离矩阵是一个对称的二维矩阵，其元素通过公式

$$d_{ij}=\sqrt{\left(x_i-x_j\right)^2+\left(y_i-y_j\right)^2}$$

计算得出。每条路径的距离反映了实际的空间分布关系，同时为后续路径选择提供了启发式因子支持。

启发式因子定义为路径距离的倒数，用于赋予较短路径更高的吸引力，从而提高其被选择的概率。

此外，算法还需要初始化一个信息素矩阵。初始状态下，所有路径上的信息素浓度被设置为一个相同的较小正值，以反映算法初期的随机搜索特性。这种均匀分布的信息素浓度使蚂蚁可以在探索初期对所有路径进行尝试，为算法的全局搜索提供足够的灵活性。

蚁群算法的核心在于蚂蚁的路径选择机制。在算法的每一轮迭代中，每只蚂蚁都会从一个随机选择的城市出发，依次选择下一个城市，直至形成一条完整的路径为止。这一过程基于概率进行，而概率的计算由信息素浓度和启发式因子共同决定。

例如，在一个包含10个城市的TSP实例中，假设一只蚂蚁当前处于城市A，其选择下一个目标城市B的概率不仅与路径$A \to B$上的信息素浓度相关，还与该路径的相对距离密切相关。这种机制使算法能够逐步收敛到最优路径。

在蚁群算法中，信息素的动态更新是实现路径优化的关键。通过信息素的挥发与增量机制，算法能够在探索优质路径的同时逐渐淘汰劣质路径，从而实现全局与局部的动态平衡。图9-9展示了某次迭代后不同路径上的信息素浓度变化情况，直观地反映了优质路径的强化与劣质路径的削弱。

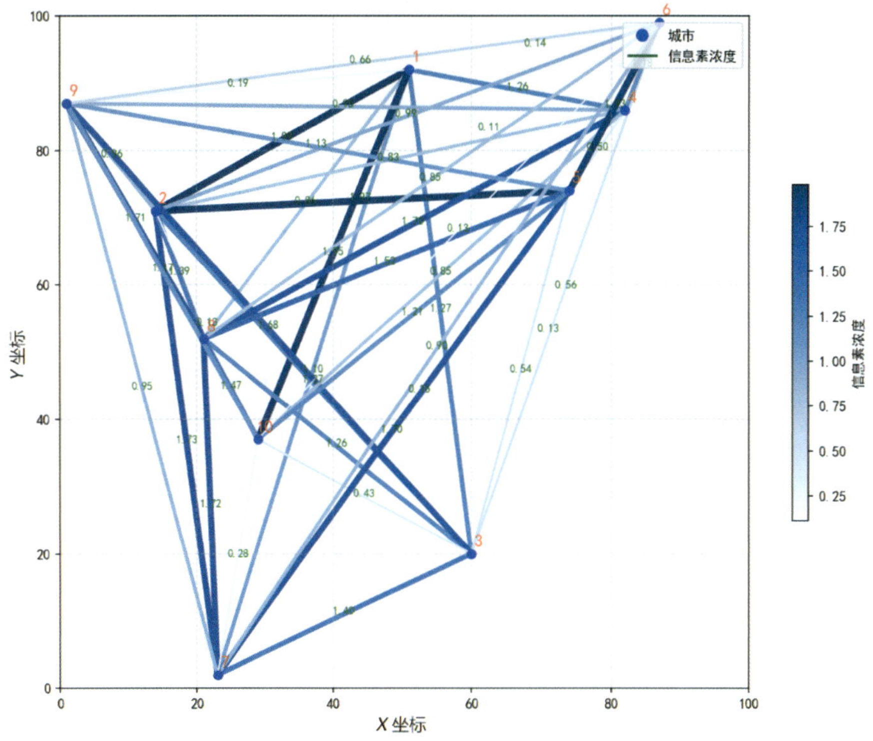

图9-9　信息素更新过程示意图

在图9-9中，10个城市分布在二维坐标平面上，用编号标注，每两个城市之间用直线相连。路径的颜色深浅和线条粗细表示信息素的浓度大小：浓度较高的路径用深色粗线表示，浓度较低的路径用浅色细线表示。较短路径由于信息素增量的强化，其吸引力逐渐增强并占据主导地位，而较长路径因挥发作用逐渐被削弱。

信息素更新过程的数学机制体现在以下几个方面。

（1）信息素挥发。

每轮迭代后，所有路径上的信息素都会按照一定比例衰减，避免过度强化某些路径而陷入局部最优解。挥发公式为

$$\tau_{ij} \leftarrow (1-\rho) \cdot \tau_{ij}$$

其中，ρ是信息素挥发率。

（2）信息素增量。

根据蚂蚁找到的路径长度，对路径上的信息素浓度进行奖励。路径越短，增量越大，公式为

$$\Delta\tau_{ij} = \frac{Q}{L}$$

其中，Q 是常数，L 是路径长度。

图 9-9 中展示的信息素浓度变化说明了蚁群算法的动态平衡机制。优质路径的信息素浓度随着迭代不断增强，吸引更多蚂蚁选择，劣质路径则逐渐淡化，从而推动算法收敛至全局最优解。这种机制有效体现了群体智能在优化问题中的应用潜力。

例如，若路径 A 的长度为 100，路径 B 的长度为 200，则路径 A 上的信息素增量将是路径 B 的两倍。通过多轮迭代，路径 A 被选择的概率将显著高于路径 B，最终使优质路径的选择逐渐占据主导地位。

在实验中，使用蚁群算法解决一个包含 10 个城市的 TSP。初始阶段，由于信息素浓度均匀分布，路径选择具有较高的随机性。但随着迭代次数的增加，优质路径上的信息素浓度逐渐累积，蚂蚁的选择开始集中于这些路径。

实验还验证了参数对算法性能的影响。例如，当信息素挥发率从 0.1 提高到 0.5 时，算法的全局探索能力增强，但收敛速度有所下降；相反，当信息素挥发率降低到 0.1 时，算法的收敛速度加快，但最终解的质量有所下降。这表明合理的参数调优对算法的实际应用至关重要。

蚁群算法通过模拟蚂蚁觅食行为的群体智慧，在解决 TSP 等优化问题中展现出了其强大的适应性。其核心机制——基于信息素的动态反馈与概率路径选择，使算法能够在探索全局解空间和开发局部优质路径之间取得平衡。然而，由于计算复杂度较高，蚁群算法在大规模问题中的应用仍面临效率挑战。

未来的研究方向可以集中于以下几点：结合遗传算法或粒子群优化等其他优化方法，构建混合优化模型；针对不同问题设计专用的启发式规则，以提升算法的效率；探索将蚁群算法与深度学习模型相结合，利用学习能力进一步拓展其应用领域。

通过本次实践练习，我们不仅深入理解了蚁群算法的核心思想，还通过实验验证了其在路径优化问题中的实际效果。尽管这一算法灵感来源于自然界，但其在求解复杂优化问题上的潜力使其在优化问题中扮演重要角色。

9.5 Python语言实现：蚁群算法

蚁群算法以其生物启发的群体智能机制，在解决路径规划问题中表现出色。通过模拟蚂蚁觅食行为中的信息素传递过程，蚁群算法能够动态调整路径选择方案，逐步逼近全局最优解。在本节中，将全面展示如何通过Python语言实现蚁群算法，并在TSP中进行验证。完整的实现过程包括算法的初始化、路径构建规则、信息素更新机制及最终的可视化分析。

1. 算法实现的关键环节

在实现蚁群算法时，必须围绕其核心机制进行详细设计。以下将逐步介绍具体实现过程中的关键步骤，并以Python语言呈现实际代码。这不仅有助于加深对算法原理的理解，还能使其应用于实际问题中。

（1）数据结构与问题初始化。

在实现蚁群算法之前，必须先构建合适的数据结构以存储问题信息。对于TSP而言，主要需要以下内容。

①城市与距离矩阵。

城市之间的距离矩阵是实现路径规划的基础。在TSP中，通常以对称矩阵形式表示，其中每个元素表示两个城市间的距离。

示例：假设有5个城市，其距离矩阵如下。

代码9-1 城市距离矩阵的初始化

```
import numpy as np

distance_matrix = np.array([
    [0, 2, 9, 10, 7],
    [2, 0, 6, 4, 3],
    [9, 6, 0, 8, 5],
    [10, 4, 8, 0, 6],
    [7, 3, 5, 6, 0]
])
```

上述代码完成了城市距离矩阵的初始化，代码本身没有显示返回值，但执行后会生成以下数据结构供蚁群算法后续使用。

distance_matrix：一个二维NumPy数组，存储城市之间的距离。

pheromone_matrix：一个二维NumPy数组，存储路径上的初始信息素值。

heuristic_matrix：一个二维 NumPy 数组，存储每条路径的启发式因子，通常为对应距离的倒数。

②信息素矩阵初始化。

信息素矩阵是蚁群算法的核心部分，用于表示路径的重要性。所有路径的初始信息素值通常设置为一个较小的常量，以保证搜索的随机性。

代码9-2 信息素矩阵和启发式因子的初始化

```
num_cities = len(distance_matrix)
pheromone_matrix = np.ones((num_cities, num_cities)) * 0.1
```

（2）启发式因子。

启发式因子通常根据距离反映路径的优越性。路径的启发式因子可以定义为距离的倒数。

```
heuristic_matrix = 1 / (distance_matrix + np.eye(num_cities) * 1e9)  # 避免自环
```

（3）蚂蚁的初始化。

每只蚂蚁会从一个随机选择的城市出发，随后根据路径选择规则逐步构建访问所有城市且仅访问一次的完整闭合路径。

2. 路径构建规则

蚂蚁根据路径上的信息素浓度和启发式因子选择下一个要访问的城市。让我们引入模型公式来进行选择概率的计算：

$$P_{ij}=\frac{\left(\tau_{ij}\right)^{\alpha}\left(\eta_{ij}\right)^{\beta}}{\sum_{k\in \text{allowed}}\left(\tau_{ik}\right)^{\alpha}\left(\eta_{ik}\right)^{\beta}}$$

其中，τ_{ij}为路径$i \to j$上的信息素浓度；η_{ij}为路径$i \to j$的启发式因子（通常为距离的倒数）；α为信息素的重要性权重；β为启发式因子的重要性权重；P_{ij}为蚂蚁从城市i移动到城市j的概率。

通过代码实现路径选择规则。

代码9-3 选择下一个城市的函数

```
def select_next_city(current_city, allowed_cities, pheromone, heuristic, alpha, beta):
    probabilities = []
    for city in allowed_cities:
        prob = (pheromone[current_city][city]  alpha)  (heuristic[current_city][city]  beta)
        probabilities.append(prob)
    probabilities = np.array(probabilities)
    probabilities /= probabilities.sum()   # 归一化概率
```

```
        next_city = np.random.choice(allowed_cities, p=probabilities)
        return next_city
```

3. 信息素更新机制

信息素的动态更新是蚁群算法的关键。在每一轮迭代中，信息素更新分为两部分：挥发和增量更新。

（1）信息素挥发。

信息素挥发用于防止早期路径的信息素过度累积，降低陷入局部最优解的风险。其公式为

$$\tau_{ij} \leftarrow (1-\rho)\cdot\tau_{ij}$$

其中，ρ是信息素挥发率，取值区间为$[0,1]$。

（2）信息素增量。

信息素增量反映路径的优劣性，路径长度越短，增量越大。其具体公式为

$$\Delta\tau_{ij} = \frac{Q}{L_k}$$

其中，L_k表示第k只蚂蚁的路径总长度，Q为常量。

完整的信息素更新代码如下。

代码9-4 信息素更新函数

```
def update_pheromone(pheromone, paths, distances, rho, Q):
    pheromone = (1 - rho)   # 挥发
    for path, distance in zip(paths, distances):
        pheromone_increment = Q / distance
        for i in range(len(path) - 1):
            pheromone[path[i]][path[i + 1]] += pheromone_increment
            pheromone[path[i + 1]][path[i]] += pheromone_increment  # 对称更新
    return pheromone
```

4. 迭代流程与终止条件

蚁群算法的迭代流程包括初始化、路径选择、信息素更新等。在多次迭代后，算法通常会逐渐收敛至全局最优解。

代码9-5 蚁群算法的主函数

```
def ant_colony_optimization(distance_matrix, num_ants, alpha, beta, rho, Q, max_iter):
    num_cities = len(distance_matrix)
```

```
    pheromone = np.ones((num_cities, num_cities)) * 0.1
    heuristic = 1 / (distance_matrix + np.eye(num_cities) * 1e9)
    best_path = None
    best_distance = float('inf')
    for iteration in range(max_iter):
        paths = []
        distances = []

        for ant in range(num_ants):
            current_city = np.random.randint(num_cities)
            path = [current_city]
            allowed_cities = set(range(num_cities)) - {current_city}

            while allowed_cities:
                next_city = select_next_city(current_city, allowed_cities,
                                             pheromone, heuristic, alpha,
                                             beta)
                path.append(next_city)
                allowed_cities.remove(next_city)
                current_city = next_city

            path.append(path[0])  # 回到起点
            distance = sum(distance_matrix[path[i]][path[i + 1]] for i in
                       range(len(path) - 1))
            paths.append(path)
            distances.append(distance)

            if distance < best_distance:
                best_distance = distance
                best_path = path

        pheromone = update_pheromone(pheromone, paths, distances, rho, Q)
        print(f"Iteration {iteration + 1}, Best Distance: {best_distance}")

    return best_path, best_distance
```

运行结果如下。

```
Iteration 94/100, Best Distance: 290.31
Iteration 95/100, Best Distance: 290.31
Iteration 96/100, Best Distance: 290.31
Iteration 97/100, Best Distance: 290.31
Iteration 98/100, Best Distance: 290.31
Iteration 99/100, Best Distance: 290.31
Iteration 100/100, Best Distance: 290.31
Best Path: [0, 4, 1, 6, 9, 7, 2, 8, 3, 5, 0]
Best Distance: 290.3067737777875
```

5. 运行与结果可视化

通过调用上述函数解决TSP，并利用Matplotlib库绘制最优路径。

代码9-6 代码可视化显示

```
import matplotlib.pyplot as plt

Def plot_path(path, distance_matrix):
    x = [distance_matrix[i][0] for i in path]
    y = [distance_matrix[i][1] for i in path]
    plt.figure(figsize=(8, 6))
    plt.plot(x, y, marker='o')
    plt.title("Optimal Path")
    plt.show()

best_path, best_distance = ant_colony_optimization(distance_matrix, num_ants=10, alpha=1, beta=2, rho=0.1, Q=10, max_iter=100)
print("Best Path:", best_path)
print("Best Distance:", best_distance)
plot_path(best_path, distance_matrix)
```

通过以上步骤，蚁群算法得以在TSP中成功应用。算法的核心机制通过Python代码被逐一实现，并结合可视化分析（见图9-10）展示了路径优化的结果。这一实现为蚁群算法的灵活扩展和性能优化奠定了基础，为其在更复杂的场景中的应用提供了可能性。

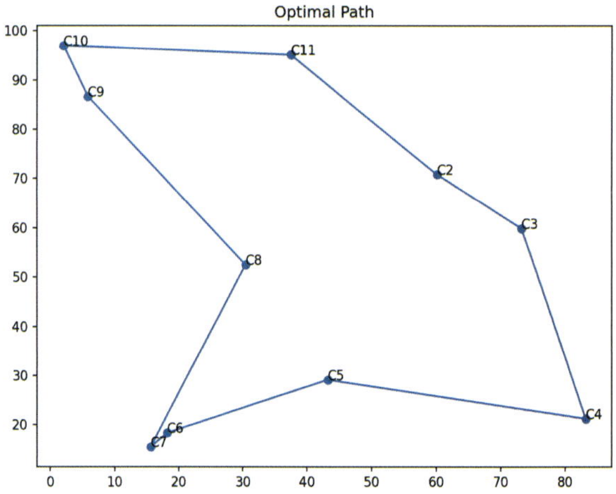

图9-10 蚁群算法求解TSP的最优路径可视化

第10章 鲸鱼优化算法

在前几章中，已经详细学习了遗传算法、蚁群算法等经典优化算法的原理与实现方法，并通过实际编程练习了解了它们在优化问题中的应用。然而，随着优化问题的复杂性不断增加，仅依靠传统优化算法可能难以满足实际需求，尤其是在解决非线性、多维、多峰值等问题时，如何高效寻找全局最优解仍然是一个重要的挑战。为此，基于自然现象和生物行为的新型智能优化算法逐渐受到关注，其中，鲸鱼优化算法（Whale Optimization Algorithm, WOA）因其简单、高效的特点，在众多优化场景中展现出了独特的优势。

鲸鱼优化算法通过模拟座头鲸的气泡网捕食行为，将其灵活高效的觅食策略映射到数学优化问题中，从而实现全局搜索与局部开发的动态平衡。本章将以鲸鱼优化算法为核心，系统介绍其理论基础、实现方法及应用场景。从算法的基本原理入手，深入解析鲸鱼觅食行为的数学建模过程，探讨螺旋更新与收缩包围的核心机制。在此基础上，我们将结合实际问题，学习如何利用鲸鱼优化算法解决优化问题，并通过调整参数和优化策略，提升算法的性能和适应性。

本章的主要知识点如下。

（1）鲸鱼优化算法简介：学习鲸鱼优化算法的基本理论，理解其在优化问题中的设计思路。

（2）模拟鲸鱼觅食行为：掌握螺旋更新机制与收缩包围机制，了解算法的实现细节。

（3）算法优化与应用：分析鲸鱼优化算法的优缺点，学习优化算法性能的常用技巧。

（4）实践练习：通过编程实现一个简单的鲸鱼优化算法，并对其应用场景进行探索。

（5）Python语言实现：结合实际案例，编写鲸鱼优化算法的代码，并进行参数调优与性能分析。

注意：在开始本章的学习之前，建议读者回顾第9章中关于蚁群算法的信息素更新机制与路径优化的内容，这将有助于更好地理解鲸鱼优化算法中的全局搜索与局部开发策略。同时，建议读者复习第7章中的遗传算法和第8章的多目标优化知识，以建立对智能优化算法的系统性认知。

10.1 鲸鱼优化算法简介

在优化算法的发展历史中，自然界生物行为的建模一直是智能优化领域的重要研究方向。鲸鱼优化算法正是这一领域的典型代表。该算法由Mirjalili等人于2016年首次提出，其灵感来源于座头鲸（Humpback Whale）的气泡网捕食行为。座头鲸在捕猎时，通过围绕猎物生成气泡网的方式缩小猎物活动范围，逐步逼近目标并完成捕食。图10–1展示了座头鲸在捕食过程中形成的螺旋状气泡网，该行为充分体现了座头鲸精准的捕猎策略及动态调整能力。这种捕猎方式的高效性与灵活性为复杂优化问题中的全局搜索与局部开发提供了重要启发。鲸鱼优化算法正是借助这一行为特性构建了数学模型，成为解决非线性、多峰值、多维优化问题的有效工具。

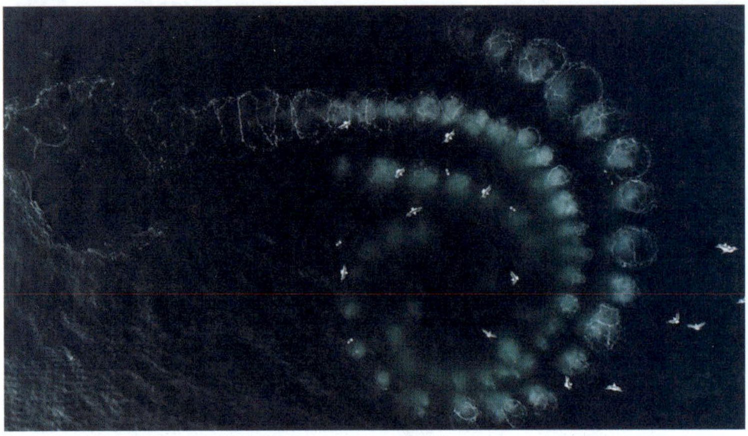

图10–1　座头鲸捕食过程螺旋状气泡网示意图

鲸鱼优化算法的基本思想在于模拟座头鲸的捕食行为，将其转化为优化问题中的搜索机制。数学上，优化问题可被看作在多维空间中寻找目标函数的最优解，其中每个解表示解空间中的一个可能点。鲸鱼优化算法通过模仿鲸鱼对猎物位置的动态调整能力，设计了一种高效的解搜索方法。在算法执行过程中，鲸鱼群体被初始化为若干随机解，随后通过一系列模拟行为（如螺旋更新和收缩包围）对解进行动态迭代，直至找到全局最优解。

鲸鱼优化算法的核心机制包括螺旋更新和收缩包围两部分。螺旋更新机制模拟了鲸鱼围绕猎物以螺旋轨迹接近目标的过程，其数学模型表达为

$$X(t+1) = D \cdot e^{bl} \cdot \cos(2\pi l) + X^*$$

其中，$X(t+1)$为个体在下一代的位置；D为个体与最优解之间的距离；b是控制螺旋形状的常数；l是区间$[-1,1]$内的一个随机数；X^*表示当前种群中的最优解位置。通过这一机制，算法能够在捕食目标附近进行细致的局部搜索，从而提升精确度。

收缩包围机制通过逐步缩小解的搜索范围模拟鲸鱼捕食过程中动态收敛到猎物的行为。其核心是通过调整参数A和C控制解在目标附近的搜索强度：

$$A=2ar-a,\quad C=2r$$

其中，a随着迭代次数线性递减；r为区间[0, 1]内的随机数。通过动态调整A的范围，算法能够实

现全局搜索与局部开发之间的平衡，即在早期阶段更多地探索解空间，而在后期阶段集中精力开发目标附近的高质量解。

鲸鱼优化算法因其简单、高效且易于实现的特点，在众多应用领域得到了广泛认可。例如，在复杂函数优化问题中，鲸鱼优化算法能够避免传统算法容易陷入局部最优解的缺陷。在特征选择领域，鲸鱼优化算法被用于从高维数据中筛选出具有重要性的特征，从而提高机器学习模型的性能。此外，在工业工程优化领域（如物流路径规划、结构设计优化等），鲸鱼优化算法展现出了较强的适应能力。以物流路径优化问题为例，通过鲸鱼优化算法优化配送路径，可以有效降低运输成本并提高配送效率。这一优势为其在实际工业场景中的应用奠定了基础。

然而，鲸鱼优化算法也存在一定的局限性。面对高维解空间或复杂目标函数时，鲸鱼优化算法表现出较慢的收敛速度，特别是在早期迭代阶段，其全局搜索的探索性特点可能导致收敛效率的下降。此外，算法在某些情况下易过早收敛至局部最优解，从而影响优化结果的质量。为了应对这些问题，研究人员提出了多种改进策略。例如，引入混合优化方法（如结合粒子群优化算法）或自适应调整参数，在保持算法原有特性的基础上提高其鲁棒性和收敛性能。

近年来，鲸鱼优化算法在理论研究与实际应用中均取得显著进展。学术研究主要聚焦于性能提升，如通过改进螺旋更新和收缩包围机制来增强其搜索能力；在应用层面，鲸鱼优化算法已被用于解决从能源调度到医学图像处理等多个领域的复杂问题。这种跨领域的适应性进一步证明了鲸鱼优化算法的潜力和价值。

鲸鱼优化算法是一种具有重要实践意义和理论价值的智能优化算法。它通过简单且直观的生物行为建模，为复杂优化问题提供了全新的解决思路。接下来，我们将详细探讨其核心机制的实现细节，并结合实际案例进一步展示算法的强大功能与应用前景。

10.2 模拟鲸鱼觅食行为

鲸鱼优化算法的核心在于对座头鲸捕食行为的数学建模，而其实现依赖于两个关键机制：螺旋更新和收缩包围。这两个机制分别对应座头鲸在捕食目标附近的精确逼近过程和在较大范围内的动态搜索行为。通过这两种机制的协同作用，鲸鱼优化算法能够在全局搜索与局部开发之间实现有效平衡，从而提升解的精确性和优化效率。接下来，我们将详细解析螺旋更新机制的数学原理与实现过程。

10.2.1 螺旋更新机制

螺旋更新机制是鲸鱼优化算法的核心机制，其灵感来源于座头鲸在捕食过程中的螺旋轨迹行为。

座头鲸通过围绕猎物形成螺旋状气泡网，以逐步逼近猎物，从而实现精准捕食。该行为为优化问题中的局部搜索提供了重要启发。在鲸鱼优化算法中，螺旋更新机制通过数学建模将这一自然现象转化为搜索过程中的关键操作，为解的动态调整与逐步收敛提供了有效途径。

从数学角度来看，螺旋更新机制的核心在于当前个体解围绕当前种群最优解（猎物）按照螺旋轨迹逐步靠近目标点。其数学表达式为

$$X(t+1) = D \cdot \mathrm{e}^{bl} \cdot \cos(2\pi l) + X^*$$

其中，$X(t+1)$是个体在下一代的位置；X^*是当前种群中的最优解位置；$D = \left|X(t) - X^*\right|$表示当前个体与最优解之间的距离；$b$ 是螺旋形状的控制参数；l 是区间 [−1, 1] 内的随机数，用于引入螺旋路径的随机性。

公式中的$D \cdot e^{bl}$和$\cos(2\pi l)$分别负责路径的收缩与螺旋特性。前者通过指数函数控制解逐步接近最优点的速度；而后者则通过螺旋函数模拟解围绕目标点的轨迹变化。这种设计确保了解在逼近目标的同时保留多样性，避免算法过早陷入局部最优解。图 10−2 展示了螺旋更新机制的几何特性，其中解从当前位置(X,Y)沿螺旋路径逐步逼近当前种群中的最优解$\left(X^*,Y^*\right)$。指数函数的作用体现在路径逐步向目标点收缩，而螺旋函数则形成了解的环绕式轨迹，有助于全局搜索的多样化。

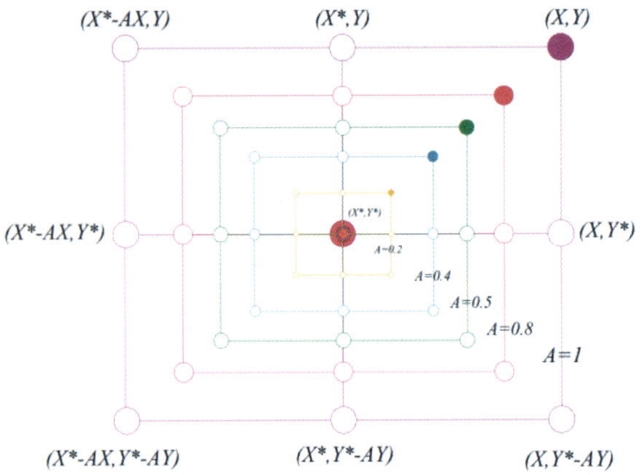

（a）

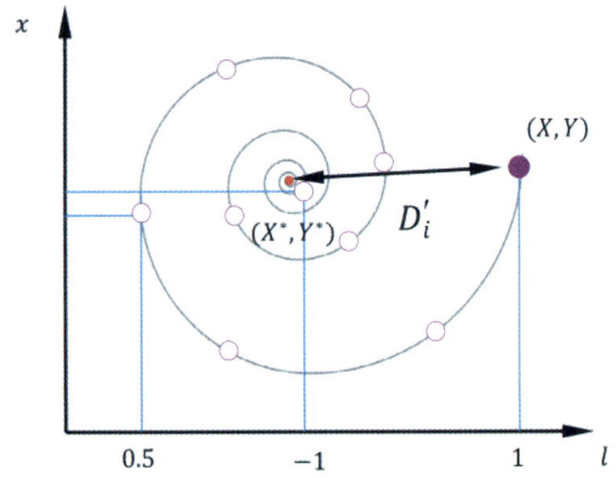

（b）

图 10−2　螺旋更新机制的几何特性示意图

螺旋更新机制的几何特性体现了解在目标点附近的搜索行为。通过参数b和随机数l的调节，螺旋路径可以表现为紧密收敛或广泛探索的不同形态。当b较小时，解的轨迹较为集中，适合在目标附近进行细致的局部开发；当b较大时，解的轨迹范围更大，有助于在全局范围内进行探索。

具体而言，在二维坐标系下，解的位置变化可以被描绘为围绕目标点的螺旋轨迹。如图 10−2 所示（假设目标点位于原点），螺旋路径从外部逐步逼近目标点，且每次环绕的距离逐渐减小。

为了更好地说明螺旋更新机制的作用，可以考虑如下优化问题：目标函数为

$$f(x,y) = x^2 + y^2 + 10\sin(x) + 5\cos(y)$$

该函数为非线性多峰值问题，具有多个局部最优点和一个全局最优点。假设个体解初始位置为$(3,4)$，当前最优解位置为$X^*=(0,0)$。在算法的每一次迭代中，解按照公式围绕X^*逐步靠近。螺旋路径的动态更新不仅能够有效跳过附近的局部最优点，还可以通过围绕目标点的多样化路径提高全局搜索能力。

在实际计算中，指数项e^{bl}控制了解的步长逐步缩短，而螺旋项$\cos(2\pi l)$保持了解在不同方向的动态搜索能力。例如，当解的位置为$(1,2)$时，更新后的解可能位于$(0.8,1.9)$，继续向目标点收敛。

螺旋更新机制的搜索效率在很大程度上依赖参数b和随机变量l的调节。参数b控制路径的螺旋形状，其典型取值范围为$[0.1,2]$。较大的b值有助于扩大搜索范围，而较小的b值则能增强局部开发能力。在实际应用中，可以根据问题的复杂性动态调整b的值。例如，在算法的早期阶段设置较大的b值，以提高全局探索能力；在后期阶段逐步减小b的值，以增强收敛速度。

随机变量l通过其随机性增加了解路径的多样性，避免算法陷入周期性搜索或单一方向的局部最优解。理论上，l的分布可取均匀分布或正态分布。在实际应用中，均匀分布能够提供更广泛的随机性，而正态分布则更适合细致的局部搜索。

螺旋更新机制的最大优势在于其动态调整能力。通过指数项和螺旋项的结合，算法能够在解空间中平衡探索与开发，特别是在非线性、多峰值优化问题中展现出较强的适应性。然而，该机制也存在一定局限性。随机变量l的引入虽然增加了多样性，但可能导致收敛路径的不稳定性，特别是在早期迭代阶段。此外，参数b的选择对算法的整体性能影响较大，若设置不当可能导致搜索范围过于狭窄或路径过于分散。

螺旋更新机制通过对座头鲸螺旋捕食行为的数学建模，实现了解在解空间中的动态调整与逐步收敛。其通过指数项和螺旋项的结合，不仅提高了局部搜索的精度，还增强了全局搜索的多样性。通过参数b和随机变量l的灵活调控，算法能够适应不同类型的优化问题。接下来，我们将进一步探讨收缩包围机制及其在优化过程中的具体作用，揭示鲸鱼优化算法在全局与局部搜索中的协同机制设计。

10.2.2 收缩包围机制

收缩包围机制是鲸鱼优化算法中的另一核心机制，其设计灵感源自座头鲸捕食过程中逐步缩小气泡网范围的行为。通过动态调整种群解的搜索范围，该机制实现了优化过程中的全局搜索与局部开发的自然过渡。相比螺旋更新机制注重目标点的精确逼近，收缩包围机制更关注种群解在解空间中的分布调节，确保搜索范围从全局探索逐步收敛至局部区域。

图10–3直观地展示了收缩包围机制的几何特性。目标点X^*位于中心，初始种群解随机分布在目标点的周围，形成较大的分散区域。在收缩包围机制的作用下，随着迭代次数的增加，种群解的分布逐渐向目标点集中，每一层的解均以缩小的圆环形式围绕目标点排列。这种动态收缩的过程确保了算法在初期具有广泛探索解空间的能力，而后期则集中于对目标区域的开发，从而实现全局搜索与局部开发的有效平衡。

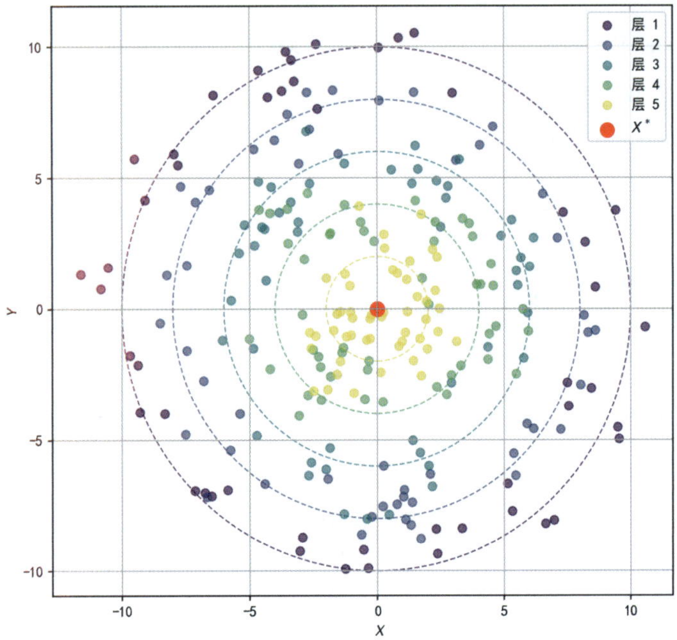

图10–3　收缩包围机制的几何特性

收缩包围机制的数学模型通过参数A和C控制解的搜索方向与幅度，具体更新公式为

$$X(t+1)=X^*-A\cdot D$$

其中，$X(t+1)$为个体在下一代的位置；X^*为当前种群中的最优解位置；D为个体与最优解之间的距离，定义为

$$D=C\cdot\left(X^*-X(t)\right)$$

参数A和C的定义为

$$A=2a\cdot r-a,\quad C=2\cdot r$$

其中，a为随着迭代次数线性递减的因子，用于控制算法的收敛速度；r为$[0,1]$的随机数，引入搜索路径的随机性。通过这些参数的共同作用，算法能够在搜索过程中动态调整种群解的位置更新模式。

参数A的值对搜索行为具有关键影响。图10–4展示了参数A在不同取值范围（$|A|>1$和$|A|<1$）下对搜索路径和解分布的影响。当$|A|>1$时，算法倾向于全局搜索，解的位置更新幅度较大，能够跳出局部区域；此时，更新后的解分布呈现较为分散的状态，具有广泛搜索能力。而当$|A|<1$时，算法进入局部开发阶段，解逐步向最优解靠近，路径收敛于目标点附近，表现出更精确的开发能力。图10–4中还显示了参数A的线性递减趋势，随着迭代次数的增加，A的值逐渐减小，这一动态调整确保了算法从全局探索逐步过渡到局部开发。

此外，参数C的随机性进一步增强了搜索路径的多样性，避免了解陷入固定方向的局限。通过这种协同作用，收缩包围机制在搜索初期能够覆盖更大的解空间，而在后期则集中于目标区域，实现了全局搜索与局部开发的有效平衡。

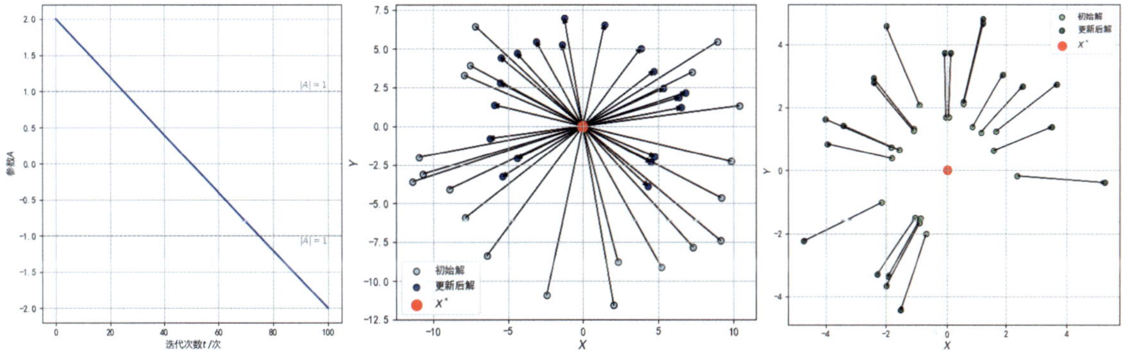

（a）参数A的线性递减趋势　（b）$|A|>1$时的解分布与搜索路径　（c）$|A|<1$时的解分布与搜索路径

图 10-4　参数A在不同取值范围（$|A|>1$和$|A|<1$）下对搜索路径和解分布的影响

收缩包围机制的几何特性可以通过种群解在目标点X^*周围的动态分布变化来描述。在初始阶段，由于参数A 和C 的值较大，个体解在目标点附近呈现分散分布，搜索范围较广，能够覆盖更大的解空间，避免过早陷入局部最优解。随着迭代次数的增加，参数A 和C 的值逐步减小，种群解逐步向目标点收敛，其路径在几何上呈现出围绕目标点的同心圆形状，每一层的半径逐渐缩小，最终集中到目标区域。

初始种群解以随机分布的形式围绕着目标点X^*。在参数A 的控制下，解的分布范围逐步缩小，路径从稀疏分布逐渐演变为密集分布，最终实现对目标点的精准逼近。通过这种动态收缩，算法在全局搜索与局部开发之间实现了有效的平衡。

收缩包围机制在解决高维、多峰值优化问题中具有显著优势，特别是在目标函数具有多个局部极值点的场景下。例如，在物流路径规划问题中，目标函数通常包含大量局部最优解，传统优化算法可能因初始条件选择不当而陷入次优解。然而，收缩包围机制通过初期广泛搜索能力覆盖了解空间的多个局部区域，并在后期收敛到全局最优解附近，从而提高了解的全局搜索能力。

以神经网络的超参数优化为例，假设需要调整网络的学习率和权重衰减两个关键参数。在优化初期，收缩包围机制的较大参数值允许搜索范围覆盖多个可能的参数组合，从而找到性能较好的候选解。在优化后期，随着搜索范围逐步缩小，收缩包围机制能够精准地收敛到最优参数组合，从而提高网络的训练效果和性能。

收缩包围机制的主要优势在于其动态调整能力。通过参数A 和C 的协同作用，算法在初期具有较强的全局搜索能力，而在后期则能够实现对局部区域的精确开发。这种特性使算法在多峰值问题中表现出较高的鲁棒性。此外，机制中的随机性设计为种群解提供了多样化的搜索路径，有效避免了陷入局部最优解。

然而，该机制也存在一定的局限性。首先，随机数r 的引入可能导致解的搜索路径不稳定，尤其在初期参数较大时，解的位置更新可能偏离目标区域，影响收敛效率。其次，参数a的线性递减设计在动态优化问题中可能不够灵活，无法适应目标函数随时间变化的需求。

针对上述局限性，可以从以下几个方面进行改进。

（1）非线性递减函数的引入：将 a 的线性递减替换为指数递减或对数递减函数，如 $a(t)=a_0\cdot \mathrm{e}^{-kt}$，从而在初期和后期阶段分别强化全局搜索与局部开发能力。

（2）动态随机数调整：根据种群解的分布状态动态调整随机数 r 的范围。例如，当种群解集中度较低时增大随机性，而当种群解集中度较高时减小随机性，以增强收敛效果。

（3）混合优化策略：将收缩包围机制与其他优化算法相结合，如引入粒子群优化算法的速度更新策略，进一步提升算法在高维优化问题中的表现。

收缩包围机制通过模拟自然界中座头鲸缩小气泡网的捕食行为，为优化算法提供了一种有效的动态调整搜索范围的策略。其结合随机性与递减参数设计，在全局搜索与局部开发之间实现了高效平衡。然而，其性能受参数设置和问题特性的影响较大，针对其局限性的改进将进一步拓展算法的应用范围，特别是在动态优化和多目标优化问题中具有广阔的研究前景。

10.2.3 全局搜索与局部开发的平衡

在优化问题中，如何有效地平衡全局搜索与局部开发是评估优化算法性能的关键标准之一。全局搜索旨在解空间中广泛探索，尽可能覆盖所有可能的解区域，以避免陷入局部最优解；局部开发则关注对解的精细优化，使算法能够逼近全局最优解。鲸鱼优化算法通过一系列动态参数调节机制，将全局搜索与局部开发巧妙结合，形成了高度灵活且高效的优化框架。

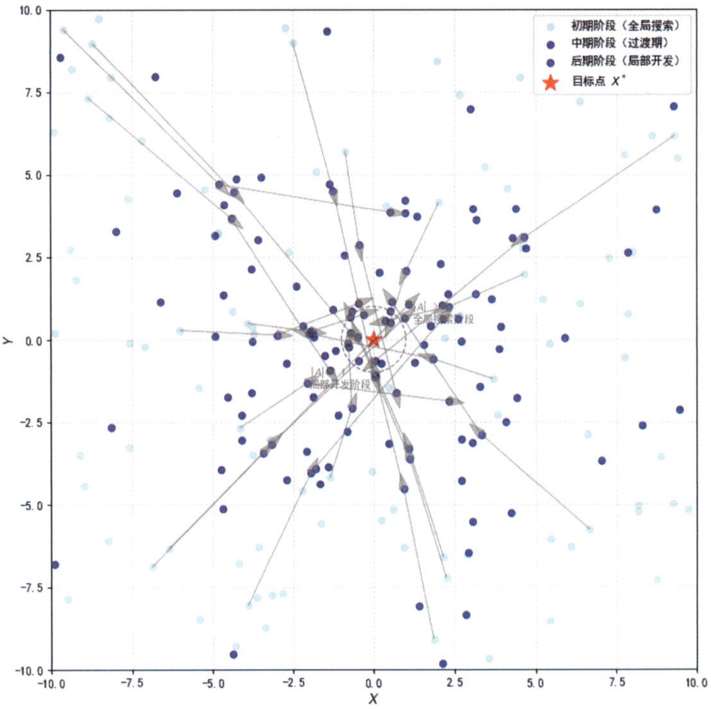

图 10-5　全局搜索与局部开发的动态平衡示意图

图 10-5 直观展示了鲸鱼优化算法在优化过程中的全局搜索与局部开发的动态平衡过程。在初期阶段（全局搜索），个体解分布在整个解空间的广泛区域（浅蓝色点），此时参数 $|A|>1$，随机性较强，保证了解的广泛分布和解空间的充分覆盖。随着迭代的进行，解逐渐进入中期阶段（过渡期），个体解向目标点 X^*（红色星标）靠拢，分布范围开始收缩（蓝色点）。最终，在后期阶段（局部开发），个体解高度集中在目标点附近（深

蓝色点)，此时参数 $|A|<1$，通过更精细的路径调整实现对全局最优解的逼近。

在鲸鱼优化算法中，全局搜索的实现依赖参数 A 和 C 的联合作用。参数 C 确保了解的搜索方向具有随机性，从而避免算法陷入固定方向的搜索，而参数 A 通过动态调整搜索幅度，保证了从全局搜索到局部开发的平滑过渡。图 10-5 清晰地展示了这一动态过程。

具体而言，当 $|A|>1$ 时，算法通过对最优解位置 X^* 的远距离调整，模拟鲸鱼在捕食行为中对猎物可能所在的大范围区域进行探索。这种策略使种群解分布在解空间的广泛区域内，从而具备跳出局部最优点的能力。例如，在优化多峰函数

$$f(x,y)=x^2+y^2+10\sin(x)+5\cos(y)$$

时，全局搜索能够在函数的多个局部最优点附近生成种群解，为后续阶段的局部开发奠定基础。如图 10-5 所示，在 $|A|>1$ 的全局搜索阶段，解的分布具有较高的随机性与广阔的覆盖范围。

随着迭代次数的增加，鲸鱼优化算法逐渐转向局部开发阶段。局部开发的目标是对当前最优解进行精确搜索，以逼近全局最优解。此时，参数 A 的值减小到 $|A|<1$，个体解围绕目标点 X^* 进行局部收缩。局部开发的路径更新由螺旋更新机制主导，其公式为

$$X(t+1)=D\cdot e^{bl}\cdot\cos(2\pi l)+X^*$$

其中，$D=|X(t)-X^*|$ 表示当前个体与最优解之间的距离；e^{bl} 控制了解的逐步收缩幅度；b 为螺旋形状的控制参数；$\cos(2\pi l)$ 模拟螺旋路径，用于增强搜索路径的多样性。

这一机制通过指数项的递减控制逼近目标点的速度，同时利用螺旋项保持对目标点周围区域的探索能力。在多峰优化问题中，局部开发阶段不仅能够准确捕捉全局最优解，还能避免因路径单一而陷入局部最优解。

鲸鱼优化算法通过对参数 A 的线性递减实现了全局搜索与局部开发的动态平衡。参数 A 的表达式为

$$A=2a\cdot r-a$$

其中，a 是一个随迭代次数递减的控制参数；r 是 $[0,1]$ 的随机数。在算法初期，a 的值较大，保证了 $|A|>1$，从而强化全局搜索能力；在算法后期，a 的值逐步减小，使 $|A|<1$，从而增强局部开发的精确性。

这一动态调节机制的核心在于控制搜索模式的过渡过程，具体表现以下两个方面。

(1) 在全局搜索阶段，种群解分布较为分散，随机性较强，能够充分覆盖解空间。

(2) 在局部开发阶段，种群解逐渐收缩至目标点附近，通过精确搜索提高解的质量。

例如，在函数优化任务中，动态平衡机制确保了算法既能避免陷入局部最优解，又能高效地逼近全局最优解。

以典型的多峰值函数为例，假设目标函数为

$$f(x,y)=x^2+y^2+10\sin(x)+5\cos(y)$$

其解空间包含多个局部极值点。在优化初期，鲸鱼优化算法利用全局搜索能力，随机生成种群解，广泛覆盖解空间的不同区域（见图10-6）。此时，解的分布体现了较强的随机性（浅蓝色点），能够有效跳过局部最优点，确保种群解的多样性。随着迭代次数的增加，参数A的值逐渐减小，种群解的分布范围逐步缩小。在中期阶段（蓝色点），部分解开始向目标点$(0,0)$集中，但仍保持一定的探索性，从而避免陷入局部极值区域。最终，在局部开发阶段（深蓝色点），种群解高度集中在目标点附近，通过精确搜索实现对全局最优解的精准逼近。

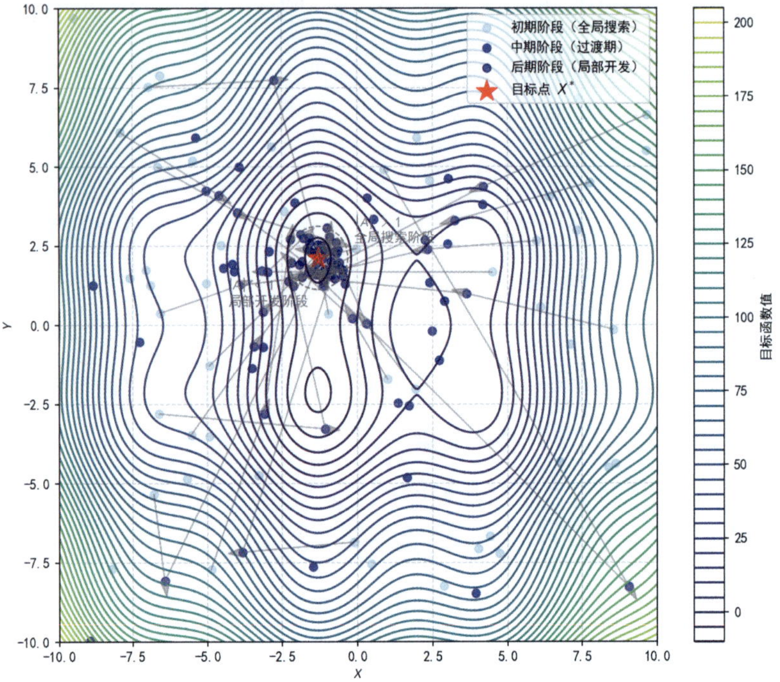

图10-6　多峰值优化问题示意图

图10-6清晰地展示了这一动态优化过程：目标函数的等高线图显示了解空间中的多个局部极值点及全局最优点，叠加的初期解、中期解和最终解的分布则直观地反映了鲸鱼优化算法从全局搜索到局部开发的转变。解的路径逐渐向目标点靠近，展示了参数A和搜索机制在算法中的协同作用。

尽管鲸鱼优化算法通过动态平衡机制在多数优化问题中表现优异，但其全局搜索与局部开发的协调性仍存在一定的局限性，主要表现在以下两个方面。

（1）初期随机性过强：全局搜索阶段的高随机性可能导致搜索路径不稳定，从而影响解的质量。

（2）参数调节机制不够灵活：采用线性递减的参数A无法适应某些复杂优化问题的需求。

针对这些局限性，以下改进方向值得探索。

（1）引入非线性参数调节策略：通过指数递减或对数递减的函数替代线性递减，使参数 的调整更加灵活，从而增强全局搜索与局部开发的过渡效果。

（2）自适应机制：根据种群解的分布状态动态调整参数和，如通过分析种群方差或解的集中度，实现更智能的搜索策略切换。

（3）混合优化方法：结合其他优化算法（如粒子群优化算法、遗传算法）中的搜索策略，提高全局搜索能力和局部开发精度。

鲸鱼优化算法通过螺旋更新机制与收缩包围机制的协同作用，实现了全局搜索与局部开发的动态平衡。这一设计不仅提高了算法的全局搜索能力，还增强了局部开发的精确性，使其在多峰值优化问题中表现出色。

10.3 算法优化与应用

鲸鱼优化算法在优化领域凭借其模拟座头鲸捕食行为的独特机制，表现出了强大的适应能力和较高的优化效率。然而，其简单的结构也带来了一定的局限性，如易陷入局部最优解和收敛速度不足等问题。因此，深入分析算法的优缺点，不仅能理解其核心机制的表现，还能为性能改进和实际应用提供重要参考。在此基础上，探索提升算法性能的方法及其在不同领域中的应用价值，显得尤为关键。

10.3.1 鲸鱼优化算法的优缺点分析

鲸鱼优化算法通过模拟座头鲸的气泡网捕食行为，在优化问题中展现出了全局搜索与局部开发相结合的独特优势。这种灵感源于自然的算法，凭借其结构简单、适应性强的特性，广泛应用于多目标优化、非线性优化及高维复杂问题。然而，和大多数元启发式算法一样，鲸鱼优化算法的表现受限于其设计机制，尤其在某些问题中，其简单性反而成为其局限性。因此，深入剖析鲸鱼优化算法的优缺点有助于理解其适用范围，为进一步改进算法提供思路。

1. 优点：灵活的机制与广泛的适用性

鲸鱼优化算法的最大优势在于其机制的简洁性与灵活性。整个算法的核心是通过两种简单行为（收缩包围和螺旋更新）的模拟实现解的动态搜索。收缩包围机制通过动态调整搜索范围，使个体解能够在全局探索的过程中不断接近最优解；而螺旋更新机制则通过非线性路径完成对目标点的精细逼近。这样的设计大大降低了算法的复杂度，使其易于理解和实现，也便于在多种问题中进行快速应用。

例如，螺旋更新机制的数学表达式为

$$X(t+1) = D \cdot \mathrm{e}^{bl} \cdot \cos(2\pi l) + X^*$$

其中，指数项 e^{bl} 控制了解逼近目标点的幅度；螺旋项 $\cos(2\pi l)$ 则在路径上引入多样性。这使算法在局部开发中不仅能逼近最优解，还能避免过早收敛到次优解。

鲸鱼优化算法的参数动态调节策略进一步增强了其适应性。参数 A 的递减机制能够在优化过程中实现全局搜索与局部开发的平衡：初期通过随机性探索更大的解空间，后期逐步向目标点集中。这种逐步转变的设计非常适合处理多峰值优化问题，能够有效避免陷入局部最优解。同时，由于鲸鱼优化算法的种群智能特性，其性能在高维解空间中表现尤为突出。例如，在连续优化和离散优化中，通过调整参数或结合其他优化算法，鲸鱼优化算法可以灵活适配不同的目标函数。

鲸鱼优化算法的另一个显著优点是算法的随机性设计。通过引入随机参数r 和C，鲸鱼优化算法在初期阶段的种群解分布具有较高的多样性。这种随机性不仅提高了全局搜索能力，还降低了搜索路径的重复性，为算法带来了更高的鲁棒性。

2. 缺点：收敛速度与参数依赖性

尽管鲸鱼优化算法在全局搜索与局部开发的结合上表现出色，但其简单的机制设计也带来了一定的局限性。

（1）收敛速度较慢。

由于全局搜索阶段依赖较大的随机性，种群解在解空间中频繁进行无效搜索，尤其在目标函数复杂或维度较高时，容易导致收敛过程的延缓。例如，在优化过程中，鲸鱼优化算法的目标函数值下降较缓慢，难以快速逼近全局最优解。相比之下，其他优化算法（如粒子群优化算法和遗传算法）则表现出更高的收敛速度。对于某些高维优化问题，鲸鱼优化算法可能需要较多的迭代次数才能接近全局最优解，这在实际应用中可能带来较高的计算成本。

如图10-7所示，鲸鱼优化算法、粒子群优化算法和遗传算法在同一目标函数上的收敛曲线对比直观地体现了这一问题。从图10-7中可以看到，鲸鱼优化算法的收敛曲线下降速度明显慢于其他两种算法，尤其是在优化初期和中期，目标函数值的下降幅度较小。尽管鲸鱼优化算法最终能够稳定收敛，但其效率与粒子群优化算法和遗传算法相比仍显不足。粒子群优化算法和遗传算法的曲线则展现出较快的下降趋势，能够在较少的迭代次数内逼近全局最优值（红色虚线标注）。这表明，鲸鱼优化算法在随机搜索阶段的路径方向性不足，可能是其收敛速度相对较慢的原因之一。

（2）局部开发机制有限。

鲸鱼优化算法的螺旋更新机制通过固定的几何轨迹逼近最优解，尽管这一方法在处理规则性较强的目标函数时表现良好，但在复杂解空间中，其路径设计往往难以适应目标点附近的多样化特征。例如，当目标函数具有复杂的几何特征或多个局部最优点时，螺旋路径可能无法覆盖目标点周围的全部信息，导致解在局部区域内停滞，难以进一步逼近全局最优解。

鲸鱼优化算法在局部开发阶段的解分布与其他优化算法（如粒子群优化算法、遗传算法）相比，存在明显差异。图10-8中展示了目标函数曲线的局部区域及三种算法的解分布情况。从图10-8中可以看到，鲸鱼优化算法的解（蓝色点）集中于局部区域，且未能摆脱次优解的限制，而粒子群优化算法（绿色点）和遗传算法（橙色点）的解则更接近全局最优点（红色星标）。这表明，鲸鱼优化算法的局部开发机制受限于固定路径的约束，缺乏对复杂目标函数的适应性，而粒子群优化算法和遗传算法则通过多样化的搜索策略在局部开发阶段表现出更高的效率和灵活性。

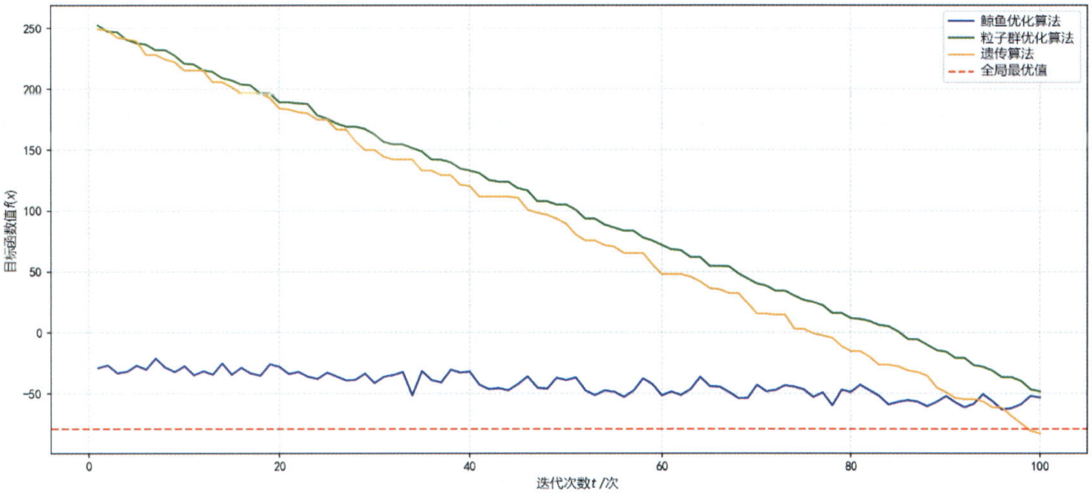

图 10-7　收敛曲线对比图

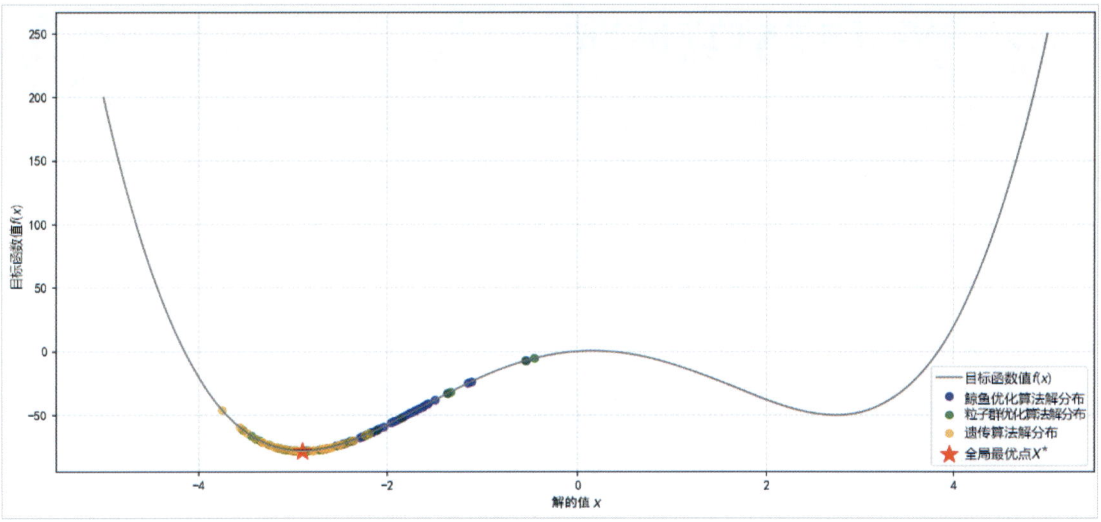

图 10-8　局部开发阶段的解分布图

鲸鱼优化算法的性能还高度依赖参数设置。参数 A 的线性递减策略在动态优化或实时应用中显得不够灵活，可能导致全局搜索与局部开发的过渡阶段处理不当。例如，若递减速率过快，可能导致全局搜索不足；而递减速率过慢，则可能降低局部开发的效率。同样，种群规模的选择对算法的搜索能力和效率影响显著，规模过小可能导致解空间覆盖不足，而规模过大则可能增加计算开销。

鲸鱼优化算法的种群个体间缺乏协作性。与粒子群优化算法或遗传算法相比，鲸鱼优化算法中的个体更新主要依赖当前最优解，而种群中其他个体的信息并未被充分利用。这种设计虽然降低了算法的复杂度，但在种群多样性不足时可能导致过早收敛，特别是在局部最优点较多的解空间中，表现尤为明显。

3. 实例分析：局限性的表现

以典型的目标函数$f(x)=x^4-16x^2+5x$为例，该函数具有多个局部极值点。在初期，鲸鱼优化算法能够通过全局搜索找到多个可能的优质解区域，种群解分布较广。然而，在后期，由于螺旋更新路径的单一性和局部开发的有限性，部分个体解可能停留在局部极小值（如$x=-2$附近）处，而无法有效跳到全局最优点。这种表现突显了鲸鱼优化算法局部开发能力的不足，也表明其螺旋更新机制在复杂问题中的适应性有待提高。

针对这些不足，未来的改进可以集中在增强算法灵活性与提高收敛效率上。例如，在参数调节上，可以尝试引入非线性递减或自适应策略，使全局搜索与局部开发的切换更符合具体问题的需求。同时，通过引入种群个体间的协作机制，如借鉴粒子群优化算法中的信息共享方法，增强种群整体的搜索能力，提升算法的性能。

鲸鱼优化算法在理论和实践中都展现出了显著优势，其优缺点的分析为改进算法提供了清晰的方向。通过引入更灵活的机制设计和更高效的参数调节方法，鲸鱼优化算法的应用前景将更加广泛。

10.3.2 提高算法性能的常用方法

提高优化算法性能是一项贯穿整个计算智能领域的重要研究课题，而鲸鱼优化算法的独特机制为其在多目标优化、复杂解空间探索等场景下提供了强大的潜力。然而，尽管鲸鱼优化算法具有灵活性强、易于实现等优点，其在性能上的不足限制了算法的适用范围。通过对参数调节、种群多样性、自适应搜索机制及混合策略的改进，不仅可以克服这些不足，还能拓展鲸鱼优化算法的应用边界。

1. 参数动态调节机制

在鲸鱼优化算法中，参数设置对全局搜索与局部开发的动态平衡具有决定性作用。特别是参数A的递减机制，通过动态控制搜索范围，实现从广域探索到局部收敛的自然过渡是提升算法性能的关键。然而，经典的线性递减策略（$A=2ar-a$，其中a线性递减）在某些复杂优化问题中可能显得过于简单，尤其在高维优化场景中难以提供足够的灵活性。线性递减在初期阶段能够提供稳定的全局探索能力，但在后期阶段可能导致局部开发的搜索深度不足，从而错失全局最优解的机会。

为了解决这一问题，非线性递减策略逐渐被引入，如指数递减和对数递减。通过调整参数a的衰减速率，使算法能够更加灵活地适应不同的搜索阶段。指数递减策略的公式为

$$a=a_{\text{init}}\cdot \mathrm{e}^{-kt}$$

其中，a_{init}为初始值；k为控制递减速率的常数；t为迭代次数。指数递减在初期阶段下降较快，能够保留强大的全局搜索能力，而在后期逐渐趋于平缓，从而增强对局部区域的开发。同样，对数递减策略通过慢速下降开始，逐步加速衰减，在早期保留更大的搜索随机性，在后期增强收敛精度。

如图 10-9 所示，不同递减策略的特点通过曲线清晰地展现。线性递减曲线（蓝色）表现为均匀下降，递减速度恒定，过渡缺乏灵活性。而指数递减曲线（绿色）初期快速下降，适合大范围全局搜索，后期趋于平缓以加强局部开发。对数递减曲线（橙色）则相反，在初期缓慢下降，保留更多随机性，后期迅速衰减以提高搜索精度。这些非线性递减策略在复杂目标函数中表现尤为突出，如优化目标函数 $f(x)=x^4-16x^2+5x$ 时，非线性递减能够显著提高收敛精度和效率。

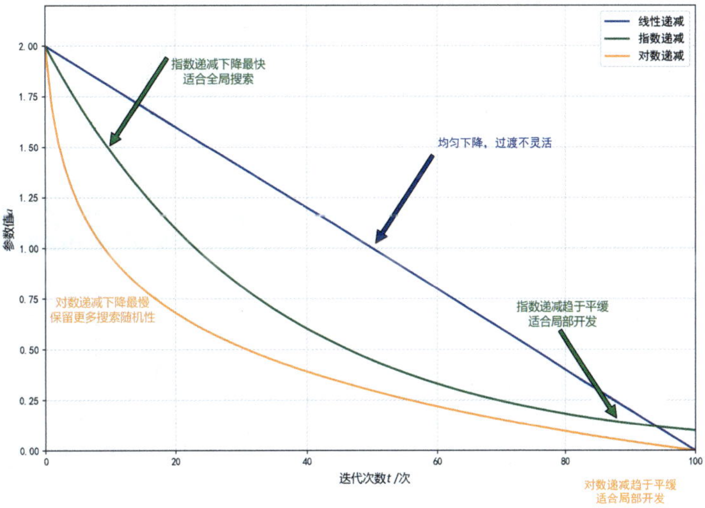

图 10-9 不同参数递减策略对比

通过不同递减策略的对比，可以看出非线性策略在动态调节搜索能力方面的优越性。结合算法的不同阶段特点，适当选择递减方式是提升鲸鱼优化算法性能的关键。

同时，随机参数 C 的设计也影响了搜索路径的多样性。通过逐步缩小 C 的取值范围（如从 $[0,2]$ 调整到 $[0,1]$），可以显著减少搜索路径的随机性，提升搜索精度。这一改进在局部开发阶段表现尤为突出，因为它能够增强解在最优解附近的探索深度，进一步提高解的质量。

2. 种群多样性增强策略

在优化算法的运行过程中，随着迭代次数的增加，种群的解逐渐向当前最优解集中，这种现象虽然提高了局部开发的效率，但也容易导致种群多样性丧失，从而陷入局部最优解。为此，动态种群更新成为提升种群多样性的重要手段。例如，可以在每隔若干轮迭代后，将种群中表现较差的个体重新随机初始化。更进一步，通过混沌序列初始化种群，可以提升初始种群的分布质量。混沌序列，如 Logistic 映射：

$$x_{n+1}=r\cdot x_n\cdot(1-x_n)$$

其中，r 为混沌因子。利用混沌序列初始化种群，不仅可以增加解的随机性，还能够确保种群在搜索初期覆盖更广的解空间，降低陷入局部最优解的概率。

如图 10-10 所示，展示了种群多样性动态变化的过程及改进后的效果。在算法的初始阶段（浅蓝色点），通过混沌序列生成的种群分布广泛且随机，覆盖了解空间的大部分区域，具有较高的多样性。随着迭代的进行，种群解逐渐向当前最优解附近集中（蓝色点），此时种群多样性下降，导致解探索范围明显缩小。为避免解陷入局部最优区域，动态种群更新机制在迭代过程中引入部分随机解，形成改进后的种群（绿色点），有效扩展了解的分布范围，使其覆盖多个潜在的高质量区域。

动态种群更新机制和混沌初始化的结合方法在多峰值目标函数和高维优化问题中表现出显著的优势。通过保持种群的多样性，不仅能够提升解空间的探索能力，还能够有效增强算法跳出局部最优的概率。特别是在解决复杂问题时，这一方法大大提高了全局搜索与局部开发的协作效果，为优化算法的改进提供了重要的实践支持。

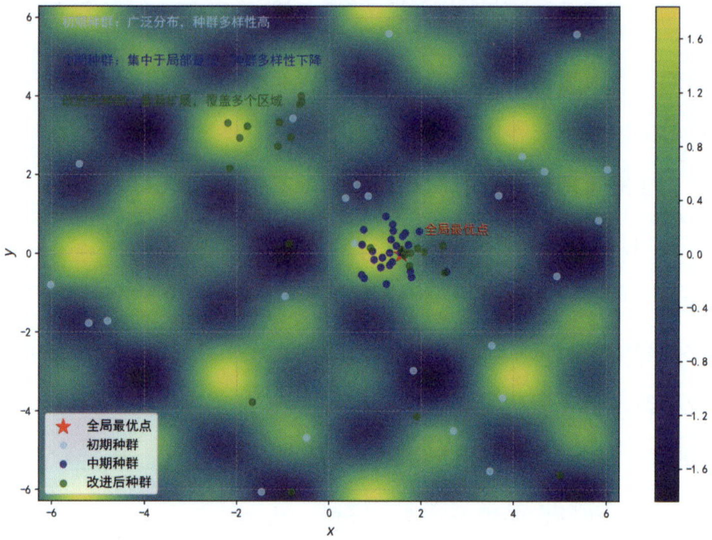

图 10-10　种群多样性动态变化的过程及改进后的效果

3. 自适应搜索机制设计

全局搜索与局部开发的动态平衡是优化算法性能改进的核心问题。在鲸鱼优化算法中，全局搜索主要依赖参数A 和种群随机性，而局部开发则通过螺旋更新机制实现。尽管这种设计较为简洁，但在处理复杂目标函数时，可能由于过于固定的路径导致搜索效率下降。为此，引入自适应搜索策略成为改进的方向。通过动态监测种群的分布特性（如种群适应度的方差），可以判断解的集中程度并实时调整搜索强度。当适应度方差较大时，应增强全局搜索的力度以扩大解的探索范围；当适应度方差较小时，应增加局部开发的比重以提升搜索精度。定义适应度方差的公式为

$$\sigma^2=\frac{1}{N}\sum_{i=1}^{N}\left(f\left(X_i\right)-\bar{f}\right)^2$$

其中，N为种群规模，$f\left(X_i\right)$为第i个个体的适应度值；$\bar{f}$为种群适应度均值。这一指标能够有效反映种群的搜索状态，为动态调整提供依据。

图10-11展示了种群适应度方差随迭代次数的变化趋势。图10-11中划分为三个阶段：初期的全局搜索阶段（黄色区域）、全局搜索与局部开发的平衡阶段（蓝色区域）及后期的局部开发阶段（绿色区域）。在初期阶段，适应度方差较大，表明种群解分布分散，算法以全局搜索为主，充分探索解空

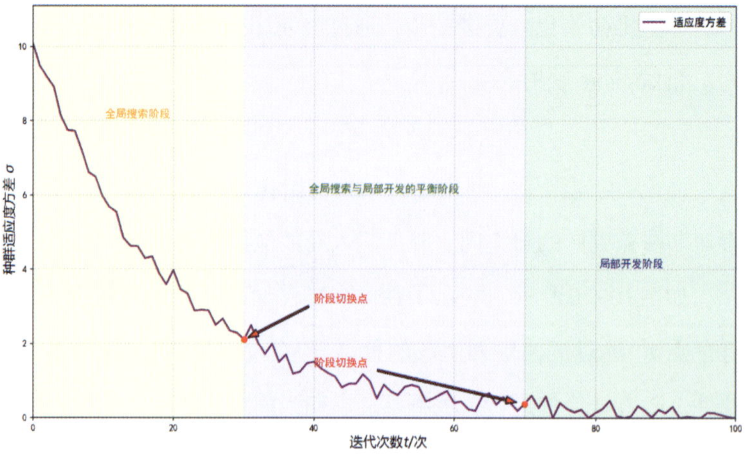

图 10-11　种群适应度方差随迭代次数的变化趋势

间；进入平衡阶段时，适应度方差逐渐下降，算法开始在全局搜索和局部开发之间平衡；在局部开发阶段，适应度方差趋于稳定，种群解集中于最优区域，算法专注于精细化的局部搜索。

图 10-11 中还标注了阶段切换点（红色点），这些切换点对应适应度方差变化趋势的显著转折位置。在这些位置，算法的搜索策略会从全局搜索逐渐过渡到局部开发，实现不同阶段的动态平衡。这一机制显著提升了算法的灵活性，使其能够根据不同阶段的搜索需求优化资源分配，从而提高整体性能。

通过动态监测适应度方差，鲸鱼优化算法在多峰值优化问题和复杂高维目标函数中表现出了更强的适应性和稳定性。这种改进方法在优化效率与精度之间取得了良好的平衡，为优化算法的设计和实际应用提供了重要的借鉴意义。

4. 混合优化算法

通过结合其他优化算法的优点，可以弥补鲸鱼优化算法在某些阶段的不足。例如，将遗传算法的交叉和变异操作引入鲸鱼优化算法的全局搜索阶段，可以显著提高种群多样性和搜索效率。同样地，在局部开发阶段，结合粒子群优化算法的速度更新机制，能够增强解的逼近能力。例如，在优化复杂的多目标函数时，混合优化算法结合了鲸鱼优化算法的全局探索能力与NSGA-Ⅱ的Pareto解集优化方法，不仅可以保证非支配解的均匀分布，还能提升解集的多样性。

动态优化问题对鲸鱼优化算法提出了更高的要求。在实际应用中，目标函数往往随时间变化，此时固定的搜索策略难以适应动态解空间。例如，在动态环境中，可以通过监测目标函数的变化幅度动态调整搜索策略。当目标函数变化剧烈时，可以增加种群的随机性或重新初始化部分个体，以提高适应性；当目标函数变化较小时，则应增强局部开发的力度以维持解的稳定性。这种方法在实时优化问题中尤为重要，如在物流路径规划或能源调度场景中，目标函数可能频繁变化，而动态调整的鲸鱼优化算法则能够显著提升优化效率和鲁棒性。

实践证明，上述改进方法在多个实际应用场景中表现出显著优势。例如，在图像处理中的特征选择问题中，结合粒子群优化算法和鲸鱼优化算法的混合优化算法，可以有效减少冗余特征，提高分类精度；在电力系统优化问题中，通过多种群协作机制优化资源分配，不仅加快了收敛速度，还避免了陷入局部最优解的问题。这些改进不仅丰富了鲸鱼优化算法的应用场景，还为解决复杂优化问题提供了更多可能。

针对鲸鱼优化算法的性能提升方法众多，包括参数优化、种群多样性增强、自适应策略引入及混合优化算法设计等。这些方法在理论上有充分的数学支持，在实践中也展现出了卓越的效果。未来的研究可以进一步探索更加高效的动态调节机制，以及在高维动态优化问题中的性能表现，推动鲸鱼优化算法在科学研究和工程实践中的广泛应用。

10.3.3 鲸鱼优化算法的扩展与应用

优化算法的研究不应仅局限于性能的提升，还需要注重其适应性和鲁棒性，以便在多样化的问题场景中发挥作用。鲸鱼优化算法作为一种新兴的群体智能优化算法，凭借其简单有效的搜索机制，展现出了在复杂优化问题中的应用潜力。然而，随着问题规模和复杂性的增加，鲸鱼优化算法的基础机制需要通过扩展来适应动态环境、多目标优化和高维复杂问题。这些扩展既涉及算法的机制创新，又包括其在实际应用中的具体实现。

动态优化问题是一类目标函数随时间或环境变化的问题，广泛存在于实际应用中，如物流路径规划、能源负荷管理等场景。在动态环境中，传统的鲸鱼优化算法往往因其固定的搜索机制而难以快速适应目标函数的变化，导致收敛速度下降或解质量降低。为此，引入动态调整策略成为改进鲸鱼优化算法的重要方向。

动态调整策略的核心是根据目标函数变化的幅度和趋势，实时优化算法的搜索参数和解分布。例如，假设目标函数的动态变化可以建模为

$$f_t\left(x\right)=f\left(x\right)+g\left(x,t\right)$$

其中，$g\left(x,t\right)$表示时间t引起的目标函数扰动。在这种场景下，可以通过引入记忆机制对历史变化趋势进行记录与分析，并设计自适应更新策略。例如，当$g\left(x,t\right)$的变化较大时，通过重置部分种群解或增大搜索步长，以提升算法的全局搜索能力；当目标函数变化趋于平稳时，则适当加强局部开发以保持解的稳定性。此外，设计“应急种群”机制，在目标函数突变时随机初始化一部分解以探索新的高潜力区域，这种策略能够显著提升算法在动态环境中的适应性。

多目标优化问题涉及两个或多个互相冲突的目标函数，如在制造业中同时优化成本和产品质量。在多目标优化问题中，目标不再是寻找单一最优解，而是一个非支配解集（Pareto 解集），其中每个解均无法被其他解在所有目标上同时支配。鲸鱼优化算法在多目标优化中的扩展主要集中于收缩包围机制和螺旋更新机制的重构，以适应多目标优化的需求。

在多目标场景中，算法的适应度函数需要重新设计。例如，可以将解的适应度值与其在 Pareto 前沿中的分布均匀性和多样性关联，定义多目标适应度函数为

$$\text{Fitness}=w_1\cdot\text{Diversity}+w_2\cdot\text{Uniformity}$$

其中，w_1和w_2为权重参数；Diversity 表示解集的多样性；Uniformity 表示解的分布均匀性。此外，引入 Pareto 排序和拥挤距离计算方法（如NSGA-Ⅱ中的机制），可以增强解集的分布效果，从而提升鲸鱼优化算法的多目标优化性能。

图10-12展示了鲸鱼优化算法在多目标优化过程中非支配解集的演化，以及最终逼近 Pareto 前沿的过程，横轴表示目标 1（成本），纵轴表示目标 2（质量）。同时，用不同颜色标注了解集的优

化过程，其中的黑色实线表示理论上的Pareto前沿

（1）红色点：初始阶段的解集，解分布较为稀疏，且远离 Pareto 前沿。

（2）橙色点：中期阶段的解集，解逐渐靠近 Pareto 前沿，但分布均匀性和多样性仍不理想。

（3）绿色点：最终阶段的解集，解紧密分布于 Pareto 前沿，分布均匀性和多样性显著提升。

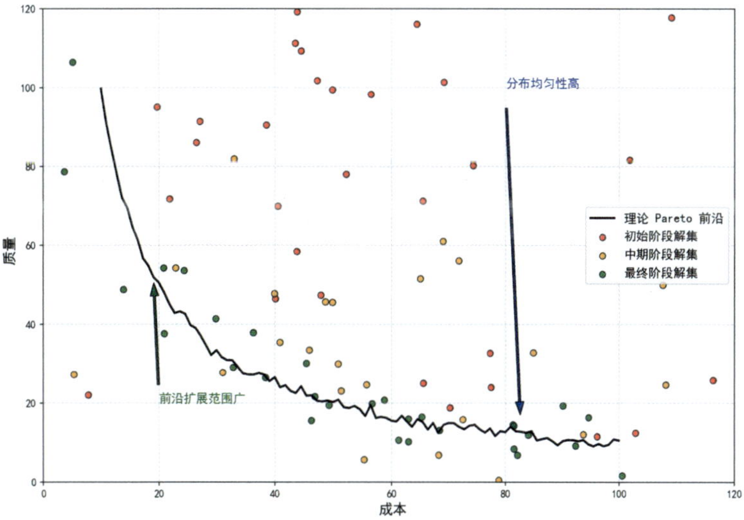

图 10-12　多目标优化中的Pareto前沿图

这种基于Pareto排序和拥挤距离的改进方法显著提升了鲸鱼优化算法在多目标优化中的表现。特别是在工业生产、资源分配等需要权衡多个目标的复杂场景中，多目标鲸鱼优化算法能够提供一系列均衡解，为实际决策人员提供更丰富的选择方案。

在优化过程中，多目标鲸鱼优化算法可以通过分层搜索策略将种群解引导至不同的Pareto区域，同时在解集分布稀疏的区域加强搜索。例如，在优化能源调度问题时，解的均匀分布能够提供更灵活的调度方案，从而更好地平衡多个目标的实际需求。

高维问题的优化是现代智能算法面临的重大挑战。随着维度的增加，解空间的复杂性呈指数级增长，直接优化高维问题可能导致算法的计算成本过高，甚至陷入“维度灾难”。针对这一问题，分解与协作策略成为提升鲸鱼优化算法处理高维问题能力的重要手段。

分解与协作策略的核心是将高维问题划分为若干低维子问题。例如，假设目标函数$f(x_1, x_2, \cdots, x_n)$可以分解为

$$f(x) = \sum_{i=1}^{k} f_i(x_i)$$

其中，$f_i(x_i)$表示与子维度x_i相关的子目标。鲸鱼优化算法的种群可划分为若干子种群，每个子种群专注于优化一个子目标。在优化的过程中，不同子种群通过解的共享机制进行协作，并最终聚合为全局最优解。这种策略显著降低了计算复杂度，同时保持了解的精度。

此外，为进一步提升协作效率，可以设计种群间的动态任务分配机制。该机制通过实时监测每个子种群的搜索进展，动态调整其搜索目标，使资源分配更合理。这种机制在复杂工程优化问题中表现出显著优势，如在航空航天结构设计中，子种群可以分别优化气动性能和结构强度等子目标，通过协作实现多目标的整体优化。

混合优化算法是提升鲸鱼优化算法性能的另一个重要方向，其核心是结合其他优化算法的优点，在不同阶段发挥不同算法的特长，以弥补单一算法的局限性。例如，将遗传算法的交叉和变异操作引入鲸鱼优化算法的全局搜索阶段，可以通过增强种群多样性，避免陷入局部最优解；在局部开发阶段，结合粒子群优化算法的速度更新机制，可以加速最优解附近的收敛。

在工业生产调度问题中，混合优化算法展现出了显著的性能优势。例如，将遗传算法和鲸鱼优化算法结合，利用遗传算法负责早期的广泛搜索，而后利用鲸鱼优化算法的螺旋更新机制对解进行精细开发。这种混合优化算法有效提升了解的质量，并缩短了算法的收敛时间。

鲸鱼优化算法的改进与扩展方向十分广阔。未来的研究可以在以下几个方面展开。

（1）动态调整机制：探索基于深度学习的动态调整方法，如利用深度强化学习预测目标函数的变化趋势，并优化搜索策略的调整过程。

（2）高维问题降维优化：研究基于神经网络的降维方法，将高维搜索问题映射到低维空间，同时结合鲸鱼优化算法的全局搜索能力进行优化。

（3）实时优化与分布式计算：针对大规模问题设计分布式鲸鱼优化算法框架，通过多节点并行计算加速优化过程，同时增强对实时优化问题的适应性。

通过这些研究，鲸鱼优化算法的理论和应用价值将进一步提升，使其能够在更多复杂场景中展现出独特优势。

10.4 实践练习：实现一个简单的鲸鱼优化算法

元启发式优化算法作为解决复杂优化问题的重要工具，在近年来的研究中得到了广泛关注。这类算法通常通过模拟自然界中的某种生物行为或物理现象，构建适应于多种问题场景的搜索机制。其中，鲸鱼优化算法以其简洁性和有效性，在工程优化、机器学习超参数调优等领域展现出一定的竞争力。其核心思想源于座头鲸的气泡网捕食行为，通过数学建模实现对解空间的动态探索与收敛。然而，要实现该算法并深入理解其内在机制，需要从算法的设计原理到具体实现进行全面分析。

鲸鱼优化算法通过两个核心行为模拟座头鲸的捕猎过程：一是螺旋路径更新行为；二是收缩包围行为。这两种行为代表了算法在解空间中的局部开发与全局搜索能力的平衡。螺旋路径更新模拟了座头鲸绕猎物旋转逼近的行为，其路径呈对数螺线分布。这一行为的数学模型公式为

$$X(t+1)=D\cdot \mathrm{e}^{bl}\cdot\cos(2\pi l)+X^*$$

该机制的设计初衷在于增强算法的局部开发能力，使其能够更加精准地在解空间的特定区域进行搜索。然而，螺旋路径更新的非线性特征也使其对种群多样性的保护较弱，若不与其他机制相结

合，可能导致过早收敛。图10–13展示了螺旋路径更新示意图。

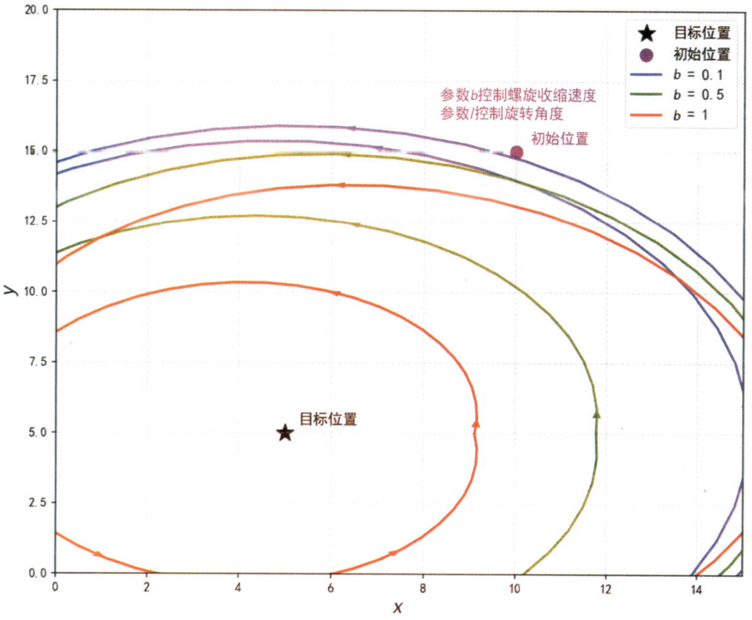

图10–13　螺旋路径更新示意图

为弥补上述不足，鲸鱼优化算法引入了收缩包围行为，通过动态调整鲸鱼位置逐步逼近当前的种群最优个体。这一行为的数学模型通过引入两个关键向量$\boldsymbol{A}$和$\boldsymbol{C}$实现，其中，

$$\boldsymbol{A}=2\cdot\boldsymbol{a}\cdot\boldsymbol{r}-\boldsymbol{a},\quad \boldsymbol{C}=2\cdot\boldsymbol{r}$$

向量$\boldsymbol{a}$随迭代次数线性递减；$\boldsymbol{r}$为随机向量，服从均匀分布$[0,1]$。基于这些向量，位置更新公式为

$$\boldsymbol{X}(t+1)=\boldsymbol{X}^*(t)-\boldsymbol{A}\cdot\left|\boldsymbol{C}\cdot\boldsymbol{X}^*(t)-\boldsymbol{X}(t)\right|$$

该机制通过动态调整解的位置，使鲸鱼优化算法能够在整个搜索过程中逐步集中于解空间的优良区域。其本质是对随机搜索的约束化处理，通过递减的收缩因子逐步提高算法的收敛速度。值得注意的是，在多峰值优化问题中，该机制的全局搜索能力可能不足，容易使种群陷入局部最优解。

为了在全局探索和局部开发之间实现动态平衡，鲸鱼优化算法还设计了一种概率切换机制，用于在螺旋更新机制和收缩包围机制之间进行选择。通过设定一个随机数$p\sim U(0,1)$，当$p<0.5$时，执行收缩包围机制；当$p\geq0.5$时，执行螺旋更新机制。这一设计增强了算法的鲁棒性，使其在复杂优化问题中能够适应不同的解空间结构。

在实践中，鲸鱼优化算法的具体实现需要解决两个主要问题：一是种群初始化；二是最优解的动态更新。种群初始化通常通过随机数生成器实现，以保证种群的多样性。假设解空间的上下界为$[X_{\min},X_{\max}]$，第i个个体在第j个维度的初始位置可以表示为

$$X_{i,j}=X_{\min,j}+r\cdot\left(X_{\max,j}-X_{\min,j}\right),\quad r\sim U(0,1)$$

通过这种方式生成的种群能够覆盖解空间的主要区域，为后续的优化提供良好的初始条件。而最优解的动态更新则依赖适应度函数的设计，通过比较当前种群中所有个体的适应度值，选取最优

个体并不断更新全局最优解。

为了验证算法的性能，通常会选择一些经典的测试函数，如 Sphere 函数和 Rastrigin 函数。Sphere 函数是一种简单的单峰优化函数，其数学形式为

$$f(\boldsymbol{X})=\sum_{i=1}^{d}X_i^2,\quad X_i\in[-5.12,5.12]$$

Sphere 函数的最优解位于$\vec{X}=\vec{0}$，适用于测试算法的收敛速度。相比之下，Rastrigin 函数是一种具有复杂多峰结构的优化函数，其数学形式为

$$f(\vec{X})=10d+\sum_{i=1}^{d}\left[X_i^2-10\cos(2\pi X_i)\right],\quad X_i\in[-5.12,5.12]$$

Sphere 函数适用于评估算法的全局搜索能力和跳出局部最优解的能力。在实验中，可以通过绘制收敛曲线观察算法的搜索效率，并通过多次实验取均值评估其稳定性。

尽管鲸鱼优化算法在理论和实践中均表现出较好的性能，但其局限性也不容忽视。例如，鲸鱼优化算法在高维复杂优化问题中的表现往往受到种群规模和迭代次数的制约。较大的种群规模能够提高全局搜索能力，但也显著增加了计算成本。此外，鲸鱼优化算法的收敛速度在后期可能变得较为缓慢，尤其是在适应度函数较为平坦的区域。

针对这些问题，许多研究人员提出了改进策略。例如，通过引入混沌初始化方法，增强种群的初始多样性；通过结合Lévy飞行机制，提升算法的跳跃能力；或通过动态调整螺旋更新机制的参数，增强算法的灵活性。这些改进方法在一定程度上提升了鲸鱼优化算法的性能，使其在复杂优化问题中的应用潜力得以进一步拓展。

鲸鱼优化算法的未来发展可能更多地关注与其他优化技术的融合。例如，将鲸鱼优化算法与深度学习结合，优化神经网络的结构和参数；或在多目标优化场景中，利用Pareto排序提升解的多样性和分布质量。此外，如何在分布式环境下高效实现鲸鱼优化算法也是值得探索的方向。

鲸鱼优化算法以其简洁的结构和灵活的搜索机制，在元启发式优化算法领域占据了一席之地。然而，其性能的进一步提升需要针对不同问题的特性，结合特定的领域知识进行设计与调整。这种结合理论与实践的优化探索，不仅是算法发展的必然趋势，也为复杂系统的智能优化提供了更多可能性。

10.5 Python 语言实现：鲸鱼优化算法

鲸鱼优化算法作为一种新型的仿生优化算法，通过模拟座头鲸的气泡网捕食行为，实现了全局搜索与局部开发的高效结合。近年来，鲸鱼优化算法在复杂优化问题中展现出显著优势，如全局搜索能力强、实现简单且适应性广等。本节将详细介绍鲸鱼优化算法的Python语言实现，涵盖基本原

理、代码结构、参数调优、性能分析及应用案例，全面展示其在优化问题中的潜力。

鲸鱼优化算法的核心在于模拟座头鲸捕食过程中的两种关键行为：螺旋更新行为和收缩包围机制。算法流程始于随机初始化种群解，随后结合全局搜索与局部开发策略，在搜索空间内不断迭代更新个体位置，逐步逼近目标最优解。每个个体代表一个候选解，其位置通过以下方式更新。

（1）收缩包围机制。模拟鲸鱼在捕食时包围猎物的行为。该机制通过逐渐缩小搜索范围，使种群解逐渐靠近最优解，公式为

$$D=\left|C\cdot X^{*}-X\right|,X\left(t+1\right)=X^{*}-A\cdot D$$

其中，X^{*}是当前最优解；A 和C是动态参数。

（2）螺旋更新机制。模拟鲸鱼围绕猎物的螺旋运动，使种群解以更灵活的方式逼近目标点，公式为

$$X\left(t+1\right)=D\cdot \mathrm{e}^{bl}\cdot\cos\left(2\pi l\right)+X^{*}$$

其中，D为当前解与最优解之间的距离；b 和l控制螺旋形状。

全局搜索通过增加种群随机性来覆盖解空间，而局部开发则通过动态参数A 的递减增强精确度，确保算法在收敛过程中兼顾广度和深度。

以下是鲸鱼优化算法的完整Python代码实现，涵盖算法的初始化、螺旋更新行为、收缩包围机制及收敛监控等。

代码 10-1 鲸鱼优化算法实现

```
import numpy as np
import matplotlib.pyplot as plt

# 设置中文字体
plt.rcParams['font.sans-serif'] = ['SimHei']  # 用来正常显示中文标签
plt.rcParams['axes.unicode_minus'] = False    # 用来正常显示负号

# 定义目标函数
def objective_function(x):
    return np.sum(x**2)  # 示例为 Rastrigin() 函数，目标为最小化

# 初始化种群
def initialize_population(pop_size, dim, bounds):
    return np.random.uniform(bounds[0], bounds[1], (pop_size, dim))

# 螺旋更新机制
def spiral_update(best_pos, pos, b, l):
    distance = np.abs(best_pos - pos)
    spiral = distance * np.exp(b * l) * np.cos(2 * np.pi * l)
    return best_pos + spiral
```

```python
# 鲸鱼优化算法主函数
def WOA(objective_function, pop_size, dim, bounds, max_iter):
    # 初始化种群和参数
    population = initialize_population(pop_size, dim, bounds)
    fitness = np.array([objective_function(ind) for ind in population])
    best_idx = np.argmin(fitness)
    best_pos = population[best_idx].copy()
    best_fitness = fitness[best_idx]

    convergence_curve = []  # 收敛曲线

    for t in range(max_iter):
        a = 2 - t * (2 / max_iter)  # 动态递减参数
        for i in range(pop_size):
            r1, r2 = np.random.rand(), np.random.rand()
            A = 2 * a * r1 - a
            C = 2 * r2
            p = np.random.rand()

            if p < 0.5:
                if np.abs(A) < 1:  # 收缩包围机制
                    D = np.abs(C * best_pos - population[i])
                    population[i] = best_pos - A * D
                else:  # 全局搜索
                    random_whale = population[np.random.randint(pop_size)]
                    D = np.abs(C * random_whale - population[i])
                    population[i] = random_whale - A * D
            else:      # 螺旋更新机制
                l = np.random.uniform(-1, 1)
                b = 1
                population[i] = spiral_update(best_pos, population[i], b, l)


            # 边界检查
            population[i] = np.clip(population[i], bounds[0], bounds[1])

        # 评估种群适应度
        fitness = np.array([objective_function(ind) for ind in population])
        current_best_idx = np.argmin(fitness)
        if fitness[current_best_idx] < best_fitness:
            best_fitness = fitness[current_best_idx]
            best_pos = population[current_best_idx].copy()

        convergence_curve.append(best_fitness)

```

```
    return best_pos, best_fitness, convergence_curve

# 参数设置
pop_size = 30
dim = 10
bounds = (-100, 100)
max_iter = 500

# 运行鲸鱼优化算法
best_pos, best_val, convergence = WOA(objective_function, pop_size, dim,
                                      bounds, max_iter)

# 输出结果
print(f"最优位置：{best_pos}")
print(f"最优适应度值：{best_val}")

# 绘制收敛曲线
plt.figure(figsize=(10, 6))
plt.plot(convergence, label='鲸鱼优化算法收敛曲线', color='blue')
plt.xlabel('迭代次数')
plt.ylabel('最优适应度值')
plt.title('鲸鱼优化算法收敛曲线')
plt.legend()
plt.grid()
plt.show()
```

代码输出结果如下。

```
最优位置：[ 3.48351788e-47 -6.66760132e-47 -5.73769789e-48  3.49919917e-48
  3.26378659e-47 -1.91804654e-48  4.58219698e-47  1.96595592e-47
  1.34116505e-47  7.54258586e-48]
最优适应度值：9.496169341511305e-93
```

1. 参数调优

（1）种群规模与迭代次数。

虽然较大的种群规模有助于提高全局搜索能力，但会增加计算复杂度；适当调整迭代次数能够在保证优化效果的同时提高效率。

（2）动态参数 A。

线性递减策略 A 提供了一种简单而有效的全局与局部平衡的方法。对于高维复杂问题，探索非线性递减策略（如指数或对数递减）可以获得更优性能。

2. 收敛分析

通过收敛曲线（见图10-14）观察算法的优化趋势。若曲线在优化早期趋于平稳，可能表明算法陷入局部最优解，可通过动态种群更新或混沌初始化进行改进。

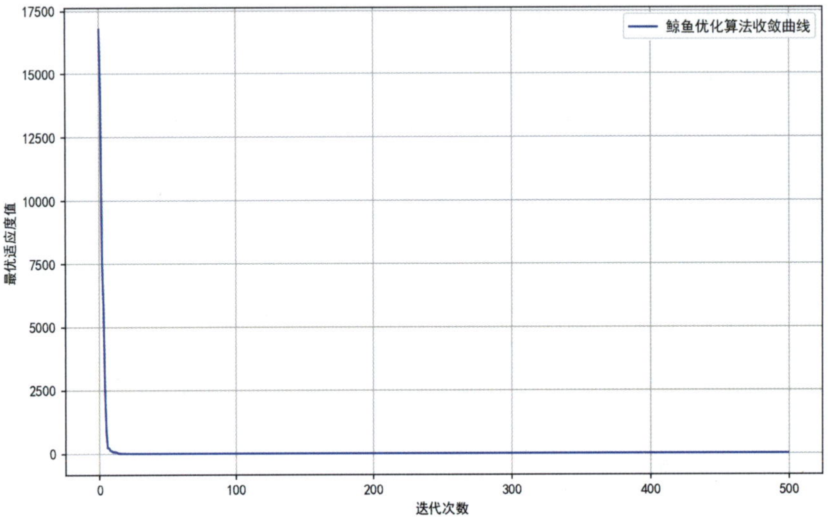

图10-14　鲸鱼优化算法收敛曲线

本节通过Python语言实现了鲸鱼优化算法，展示了其基本原理与功能，并结合性能分析提出了调优建议。通过动态参数调整与混合策略引入，鲸鱼优化算法可以在多种优化问题中展现出强大的适应性与效率。未来，我们可以通过引入更多自适应机制以及多种群协作模型，以进一步提升算法性能，为复杂实际问题的解决提供更优的方案。

第11章 萤火虫优化算法

在第10章中，我们深入探讨了鲸鱼优化算法的基本原理、模拟鲸鱼觅食行为的过程，以及如何通过这一自然启发式算法解决优化问题。通过理论分析和实际编程练习，读者不仅理解了鲸鱼优化算法的工作机制，还学会了如何将其应用于不同的优化场景中。这为接下来学习更具挑战性的优化算法奠定了良好的基础。

然而，优化问题的复杂性往往远超单一算法的处理能力。在多种优化算法中，萤火虫优化算法（Firefly Algorithm，FA）凭借其独特的模拟光强吸引机制，在求解全局最优解时展示出了强大的潜力。与鲸鱼优化算法相似，萤火虫优化算法也源于自然界，通过模拟萤火虫在夜间聚集的行为进行全局优化。萤火虫优化算法在多目标优化、约束优化及复杂系统中的应用中，展现出了令人瞩目的效果。

本章将重点探讨萤火虫优化算法的进阶应用，首先，从算法的基本原理和吸引力函数的设计出发，深入理解萤火虫在优化问题中的作用。其次，介绍算法的性能调优方法，帮助读者掌握如何通过参数调整、优化策略改进及并行计算等方式提高算法的搜索效率。最后，结合Python编程，读者将能够实现一个简单的萤火虫优化算法，并进行性能调优，确保算法在实际问题中的有效性。

本章的主要知识点如下。

（1）萤火虫优化算法简介：了解萤火虫优化算法的基本原理、吸引力函数的设计及其在全局优化问题中的应用。

（2）吸引力函数与位置更新机制：通过具体的吸引力函数设计，学习如何通过光强和吸引力更新萤火虫的位置，推动全局优化。

（3）算法优化与应用：探讨如何调优萤火虫优化算法，提升其性能，并展示算法在多个领域（如路径优化）中的实际应用。

（4）实践练习：通过具体实例，动手实现一个基础版的萤火虫优化算法，并通过具体实例分析优化过程及结果。

（5）Python语言实现：在Python环境中实现完整的萤火虫优化算法，结合实际应用探索其在优化问题中的优势与局限。

注意：在开始学习本章内容之前，建议读者复习第10章中关于鲸鱼优化算法的基本概念与实现方法。这有助于读者更好地理解萤火虫优化算法的工作机制，并为进一步掌握其进阶应用打下坚实的基础。

11.1 萤火虫优化算法简介

本节将深入探讨萤火虫优化算法的基本原理及其在优化问题中的应用。首先，从算法的背景和工作机制出发，介绍其核心思想。萤火虫优化算法是基于自然界中萤火虫通过发光吸引同类的行为发展来的，这一生物学灵感为我们提供了一种新的全局优化方式。其次，详细解析算法的基础结构，聚焦于吸引力函数的设计，该函数设计决定了萤火虫之间相互吸引的强度及整个优化过程的动力。

11.1.1 萤火虫优化算法的背景和原理

萤火虫优化算法是一种基于自然界中萤火虫闪烁行为的启发式优化算法，由英国学者 Xin-She Yang 于 2008 年提出的。该算法的设计灵感源于萤火虫在黑暗环境中通过发光吸引异性交配的现象。通过观察这种闪烁行为的模式，杨教授将其抽象化并转化为一种求解复杂优化问题的数学模型。这一模型展示了如何模拟自然界的简单行为解决高维优化问题，并能在没有明确数学模型的情况下寻求全局最优解。

在萤火虫优化算法中，萤火虫的闪烁行为与其所处环境中其他萤火虫的亮度密切相关。每只萤火虫会根据信号的强度（周围其他萤火虫的亮度）调整自己的位置，从而逐渐接近全局最优解。萤火虫的亮度在算法中对应目标函数的适应度值，通常亮度越高，表示解的质量越优。萤火虫通过“亮度吸引”在解空间中进行搜索，较亮的萤火虫会吸引周围较暗的萤火虫向其靠近，从而实现全局最优解的搜索。

萤火虫的亮度是决定其吸引力大小的关键因素。亮度越高，萤火虫对其他个体的吸引力就越大。在该算法中，亮度通常与目标函数的适应度成正比。如果目标函数值越小越好，那么目标函数值越低的解，其亮度就越高。因此，萤火虫的适应度值越小，它在解空间中的位置将越接近全局最优解。亮度和适应度关系的公式为

$$I_i = f(x_i)$$

其中，I_i是第i只萤火虫的亮度；x_i是第i只萤火虫的位置；$f(x_i)$是目标函数值。随着迭代的进行，萤火虫将会朝着具有更高亮度的区域移动，从而逐步向全局最优解收敛。

萤火虫之间的相互吸引力是该算法的核心机制。吸引力的强度不仅取决于亮度，还取决于萤火虫之间的相对距离。在该算法中，吸引力与距离之间存在一种递减的关系：距离较近的萤火虫之间吸引力较强，从而促使它们的移动速度加快；而距离较远的萤火虫之间则吸引力较弱，移动较缓慢。

位置更新的过程可以用以下公式描述：

$$x_i(t+1)=x_i(t)+\beta_0 e^{-\gamma r_{ij}^2}\left(x_j(t)-x_i(t)\right)+\alpha\cdot(\mathrm{rand}-0.5)$$

其中，$x_i(t)$和$x_j(t)$分别是第i和第j只萤火虫在时间t的位置；r_{ij}是萤火虫i和j之间的欧几里得距离；β_0是最大吸引力常数；γ控制吸引力随着距离的增加而逐渐衰减的衰减速率；α是随机扰动因子；rand是一个随机数。这个公式的含义是，萤火虫在运动时受两种因素的影响：一是基于亮度差异和距离的吸引力作用；二是加入的随机扰动因子，用于避免算法过早陷入局部最优解。

萤火虫的吸引力机制在很大程度上体现了自然界中生物相互作用的行为模式。不同于传统的梯度下降法，萤火虫优化算法不需要对目标函数进行求导，因此能处理更复杂、更高维的优化问题。此外，萤火虫优化算法的全局搜索能力较强，因为每只萤火虫都会受其感知范围内最亮个体的引导，避免陷入局部最优解。相对而言，其局部搜索能力通常较弱，需要在多次迭代中通过全局搜索逐步寻找最优解。

启发式算法通常是为了应对计算复杂性较高的问题提出的。与传统的优化算法不同，启发式算法不依赖问题的具体数学模型，而是模拟自然界中的启发式规则，利用随机性和局部搜索来找到近似最优解。萤火虫优化算法作为其中的典型启发式算法，在函数优化、路径规划、机器学习特征选择等多种优化问题中展现出良好性能。该算法的优势在于能较好地平衡全局搜索和局部搜索，通过适应性地调整参数和搜索策略，寻找更加精准的解决方案。

11.1.2 萤火虫优化算法的核心思想

萤火虫优化算法作为群体智能优化领域的重要研究成果，其灵感源于自然界中萤火虫通过光信号进行交互的行为模式。这种算法通过模拟萤火虫群体在环境中的动态行为，以光强为媒介，在解空间中实现个体间的交互，逐步引导群体向最优解靠拢。图 11-1 形象地展示了这种从自然灵感到算法原理的转化过程：图 11-1（a）模拟了自然界中萤火虫通过光信号相互吸引的行为，而图 11-1（b）则抽象为解空间中个体的动态分布与优化过程。

萤火虫优化算法凭借其独特的数学建模和高效的搜索能力，在路径优化、函数优化、特征选择等复杂场景中表现出色。在图 11-1（a）中，萤火虫以光强为信号，通过彼此的吸引关系逐步靠近更亮的个体，这种行为被抽象为该算法中亮度（适应度）与吸引力的关系。图 11-1（b）则展示了该算法在解空间中优化函数的动态过程，即个体逐步向全局最优解靠拢，从而实现高效的全局搜索。

萤火虫在自然界中的发光行为具有明确的生物学功能，如吸引配偶、建立领域及协作导航等。这些行为在算法中被抽象为亮度和吸引力的变化关系。亮度代表目标函数值的优劣，而吸引力则描述了个体之间的交互强度。亮度的定义直接决定了算法的优化目标，而吸引力则通过光强衰减和随机扰动的结合，保证了算法在全局搜索和局部开发间的平衡。

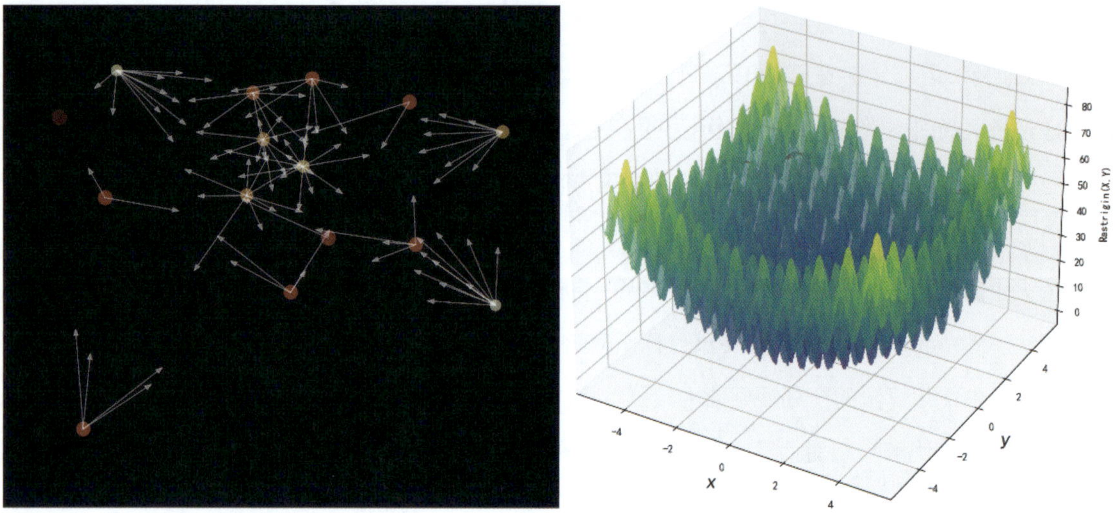

（a）从自然灵感到算法原理　　（b）萤火虫优化算法优化过程

图 11-1　萤火虫优化算法的动态模拟

在数学建模中，吸引力函数为随距离递减的非线性函数，其公式为

$$\beta(r)=\beta_0 \mathrm{e}^{-\gamma r^2}$$

其中，β_0 为最大吸引力；γ 为吸引力的衰减因子；r 为个体间的欧几里得距离。这一公式的设计体现了两种核心特性：其一，吸引力随着距离的增加而逐渐衰减，模拟了自然界中光强的物理特性；其二，其衰减速率由 γ 控制，调整算法全局和局部开发能力的灵活性。例如，当 γ 较小时，吸引力的衰减较慢，算法倾向于进行更广范围的搜索；当 γ 较大时，吸引力迅速减弱，有助于聚焦于局部区域的精细开发。

位置更新是算法动态迭代的核心环节，通过吸引力驱动的方向偏移量和随机扰动的结合，实现了群体中个体位置的不断优化；其数学表达为

$$x_i(t+1)=x_i(t)+\beta(r_{ij})\cdot\left[x_j(t)-x_i(t)\right]+\alpha\cdot(\mathrm{rand}-0.5)$$

其中，等式右侧的第一项为当前个体的位置，第二项为吸引力驱动的方向偏移量，第三项为随机扰动项。吸引力驱动将个体引向亮度更高的邻近个体，而随机扰动则在探索解空间的多样性方面起到关键作用。随机扰动因子 α 的大小直接影响算法的性能：过小的扰动可能导致群体过早陷入局部最优，而过大的扰动则可能破坏收敛性。在实际应用中，通常采用动态衰减的方法对 α 进行调节，以在不同迭代阶段实现全局探索和局部开发的有效平衡。

在萤火虫优化算法中，亮度被定义为目标函数值的映射，直接决定了算法的优化方向。例如，在函数优化问题中，亮度值的高低与目标函数值成正比或反比关系。在路径规划问题中，亮度可以由路径的总长度、避障距离及路径平滑度等多维指标加权求和得到。这种灵活性使萤火虫优化算法能够适应多种不同类型的优化问题。

以多峰函数 Rastrigin 为例（见图 11-2），该函数以其复杂的局部极值分布而著称，是测试优化

算法性能的经典案例。在二维空间中，Rastrigin函数的解空间呈现出大量局部极值点，传统优化方法往往难以跳出局部最优。然而，萤火虫优化算法通过吸引力和随机扰动的结合，能够逐步将群体引导至全局最优解附近。

图 11-2 展示了 Rastrigin 函数的三维曲面结构与萤火虫优化算法的动态收敛过程。图中每只萤火虫的位置代表一个候选解，其亮度由 Rastrigin 函数的值决定。在迭代过程中，亮度较低的个体向亮度较高的个体移动，形成逐步收敛的动态过程。通过合理调整吸引力参数和随机扰动强度，萤火虫群体最终聚集于全局最优解区域。这一过程充分展示了萤火虫优化算法在复杂解空间中高效搜索并跳出局部最优的能力。

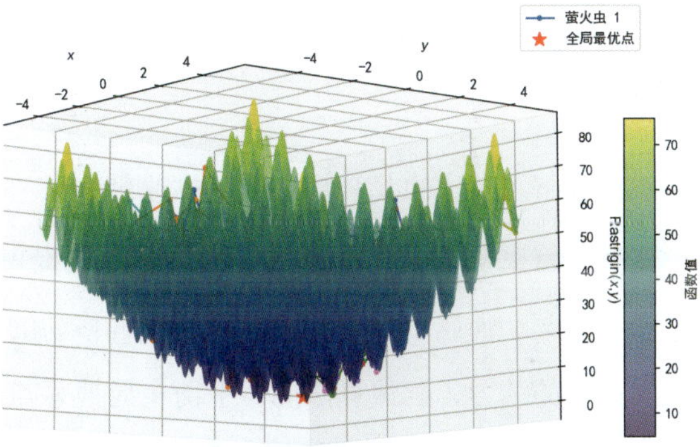

图 11-2　Rastrigin 函数的三维曲面结构与萤火虫优化算法的动态收敛示意图

萤火虫优化算法以其高效的全局搜索能力和简单的实现方式，在路径规划、特征选择、参数调优等领域得到了广泛应用。例如，在路径规划问题中，每个萤火虫的位置代表一条候选路径，其亮度由路径长度、避障距离等指标综合确定。通过模拟萤火虫的交互行为，萤火虫优化算法能够在复杂环境中快速找到优化路径。此外，在特征选择问题中，该算法将每个萤火虫的位置映射为一组特征子集，其亮度由模型的预测精度和特征数量共同决定，从而在高维数据中实现有效的特征筛选。

尽管萤火虫优化算法在许多应用中表现优异，但其在高维复杂问题中仍存在局限性。例如，当解空间的局部极值点分布过于密集时，算法可能需要更多的迭代次数才能跳出局部最优区域。此外，随机扰动的强度对算法性能的影响显著，如何动态调节随机扰动因子以适应不同的优化阶段，仍需深入研究。

针对这些挑战，已有一些改进策略被提出。例如，将萤火虫优化算法与其他群体智能算法（如遗传算法或粒子群优化算法）相结合，以增强全局搜索能力。此外，分布式计算框架的引入可以显著提高萤火虫优化算法在高维问题上的计算效率。未来的研究还可以探索该算法在多目标优化和动态优化问题中的表现，如通过自适应调整吸引力参数和亮度机制，进一步提升该算法的通用性和适应性。

萤火虫优化算法通过对自然行为的高度抽象，构建了一个简单而灵活的优化框架。其核心机制在于通过亮度、吸引力和随机扰动的有机结合，实现群体中个体解的动态优化。这一特性使算法在路径规划、函数优化、特征选择等领域得到了广泛应用。尽管其在高维复杂场景中仍面临挑战，但通过引入混合算法、动态调节参数及分布式计算等改进策略，萤火虫优化算法的潜力仍有待进一步提升。未来的研究和应用将进一步推动该算法在更多复杂问题中的实践，为优化领域提供新的解决思路。

11.2 吸引力函数和位置更新机制

在理解了萤火虫优化算法的基本原理和核心思想后，本节将进一步探讨其关键机制——吸引力函数与位置更新机制。这两者共同构成了萤火虫优化算法动态迭代的核心。吸引力函数定义了萤火虫之间的交互强度，是驱动个体向更优解移动的主要动力；而位置更新机制则通过吸引力的作用和随机扰动的结合，确保算法能够平衡全局搜索与局部开发的能力。接下来，我们将详细分析吸引力函数的数学建模及其影响，同时探讨萤火虫在解空间中的位置调整策略及其在优化问题中的实际表现。

11.2.1 吸引力函数的定义

吸引力函数是萤火虫优化算法中的核心组件，其主要作用是量化萤火虫个体之间的交互强度，并通过吸引力与距离的关系引导个体向解空间中的更优的位置引动。吸引力函数的设计灵感源于自然界中萤火虫发光强度随距离递减的物理规律，通过数学建模，该函数成为萤火虫优化算法在全局搜索和局部开发之间实现平衡的关键。合理的吸引力函数不仅可以提高算法的搜索效率，还可以增强其在复杂解空间中的适应性。

在萤火虫优化算法中，吸引力函数通常以距离为变量，定义为一种随距离递减的非线性函数，其数学形式为

$$\beta(r)=\beta_0 \mathrm{e}^{-\gamma r^2}$$

其中，β_0表示最大吸引力；γ为控制吸引力衰减速率的参数，即衰减因子；r表示萤火虫之间的欧几里得距离。这一公式揭示了吸引力函数的两个重要性质。

（1）吸引力强度随着距离的增大而指数性递减，这模拟了自然界中光强随距离递减的物理特性。

（2）通过调整参数γ，可以控制吸引力的衰减速率，从而影响算法的全局搜索能力与局部开发能力。较小的γ值会使吸引力衰减得更慢，从而扩展萤火虫个体之间的交互作用范围，适合于全局搜索；而较大的γ值会加速吸引力的衰减，使算法更加注重局部开发。这种特性为解决不同类型的优化问题提供了调节机制。

图 11-3 展示了吸引力函数$\beta(r)$随距离变化的曲线，直观地呈现了不同参数γ对吸引力衰减速度的影响。从图 11-3 中可以看到，随着γ值的增大，吸引力的衰减速度显著加快；反之，当γ值较小时，吸引力变化较为缓慢。基于这一特性，γ值的选择应根据问题的性质进行调整：在复杂的全局优化任务中，较小的γ值能够增强群体的探索能力；而在细致的局部优化中，较大的γ值则有助于提高收敛精度。

为了进一步说明吸引力函数的作用，图 11-3 展示了萤火虫在解空间中的移动过程。在此过程中，吸引力函数决定了每只萤火虫受其他个体影响的强度和方向，即亮度较高的萤火虫对邻近个体的吸引力更强，驱动它们向更优解靠近。此外，吸引力函数与随机扰动的结合增强了解空间探索的多样性，使萤火虫优化算法在复杂优化任务中能够有效跳出局部最优点并逐步收敛到全局最优解。

吸引力函数与亮度的关系在算法中也至关重要。亮度通常与目标函数值相关，在最小化问题中，目标函数值越小，亮度越高。亮度较高的萤火虫对应更优的解，其吸引力对周围个体的影响也更强。吸引力函数通过将亮度与距离结合，形成一种动态的个体间交互机制，使算法能够以较优解为中心进行局部开发，同时保持一定的全局探索能力。

以路径规划问题为例，吸引力函数的设计可以显著影响算法的性能。在该问题中，每只萤火虫的位置代表一条候选路径，其亮度由路径的总长度、障碍物距离及路径平滑度等综合指标决定。较优路径对应亮度更高的萤火虫，吸引力函数引导其他萤火虫向其靠近，从而优化路径规划的全局解。在这种场景下，吸引力衰减速率γ的选择至关重要。如果γ值过大，吸引力的作用范围会过小，导致萤火虫群体过早集中在某些局部路径上，失去探索其他潜在路径的能力；而当γ值过小，个体间的交互范围过大，则可能造成解的收敛速度过慢。实验研究表明，动态调整γ值，如在初期设置较小的γ值增强全局搜索能力，在后期逐步增大γ值以强化局部开发，可以有效提升算法的收敛效率和解的质量。图 11-4 展示了萤火虫优化算法在二维路径规划中的应用。

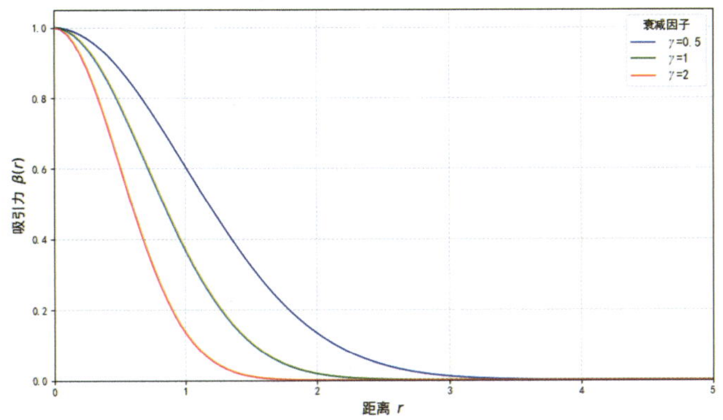

图 11-3　吸引力函数随距离变化的曲线

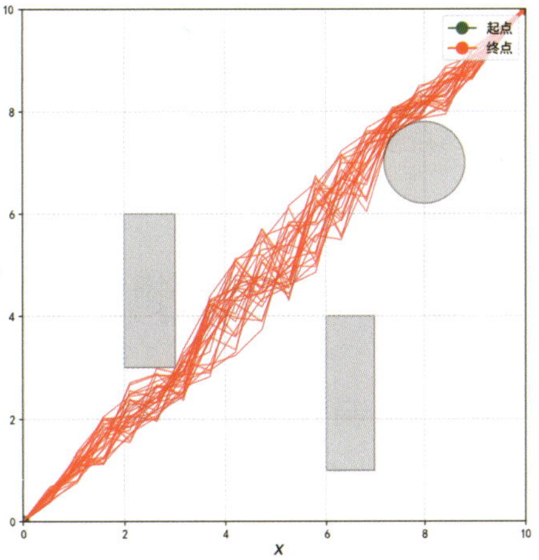

图 11-4　萤火虫优化算法在二维路径规划中的应用

除了路径规划，吸引力函数在特征选择问题中的应用也展现了其灵活性。在该任务中，每只萤火虫的位置可表示一个特征子集，其亮度由模型的预测精度和特征数量共同决定。吸引力函数通过亮度与距离的结合，引导萤火虫在特征空间中搜索更优的特征组合。在这一过程中，吸引力函数需要权衡搜索范围的广度与解的质量，通过调整参数γ和β_0，可以提高对高维数据的特征筛选能力。

然而，吸引力函数的设计也存在一定局限性，具体表现在以下几个方面。

（1）高维挑战（维度灾难）：在高维优化问题中，欧几里得距离的计算可能变得不可靠。随着维度升高，所有点对间的距离趋向于相似，导致吸引度函数对个体间交互的控制力下降。为应对此挑战，研究者提出了改进策略，如使用曼哈顿距离、余弦相似度等替代距离度量，或对数据进行降维预处理，以增强吸引度函数在高维空间的有效性。

（2）动态适应性：引入动态变化的衰减因子γ（如随迭代次数增加）是另一种解决思路，以适应算法从全局探索到局部开发的需求转变。

随机性在吸引力函数的设计中也起到了重要作用。单纯依赖亮度和吸引力可能导致群体陷入局部最优解，而随机扰动则可以增加解的多样性，帮助算法跳出局部最优解。在位置更新公式中，吸引力函数与随机扰动共同作用，其形式为

$$x_i(t)+\beta(r_{ij})\cdot[x_j(t)-x_i(t)]+\alpha\cdot(\text{rand}-0.5)$$

其中，$\beta(r_{ij})$是吸引力函数定义的交互强度；α是随机扰动因子；rand是随机数。吸引力驱动引导个体向亮度更高的萤火虫靠近，而随机扰动则增强了解的多样性。这种结合在函数优化、多目标优化及动态环境优化问题中展现出了良好的性能。

尽管吸引力函数在优化任务中表现出强大的适应性和灵活性，其改进方向仍有广阔的空间。例如，结合深度学习技术的自适应吸引力函数设计、基于特定领域知识的吸引力函数优化，以及分布式计算框架下的并行吸引力函数实现，都是未来可以探索的重要研究方向。

吸引力函数的成功在于它实现了对自然行为的数学抽象，并通过亮度、距离与随机性的结合，赋予了萤火虫优化算法强大的全局搜索和局部开发能力。这一核心机制不仅体现了算法的智能性，也为其在复杂优化任务中的广泛应用奠定了理论基础。

11.2.2 位置更新机制

位置更新机制是萤火虫优化算法的动态核心，通过吸引力驱动和随机扰动的结合，控制萤火虫在解空间中的移动。这一机制不仅决定了个体之间的交互模式，还直接影响了算法在全局探索与局部开发间的平衡能力。相较于吸引力函数的静态特性，位置更新机制更动态且灵活，使算法能够在复杂的解空间中逐步逼近最优解。位置更新的数学表达式为

$$x_i(t+1)=x_i(t)+\beta(r_{ij})\cdot[x_j(t)-x_i(t)]+\alpha\cdot(\text{rand}-0.5)$$

其中，$x_i(t)$表示第i个萤火虫在第t次迭代中的位置；$\beta(r_{ij})$是吸引力函数，描述了亮度差异如何引导萤火虫的方向性移动；α是随机扰动因子；rand为区间$[0,1]$内的随机数，用于引入非确定性调整。等式右侧可以分解为三个部分：当前位置的保持、由吸引力驱动的方向性偏移、由随机扰动引入的不确定性调整。

为了更直观地展示这一过程，图 11–5 以二维 Rastrigin 函数为背景，提供了萤火虫在二维解空间中基于位置更新公式的动态移动示意图。在图 11–5 中，背景颜色表示目标函数值的分布，颜色越深表示目标函数值越低（解越优）；红色星标处为全局最优解的位置。不同颜色的曲线和标记点代表各个萤火虫在解空间中的移动轨迹及其逐步调整的过程。

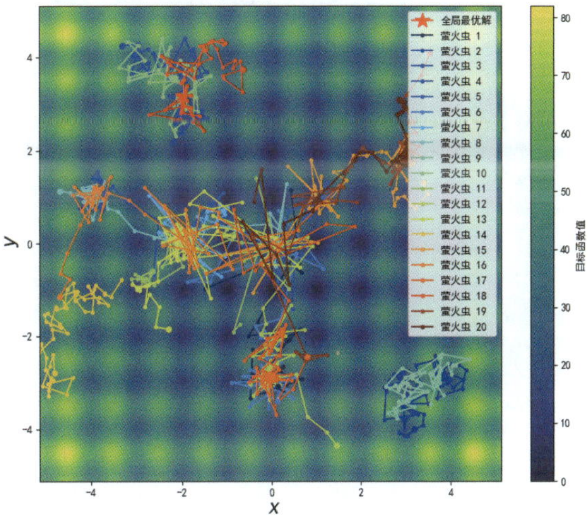

图 11–5　萤火虫在二维解空间中基于位置更新公式的动态移动示意图

从图 11–5 可以看出，萤火虫在初始迭代中分布较为分散，并尝试在整个解空间中进行广泛搜索。在此阶段，随机扰动发挥了重要作用，通过引入一定的不确定性，萤火虫能够探索新的区域，避免过早陷入局部最优解。随着迭代的进行，吸引力函数开始引导萤火虫的运动，亮度较低的萤火虫逐渐向亮度更高的个体靠拢，其轨迹呈现从随机分散向集中收敛的趋势。最终，所有萤火虫逐步聚集到全局最优解附近。

图 11–5 不仅展示了吸引力函数与位置更新的协同作用，还揭示了萤火虫优化算法在 Rastrigin 函数优化中的优势：通过吸引力和随机扰动的结合，该算法能够在复杂解空间中跳出局部最优，实现快速且稳定的收敛。这一特性使萤火虫优化算法在处理高维复杂优化问题时表现出较强的适应性。

吸引力驱动是位置更新的核心，通过亮度差异引导个体向亮度更高的萤火虫靠近。亮度在算法中直接映射为目标函数值，其物理意义是解的优劣程度。吸引力的强弱与个体之间的距离成反比关系，距离越近，吸引力越强；距离越远，吸引力则越弱。这种距离依赖特性确保了局部搜索的效率，避免了长距离个体间的干扰。在解空间中，亮度更高的区域对应更优的解，吸引力驱动促使萤火虫逐渐向这些高亮度区域聚集，形成动态的收敛过程。例如，在函数优化问题中，亮度较低的萤火虫在每次迭代中都会调整其位置，向亮度较高的区域靠近，从而缩小与全局最优解的距离。

随机扰动为位置更新机制引入了必要的非确定性，其核心作用在于增加解空间搜索的多样性，尤其在应对多峰优化问题时尤为重要。在存在多个局部极值点的复杂解空间中，单纯依靠吸引力驱动往往会导致萤火虫群体过早收敛至局部最优解，从而降低算法的全局搜索效率。随机扰动通过调整个体的移动方向和距离，为算法提供了跳出局部最优解的能力，同时增强了解空间的探索广度。

以 Rastrigin 函数为例（见图 11–6），其解空间布满周期性分布的局部极值点，对传统优化方法构成了挑战。图 11–6 展示了萤火虫优化算法在引入随机扰动后的动态搜索过程。在优化的初始阶段，随机扰动为萤火虫提供了更大的探索半径，使群体能够广泛分布于解空间，而非集中于少数区域。随着迭代的进行，萤火虫逐渐向更优的解靠拢，同时利用随机扰动避免陷入局部最优区域。这种机制显著提高了算法发现全局最优解的概率，并保持了解空间搜索的多样性和灵活性。

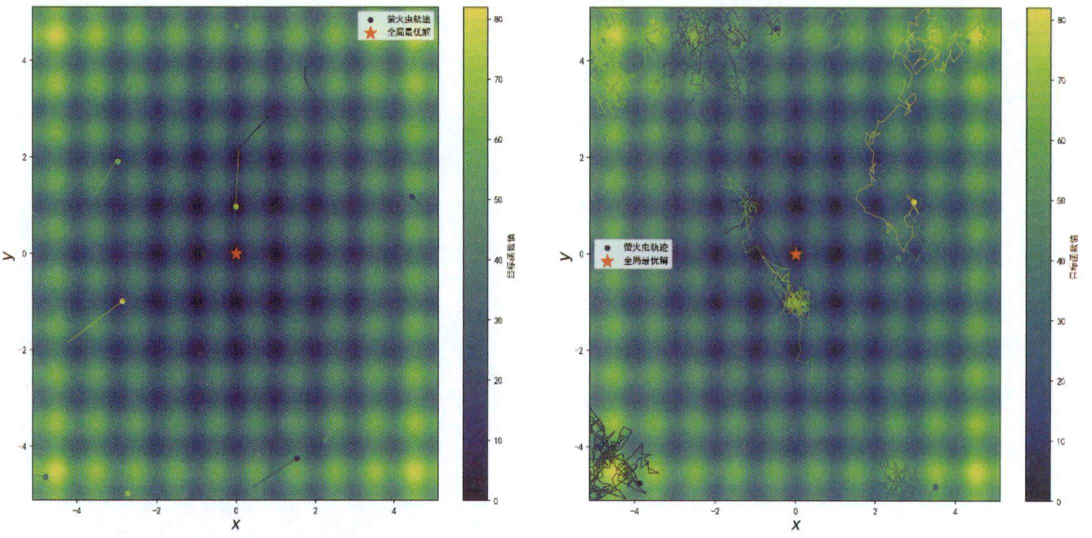

（a）没有随机扰动的情况下　　（b）加入随机扰动后

图 11-6　随机扰动对跳出局部最优的作用

在图 11-6 中可以清晰地看到萤火虫在早期迭代中分布均匀，在随机扰动与吸引力共同作用下，逐渐向 Rastrigin 函数的全局最优点收敛。这表明，随机扰动的引入不仅提高了算法的全局搜索能力，还为复杂优化问题的求解提供了强有力的支持。

然而，随机扰动的强度需要适度控制，以避免对算法性能产生负面影响。若随机扰动因子 α 的值过大，萤火虫的移动将表现出过强的随机性，从而削弱吸引力驱动的作用，导致算法难以收敛；若 α 值过小，个体的随机性不足，群体则可能陷入局部最优解而无法跳出。为了平衡这一矛盾，通常采用动态调整策略：在算法的早期迭代阶段，α 值较大，以增强全局搜索能力；在后期迭代阶段，α 值逐渐减小，从而保证群体能够精确收敛到最优解。这种动态调整策略在函数优化、路径规划等实际应用中表现出显著的效果。

位置更新机制在不同问题中的应用场景展示了其灵活性与适应性。在路径规划问题中，位置更新可理解为对路径节点位置的动态调整。每个萤火虫的位置代表一条候选路径，其亮度由路径的长度、避障能力和路径平滑性等指标综合确定。亮度更高的路径通过吸引力吸引其他萤火虫靠近，从而使路径规划在迭代过程中逐渐得到优化。最终的路径不仅满足最短距离的要求，还能够有效避开障碍物，实现全局最优的路径选择。

在高维优化问题中，位置更新机制的效率可能受到解空间复杂性的制约。高维解空间不仅增加了计算复杂度，还可能导致吸引力的衰减效应不均匀，从而削弱了算法的收敛速度。随机扰动在高维空间中的表现也会有所不同，例如，扰动范围可能不足以覆盖整个解空间，导致算法在高维问题中的收敛性下降。为了解决这一问题，可以结合其他优化策略，如在位置更新中引入多种扰动分布（如高斯分布或柯西分布），以增强算法的搜索能力。此外，采用分布式计算框架以降低计算负担也是高维优化中的常用策略。

尽管位置更新机制为萤火虫优化算法提供了动态的调整能力，其设计仍存在一定局限性。例如，对于目标函数值变化较为平缓的问题，亮度差异可能不足以产生显著的吸引力梯度，从而降低了个体之间的交互强度。针对这一问题，可以引入局部增强模块，结合吸引力函数和随机扰动进行改进。例如，通过动态调整吸引力强度或在个体更新中增加自适应搜索策略，可以进一步提升算法的搜索效率。

位置更新机制通过吸引力驱动和随机扰动的有机结合，为萤火虫优化算法在复杂解空间中的高效探索和开发提供了有力支持。其动态特性使算法在多种优化问题中表现出卓越的性能，同时也为进一步改进提供了广阔的研究方向。无论是通过优化参数的调整，还是结合其他优化算法，位置更新机制在未来的优化问题研究中都具有重要的应用潜力。

11.2.3 算法流程

萤火虫优化算法通过一系列动态迭代过程实现了解空间的搜索与开发，其流程高度抽象了自然界萤火虫的交互行为，同时展现了算法在复杂优化问题中的灵活性与适应性。从种群初始化到最终收敛，算法的每一步设计都紧密围绕优化目标展开，既体现了全局搜索的探索性，又注重局部开发的精确性。

算法以种群的随机初始化为起点。每个萤火虫在解空间中被赋予一个随机位置，通常通过设定变量的上下界来限制其分布范围。种群初始化的多样性直接影响算法初始阶段的搜索能力。若种群分布过于集中，可能导致搜索空间覆盖不足，进而增加算法陷入局部最优解的风险；而分布较为均匀的种群则能为全局搜索提供更广泛的初始条件。针对这一环节，某些改进版本的算法会引入特定的分布策略（如拉丁超立方采样），以进一步提升种群分布的代表性。图 11-7 展示了算法架构图。

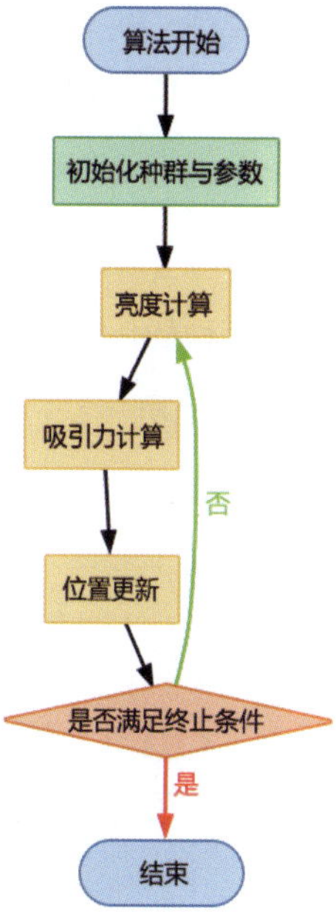

图 11-7　算法框架图

种群初始化完成后，算法进入亮度计算阶段。亮度是衡量萤火虫适应度的核心指标，直接与目标函数值相关联。对于最小化问题，亮度通常与目标函数值成反比，目标函数值越低，亮度越高。亮度的定义不仅反映了个体在解空间中的优劣，还为后续吸引力计算提供了量化依据。例如，在路径规划问题中，目标函数可定义为路径总长度与避障距离的加权和；亮度则随着路径质量的提升而增加，从而引导个体向更优的路径靠拢。

在亮度计算的基础上，吸引力的计算成为萤火虫之间交互的关键。吸引力函数描述了个体间的交互强度，受两方面因素的共同影响：亮度差异和空间距离。具体而言，较亮的萤火虫对较暗萤火

虫的吸引力更强，而这种吸引力随着两者距离的增加而逐渐减弱。这种关系通常通过指数衰减函数来建模，公式为

$$\beta(r)=\beta_0 e^{-\gamma r^2}$$

其中，β_0表示最大吸引力；γ为衰减因子；r为个体间的欧几里得距离。吸引力函数的设计保证了算法既能在全局搜索中覆盖广泛解空间，又能在局部开发中聚焦于亮度较高的区域。在优化Rastrigin函数时，解空间中广泛分布的局部最优点容易吸引种群集中，如图11-8所示。Rastrigin函数的多峰分布对优化算法提出了较大挑战。通过吸引力函数的动态调整，萤火虫能够有效跳出局部极值区域，逐步向全局最优解（图11-8中绿色星标所示）靠拢。在图11-8中，不同颜色表示函数值的高低，蓝色代表低值区域（优解区域），而红色则代表高值区域。萤火虫的路径（轨迹线）显示了种群从随机初始化到最终聚集于全局最优点的动态过程，直观展现了萤火虫优化算法的搜索能力与收敛特性。

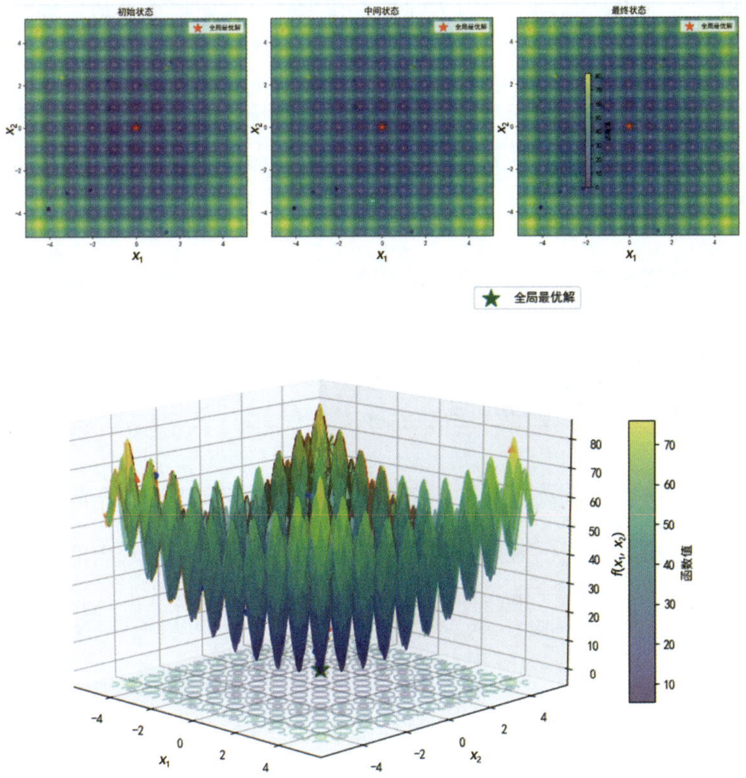

图11-8　Rastrigin函数解空间与萤火虫优化算法的动态收敛过程

位置更新机制是算法动态迭代的核心，通过吸引力驱动和随机扰动的结合实现个体的移动。位置更新公式为

$$x_i(t+1)=x_i(t)+\beta_0 e^{-\gamma r_{ij}^2}\cdot\left[x_j(t)-x_i(t)\right]+\alpha\cdot(\text{rand}-0.5)$$

其中，$x_i(t)$和$x_j(t)$分别表示第i和j个萤火虫在迭代t时的位置；等式右侧第一项为当前个体的位置，第二项为由吸引力驱动的方向偏移量，第三项为随机扰动。吸引力驱动促使个体向亮度更高的萤火虫靠近；而随机扰动则通过引入非确定性为算法提供了解空间搜索的多样性。这种组合机制确保了种群在搜索过程中既能聚焦于高亮度区域，又不会因过早收敛而丧失对全局最优解的探索能力。

随机扰动因子α的调整对算法性能具有重要影响。在算法早期阶段，较大的α值能够扩展种群的搜索范围，避免算法陷入局部最优；在后期阶段，逐步减小α值可以提高解的收敛精度。这种动态调节策略在许多实际应用中被证明能够显著提高算法的稳定性和搜索效率。

随着迭代的进行，种群逐渐向亮度更高的区域集中，表现为种群整体亮度的提升和个体间距离的缩小。最终，算法根据设定的终止条件停止运行，常见的终止条件包括达到最大迭代次数或目标函数值的变化幅度小于设定阈值。在此过程中，种群的多样性逐步降低，亮度值接近最优解，个体间的吸引力逐渐趋于平衡。

在路径优化问题中，算法的动态搜索过程可通过图示直观地展现。例如，在初始阶段，种群中的萤火虫随机分布于不同路径，亮度根据路径长度和避障距离综合计算。在优化过程中，萤火虫逐步向亮度更高的路径靠拢，同时通过随机扰动探索解空间的其他区域，从而提高最终路径的优化质量。结合实际数据和图示（见图 11-8），可以清晰地看到种群从随机分布逐步聚集到最优路径的动态过程。

此外，参数设置是影响算法性能的关键因素。例如，β_0 的取值会直接影响吸引力的强度，而 γ 的大小决定了吸引力衰减的速度。对于高维复杂问题，参数的静态设定可能难以兼顾全局搜索与局部开发，此时引入动态参数调整策略，如基于迭代次数逐步减小 α 值或根据种群分布自适应调整 γ，能够进一步提高算法的效率。

萤火虫优化算法的流程在亮度计算、吸引力评估和位置更新的基础上，实现了全局搜索与局部开发的平衡。通过合理的参数设置和动态调节策略，算法能够适应多种优化任务，并在路径规划、函数优化和特征选择等领域展现出强大的应用潜力。位置更新的随机性与吸引力的确定性相结合，为算法提供了跳出局部最优解的能力，同时确保了最终解的质量与收敛速度。

11.3 算法优化与应用

萤火虫优化算法作为一种智能优化方法，其性能在很大程度上依赖参数的选择和算法机制的优化。参数的动态调节不仅能够显著提升算法的收敛速度，还可以增强其全局搜索能力，避免算法陷入局部最优解。同时，算法的灵活结构也为其在多种实际场景中的应用提供了广阔的空间。通过优化算法参数，可以更好地适配不同问题的特点；而在特定领域中的实际应用，则进一步展现了萤火虫算法在路径优化、特征选择和多目标优化等任务中的潜力。

接下来，我们将从参数优化入手，探讨如何通过调整随机扰动因子、吸引力参数等关键要素改善算法性能，为实际应用打下基础。

11.3.1 参数优化

参数优化是萤火虫优化算法成功应用的关键环节之一。萤火虫优化算法的性能在很大程度上依赖参数的设置，这些参数直接影响算法的全局搜索能力、局部开发效率及最终的收敛速度。核心参数包括随机扰动因子 α、最大吸引力 β_0 和吸引力的衰减因子 γ，它们在不同阶段各司其职，又相互作用，形成动态平衡。因此，对这些参数的合理优化不仅能提升算法的适应性，还能显著改善其在复杂优化任务中的表现。

随机扰动因子 α 是增强算法探索能力的重要工具。它通过在位置更新公式中引入随机噪声，赋予种群额外的不确定性，从而增加探索的多样性。在 α 值较大时，个体在解空间中分布更广泛，覆盖范围更大，而当 α 值较小时，种群会更倾向于精细开发当前解的局部区域。

在实际应用中，α 的动态调整策略尤为重要。通常，在算法初期 α 值较大，有助于种群跳出局部最优，增加解的多样性；而在算法后期则逐渐减小 α 值，促使萤火虫向高亮度区域集中，从而加速收敛。这种调整策略可通过线性衰减或指数衰减等方式实现。图 11-9 展示了两种典型的动态调整曲线，其中线性衰减以均匀速率逐步降低 α 值，适合对扰动减小过程要求较为平稳的优化任务；而指数衰减则表现为初期快速下降、后期趋于稳定，更适合需要快速精细开发的场景。

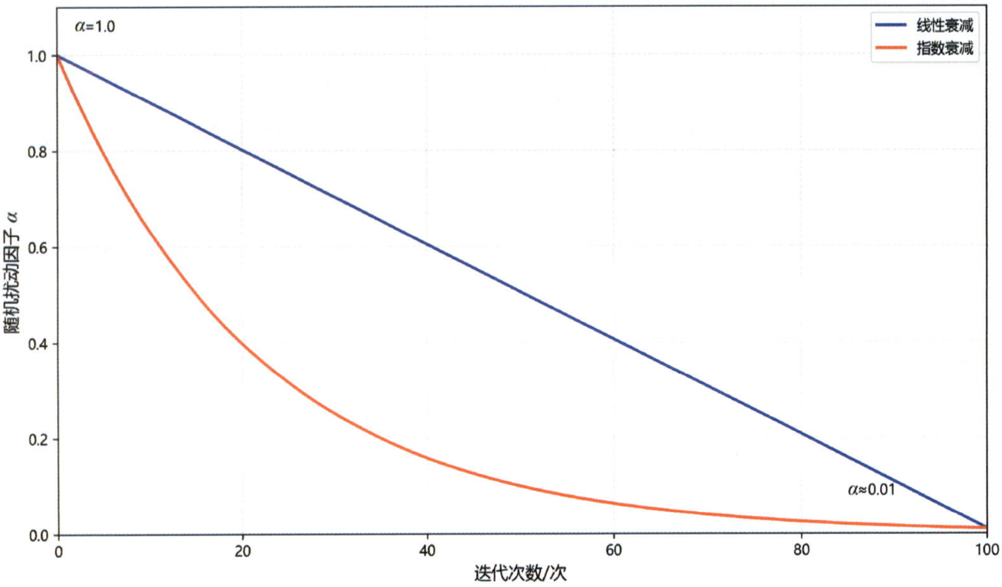

图 11-9 两种典型的动态调整曲线

例如，在路径规划任务中，早期的大扰动（α 值较大）有助于萤火虫探索多种路径可能性，而后期的小扰动（α 值较小）则能帮助种群优化具体路径形状和避障方案。这种从“广撒网”到“精确打击”的策略，是随机扰动因子优化的核心目标。

最大吸引力 β_0 是萤火虫优化算法中的关键参数，直接决定了个体间的吸引力强度，其取值显著影响种群的收敛速度与分布特性。如图 11-10 所示，在 β_0 值（如 0.5）较小时，亮度较高的萤火虫对周围个体的吸引力较弱，种群分布保持了一定的多样性，个体能探索更广泛解空间。然而，这种设置可能导致收敛速度较慢，难以在有限的迭代次数内找到全局最优解。

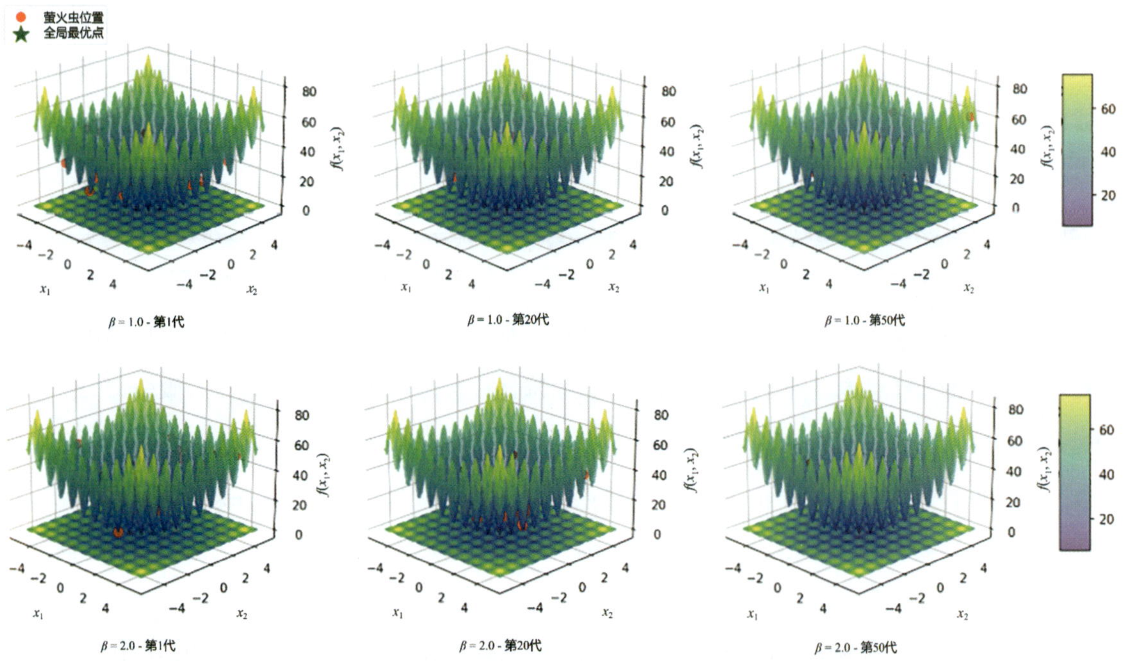

图 11-10　不同最大吸引力 β_0 设置对种群收敛行为的影响

随着 β_0 值的增大（如 1.0），个体间的吸引力强度提升，较亮的萤火虫能够吸引更多个体向其靠拢。此时，种群在收敛速度和多样性之间达到了较好平衡：种群逐步聚集到解空间的低亮度区域，同时保持了一定的全局搜索能力。

当 β_0 值增大到 2.0 时，吸引力的增强使个体快速集中到亮度最高的区域，从而加速了算法的收敛过程。然而，这种设置容易导致种群过早失去多样性，陷入局部最优解，尤其是在复杂解空间中会削弱算法的全局搜索能力。

图 11-10 清晰地展示了不同 β_0 值下种群的动态分布和收敛行为。在第 1 代，所有实验的种群均随机分布于解空间中，无显著聚集性；在第 20 代，$\beta_0 = 2.0$ 的种群开始迅速向某一区域集中，而 $\beta_0 = 0.5$ 的种群则仍保持较大分散性；在第 50 代，$\beta_0 = 2.0$ 的种群几乎全部集中于全局最优点附近，而 $\beta_0 = 0.5$ 的种群则保留了一定多样性，分布在若干局部最优点附近。

因此，β_0 的取值需根据优化任务的具体需求进行设置。在解空间复杂、需要更多全局探索的场景，建议选择较小的 β_0 值，以增强种群多样性和全局搜索能力；而在解空间较为简单、局部开发需求较强的场景，可选择较大的 β_0 值以加快收敛速度。此外，动态调整 β_0 值也是一种有效的策略（如在初期选择较小 β_0 值以扩大搜索范围，后期逐步增大 β_0 值），以强化局部开发，能够在复杂优化问题中取得更好的效果。

吸引力的衰减因子 γ 控制吸引力随距离衰减的速率，是萤火虫算法中平衡全局搜索和局部开发的核心参数。较小的 γ 值意味着吸引力衰减较慢，萤火虫间的交互范围较大，增强了全局搜索能力，使种群能够覆盖更广阔解空间。然而，这种设置也可能导致种群过于分散，降低搜索效率。相反，较大的γ值意味着吸引力衰减较快，萤火虫间的交互范围缩小，种群更倾向于在局部区域内开发，适用于收敛阶段。动态调整γ值是常见的优化策略，例如，在算法初期，设置较小的γ值以增强全局搜索能力；随着迭代的进行，逐步增大γ值使种群能够专注于局部开发，提高解的精度。在特定任务（如高维解空间的优化问题）中，衰减因子的选择尤为关键，因为过大的吸引力范围可能浪费计算资源，而过小的吸引力范围则可能使种群错失更优解。

参数之间并非独立作用，而是相互联系，共同影响算法。例如，随机扰动因子α和最大吸引力β_0之间的平衡决定了种群的搜索模式。若α值较大而β_0值较小，随机性会主导萤火虫的运动，种群在解空间中的分布可能过于分散，导致收敛效率降低；若β_0值较大而α值较小，吸引力的主导作用过强，可能使种群早期失去多样性而陷入局部最优。类似地，衰减因子γ的调整也需要与β_0值相匹配，以确保种群的交互范围适中（既不会过大浪费资源，也不会过小影响探索能力）。因此，在实际应用中，参数优化往往采用实验结合理论的方法，通过大量实验确定参数的最佳组合，同时在运行过程中动态调整参数以适应解空间的变化。

在实际任务中，参数优化不仅依赖算法本身，还需结合具体的应用场景。例如，在特征选择任务中，随机扰动因子α的调整决定了搜索特征子集的范围，而吸引力参数的优化则能影响特征子集的质量。研究表明，通过动态调整α和β_0，可以在特征选择过程中显著提高分类器的准确率。例如，早期较大的α值帮助种群探索更多的特征组合，而后期则通过减小α值和增大β_0值，能够使种群集中于更优的特征子集。此外，在路径规划任务中，衰减因子的设置决定了算法的全局搜索能力，较小的γ值能够帮助种群发现较短的路径，而较大的γ值则有助于在最终路径附近进行精细调整。

近年来，随着优化技术的不断发展，一些自适应的参数优化方法被提出。例如，利用机器学习模型预测种群的状态并动态调整参数，以适应解空间的复杂性；或通过遗传算法、贝叶斯优化等全局搜索方法对参数进行自动调节。这些技术在提升算法效率的同时，也进一步扩展了萤火虫优化算法的适用范围。

参数优化是萤火虫优化算法的重要组成部分。随机扰动因子、最大吸引力和衰减因子的合理调节，能够显著改善该算法的性能，使其在不同任务中展现出强大的适应能力与优化潜力。未来，结合更复杂的自适应机制与智能调整策略，将进一步推动该算法在高维、多目标和动态优化问题中的发展与应用。

11.3.2 实际应用

萤火虫优化算法凭借其简单的机制和高效的搜索能力，在解决复杂优化问题时展现出了广泛适应性。作为一种群体智能优化方法，该算法的核心优势体现在全局搜索与局部开发的平衡能力、参数的灵活性以及随机扰动的动态调整能力。这些特性使该算法在路径优化、特征选择与机器学习参数调优、多目标优化等领域表现出色。以下从具体应用场景展开，探讨萤火虫优化算法的实际表现与独特优势，同时深入剖析其适用条件及局限性。

路径优化问题是萤火虫优化算法的典型应用场景之一，其广泛用于机器人导航、交通网络规划和物流配送等领域。这类问题通常涉及在若干约束条件下寻找路径长度最短或代价最低的路线，同时可能需要满足避障能力、路径平滑性等额外约束条件。

在路径优化问题中，萤火虫优化算法通过定义目标函数，将路径总长度、避障距离等因素映射为目标函数值。每只萤火虫的位置代表一条候选路径，其亮度与路径的综合性能指标成反比。亮度较高的萤火虫代表较优的路径，其余萤火虫则受其吸引逐渐靠近，从而逐步优化路径选择（见图 11–11）。

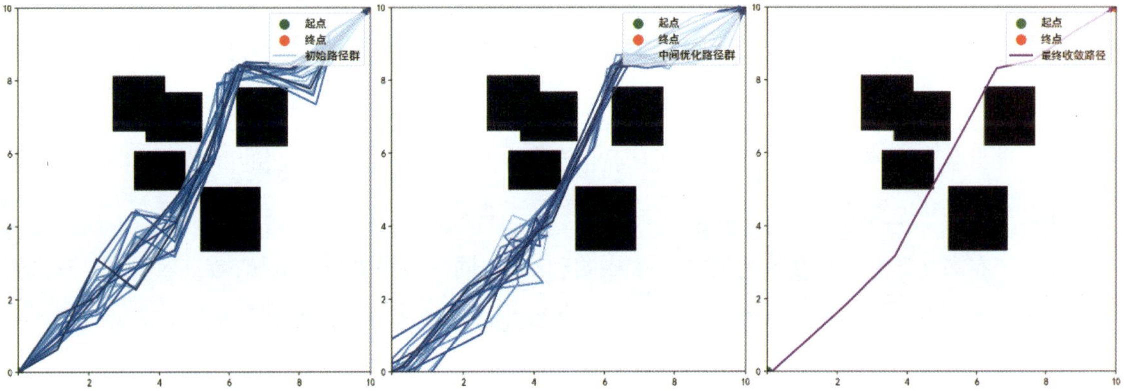

（a）第 1 代路径分布　（b）第 75 代路径分布　（c）第 150 代路径分布

图 11–11　路径优化选择示意图

例如，在需要动态避障的机器人导航场景中，环境中的障碍物可能实时变化，要求算法能够快速适应并规划新的路径。

萤火虫优化算法通过动态调整随机扰动因子，使种群在初期能够探索解空间的不同区域，从而发现多个潜在路径；在后期则通过吸引力的增强逐渐集中于亮度较高的路径，最终找到全局最优解。实验表明，该方法在动态环境下的表现优于传统优化算法（如遗传算法和粒子群优化算法），尤其在应对动态变化的障碍物时具有更高的灵活性。

在物流配送的路径优化问题中，萤火虫优化算法能够同时优化配送成本与时间。例如，通过设定目标函数为路径总距离和时间约束的加权和，算法可以生成多种路径方案，使车辆在满足时间限制的同时最小化配送成本。此外，吸引力参数的调节使算法能在不同权重条件下自适应地调整优化策略，为决策提供更多灵活性。

值得注意的是，在路径优化问题中萤火虫优化算法的表现受制于解空间规模和参数选择。对于大型复杂网络，种群规模不足可能导致搜索不充分，而参数调节不当则可能使算法过早收敛于次优解。

在机器学习领域，特征选择和超参数调优是模型优化的两大核心环节。特征选择旨在减少冗余或无关特征，提高模型的泛化能力并降低计算复杂度；而超参数调优则致力于在复杂参数空间中寻找最优配置以提升模型性能。萤火虫优化算法的全局搜索能力和对复杂搜索空间的适应性，使其成为解决这两类问题的有效工具。

在特征选择任务中，每只萤火虫的位置表示一个特征子集，其亮度由模型的预测性能和特征数量的加权和决定。通过吸引力机制，种群中的个体逐步向较优特征子集靠拢，而随机扰动则确保了搜索的多样性，避免种群陷入局部最优。

例如，在基因表达数据分析中，数据维度通常高达上万，且特征空间可能存在显著的相关性。萤火虫优化算法能够有效探索高维特征空间，选择对预测性能贡献最大的特征，从而显著提高分类器的准确性，同时减少特征数量。

对于超参数调优，萤火虫优化算法同样展现出强大的适应性。例如，在支持向量机模型中，其性能高度依赖惩罚参数C和核函数参数γ的合理选择。通过将这些参数映射为萤火虫的位置点，并以交叉验证的准确率或损失值作为亮度指标，该算法能够在高维参数空间中高效搜索，并快速收敛到最优参数组合。相较于网格搜索或随机搜索等传统方法，萤火虫优化算法的群体智能特性大幅减少了计算时间，并提高了调优结果的稳定性。

此外，在深度学习的超参数优化中，萤火虫优化算法同样表现出色。例如，在CNN中，该算法可用于优化学习率、网络深度、卷积核大小等关键参数。通过动态调整吸引力和随机扰动因子，该算法在初期能够将全局探索可能的参数进行组合，而后期则专注于细化最优解。这种能力使其在需要同时优化多个超参数的复杂任务中具有显著优势。

多目标优化问题广泛存在于实际工程和决策问题中，如资源分配、工程设计、物流调度等。这类问题的特点在于多个目标函数往往存在冲突，无法通过单一解同时满足所有目标。因此，生成一个均衡解集（Pareto前沿）是解决多目标优化问题的核心任务。

萤火虫优化算法在解决多目标优化问题中的优势主要体现在其扩展能力和解的多样性控制上。通过重新定义亮度和吸引力，该算法能够自然地扩展至多目标场景。具体而言，每只萤火虫的亮度由多个目标函数的综合值决定，而吸引力则由亮度与距离共同作用。通过这种机制，该算法能够引导种群分布于解空间的不同区域，从而生成多样化的Pareto解集。

以物流优化问题为例，假设需要同时优化配送成本和时间（二者通常存在权衡关系）。萤火虫优化算法通过动态调整吸引力参数和亮度函数的加权方式，能够在解空间中生成一组均衡解。实验结果表明，与经典的多目标遗传算法（如NSGA-Ⅱ）相比，萤火虫优化算法在生成解的分布均匀性和计算效率上均表现出一定优势。

在工程设计中，萤火虫优化算法也被广泛应用。例如，在风力涡轮机叶片设计中，设计目标可能包括叶片的气动性能和结构强度。这类多目标优化任务要求在满足结构约束的同时寻求最优平衡。通过萤火虫优化算法的多目标扩展，可生成多个设计方案，为工程师提供多样化的选择。

尽管如此，萤火虫优化算法在多目标优化中的表现仍面临挑战。当目标函数的数量较多时，亮度的综合定义可能难以准确反映解的质量，从而影响解集的质量和分布多样性。因此，在复杂多目标优化场景中，常需结合其他算法（如Pareto排序或聚类方法）以进一步提升其性能。

萤火虫优化算法在路径优化、特征选择与超参数调优、多目标优化等领域展现出了强大的适应性与实用性。然而，其表现也受到问题复杂度、参数设置和解空间特性的显著影响。在未来的研究中，通过结合领域知识、智能参数调节策略及与其他优化算法，萤火虫优化算法有望在更多复杂场景中发挥更大潜力。

11.4 实践练习：实现萤火虫优化算法

萤火虫优化算法是一种基于自然界萤火虫发光行为的启发式优化算法，其基本思想是通过亮度的差异吸引萤火虫个体移动，从而逐步接近问题的最优解。本节的目标是实现一个基础版的萤火虫优化算法，通过代码实现并测试其在Rastrigin函数上的收敛性能，同时通过可视化方法分析该算法的动态运行过程及最终结果。

1. 目标函数的定义

在萤火虫优化算法中，目标函数是评估个体适应度的核心。在本实践练习中，选择Rastrigin函数作为测试函数。Rastrigin函数是优化领域的经典测试函数，其公式为

$$f(x)=10n+\sum_{i=1}^{n}\left[x_i^2-10\cos\left(2\pi x_i\right)\right]$$

其中，n是解空间的维度；x_i是第i维的变量。Rastrigin函数具有大量局部极值点，全局最优点位于原点x=0。这种多峰特性使其成为测试全局搜索能力的理想选择。

代码 11-1　定义目标函数：Rastrigin函数

```
import numpy as np

# 定义 Rastrigin 函数
def rastrigin(x):
    A = 10
    return A * len(x) + np.sum(x**2 - A * np.cos(2 * np.pi * x))
```

2. 种群初始化

萤火虫优化算法以种群为基础，需要在解空间内随机生成一组萤火虫的初始位置。每个萤火虫

的位置表示一个潜在解，其亮度由目标函数值决定。种群初始化的范围由问题的上下界决定，初始化的多样性直接影响算法的全局搜索能力。

代码 11-2 种群初始化：生成初始解

```
# 初始化种群
def initialize_population(pop_size, dim, lower_bound, upper_bound):
    return np.random.uniform(lower_bound, upper_bound, (pop_size, dim))

# 参数示例
pop_size = 30   # 种群规模
dim = 2         # 解空间维度
lower_bound = -5.12   # Rastrigin() 函数的下界
upper_bound = 5.12    # Rastrigin() 函数的上界

# 生成初始种群
population = initialize_population(pop_size, dim, lower_bound, upper_bound)
print(" 初始种群位置：\n", population)
```

代码输出如果如下。

```
[-0.35694303  0.72178434]
 [-4.91225279 -4.3946528 ]
 [-2.42410573  3.56332527]
…
 [-4.10593221 -4.50519678]
 [ 0.57290019  4.29277396]
 [ 3.73972229 -3.16766245]
 [ 1.35698925 -4.05031985]]
```

3. 亮度计算

亮度是衡量萤火虫个体优劣的重要指标。对于最小化问题，亮度通常定义为目标函数值的反比，以确保目标函数值越小，亮度越高。在实现中，为避免数值过大导致亮度过低，可将目标函数值加1后取反比。

代码 11-3 亮度计算：适应度评价

```
# 计算亮度
def calculate_brightness(population, func):
    return np.array([1 / (1 + func(ind)) for ind in population])

# 计算种群亮度
brightness = calculate_brightness(population, rastrigin)
print(" 种群亮度：\n", brightness)
```

代码输出结果如下。

```
# 计算亮度
def calculate_brightness(population, func):
    return np.array([1 / (1 + func(ind)) for ind in population])

# 计算种群亮度
brightness = calculate_brightness(population, rastrigin)
print("种群亮度：\n", brightness)
```

4. 位置更新规则

萤火虫的移动由吸引力和随机扰动共同驱动。吸引力由亮度差异和个体间的距离决定，其公式为

$$\beta(r)=\beta_0 e^{-\gamma r^2}$$

其中，β_0是最大吸引力；γ是吸引力的衰减因子；r是欧几里得距离。随机扰动为解空间探索提供了多样性。位置更新公式为

$$x_i(t+1)=x_i(t)+\beta(r)\cdot\left[x_j(t)-x_i(t)\right]+\alpha\cdot(\text{rand}-0.5)$$

代码 11-4 位置更新规则：吸引力与随机扰动

```
# 更新位置
def update_position(firefly, target, beta, gamma, alpha, lower_bound,
                    upper_bound):
    distance = np.linalg.norm(firefly - target)  # 计算欧几里得距离
    attraction = beta * np.exp(-gamma * distance**2) * (target - firefly)
                                                                  # 吸引力项
    random_step = alpha * (np.random.rand(*firefly.shape) - 0.5)
                                                                  # 随机扰动项
    new_position = firefly + attraction + random_step
    return np.clip(new_position, lower_bound, upper_bound) # 保证解空间边界

# 测试位置更新
Firefly = np.array([1.0, 1.0])    # 假设一个萤火虫的位置
target = np.array([0.0, 0.0])     # 假设目标萤火虫的位置
updated_position = update_position(firefly, target, beta=1, gamma=1,
                                   alpha=0.2,lower_bound=lower_bound,
                                   upper_bound=upper_bound)
print("更新后的位置：", updated_position)
```

代码输出结果如下。

```
更新后的位置： [0.85797976 0.87174877]
```

5. 萤火虫优化算法的整体实现

整合上述模块，构建完整的萤火虫优化算法框架，包含种群初始化、亮度计算、位置更新及随机扰动调整等步骤。

代码11-5 构建完整算法：萤火虫优化框架

```
def firefly_algorithm(pop_size, dim, lower_bound, upper_bound, max_iter, func, beta=1, gamma=1, alpha=0.2, alpha_decay_type='exp'):

    population = initialize_population(pop_size, dim, lower_bound, upper_bound)  # 初始化种群

    # 初始化 best_solution 为第一个个体
    best_solution = population[0].copy()
    best_fitness = func(best_solution)

    fitness_history = []
    alpha_history = [alpha]  # 记录 alpha 的变化

    for iteration in range(max_iter):
        brightness = calculate_brightness(population, func)  # 计算亮度
        sorted_indices = np.argsort(-brightness)  # 按亮度降序排序
        population = population[sorted_indices]
        brightness = brightness[sorted_indices]

        # 更新种群位置
        for i in range(pop_size):
            for j in range(pop_size):
                if brightness[j] > brightness[i]:
                    population[i] = update_position(population[i], population[j], beta, gamma, alpha, lower_bound, upper_bound)

        # 重新计算亮度
        brightness = calculate_brightness(population, func)

        # 更新最优解
        current_best_idx = np.argmax(brightness)
        current_best = population[current_best_idx]
        current_fitness = func(current_best)
        if current_fitness < best_fitness:
```

```
            best_solution = current_best.copy()
            best_fitness = current_fitness

        fitness_history.append(best_fitness)

        # 动态调整随机扰动因子
        if alpha_decay_type == 'linear':
            # 线性衰减
            alpha = alpha * (1 - iteration / max_iter)
        else:
            # 指数衰减
            alpha *= 0.98

        alpha_history.append(alpha)

    return best_solution, best_fitness, fitness_history, population, alpha_history
```

6. 算法测试与可视化

测试算法在Rastrigin函数上的性能，观察收敛曲线及种群最终分布。

代码11-6 测试算法：运行与结果分析

```
# 主函数：配置参数和运行算法
def main():
    # 参数设置
    pop_size = 30   # 种群规模
    dim = 2         # 解空间维度
    lower_bound = -5.12  # Rastrigin 函数的下界
    upper_bound = 5.12   # Rastrigin 函数的上界
    max_iter = 100  # 最大迭代次数

    # 设置初始 alpha 值
    initial_alpha = 0.2

    # 运行算法 - 使用指数衰减
    best_solution_exp, best_fitness_exp, fitness_history_exp, final_population_exp, alpha_history_exp = firefly_algorithm(
        pop_size, dim, lower_bound, upper_bound, max_iter, rastrigin, alpha=initial_alpha, alpha_decay_type='exp'
```

```
)

    # 运行算法 - 使用线性衰减
    best_solution_lin, best_fitness_lin, fitness_history_lin, final_population_lin, alpha_history_lin = firefly_algorithm(
        pop_size, dim, lower_bound, upper_bound, max_iter, rastrigin,
        alpha=initial_alpha, alpha_decay_type='linear'
)

    # 打印结果
    print(" 使用指数衰减 :")
    print(f" 最优解 : {best_solution_exp}")
    print(f" 最优适应度 : {best_fitness_exp}")

    print("\n 使用线性衰减 :")
    print(f" 最优解 : {best_solution_lin}")
    print(f" 最优适应度 : {best_fitness_lin}")

    # 可视化 1: 收敛曲线对比
    plt.figure(figsize=(10, 6))
    plt.plot(fitness_history_exp, 'b-', label=' 指数衰减 ')
    plt.plot(fitness_history_lin, 'r-', label=' 线性衰减 ')
    plt.title(" 收敛曲线对比 ")
    plt.xlabel(" 迭代次数 / 次 ")
    plt.ylabel(" 最优适应度 ")
    plt.legend()
    plt.grid(True)
    plt.savefig('firefly_convergence_curve.png', dpi=300, bbox_inches='tight')
    plt.show()

    # 可视化 2: 随机扰动因子变化曲线
    plt.figure(figsize=(10, 6))
    plt.plot(alpha_history_exp, 'b-', label=' 指数衰减 ')
    plt.plot(alpha_history_lin, 'r-', label=' 线性衰减 ')
    plt.title(" 萤火虫算法中随机扰动因子 α 的动态调整策略 ")
    plt.xlabel(" 迭代次数 / 次 ")
    plt.ylabel(" 随机扰动因子  α")
    plt.legend()
    plt.grid(True, linestyle='--', alpha=0.3)

```

```python
    # 设置坐标轴范围
    plt.xlim(0, max_iter)
    plt.ylim(0, initial_alpha*1.1)

    # 在特定点标注信息
    plt.annotate(f'α={initial_alpha}', xy=(0, initial_alpha), xytext=(2, initial_alpha*1.05), fontsize=10)
    plt.annotate(f'α≈{alpha_history_exp[-1]:.3f}', xy=(max_iter, alpha_history_exp[-1]),
                 xytext=(max_iter-25, alpha_history_exp[-1]*5), fontsize=10)

    plt.savefig('firefly_alpha_decay.png', dpi=300, bbox_inches='tight')
    plt.show()

    # 可视化 3: 在 Rastrigin 函数上的最终分布
    # 创建二维网格
    x = np.linspace(lower_bound, upper_bound, 100)  # X 轴范围
    y = np.linspace(lower_bound, upper_bound, 100)  # Y 轴范围
    X, Y = np.meshgrid(x, y)  # 生成网格

    # 将 Rastrigin 函数应用于网格的每个点
    Z = np.array([[rastrigin(np.array([i, j])) for i, j in zip(x_row, y_row)] for x_row, y_row in zip(X, Y)])

    # 指数衰减最终分布
    plt.figure(figsize=(10, 6))
    plt.contourf(X, Y, Z, levels=50, cmap='viridis')
    plt.colorbar(label="适应度值")
    plt.scatter(final_population_exp[:, 0], final_population_exp[:, 1],
                c='red', label="最终种群")
    plt.scatter(best_solution_exp[0], best_solution_exp[1], c='white',
                s=100, label="最优解")
    plt.legend()
    plt.xlabel('X1')
    plt.ylabel('X2')
    plt.title('Rastrigin 函数上的萤火虫算法最终分布 （指数衰减）')
    plt.savefig('firefly_distribution_exp.png', dpi=300, bbox_inches='tight')
    plt.show()

if __name__ == "__main__":
    main()
```

代码输出结果如图 11-12 所示。

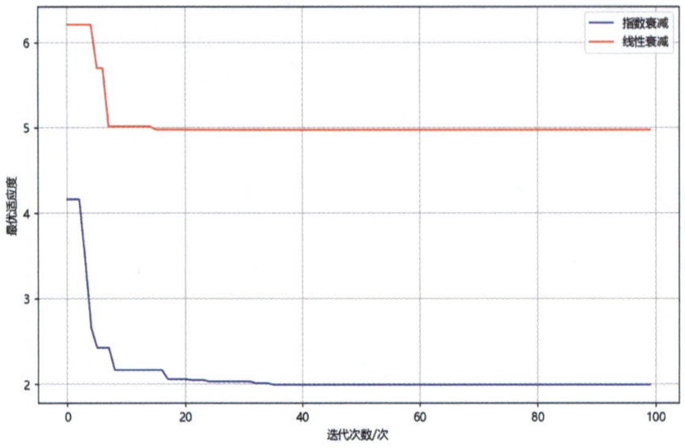

（a）收敛曲线对比

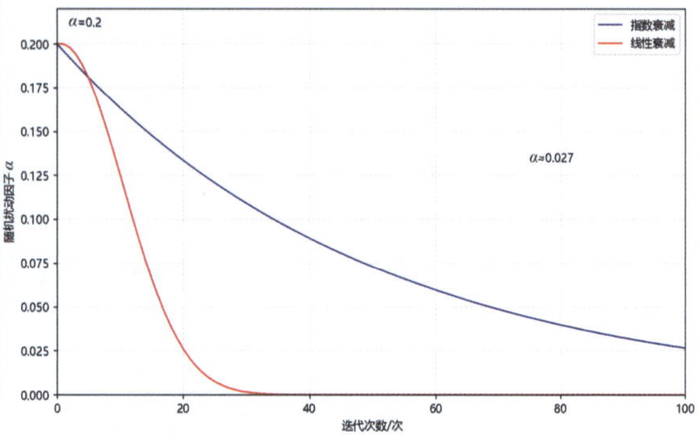

（b）萤火虫算法中随机扰动因子 α 的动态调整策略

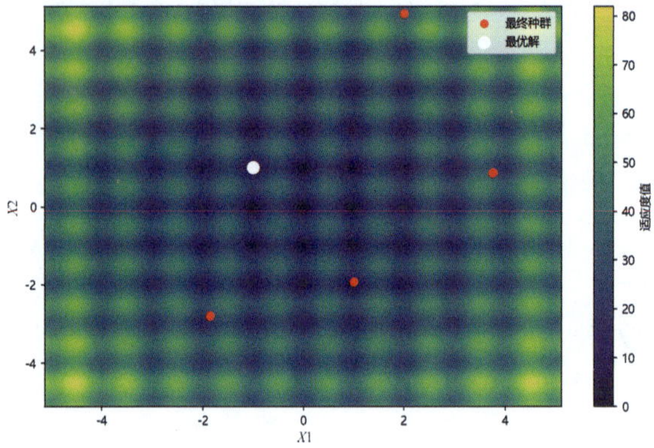

（c）Rastrigin 函数上的萤火虫算法最终分布（指数衰减）

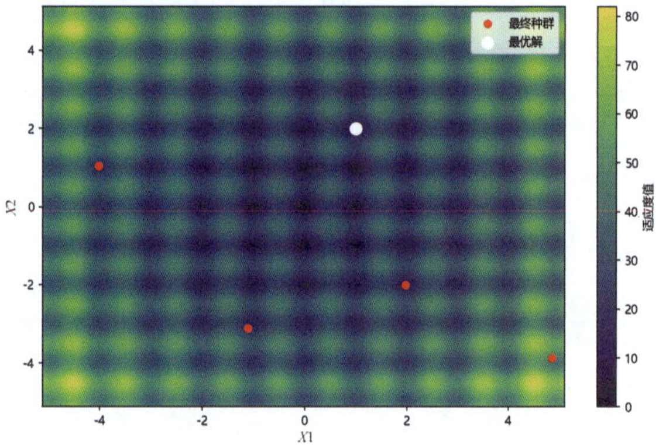

（d）Rastrigin 函数上的萤火虫算法最终分布（线性衰减）

图 11-12　Rastrigin 函数的等高线图与萤火虫种群分布

通过可视化结果可以观察到，种群逐步集中到全局最优点附近，并且收敛曲线显示了算法性能随迭代的改善。

11.5 Python 语言实现与案例分析

萤火虫优化算法因其简单高效的结构设计和良好的全局搜索能力，广泛应用于解决各种实际优化问题。本节将从路径规划和特征选择两个典型应用入手，通过详细的代码实现和实验分析，探讨不同参数设置对算法性能的影响，并结合实验结果分析算法的优势与局限性。力求通过具体的应用场景中，揭示萤火虫优化算法在复杂任务中的表现和改进空间。

1. 萤火虫优化算法在路径规划中的应用

路径规划问题的核心目标是寻找一条从起点到终点的最优路径，同时满足路径长度最短、避开障碍物以及路径平滑度高等优化目标。路径规划可以被抽象为一个优化问题，其中每条路径是一个候选解。通过萤火虫优化算法，可以利用亮度、吸引力机制动态调整路径，逐步逼近最优解。

假设路径规划的解空间为一个二维平面，起点与终点固定，障碍物的分布已知。目标函数定义为路径的综合成本，包含路径长度、与障碍物的最小距离及路径平滑度三项。其目标函数公式为

$$f(\text{path}) = w_1 \cdot L(\text{path}) + w_2 \cdot \frac{1}{D(\text{path})} + w_3 \cdot S(\text{path})$$

其中，$L(\text{path})$为路径的长度；$D(\text{path})$为路径与最近障碍物的最小距离；$S(\text{path})$为路径的平滑度；w_1, w_2, w_3为权重系数，控制各优化目标的优先级。

以下代码实现了萤火虫优化算法在路径规划问题中的应用。

代码 11-7　路径规划目标函数和算法实现

```
import numpy as np
import matplotlib.pyplot as plt
from matplotlib.patches import Circle
import os
from pathlib import Path
import requests  # 如果本地环境无此库，需要安装；若不适用 requests，可使用其他方式下载
import matplotlib
from matplotlib.font_manager import fontManager
def ensure_chinese_font():
    """
    设置中文字体
    """
    plt.rcParams['font.sans-serif'] = ['Microsoft YaHei']  # Windows 操作系统的默认中文字体
    plt.rcParams['axes.unicode_minus'] = False  # 正确显示负号

# 定义路径规划目标函数
def path_cost(path, obstacles, weights):
    """
    计算路径的综合代价
    path: 路径点坐标
    obstacles: 列表，每个元素为 (x, y, radius) 表示障碍物的位置和半径
    weights: [w1, w2, w3] 分别为路径长度、避开障碍物、路径平滑度的权重
    """
    distance_list = []
    for obs in obstacles:
        obs_center = np.array([obs[0], obs[1]])
        obs_radius = obs[2]
        dist_to_center = np.linalg.norm(path - obs_center, axis=1)
        # 计算距离，若小于 0 表示穿过障碍物
        actual_dist = dist_to_center - obs_radius
```

```
        distance_list.append(np.min(actual_dist))
    min_dist = np.min(distance_list)
    # 如果最小距离 < 0，说明路径碰到或穿过了障碍物， 直接返回超大值
    if min_dist < 0:
        return 1e10  # 也可以更大，如 float('inf')
    length = np.sum(np.linalg.norm(np.diff(path, axis=0), axis=1))
    smoothness = np.sum(np.linalg.norm(np.diff(path, n=2, axis=0), axis=1))
    return weights[0] * length + weights[1] / (min_dist + 1e-5) +
        weights[2] * smoothness
# 初始化路径种群
def initialize_paths(pop_size, num_points):
    """ 初始化路径，确保起点为 (0,0)，终点为 (1,1)"""
    paths = []
    for _ in range(pop_size):
        # 生成中间点的随机坐标
        middle_points = np.random.rand(num_points-2, 2)
        # 组合起点、中间点和终点
        path = np.vstack(([0, 0], middle_points, [1, 1]))
        paths.append(path)
    return paths
# 更新路径位置
def update_path(firefly, target, beta, gamma, alpha):
    """ 更新路径，保持起点和终点不变 """
    # 只计算中间点的吸引力
    middle_firefly = firefly[1:-1]
    middle_target = target[1:-1]
    # 计算吸引力（使用欧几里得距离）
    dist = np.linalg.norm(middle_firefly - middle_target)
    attraction = beta * np.exp(-gamma * dist) * (middle_target -
                                                  middle_firefly)
    random_step = alpha * (np.random.rand(*middle_firefly.shape) - 0.5)
    # 更新中间点位置
    new_middle = middle_firefly + attraction + random_step
    new_middle = np.clip(new_middle, 0, 1)  # 限制范围在 [0,1]
    # 组合起点、更新后的中间点和终点
    new_path = np.vstack(([0, 0], new_middle, [1, 1]))
    return new_path
# 路径规划的萤火虫优化算法
def firefly_path_planning(pop_size, num_points, max_iter, obstacles, weights,
                          beta=1, gamma=1, alpha=0.2):
    paths = initialize_paths(pop_size, num_points)
    best_path = None
    best_cost = float('inf')
    cost_history = []  # 记录每次迭代的最佳代价
    for iteration in range(max_iter):
        costs = np.array([path_cost(path, obstacles, weights) for path in paths])
```

```
        sorted_indices = np.argsort(costs)
        paths = [paths[i] for i in sorted_indices]
        costs = costs[sorted_indices]
        for i in range(pop_size):
            for j in range(i):
                if costs[j] < costs[i]:  # 被亮度更高的路径吸引
                    paths[i] = update_path(paths[i], paths[j], beta,
                                     gamma, alpha)
        if costs[0] < best_cost:
            best_path = paths[0].copy()
            best_cost = costs[0]
        cost_history.append(best_cost)
        alpha *= 0.98  # 动态调整随机扰动因子
    return best_path, best_cost, paths, cost_history

# 实验测试与结果可视化
def main():
    ensure_chinese_font()
    # 障碍物定义：(x, y, radius)
    obstacles = [(0.5, 0.5, 0.1), (0.3, 0.7, 0.15)]
    # 参数设置
    pop_size = 20            # 种群规模
    num_points = 10          # 路径点数（包括起点和终点）
    max_iter = 100           # 最大迭代次数
    weights = [1, 10, 1]  # 权重参数：长度、避障距离、平滑性
    # 运行萤火虫优化算法
    best_path, best_cost, final_paths, cost_history = firefly_path_planning(
        pop_size, num_points, max_iter, obstacles, weights
    )
    # 创建图形
    fig, (ax1, ax2) = plt.subplots(1, 2, figsize=(15, 6))

    # 绘制路径规划结果
    for path in final_paths:
        ax1.plot(path[:, 0], path[:, 1], color='gray', alpha=0.3)
    ax1.plot(best_path[:, 0], best_path[:, 1], 'b-', linewidth=2,
             label='最优路径')
    # 绘制障碍物（包括实际大小）
    for obs in obstacles:
        circle = Circle((obs[0], obs[1]), obs[2], color='red', alpha=0.3)
        ax1.add_patch(circle)
        ax1.plot(obs[0], obs[1], 'r.', markersize=10)
    ax1.plot(0, 0, 'go', label='起点', markersize=10)
    ax1.plot(1, 1, 'g^', label='终点', markersize=10)
    ax1.grid(True)
    ax1.set_xlabel('X')
```

```
    ax1.set_ylabel('Y')
    ax1.set_title('萤火虫算法路径规划结果')
    ax1.legend()
    # 绘制收敛曲线
    ax2.plot(cost_history, 'b-')
    ax2.set_xlabel('迭代次数')
    ax2.set_ylabel('最优代价值')
    ax2.set_title('算法收敛曲线')
    ax2.grid(True)
    plt.tight_layout()
    plt.show()
if __name__ == "__main__":
    main()
```

代码输出结果如图 11-13 所示。

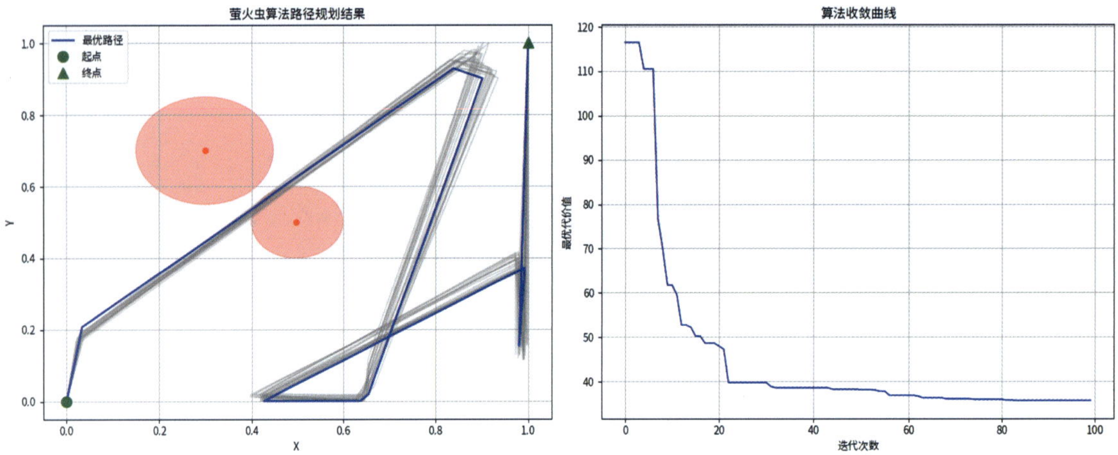

图 11-13　基于萤火虫优化算法的路径规划结果

2. 萤火虫优化算法在特征选择中的应用

在机器学习中，特征选择是提高模型性能的重要步骤。通过萤火虫优化算法，可以从高维特征中选择子集，既提升分类器的准确率，又减少特征数量。

定义目标函数为分类准确率与特征数量的综合：

$$f(\text{features}) = \text{分类准确率} - \lambda \cdot |\text{特征子集}|$$

代码 11-8　特征选择目标函数和算法实现

```
import numpy as np
import matplotlib.pyplot as plt
from sklearn.datasets import load_iris
from sklearn.model_selection import train_test_split
from sklearn.ensemble import RandomForestClassifier
```

```python
from sklearn.metrics import accuracy_score

# 设置中文字体
plt.rcParams['font.sans-serif'] = ['SimHei']  # 设置中文字体为黑体
plt.rcParams['axes.unicode_minus'] = False    # 解决负号显示问题

# 特征选择目标函数
def feature_selection_cost(features, X_train, X_test, y_train, y_test, lambda_=0.1):
    selected_features = np.where(features > 0.5)[0]
    if len(selected_features) == 0:
        return float('inf')  # 如果未选择特征，惩罚成本
    clf = RandomForestClassifier()
    clf.fit(X_train[:, selected_features], y_train)
    accuracy = accuracy_score(y_test, clf.predict(X_test[:, selected_features]))
    return -accuracy + lambda_ * len(selected_features)

# 初始化种群（特征选择）
def initialize_features(pop_size, num_features):
    return np.random.rand(pop_size, num_features)

# 更新萤火虫位置
def update_features(firefly_i, firefly_j, beta, gamma, alpha):
    r = np.linalg.norm(firefly_i - firefly_j)  # 计算距离
    beta_r = beta * np.exp(-gamma * r**2)      # 计算吸引度
    # 更新位置并限制在 [0,1] 范围内
    new_position = firefly_i + beta_r * (firefly_j - firefly_i) + alpha * (np.random.rand(*firefly_i.shape) - 0.5)
    return np.clip(new_position, 0, 1)

# 特征选择算法
def firefly_feature_selection(X, y, pop_size, max_iter, beta=1, gamma=1, alpha=0.2, lambda_=0.1):
    num_features = X.shape[1]
    population = initialize_features(pop_size, num_features)
    best_solution = None
    best_cost = float('inf')
    X_train, X_test, y_train, y_test = train_test_split(X, y, test_size=0.3, random_state=42)

    # 记录每次迭代的最佳成本
    cost_history = []

    for iteration in range(max_iter):
        costs = np.array([feature_selection_cost(features, X_train, X_
```

```
                          test, y_train, y_test, lambda_)
                          for features in population])
        sorted_indices = np.argsort(costs)
        population = population[sorted_indices]
        costs = costs[sorted_indices]

        for i in range(pop_size):
            for j in range(i):
                if costs[j] < costs[i]:
                    population[i] = update_features(population[i],
                                     population[j], beta, gamma, alpha)

        if costs[0] < best_cost:
            best_solution = population[0].copy()
            best_cost = costs[0]

        cost_history.append(costs[0])  # 记录当前迭代的最佳成本
        alpha *= 0.98

    selected_features = np.where(best_solution > 0.5)[0]
    return selected_features, best_cost, cost_history

# 加载数据
data = load_iris()
X, y = data.data, data.target
feature_names = data.feature_names

# 运行特征选择
selected_features, best_cost, cost_history = firefly_feature_selection(X,
    y, pop_size=20, max_iter=50)

# 打印结果
print("\n 特征选择结果: ")
print(" 选择的特征 :", [feature_names[i] for i in selected_features])
print(" 最佳成本值 :", best_cost)

# 可视化优化过程
plt.figure(figsize=(12, 5))

# 绘制成本历史
plt.subplot(121)
plt.plot(cost_history, 'b-', linewidth=2)
plt.title(' 萤火虫算法优化过程 ')
plt.xlabel(' 迭代次数 ')
plt.ylabel(' 成本值 ')
plt.grid(True)
```

```

# 绘制特征选择结果
plt.subplot(122)

feature_importance = np.zeros(len(feature_names))
feature_importance[selected_features] = 1

# ① 英文→中文，对应 Iris 四个特征的顺序
ch_feature_names = ['萼片长度', '萼片宽度', '花瓣长度', '花瓣宽度']

# ② 画图
plt.bar(range(len(feature_names)), feature_importance, color='skyblue')
plt.title('特征选择结果')
plt.xlabel('特征')
plt.ylabel('是否选择')
plt.xticks(range(len(feature_names)), ch_feature_names, rotation=45)

plt.tight_layout()
plt.show()
```

代码输出结果如图 11-14 所示。

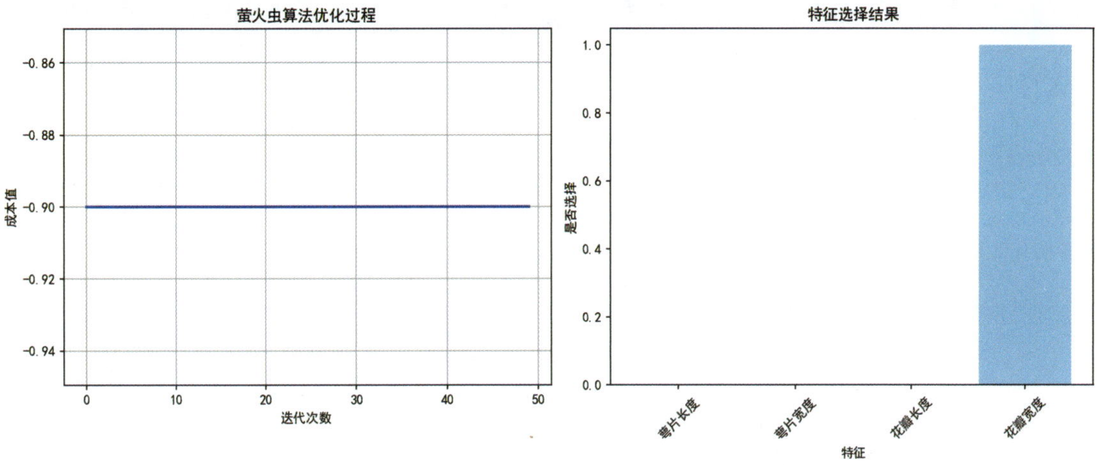

图 11-14　萤火虫算法优化过程示意图

以下参数设置直接影响算法性能。

α：控制全局探索与局部开发的平衡。

β：影响种群的收敛速度。

γ：调整吸引力随距离的衰减速度。

萤火虫优化算法在路径规划和特征选择任务中展现出强大的适应性和全局优化能力，但参数敏感性和计算复杂度仍需进一步优化，以提高实际应用的效率与可靠性。

第 12 章

神经网络优化算法

在深度学习中，优化算法是推动模型性能提升的引擎，是训练过程中不可或缺的一环，确保了神经网络能够高效地学习数据中的复杂模式。从基础的梯度下降到高级的算法优化，每一步都对提高模型的精度和效率至关重要。本章将深入探讨神经网络优化算法的原理，从优化算法的基本概念讲起，了解它们是如何影响神经网络的训练过程，并详细讨论梯度下降法。本章不仅会学习神经网络优化算法的基本原理，还将探索如何通过调整学习率和其他超参数来提高训练效率。

本章的主要知识点如下。

（1）优化算法与损失函数：理解优化在神经网络训练中的核心作用及如何通过损失函数评估模型。

（2）梯度下降法：深入掌握梯度下降的核心思想，包括前向传播、反向传播和参数更新过程。

（3）高级优化算法：学习Momentum、RMSprop、Adam和AdamW等主流优化算法的原理及其改进之处。

（4）实践与对比：通过NumPy手动实现梯度下降，并使用PyTorch对比不同优化器的实际效果。

12.1 神经网络优化算法简介

本节将会介绍神经网络与神经网络中的优化算法。

12.1.1 神经网络简介

神经网络，其基础单元可追溯至感知机（Perceptron），是深度学习的核心概念，通常所说的神经网络一般指全连接神经网络。神经网络模拟了人脑中神经元的连接方式，构建了由多层节点或神经元组成的复杂计算框架。每个节点通过特定的权重与其他节点相连，形成一个庞大的信息处理网络。这些网络能够通过分析大量的数据集来识别其中的模式和关键特征，进而实现对新数据的预测和分类任务。

神经网络的构建基于一个核心原理：将多个线性模型叠加起来，并通过引入非线性激活函数增加模型的表达能力。这种结构使网络能够捕捉数据中的复杂关系和模式。在图 12-1 中，可以看到一个神经元的基本构成，它展示了如何通过权重和激活函数处理输入信号。通过这种方式，神经网络能够学习并模拟复杂的函数映射，使其在图像识别、语音处理和NLU等领域都有广泛应用。随着数据量的增加和计算能力的提升，神经网络的能力和应用范围也在持续扩展。

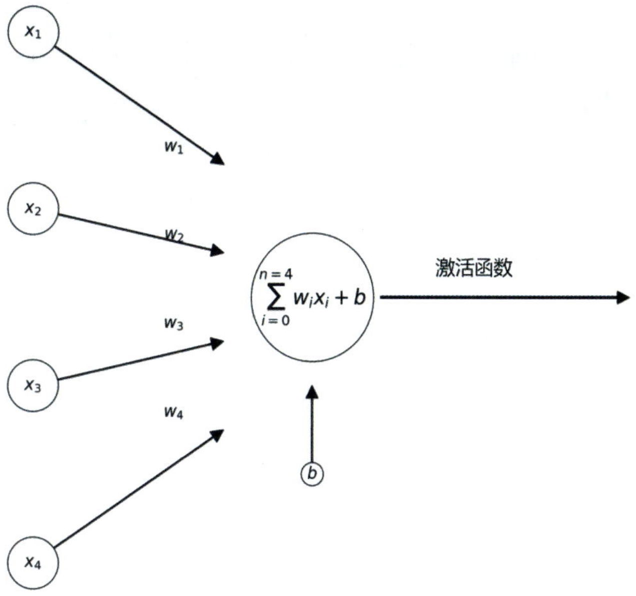

图 12-1　神经元结构示意图

在神经网络中，每个神经元本质上执行着一个线性计算任务，类似于线性回归模型。然而，神经元的独特之处在于能够利用激活函数对计算结果进行非线性转换，这使神经网络能够处理更为复杂的数据模式。

神经网络主要由以下三个部分组成。

（1）输入层。输入层是神经网络的起点，负责接收并处理输入信号。在输入层中，每个节点对应一个输入特征，形成一个特征矩阵。例如，若输入数据由两个特征组成，则输入层通常包含两个节点，分别对应这两个特征。

（2）隐藏层。隐藏层位于输入层和输出层之间，是神经网络的核心。隐藏层负责对输入数据进行深入的分析和处理，提取关键特征。隐藏层的节点数量和层数可根据需要进行调整，以适应不同的复杂度和任务类型。若神经网络缺少隐藏层，其功能将退化为简单的线性模型。

（3）输出层。输出层是神经网络的最终环节，负责根据网络内部的计算结果生成预测输出。输出层的设计取决于任务的具体需求，其节点的数量和输出格式会根据分类任务和回归任务而有所不同。在多分类任务中，输出层的节点数与类别数相等；而在回归任务中，输出层的节点数与预测目标的数量相匹配。

神经网络的分层架构（见图12-2）使神经网络能够逐层抽象和学习数据的特征，最终实现对输入数据的高级处理和精确预测。通过这种架构，神经网络在解决分类、回归、模式识别等多种问题上展现出了卓越的能力。神经网络计算过程的公式为

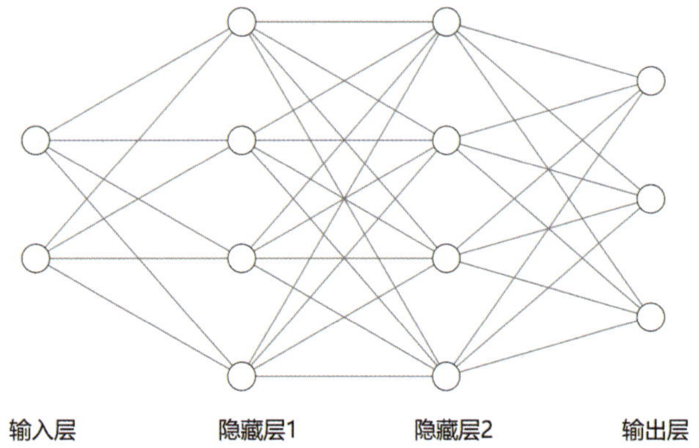

图12-2　神经网络的分层结构

$$y = \mathrm{Softmax}\left(f\left(f\left(X\boldsymbol{W}_1^{\mathrm{T}} + \boldsymbol{b}_1\right)\boldsymbol{W}_2^{\mathrm{T}} + \boldsymbol{b}_2\right)\boldsymbol{W}_3^{\mathrm{T}} + \boldsymbol{b}_3\right)$$

其中，X表示输入；$\boldsymbol{W}_1$、$\boldsymbol{W}_2$、$\boldsymbol{W}_3$分别表示输入层与隐藏层1、隐藏层1与隐藏层2、隐藏层2与输出层之间的权重矩阵；$\boldsymbol{b}_1$、$\boldsymbol{b}_2$、$\boldsymbol{b}_3$分别表示输入层与隐藏层1、隐藏层1与隐藏层2、隐藏层2与输出层之间的偏置向量；f表示每一层的激活函数；Softmax表示输出层的概率映射。简单神经网络的实现，如代码12-1所示。

代码12-1　简单的神经网络

```
import torch
from torch import nn

class Net(nn.Module):
    def __init__(self, input_size=2, output_size=3):
        super(Net, self).__init__()
        self.linear1 = nn.Linear(input_size, 4)   # 激活函数
        self.linear2 = nn.Linear(4, 4)
        self.linear3 = nn.Linear(4, output_size)

        self.activation = nn.ReLU()

    def forward(self, x):
        x = self.linear1(x)
```

```
        x = self.activation(x)
        x = self.linear2(x)
        x = self.activation(x)
        x = self.linear3(x)
        return torch.softmax(x, dim=1)14 }
```

神经网络通常具有大量的参数，对于代码12-1中的神经网络，当输入特征数为2，输出为3时，可以计算其总参数量，即

$$\text{总参数量}=(2\times4+4)+(4\times4+4)+(4\times3+3)$$

$$\text{总参数量}=47$$

神经网络的优化是指利用大量有标签的数据，通过优化算法不断更新模型中的47个 $\boldsymbol{W}$ 与 b，使模型对输入数据的预测输出逐渐接受真实的标签值。

为了清晰地展示神经网络的优化原理，使用鸢尾花数据集为例，优化一个简单的神经网络，如图12-3所示。鸢尾花数据集共包含四个特征：花萼长度（Sepal Length）、花萼宽度（Sepal Width）、花瓣长度（Petal Length）、花瓣宽度（Petal Width）。鸢尾花数据集包含三个类别，分别对应三个品种：山鸢尾（Setosa）、变色鸢尾（Versicolor）、维吉尼亚鸢尾（Virginica）。鸢尾花数据集的目的是根据样本的四个特征预测其所属品种。为了方便可视化展示，仅选取前两个特征（花萼长度、花萼宽度）作为样本的特征，以7:3的比例划分训练集与测试集，并对数据进行标准化。

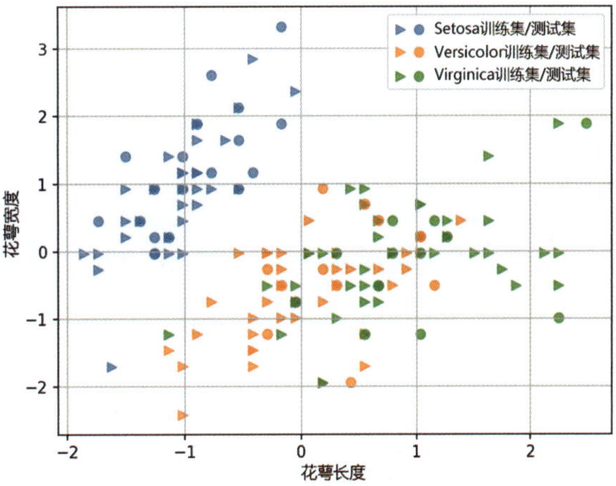

图 12-3 鸢尾花数据集可视化

数据可视化结果显示，Setosa类别的样本区分度较高，分类相对简单；而Versicolor与Virginica类别的样本特征区分度较低，分类难度较大。接下来，我们将使用此处理后的鸢尾花数据集，结合可视化技术，讲解神经网络的原理。

12.1.2 优化算法简介

优化算法是用于调整模型参数以最小化（最大化）损失函数的算法。在机器学习和深度学习中，优化算法在训练过程中起着至关重要的作用，决定了如何更新模型的参数以逐步逼近最佳解决方案。

1. 损失函数

损失函数，也称代价函数或目标函数，是衡量神经网络模型预测值与实际值差异的函数。作为

监督学习中的核心概念，损失函数在训练过程中用于评估模型的性能并指导模型参数的优化。

损失函数通常具有以下特性。

（1）非负性：损失函数的值应始终为非负数，表示预测值与实际值之间的差异程度。

（2）零值：当预测值完全等于实际值时，损失函数应达到最小值，即零。

（3）可导性：损失函数需可导，以便可以使用梯度下降法或其他优化算法来最小化损失。

（4）对称性：损失函数通常对预测误差是对称的，即过高估计和过低估计的惩罚相同。

（5）可分解性：在多样本情况下，损失函数通常定义为所有样本损失的总和或平均，使其可应用于整个数据集。

不同任务通常使用不同的损失函数进行衡量。假设一共有n个样本，对于神经网络输出的预测$\hat{y}$与标签y，在回归任务中，通常使用均方误差损失函数，计算公式为

$$\text{MSE} = \frac{1}{n}\sum_{i=1}^{n}(y_i - \hat{y}_i)^2$$

在分类任务中，通常使用交叉熵损失函数，计算公式为

$$\text{CE} = \frac{1}{n}\sum_{i=1}^{n} y_i \log\left(\hat{y}_i\right)$$

损失函数的选择取决于问题类型（回归或分类）和特定需求（如对异常值的敏感度）。在训练过程中，通过最小化损失函数来调整模型参数，以提高模型的预测准确性。

2. 优化算法

神经网络优化算法是一系列用于训练神经网络的技术，目的是有效地调整神经网络中的参数（权重和偏置），以最小化损失函数来提高模型的预测准确性。神经网络优化算法基于梯度下降的概念，通过计算损失函数相对于网络参数的梯度来更新参数。由于神经网络的损失函数通常是非凸的函数，可能存在多个局部最小值，因此优化算法的设计需要特别考虑如何避免算法陷入较差的局部解并寻求全局最优或足够好的解。

神经网络的优化往往难以直接应用传统优化算法，两者主要存在以下差异。

（1）目标函数特性：神经网络优化算法处理的是高度非线性、非凸的损失函数，结构复杂。相比之下，传统优化算法（如线性规划、二次规划）通常处理线性、二次函数或凸函数问题，其局部最小值即全局最小值。

（2）参数规模与维度：神经网络参数数量庞大（可达百万甚至数十亿），形成超高维搜索空间。传统优化算法通常处理低维或中维问题。

（3）计算资源需求：神经网络优化算法因参数众多，通常需要大量计算资源（如GPU、CPU的算力和内存）。传统优化算法对资源的需求通常较低。

梯度下降法是神经网络优化中的主流算法。其核心在于基于一阶导数（梯度）确定下降方向，

原理易于理解。梯度下降法的实现相对简单，只需计算损失函数对参数的梯度并据此更新参数。这种简单性使其易于实现和调试。此外，梯度下降法具有普适性，可应用于多种可导损失函数（如线性回归、逻辑回归、深度神经网络等）。当损失函数为凸函数时，梯度下降法能保证收敛到全局最小值；即使面对非凸函数，梯度下降法也能找到满足实际需求的局部最小值或鞍点。

12.2 梯度下降与训练

梯度下降法是神经网络中最常用的优化算法，接下来，我们将详细介绍其实现原理。

为详细阐释梯度下降及其后续反向传播的细节，下文将以鸢尾花数据集为例进行可视化展示。鸢尾花数据集包含三个类别（山鸢尾、变色鸢尾、维吉尼亚鸢尾），属于多类别分类任务，因此选用交叉熵损失函数。为便于可视化展示，设计了一个不包含隐藏层的简易神经网络，如图 12-4 所示。

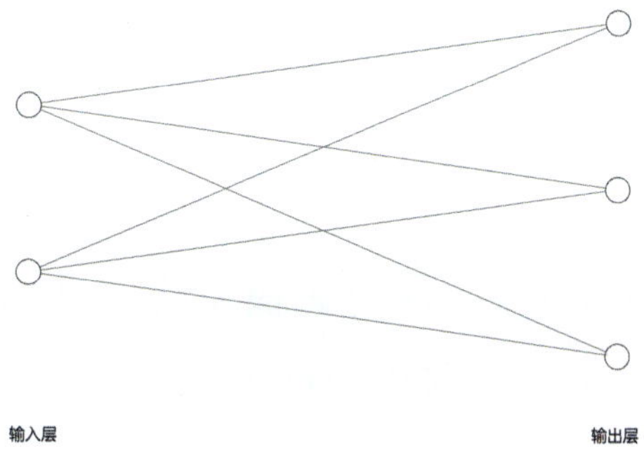

图 12-4 简易神经网络

12.2.1 前向传播与损失函数

在神经网络的架构中，前向传播是一个核心过程，它描述了数据如何在网络中流动并最终生成预测结果。该过程始于输入层：原始数据（如图像像素值、文本向量或其他类型的信息）由此输入网络，并逐步传递经过多个隐藏层。每个隐藏层包含一系列神经元，神经元对输入数据进行加权求和，并通过激活函数进行非线性变换。激活函数是前向传播中的关键组件，它引入了非线性，使网络能够学习并表达复杂的函数映射。网络每一层都包含可学习的权重和偏置参数，这些参数在训练过程中不断调整，以最小化网络预测输出与真实标签之间的差异。数据流经所有隐藏层后，最终到达输出层，生成预测结果。输出层的设计取决于具体任务需求，如在分类任务中，常使用 Softmax 函数输出每个类别的概率分布。前向传播的过程，如图 12-5 所示。

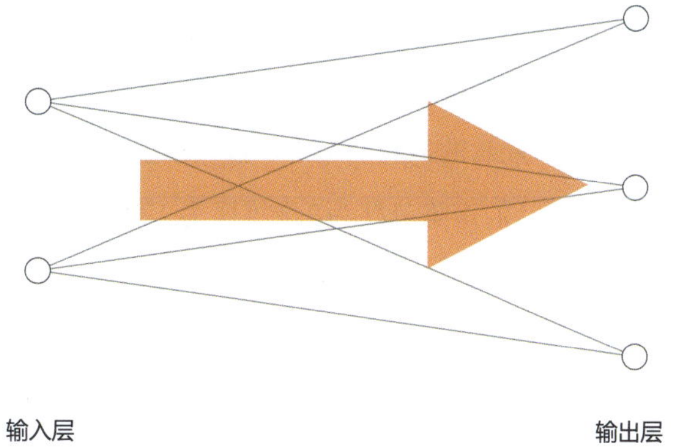

图 12-5 前向传播过程

提升神经网络性能的关键在于确保其预测输出与真实标签之间具有高度一致性。在神经网络完成预测后，需要一种量化手段来评估预测值与真实标签的匹配程度（差异程度），这通常通过损失函数（代价函数）来实现。损失函数是衡量神经网络预测准确性的核心指标，它直接量化了预测误差。

在预测阶段，神经网络仅执行前向传播以得到结果。而在训练阶段，前向传播结束后，必须计算损失函数值。该损失值客观地评估了预测结果的质量（量化了预测误差），为后续利用优化算法调整网络权重提供了依据。

综上所述，前向传播是神经网络生成预测的直接过程，而损失函数则为预测准确性提供了量化评估。通过优化算法迭代调整网络权重，神经网络得以学习数据中的内在模式，逐步提升预测精度。整个训练过程是一个不断迭代优化的过程，其目标是使神经网络的输出尽可能逼近真实标签，从而获得良好的泛化能力。

12.2.2 反向传播

反向传播是一种用于训练人工神经网络的优化算法。它从损失函数出发，自后向前进行逐层求导以获取梯度，如图 12-6 所示。

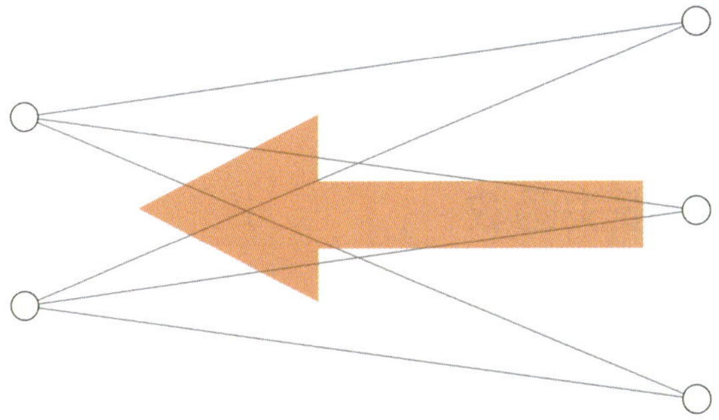

图 12-6　反向传播

反向传播的目的是利用计算得到的梯度来更新网络的权重与偏置参数，从而最小化损失函数（为简化说明，下文讨论暂时忽略偏置）。理解反向传播的关键在于建立权重与损失函数之间的关系。在图 12-4 展示的神经网络中，输入维度为 2，输出维度为 3，可得权重矩阵的形状为 2×3，因此可以将一个 2×3 的矩阵分解为 3 个维度为 2 的向量，分别记作 $\boldsymbol{W}_1$、$\boldsymbol{W}_2$、$\boldsymbol{W}_3$，3 个向量分别决定 3 个类别的输出。由于 $\boldsymbol{W}_1$、$\boldsymbol{W}_2$、$\boldsymbol{W}_3$ 是二维的向量，可以将其视作二维平面上的坐标，每一个坐标都对应一个权重 $\boldsymbol{W}$ 的取值。经过前向传播和损失函数的计算，每个 $\boldsymbol{W}$ 都能对应一个损失值。因此，可以构建一个三维坐标系，x 轴与 y 轴构成的平面表示 W 的取值空间，z 轴表示损失值。遍历 W 的取值空间，可以得到权重取值与损失值的映射关系，如图 12-7 所示。

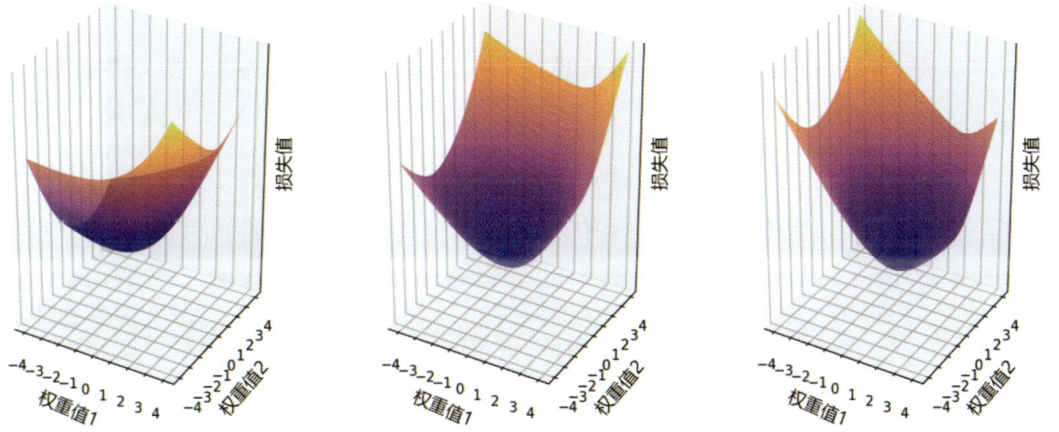

（a）Setosa梯度下降　（b）Versicolor梯度下降　（c）Virginica梯度下降

图 12-7　权重取值与损失值的映射关系

可视化权重与损失函数的关系有助于直观理解它们之间的相互作用。这种关系通常呈现为一个凹形曲面，意味着存在至少一个权重 W，在这一点上损失函数达到其全局最小值。

在神经网络的初始化阶段，权重通常被赋予随机值。对于一个简单的单层网络，权重的二维空间相对容易地识别出损失函数的全局最小值点。然而，在深层或复杂的网络结构中，权重所在的多维参数空间变得非常庞大，这使通过穷举搜索全局最小值点变得不可行。

尽管如此，计算权重点附近的梯度是直接可行的。在三维空间中，可以将梯度视为斜率的一种表现。通过评估权重向量周围的梯度，将其视为斜面，并沿着这个斜率向下移动，可以逐步逼近损失函数的最小值点，如图 12-8 所示。

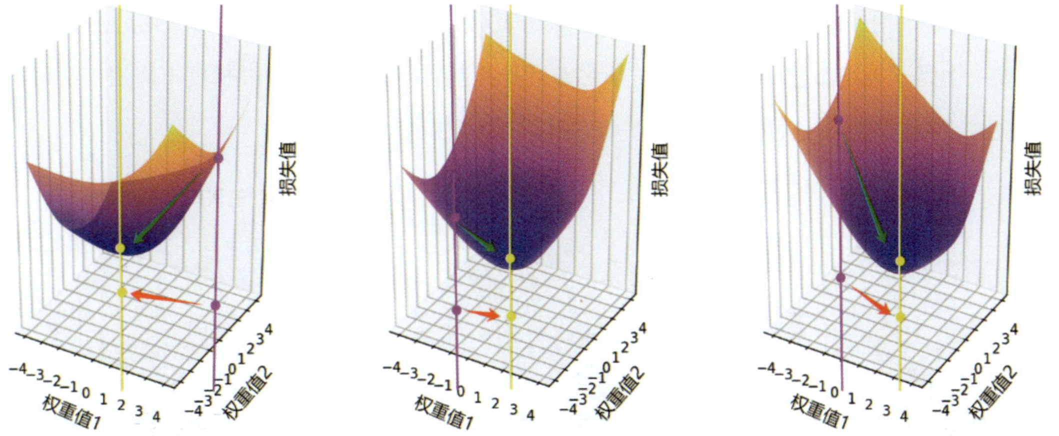

（a）Setosa梯度下降　（b）Versicolor梯度下降　（c）Virginica梯度下降

图 12-8　通过计算坡度靠近损失最小值点

反向传播算法就是逐层计算梯度的过程。为了方便梯度计算，可以将神经网络用一个函数运算替代，如

$$\text{pred} = \phi(W, X)$$

其中，pred表示神经网络的输出；ϕ表示神经网络；W表示权重；X表示输入。交叉熵损失函数可表示为如下形式：

$$\text{crossentropy}\left(\phi(W, X), \text{target}\right)$$

因此，交叉熵损失函数可以视作一个关于W与X的多元函数。想要求得W的梯度，可以对W求偏导，如下所示：

$$\text{gard}=\frac{\partial}{\partial W}\text{crossentropy}\left(\phi(W, X), \text{target}\right)$$

多层神经网络的求导，可以通过链式求导法则，逐层进行求导。

12.2.3 梯度下降

梯度下降是根据梯度的反方向逐步更新权重，使损失值下降的过程。常见的梯度下降法为随机梯度下降（Stochastic Gradient Descent，SGD）法，SGD法将数据集划分为多个不重复的小批量，每个小批量中都包含同样数量的样本。每次更新权重时，使用一个小批量内的数据与标签进行前向传播与反向传播。每遍历完一次所有的小批量称为一次迭代，神经网络的训练通常需要经过多次迭代才能实现损失的收敛。

梯度下降的过程可以通过如下公式表示：

$$W = W - \alpha \times \text{gard}$$

其中，W表示需要更新的参数；α表示学习率；gard表示前面计算所得的梯度。由于W是逐步更新的，因此需要一个因子控制参数的更新幅度，学习率就是控制更新幅度的因子。梯度下降法需要多次迭代才能完成，鸢尾花数据集梯度下降迭代过程如图12-9所示。

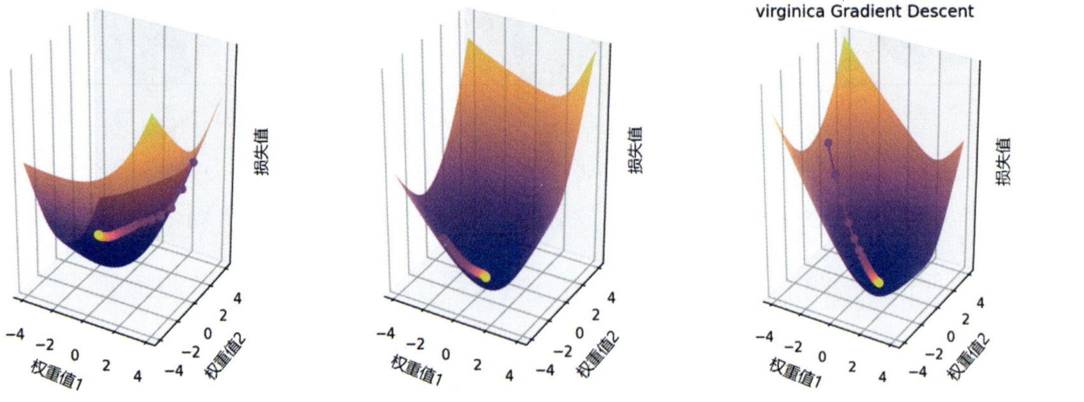

（a）Setosa梯度下降　（b）Versicolor梯度下降　（c）Virginica梯度下降

图12-9　鸢尾花数据集梯度下降迭代过程

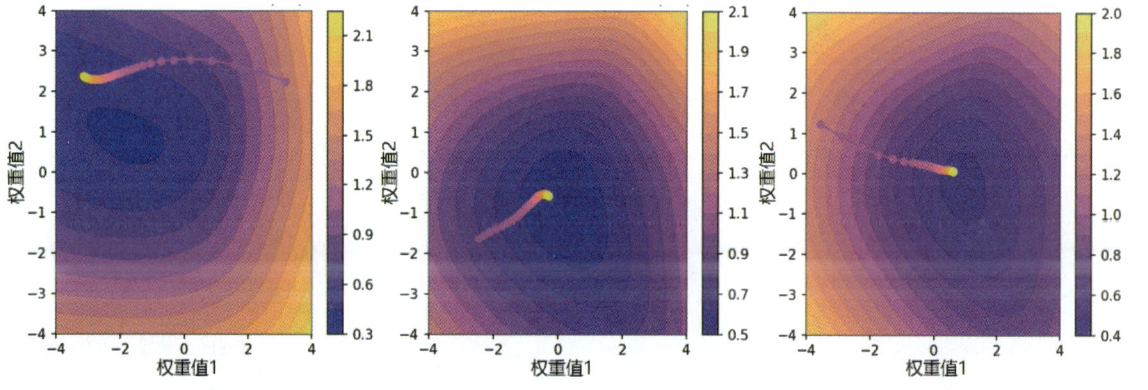

（d）Setosa 梯度下降（2D）　（e）Versicolor 梯度下降（2D）　（f）Virginica 梯度下降（2D）

图 12-9　鸢尾花数据集梯度下降迭代过程（续）

在梯度下降法的迭代过程中，模型的权重会持续调整，损失值也随之逐步降低。这个过程可以通过可视化手段进行展示，以观察神经网络在不同训练阶段的性能变化。

在训练过程中，特别是在第 1 轮、第 10 轮和第 50 轮等迭代周期时，可以记录并展示梯度下降的动态过程及模型的分类效果。图 12-10、图 12-11 和图 12-12 分别呈现了模型在这些特定迭代轮次下的梯度变化和分类边界的演变。

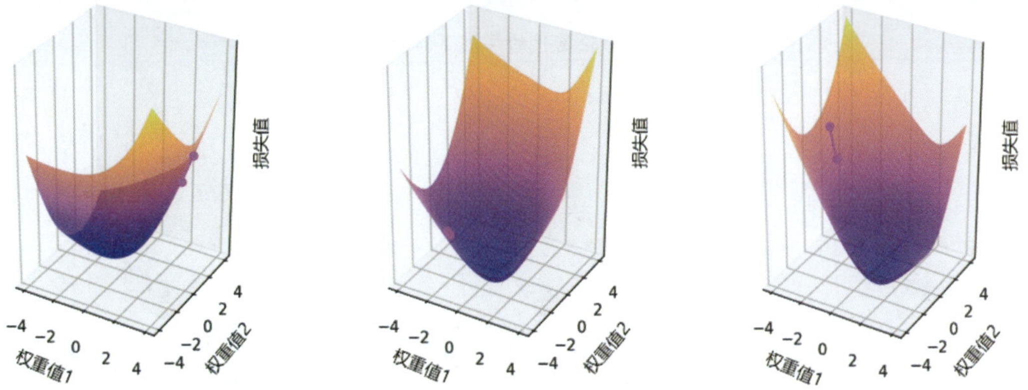

（a）Setosa 梯度下降　（b）Versicolor 梯度下降　（c）Virginica 梯度下降

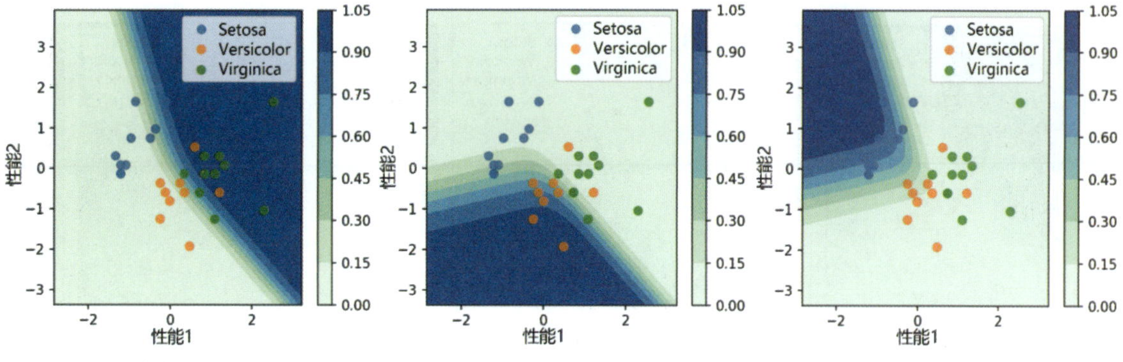

（d）Setosa　（e）Versicolor　（f）Virginica

图 12-10　第 1 轮迭代的梯度下降和分类情况

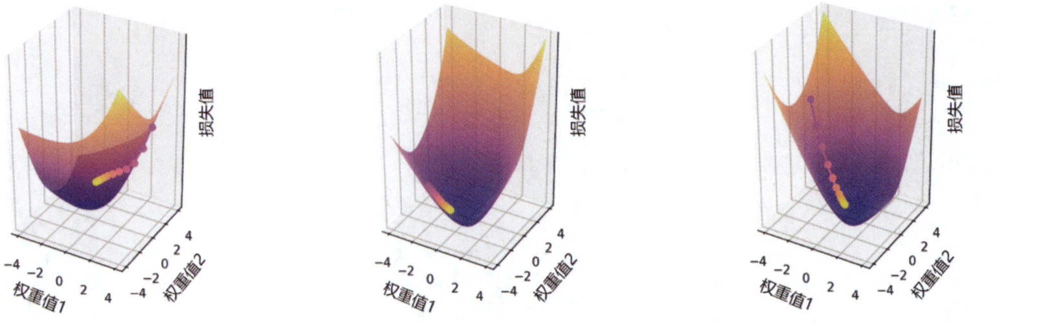

（a）Setosa梯度下降　（b）Versicolor梯度下降　（c）Virginica梯度下降

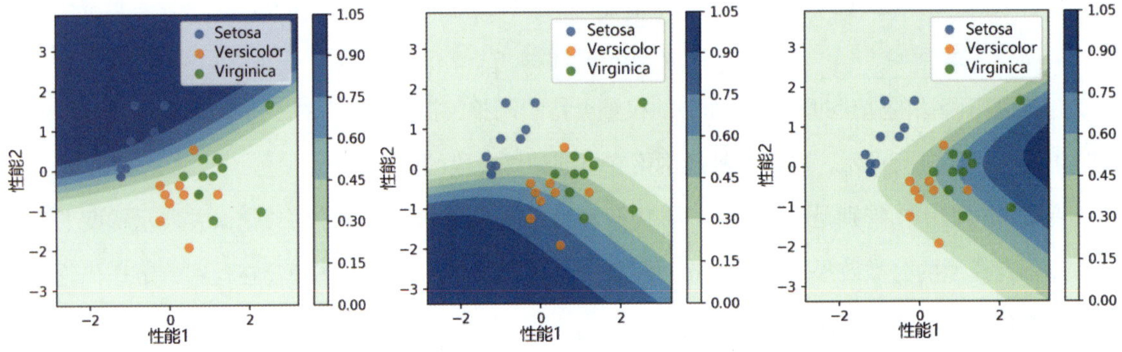

（d）Setosa　（e）Versicolor　（f）Virginica

图 12-11　第10轮迭代的梯度下降和分类情况

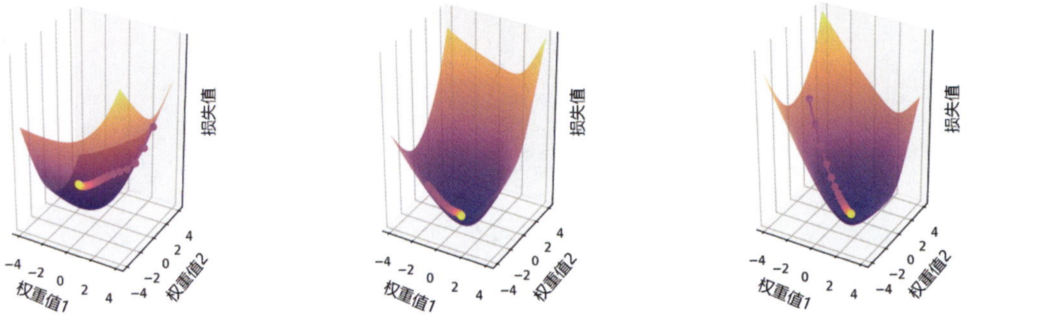

（a）Setosa梯度下降　（b）Versicolor梯度下降　（c）Virginica梯度下降

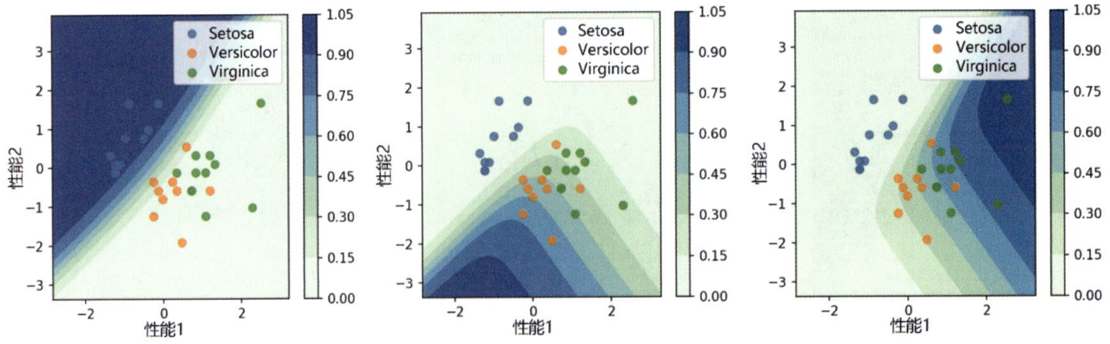

（d）Setosa　（e）Versicolor　（f）Virginica

图 12-12　第50轮迭代的梯度下降和分类情况

在执行梯度下降算法时，合理调整学习率至关重要，因为不恰当的学习率可能导致神经网络性能受损。若学习率设定过高，可能会导致权重更新过快，从而使梯度下降方向不稳定，如图 12-13 所示；相反，若学习率过低，则梯度下降的步长会非常有限，不仅会增加降低损失所需的迭代次数，还可能增加陷入局部最小值的风险，如图 12-14 所示。

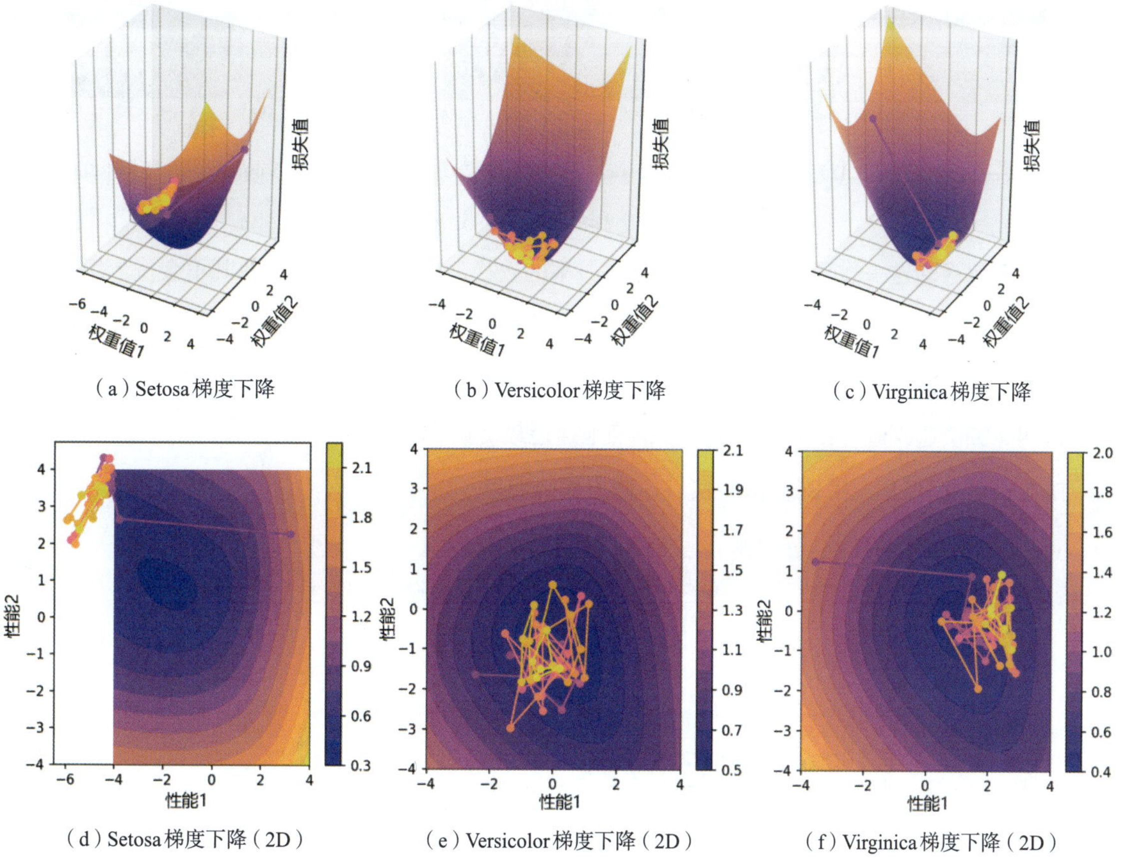

（a）Setosa 梯度下降　（b）Versicolor 梯度下降　（c）Virginica 梯度下降

（d）Setosa 梯度下降（2D）　（e）Versicolor 梯度下降（2D）　（f）Virginica 梯度下降（2D）

图 12-13　学习率过大时的梯度下降

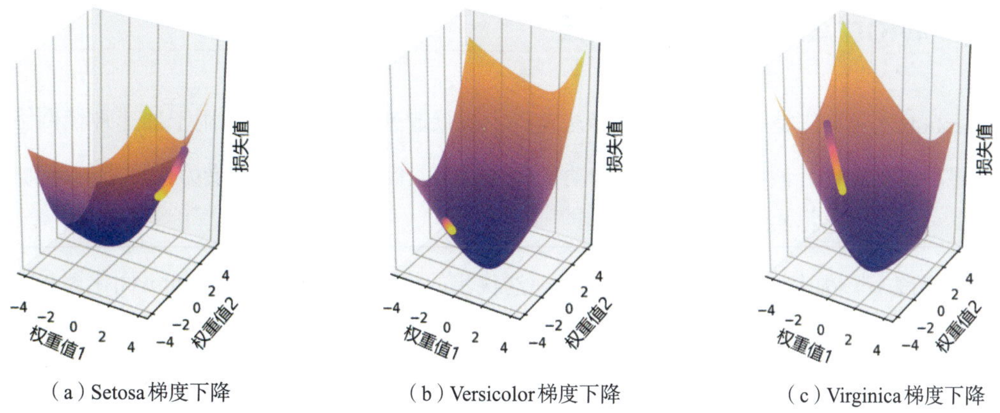

（a）Setosa 梯度下降　（b）Versicolor 梯度下降　（c）Virginica 梯度下降

图 12-14　学习率过小时的梯度下降

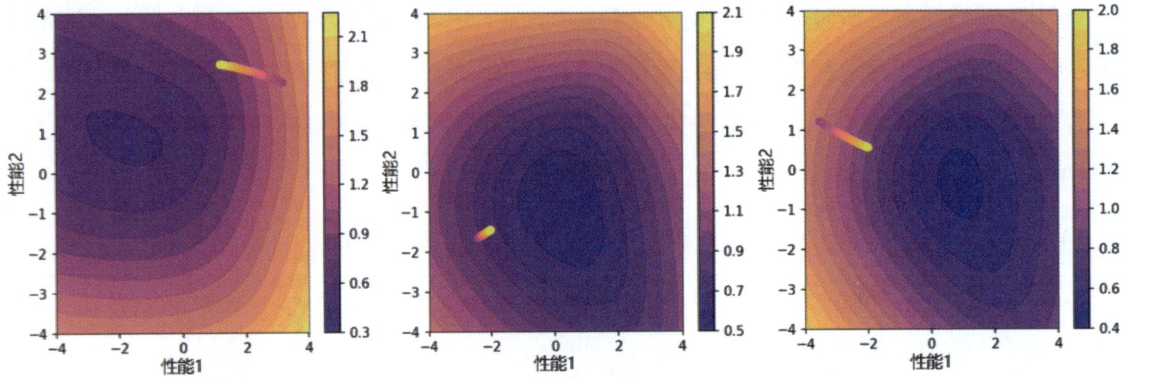

（d）Setosa梯度下降（2D）　（e）Versicolor梯度下降（2D）　（f）Virginica梯度下降（2D）

图12-14　学习率过小时的梯度下降（续）

为了有效平衡这一过程，需要仔细监控学习率的选择，以确保权重的更新既不会过于激进，也不会过于保守。适当的学习率可以使梯度下降法平稳地沿着梯度方向前进，逐步逼近损失函数的最小值点。此外，实践中还可以采用学习率衰减策略，即随着迭代的进行逐渐减少学习率，以保证在训练初期能够快速收敛，在训练后期能够精确地逼近最优点。

PyTorch中已经集成了SGD法的接口，调用代码如下：

```
model = torch.nn.Linear(in_features=512, out_features=10)
optimizer = torch.optim.SGD(model.parameters(), lr=0.01)
```

12.3 算法优化与应用

12.3.1 Momentum优化算法

Momentum优化算法是一种在梯度下降法基础上发展起来的优化技术，用于加速神经网络的训练过程并提高其稳定性。该算法受物理学中动量概念启发，旨在模仿物体在受力作用下的运动规律，以期在参数空间中更快地收敛到最优解。

在标准梯度下降法中，参数更新仅依赖当前迭代步的梯度信息。而Momentum优化算法在此基础上引入了一个动量项，该动量项是之前梯度的加权平均值。这意味着，Momentum优化算法在更新参数时不仅考虑当前迭代步的梯度，还考虑了历史迭代步的梯度，从而在参数更新中引入了惯性效应。

Momentum优化算法的参数更新规则可以表示为

$$v_{t+1} = \gamma \times v_t + \alpha \times \mathrm{grad}_t$$

$$W_{t+1} = W_t - v_{t+1}$$

其中，v_t表示t时刻的动量项；γ表示动量参数，通常设为 0.9；α表示学习率；grad_t表示t时刻的梯度；W_t表示t时刻的参数。

通过在参数更新中加入动量项，Momentum优化算法可以更快地跨越损失曲面上的平坦区域，加速收敛速度。由于动量项的加入可以减少在梯度方向上的随机波动，使训练过程更加稳定，因此Momentum优化算法有助于跳出小的局部最小值。

Momentum优化算法在深度学习中被广泛应用，尤其是在训练大型神经网络时。它通常是许多现代优化算法（如RMSprop算法和Adam算法等）的重要组成部分。Momentum优化算法是一种有效的工具，可以在保持梯度下降法优点的同时，提高训练效率和模型稳定性。通过合理设置超参数并结合其他优化技术，Momentum优化算法可以帮助神经网络更快地收敛到高质量的解。

Momentum优化算法已经被PyTorch集成在SGD优化算法中，可以通过如下代码对算法进行调用。

```
model = torch.nn.Linear(in_features=512, out_features=10)
optimizer = torch.optim.SGD(model.parameters(), lr=0.01, momentum=0.9)
print(optimizer.state)
```

代码输出结果如下。

```
defaultdict(dict, {})
```

调用Momentum优化算法仅需为SGD法指定参数momentum=0.9即可。

12.3.2 RMSprop 优化算法

RMSprop（Root Mean Square Propagation）是一种自适应学习率的优化算法，由Geoffrey Hinton在他的Coursera的深度学习课程中提出。它旨在解决SGD法和其他优化算法在训练深度神经网络时可能遇到的问题，如学习率需要手动调整、容易陷入局部最小值或鞍点等。

RMSprop优化算法的核心思想是为每个参数维护一个随时间衰减的平方梯度的指数加权移动平均值，并使用该值来调整该参数的学习率。这种方法使每个参数都能根据其更新历史获得自适应的学习率。RMSprop优化算法的参数更新规则如下。

首先，初始化平方梯度的缓存$s_0 = 0$。

其次，更新平方梯度的指数加权移动平均值，计算公式为

$$s_t = \beta s_{t-1} + (1-\beta)\mathrm{gard}^2$$

其中，β是接近1的超参数，通常设为0.999。

再次，计算调整后的学习率，计算公式为

$$\alpha' = \frac{\alpha}{\sqrt{s_t + \epsilon}}$$

其中，ϵ是一个很小的常数，防止分母为0。

最后，更新参数：

$$W_{t+1} = W_t - \alpha' \times \text{grad}$$

通过调整每个参数的学习率，RMSprop优化算法有助于缓解梯度消失或爆炸的问题，特别是在深层网络中。RMSprop优化算法的实现相对简单，调参需求较少。

RMSprop优化算法适用于各种深度学习任务，包括图像分类、语音识别、NLP等。它可以作为SGD法的有效替代方案，特别是在需要自适应学习率调整的场景中。RMSprop优化算法通过为每个参数维护一个平方梯度的指数加权移动平均值来调整学习率，从而提高了训练深度神经网络的效率和稳定性。尽管存在超参数选择和额外计算开销等缺点，但其简单性和有效性使其在深度学习领域得到了广泛应用。

使用RMSprop优化器，仅需调用PyTorch中的RMSprop接口，代码如下：

```
model = torch.nn.Linear(in_features=512, out_features=10)
optimizer = torch.optim.RMSprop(model.parameters(), lr=0.01, alpha=0.99,
eps=1e-8)
```

12.3.3 Adam 优化算法

Adam（Adaptive Moment Estimation）优化算法是一种流行的梯度下降优化方法，广泛用于训练深度学习模型，由Diederik P. Kingma和Jimmy Ba于2014年提出。它结合了动量法（Momentum）和RMSProp算法的优点，通过自适应地调整每个参数的学习率来优化模型训练过程。

Adam优化算法的核心在于计算梯度的一阶矩（均值）和二阶矩（方差）估计，从而为每个参数调整一个自适应的学习率。这种方法的优势在于它对学习率的初始设定不敏感，并能自动适应每个参数的特定统计特性。Adam优化算法的参数更新规则如下。

首先，计算梯度的一阶矩估计（动量）：

$$m_t = \beta_1 m_{t-1} + (1 - \beta_1)\text{grad}$$

其中，β_1是用于计算动量的超参数，通常设为0.9。

其次，计算梯度的二阶矩估计：

$$v_t = \beta_2 v_{t-1} + (1 - \beta_2)\text{gard}^2$$

其中，β_2是超参数，通常设为0.999。

再次，计算一阶矩估计的偏差校正与二阶矩估计的偏差校正：

$$\hat{m}_t = \frac{m_t}{1-\beta_1}$$

$$\hat{v}_t = \frac{v_t}{1-\beta_2}$$

最后，更新参数：

$$W_{t+1} = W_t - \alpha \frac{\hat{m}_t}{\sqrt{\hat{v}_t + \epsilon}}$$

由于结合了动量和RMSProp优化算法的特点，Adam优化算法通常能够快速收敛。Adam优化算法在多种任务和模型上表现出良好的鲁棒性，所需的调参工作相对较少。

Adam优化算法因其自适应性和快速收敛的特性，在深度学习中被广泛应用于各种任务，包括图像分类、NLP和其他复杂模型的训练。Adam优化算法是一种强大的工具，通过自适应地调整每个参数的学习率，从而简化了深度学习模型的训练过程。虽然该算法存在内存占用较高和需要仔细选择超参数等缺点，但其出色的性能和易用性使其成为深度学习领域首选的优化算法之一。

我们可以通过PyTorch中的Adam接口调用Adam优化算法，代码如下。

```
model = torch.nn.Linear(in_features=512, out_features=10)
optimizer = torch.optim.Adam(model.parameters(), lr=0.001)
```

12.3.4 AdamW 优化算法

AdamW优化算法是一种结合了Adam优化器和权重衰减（Weight Decay）的算法，主要用于深度学习中的神经网络训练。AdamW由Facebook AI Research的研究人员在2017年提出，旨在解决传统Adam优化器在训练过程中权重更新不一致的问题。

在深度学习中，权重衰减是一种常用的正则化技术，用于防止模型过拟合现象。然而，当使用Adam优化器时，权重衰减通常是在优化过程之外单独应用的，这可能导致权重更新的方向与梯度下降的方向不一致。

AdamW优化算法的核心思想是将权重衰减项融入Adam优化算法的更新规则中，在参数更新中需同时考虑梯度和权重衰减，确保权重更新的方向与梯度下降的方向一致。

AdamW优化算法与Adam优化算法的不同体现在参数更新阶段，AdamW优化算法更新的计算公式为

$$W_{t+1} = W_t - \alpha \frac{\hat{m}_t}{\sqrt{\hat{v}_t + \epsilon}} + \lambda \times W_t$$

其中，λ为权重衰减系数，常设为0.01，可以根据模型表现进行调节，以避免过拟合现象的出现。

AdamW优化算法适用于各种深度学习任务，包括图像分类、NLP、强化学习等，特别适合于需要正则化以防止过拟合的场景。AdamW优化算法通过将权重衰减融入到Adam优化器中，提供了一种更加一致和有效的权重更新机制。它结合了Adam优化算法的自适应学习率和权重衰减的正则化效果，有助于提高模型的泛化能力和训练稳定性。尽管需要额外的超参数调整和计算开销，AdamW优化算法因其出色的性能，在深度学习领域得到了广泛应用。

我们可以通过PyTorch中的AdamW接口调用AdamW优化算法，代码如下。

```
model = torch.nn.Linear(in_features=512, out_features=10)
optimizer = torch.optim.AdamW(model.parameters(), lr=0.001)
```

12.4 实践练习：实现一个简单的神经网络优化算法

为了能够更清晰地展示梯度下降算法的具体流程，本实践练习不使用PyTorch封装好的SGD法，而是通过NumPy库手动实现一个梯度下降过程。为了简化流程，我们使用鸢尾花数据集，构建一个仅包含输入层与输出层的单层线性神经网络。

首先，导入依赖库，如代码12-2所示。

代码12-2 导入依赖库

```
import numpy as np
import pandas as pd
import matplotlib.pyplot as plt
from sklearn.datasets import load_iris
from sklearn.model_selection import train_test_split
from sklearn.preprocessing import StandardScaler, OneHotEncoder
```

同时，加载数据集，对数据集进行数据集划分、数据标准化、one-hot编码等预处理，如代码12-3所示。

代码12-3 数据集预处理

```
# 加载数据集
iris = load_iris()
X, y = iris.data, iris.target
names = iris.target_names

# 分割数据集
```

```
X_train, X_test, y_train, y_test = train_test_split(X, y, test_size=0.2,
                                                    random_state=42)

# 标准化数据
scaler = StandardScaler()
X_train = scaler.fit_transform(X_train)
X_test = scaler.transform(X_test)

# 将标签转换为 one-hot 编码
encoder = OneHotEncoder()
y_train = encoder.fit_transform(y_train.reshape(-1, 1)).toarray()
y_test = encoder.transform(y_test.reshape(-1, 1)).toarray()
```

其次，定义模型、损失函数、评估指标（准确率）等，方便后续调用，如代码12-4所示。

代码 12-4 模型、损失函数、准确率的定义

```
def model(X, W, b):
    return softmax(X.dot(W) + b)

def softmax(x):
    ex = np.exp(x)
    return ex / ex.sum(axis=1, keepdims=True)

def cross_entropy_loss(y_pred, y_true):
    """ 损失函数 """
    m = y_true.shape[0]
    cost = -1 / m * np.sum(y_true * np.log(y_pred))
    return np.mean(cost)


def acc(y_true, y_pred):
    """ 计算准确率 """
    y_pred = np.argmax(y_pred, axis=1)
    y_true = np.argmax(y_true, axis=1)
    accuracy = np.mean(y_pred == y_true)
    return accuracy
```

最后，定义训练函数，在训练函数中实现梯度下降的过程，如代码12-5所示。

代码 12-5 训练函数的定义

```
def train(X, y, test_X, test_y, learning_rate=0.01, epochs=20, batch_size=32):
```

```
m, n = X.shape  # 样本数量和特征数量
num_classes = y.shape[1]  # 类别数量

# 初始化模型参数
W = np.random.randn(n, num_classes)
b = np.zeros((num_classes,))

metrics = {'train_loss': [], 'train_acc': [], 'test_loss': [],
           'test_acc': []}

# 迭代更新参数
for epoch in range(epochs):
    # 打乱数据集顺序
    permutation = np.random.permutation(m)
    X_shuffled = X[permutation]
    y_shuffled = y[permutation]

    # 分割数据集为小批量
    num_batches = m // batch_size
    for i in range(num_batches):
        # 获取小批量数据
        start = i * batch_size
        end = (i + 1) * batch_size
        X_batch = X_shuffled[start:end]
        y_batch = y_shuffled[start:end]

        # 前向传播
        y_pred = model(X_batch, W, b)

        # 计算梯度
        dz = y_pred - y_batch
        dW = np.dot(X_batch.T, dz)
        db = np.sum(dz, axis=0)

        # 参数更新
        W -= learning_rate * dW
        b -= learning_rate * db

    # 计算损失函数值
    train_pred = model(X, W, b)
    train_loss = cross_entropy_loss(train_pred, y)
```

```
        train_acc = acc(y, train_pred)

        # 预测
        test_pred = model(test_X, W, b)
        test_loss = cross_entropy_loss(test_pred, test_y)
        test_acc = acc(test_y, test_pred)

        # 保存指标
        metrics['train_loss'].append(train_loss)
        metrics['train_acc'].append(train_acc)
        metrics['test_loss'].append(test_loss)
        metrics['test_acc'].append(test_acc)

        # 输出指标
        print(f"Epoch {epoch + 1}/{epochs} train_loss:{train_loss:.4f}
                train_acc{train_acc:.4f} "
              f"test_loss: {test_loss:.4f} test_acc:{test_acc:.4f}")

    # 绘制指标
    train_acc = metrics['train_acc']
    test_acc = metrics['test_acc']
    train_loss = metrics['train_loss']
    test_loss = metrics['test_loss']

    fig, ax = plt.subplots(1, 2, figsize=(18, 6))
    ax[0].plot(train_acc, label='Training accuracy')
    ax[0].plot(test_acc, label='Validation accuracy')
    ax[0].set_xlabel('Epoch')
    ax[0].set_ylabel('Accuracy')
    ax[0].grid()

    ax[1].plot(train_loss, label='Training loss')
    ax[1].plot(test_loss, label='Validation loss')
    ax[1].set_xlabel('Epoch')
    ax[1].set_ylabel('Loss')
    ax[1].grid()
    plt.savefig('plot.png')
    plt.show()

    # 保存日志
    df = pd.DataFrame(metrics)
```

```
df.to_csv('log.csv')
```

得到的训练过程中的指标变化，如图12-15所示。

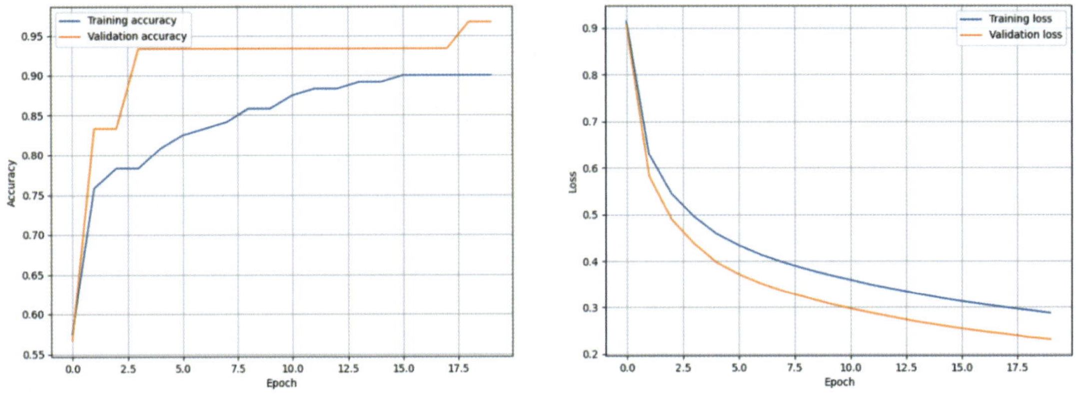

图12-15　训练过程中的指标变化

经过梯度下降法优化后，神经网络在测试集上的准确率不断提升，损失不断减小，说明神经网络模型已学习到数据集中的规律，能够得到基本正确的输出。

12.5 Python语言实现：神经网络优化算法

为了深入研究不同优化器的效果，使用PyTorch实现基于不同优化算法的神经网络训练，并对不同算法性能进行比较。在本节中，将使用相对复杂的手写数字识别MNIST数据集进行训练与评估，对比SGD优化算法、Momentum优化算法、RMSprop优化算法、Adam优化算法、AdamW优化算法的优化效果。

首先，导入依赖库，如代码12-6所示。

代码12-6　导入依赖库

```
import torch
import torch.nn as nn
import torch.optim as optim
from torchvision import datasets, transforms
from torch.utils.data import DataLoader
import pandas as pd
```

其次，定义训练中的超参数，并加载数据集，如代码12-7所示。

代码12-7　定义超参数并加载数据集

```
# 定义批次大小
```

```
batch_size = 64
# 定义学习率
learning_rate = 0.01
# 定义训练轮数
num_epochs = 10
# 定义日志输出间隔
log_interval = 1
# 定义训练设备
device = torch.device("cuda:0" if torch.cuda.is_available() else "cpu")

# MNIST 数据集加载
transform = transforms.Compose([
    transforms.ToTensor(),
])

train_dataset = datasets.MNIST(root='../data', train=True, transform=transform)
test_dataset = datasets.MNIST(root='../data', train=False, transform=transform)

# 定义数据迭代器
train_loader = DataLoader(train_dataset, batch_size=batch_size, shuffle=True)
test_loader = DataLoader(test_dataset, batch_size=batch_size, shuffle=False)
```

再次，定义模型、损失函数与优化器，如代码 12-8 所示。

代码 12-8 定义模型、损失函数与优化器

```
# 模型定义
class Model(nn.Module):
    def __init__(self):
        super(Model, self).__init__()
        self.flatten = nn.Flatten()
        self.features = nn.Sequential(
            nn.Linear(28 * 28, 512),
            nn.ReLU(),
            nn.Linear(512, 512),
            nn.ReLU(),
            nn.Linear(512, 10)
)

    def forward(self, x):
        x = self.flatten(x)
        logits = self.features(x)
        return logits


model = Model().to(device)
```

```

# 损失函数和优化器
loss_fn = nn.CrossEntropyLoss()
optimizer = optim.SGD(model.parameters(), lr=learning_rate)
```

最后，定义模型的训练与评估函数，对模型进行训练与评估，如代码12-9所示。

代码 12-9 定义训练与评估函数

```
# 训练和评估函数
def train_and_evaluate(model, train_loader, test_loader, optimizer,
                       loss_fn, num_epochs):
    train_losses, test_losses, train_accuracies, test_accuracies = [], [], [], []
    for epoch in range(num_epochs):
        model.train()
        total_train_loss = 0
        correct_train_preds = 0
        total_train_samples = 0

        for batch_idx, (data, targets) in enumerate(train_loader):
            data, targets = data.to(device), targets.to(device)
            optimizer.zero_grad()
            logits = model(data)
            loss = loss_fn(logits, targets)
            loss.backward()
            optimizer.step()

            total_train_loss += loss.item()
            _, predicted = torch.max(logits.data, 1)
            correct_train_preds += (predicted == targets).sum().item()
            total_train_samples += targets.size(0)

        train_losses.append(total_train_loss / len(train_loader))
        train_accuracies.append(correct_train_preds / total_train_samples)

        # 在测试集上进行评估
        model.eval()
        total_test_loss = 0
        correct_test_preds = 0
        total_test_samples = 0

        with torch.no_grad():
            for data, targets in test_loader:
                data, targets = data.to(device), targets.to(device)
                logits = model(data)
```

```
                loss = loss_fn(logits, targets)
                total_test_loss += loss.item()
                _, predicted = torch.max(logits.data, 1)
                correct_test_preds += (predicted == targets).sum().item()
                total_test_samples += targets.size(0)

        test_losses.append(total_test_loss / len(test_loader))
        test_accuracies.append(correct_test_preds / total_test_samples)

        if (epoch + 1) % log_interval == 0:
            print(f'Epoch {epoch + 1}, '
                  f'Train Loss: {train_losses[-1]}, '
                  f'Train Accuracy: {train_accuracies[-1]}, '
                  f'Test Loss: {test_losses[-1]}, '
                  f'Test Accuracy: {test_accuracies[-1]}')

    # 保存为 CSV 文件
    results_df = pd.DataFrame({
        'Epoch': range(1, num_epochs + 1),
        'Train Loss': train_losses,
        'Train Accuracy': train_accuracies,
        'Test Loss': test_losses,
        'Test Accuracy': test_accuracies
    })
    results_df.to_csv('mnist_results.csv', index=False)


# 运行训练和评估
train_and_evaluate(model, train_loader, test_loader, optimizer, loss_fn,
                   num_epochs)
```

至此，SGD优化算法的代码实现完毕，对于其他的优化算法，仅需对如下代码进行修改，即可替换其他的优化算法。

```
optimizer = optim.SGD(model.parameters(), lr=learning_rate)
```

对于Momentum优化算法，使用参数：

```
optimizer = optim.SGD(model.parameters(), lr=0.01, momentum=0.9)
```

对于RMSprop优化算法，使用参数：

```
optimizer = optim.RMSprop(model.parameters(), lr=0.01)
```

对于Adam优化算法，使用参数：

```
optimizer = optim.Adam(model.parameters(), lr=0.001)
```

对于AdamW优化算法，使用参数：

```
optimizer = optim.AdamW(model.parameters(), lr=0.001)
```

分别运行使用不同优化算法的代码，对其在测试集上的损失值与准确率放在一起比较，如图12-16、图12-17所示。

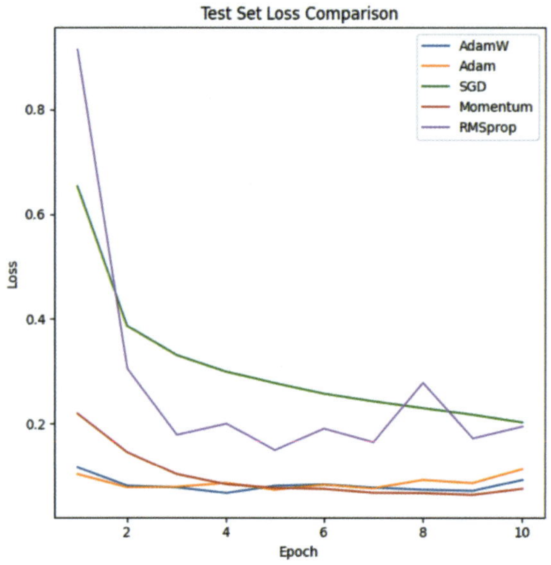

图12-16　测试集上的损失对比

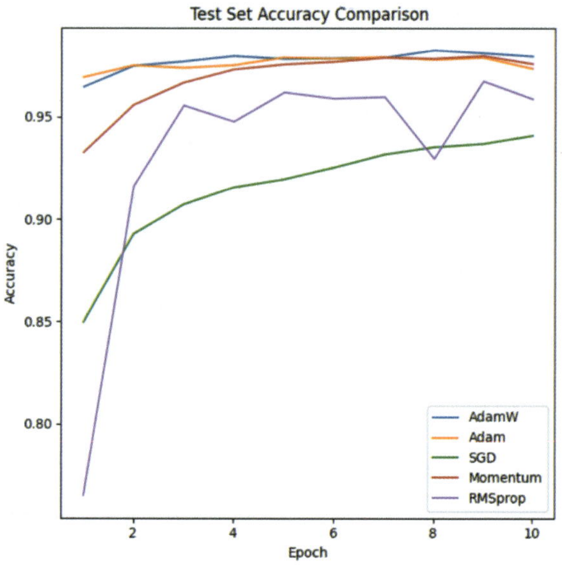

图12-17　测试集上的准确率对比

观察两图，发现SGD、RMSprop优化算法的收敛速度较慢，即在训练的前几轮，损失较大，准确率较低。其中，RMSprop优化算法相比SGD优化算法损失更小、准确率更高，但波动性较大，稳定性较差。Momentum、Adam、AdamW优化算法表现较好，收敛速度均较快。其中，Adam与AdamW优化算法收敛速度快于Momentum优化算法。值得注意的是，虽然AdamW优化算法未达到最小的损失，但取得了最高的准确率。

不同的优化器具有不同的特性。在实际应用中，可以根据任务特性对优化算法的选择进行调整，并根据效果调整超参数。

第13章

大模型与优化应用实践

在第12章中，全面探讨了神经网络优化算法的基本原理、训练技巧及实际应用。通过对梯度下降、算法优化与实践的深度解析，读者不仅掌握了神经网络优化的核心方法，也具备了应用这些技术提升模型性能的能力。这种理论与实践相结合的学习方式为后续复杂优化任务的攻克打下了坚实的基础。

然而，随着模型规模的不断扩大，优化问题的复杂性也在不断增加。大模型的优化不仅需要解决计算资源的约束，还需要考虑模型的可解释性、安全性和应用中的性能调优等多方面问题。因此，学习大模型优化应用实践的相关内容，对于掌握现代优化算法及应对现实问题的挑战至关重要。

本章将专注于大模型优化的应用实践，从大模型的可解释性与安全性入手，深入探讨其在实际应用中的技术难点和解决方案。通过具体的案例分析，读者将学习如何微调大模型以适应特定任务需求，以及如何结合优化策略最大化其性能。此外，还将探讨大模型的前沿研究方向和未来发展趋势，帮助读者了解这一领域的最新动态。

本章的主要知识点如下。

（1）大模型的可解释性与安全性：了解大模型的解释方法、潜在安全风险及其应对策略。

（2）大模型的前沿研究与未来发展：学习大模型技术的最新进展及未来可能的发展方向。

（3）大模型微调技术：掌握微调大模型以适应特定任务的关键步骤和技巧。

（4）大模型性能优化技巧：学习如何通过调整参数、算法优化和硬件资源配置提升大模型的效率。

（5）大模型在优化项目中的应用。

（6）实践练习：通过 Hugging Face Transformers 库微调大模型并将其应用于优化项目。

（7）Python 实现：编写大模型微调代码，并探索其在特定领域优化中的应用。

13.1 大模型的可解释性与安全性

在深入探索大模型的优化应用之前，理解大模型的可解释性与安全性必不可少。随着模型规模的不断扩大，其内部结构与决策过程也变得愈加复杂，这种“黑箱”特性给实际应用带来了许多挑战。一方面，大模型的可解释性能够帮助用户理解模型的行为，从而提升其在高风险领域（如医疗、金融等）中的信任度；另一方面，大模型在实际应用中可能面临数据隐私泄露、对抗攻击等安全风险，这不仅会影响系统的稳定性，还可能导致严重的经济和社会后果。因此，本节将围绕大模型的可解释性和安全性，分析其核心问题和解决方法，为后续的优化技术奠定基础。

13.1.1 大模型的可解释性

大模型的可解释性是人工智能领域的核心议题，尤其是在深度学习模型日益规模化、广泛应用于高风险领域（如医疗、金融等）的背景下，其重要性愈发凸显。与传统的机器学习模型相比，大模型凭借其复杂的内部结构和庞大的参数规模，具有极高的预测能力和泛化能力。但这种复杂性不仅使模型的决策过程变得不可直观理解，也阻碍了研究人员和实践者对模型行为的准确追踪和验证，从而在实际应用中带来了信任危机和伦理困境。因此，对大模型可解释性的研究，不仅是技术上的探索，更是确保模型可用性与可信性的关键。

可解释性是指能够揭示模型内部决策机制或预测结果背后逻辑的能力。大模型的可解释性通常分为全局可解释性和局部可解释性两类方法。全局可解释性方法试图对模型的整体行为提供全面理解，而局部可解释性方法则专注于对某个特定输入的预测过程进行解读。这两种方法各有其适用场景和技术特点，也面临各自的挑战。

全局可解释性方法主要关注揭示模型的整体结构及其特征表示，以便研究人员能够从宏观层面理解模型的行为。例如，对于Transformer模型，可以通过分析注意力机制的权重分布，观察模型如何在不同输入特征之间分配注意力权重。图13-1展示了Transformer模型结构基本组成，包括编码器和解码器模块、位置编码、多头自注意力机制、前馈神经网络等关键组件。通过这种结构设计，模型能够有

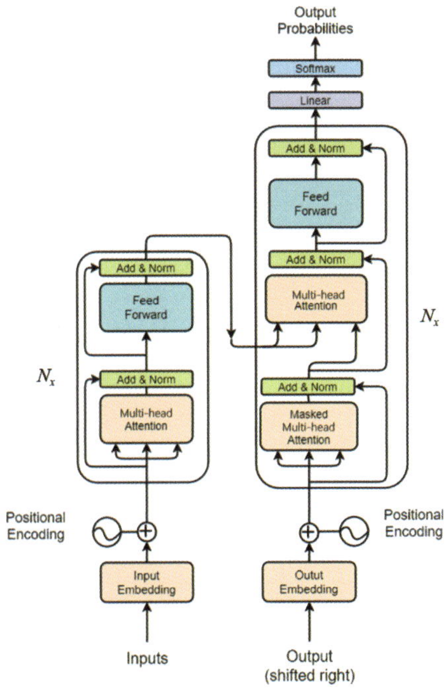

图13-1 Transofmer模型结构示意图

效捕获输入序列中的长距离依赖关系，同时对输入数据进行多层次的特征表示。

然而，全局可解释性方法的复杂性通常与模型规模成正比。以BERT模型为例，其包含多层自注意力机制，每层的参数量级极为庞大。仅仅解析注意力权重的分布已非常困难，更不用说追踪这些权重对具体输出的作用。注意力机制虽然提供了对输入特征关注分布的直观表示，但由于模型中存在多个注意力头和层级，全面解读这种复杂性仍是一个技术挑战。

通过分析图13-1所示的模型结构，可以更好地理解全局可解释性方法的适用范围和局限性。这种方法适合用于分析模型的一般行为和特征表示，如理解模型如何在文本生成中捕获句法和语义信息。然而，在面对特定输入样本时，全局可解释性方法可能无法提供足够的细节支持，因此通常需要结合局部可解释性方法共同使用，以实现更全面的模型解读。

相比之下，局部可解释性方法更适合于特定场景下的具体输入解读。局部可解释性方法通常依赖输入扰动技术，如SHAP（Shapley Additive Explanation）和LIME（Local Interpretable Model-agnostic Explanation）。SHAP基于博弈论中的Shap值理论，通过计算输入特征对输出预测的边际贡献，生成解释结果。这一方法具有理论上的最优性，但计算复杂度较高，尤其在高维输入场景下。如图13-2（b）所示，条形图显示了各个特征对预测结果的正负贡献及其程度，直观反映了模型决策的特征重要性。

LIME通过在特定样本附近生成扰动数据，并拟合局部线性模型，简化复杂模型的决策行为。虽然LIME的计算效率较高，但其解释结果的精度通常依赖扰动样本的分布和参数选择。如图13-2（a）所示，条形长度和颜色直观展示了不同特征在当前样本上的正向或负向贡献。两种方法虽然有效，但在应对高度非线性或复杂数据分布的场景下，仍难以完全解读模型的内部机制。

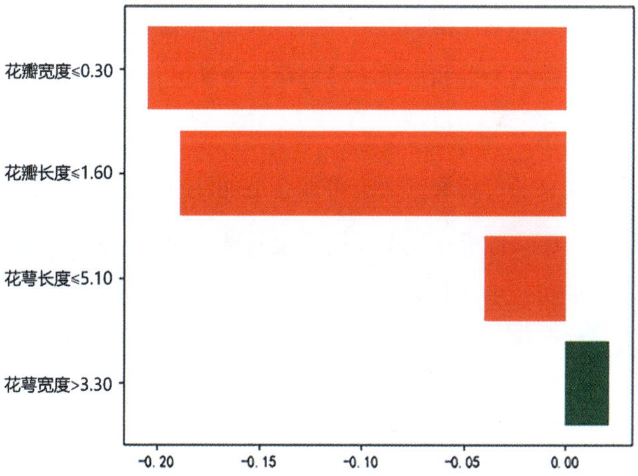

（a）LIME可解释性的局部线性拟合可视图

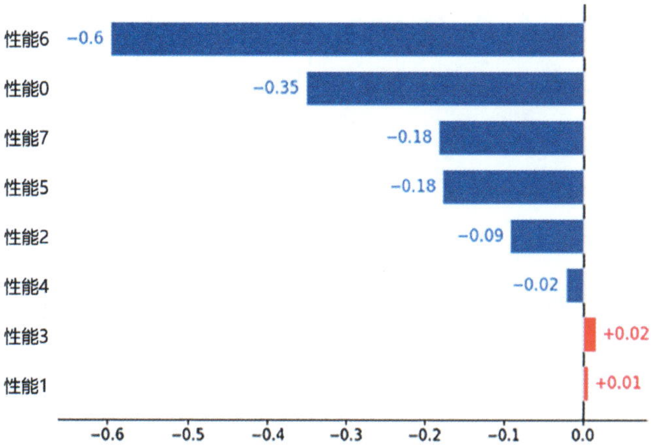

（b）SHAP值的条形图

图13-2　LIME和SHAP可解释性可视化示例

在实践中，全局与局部可解释性方法常结合使用，以提供多层次的理解。例如，在NLP任务中，研究人员可以首先通过全局注意力分布分析，了解模型对语义层面的关注点，然后结合SHAP或

LIME，对某一具体输入的预测过程进行详细解析。这种结合方法在医疗领域的应用尤其典型。例如，在预测疾病风险的任务中，模型可以通过全局分析揭示关键生物标志物的权重分布，同时通过局部分析解释特定患者的个性化预测依据，从而为临床决策提供更加可信的支持。

尽管现有的可解释性研究取得了显著进展，但仍存在许多亟待解决的技术与应用挑战。首先，模型的复杂性使现有解释方法在计算效率与解释精度之间难以平衡。例如，SHAP的高计算成本在面对大规模输入时难以接受，而LIME的线性近似模型在高度非线性场景中往往表现不佳。其次，可解释性的研究需要适应不同领域的实际需求。例如，在金融领域，监管合规要求模型的可解释性的结果必须高度精确，以便追踪决策依据；而在自动驾驶领域，实时性成为对可解释性方法的主要要求。

此外，大模型的可解释性研究还需应对社会层面的挑战。例如，如何让非技术用户理解模型的可解释性结果，如何防止可解释性方法被误用，以及如何在提升可解释性的同时保证模型的性能并保护隐私。

未来的可解释性研究可能会更加注重与其他领域的协作，如与因果推断方法的结合，为模型行为的可解释性提供更坚实的理论基础。同时，针对不同领域的特定需求，开发定制化的可解释性工具，也将成为重要的发展方向。例如，在医学影像分析中，结合医生知识的特定解释框架可以显著提高结果的可信度。此外，研究如何平衡可解释性与模型性能之间的矛盾也是未来的重要课题。在设计新的可解释性方法时，可以考虑通过对模型进行部分简化或模块化设计来提高可解释性方法的可行性。

大模型的可解释性研究既面临巨大的挑战，也具有广阔的前景。随着大模型在社会生活中的应用日益广泛，其可解释性的突破不仅能提升大模型的技术价值，更能为其广泛应用奠定基础。在技术与伦理之间找到平衡点，将是这一研究领域持续推进的关键所在。

13.1.2 大模型的安全性

大模型的安全性是当代人工智能领域亟待解决的重大挑战，尤其是在深度学习模型广泛应用于涉及敏感数据和高风险决策的领域时，这一问题的重要性尤为突出。随着模型规模的迅速增长，其能力的增强伴随着一系列潜在的安全隐患。这些隐患主要体现在数据隐私泄露、对抗性攻击、模型的不确定性及恶意使用等方面。

数据隐私泄露是大模型安全性问题中备受关注的一项。在训练大模型的过程中，往往需要利用大规模高质量的数据，其中可能包含用户的敏感信息，如个人身份信息、医疗记录和财务数据。如果未采取适当的隐私保护措施，这些信息可能会通过模型的训练过程泄露出去。已有研究表明，LLM可以通过精心构造的查询返回训练数据中的敏感片段，这在语言生成任务中尤其显著。一个典型的例子是，某些语言模型能够准确复现训练数据中的个人信息，如姓名或地址，尽管这些信息本应被“遗忘”。为应对这一问题，技术上提出了多种解决方案，其中，差分隐私（Differential Privacy）和联邦学习（Federated Learning）是最具代表性的方法。差分隐私通过在模型的训练过程中加入随机噪声，确保单个数据点对模型输出的影响在统计学意义上不可检测，其核心公式为

$$P\left(M\left(D\right)=t\right)\leqslant \mathrm{e}^{\epsilon}P\left(M\left(D'\right)=t\right)$$

其中，D 和 D' 是两个仅相差一个数据点的数据集；ϵ 是衡量隐私保护程度的参数。联邦学习通过让数据保存在本地设备中，仅共享模型更新，而非原始数据，从而减少隐私泄露的风险。这些方法虽然有效，但在高维数据场景中可能导致模型性能的显著下降。

对抗性攻击是威胁大模型安全性的一个突出问题。这种攻击通过对输入数据施加精心设计的微小扰动，使模型输出错误的预测结果，而这些扰动对人类而言通常不可察觉。例如，在图像分类任务中，攻击者可以通过在图像中添加微小的噪声，使模型将“猫”的图片错误分类为“狗”。在NLP任务中，对抗性攻击则可以通过修改少量单词来欺骗文本分类器或情感分析器。图13-3展示了对抗性攻击的几种典型形式：通过扰动输入样本使模型在推理时出错的规避（Evasion）攻击；通过在训练数据中注入恶意样本污染模型的中毒（Poisoning）攻击；通过查询模型推断其内部参数或训练数据的提取（Extraction）攻击。

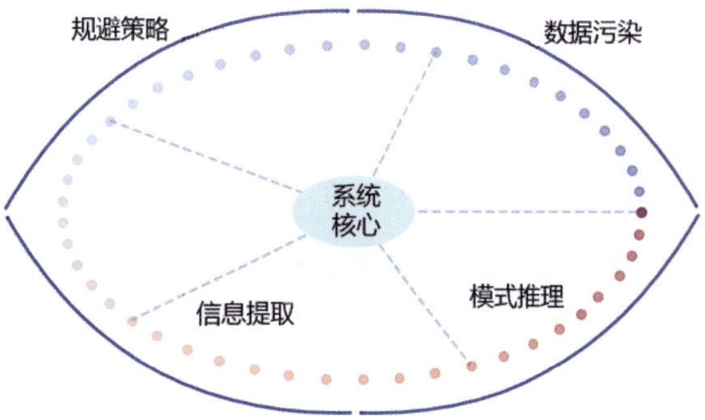

图 13-3　对抗性攻击示意图

例如，在自动驾驶领域，研究人员通过在交通标志上粘贴小型贴纸，成功让自动驾驶系统将“停车”标志识别为“限速”标志。为抵御这类攻击，研究人员提出了防御策略，即在训练数据中加入对抗样本，提高模型对输入扰动的鲁棒性。

然而，这种方法显著增加了训练时间和计算成本。此外，还有方法如梯度掩蔽（Gradient Masking），通过限制攻击者获得模型梯度信息，降低攻击的成功率，但该方法在面对高级对抗攻击时效果有限。

模型的不确定性是影响其安全性的重要因素之一。深度学习模型本质上是一种概率模型，其输出结果总是伴随着一定程度的不确定性。然而，当前的大模型通常无法显式地量化这种不确定性，从而可能在高置信度的情况下输出错误的预测。

例如，在医疗领域的诊断任务中，模型可能对某一患者的病情预测具有高度信心，但实际预测结果可能是错误的。这种过度自信可能导致严重的医疗事故。解决不确定性问题的一个重要方向是引入贝叶斯神经网络（Bayesian Neural Networks，BNNs），通过对权重建模为概率分布，从而量化模型预测的不确定性。

此外，深度集合学习（Deep Ensembles）也被广泛应用，通过训练多个模型并对其预测结果进行平均化，显著提高了模型的不确定性量化能力。这些方法虽然有效，但在实际应用中往往受到计算资源的限制。

除了技术层面的安全问题，恶意使用也是大模型面临的一个突出隐患。大模型的强大能力使其能够生成高度逼真的文本、图像和音频，但这种能力也可能被用于生成虚假信息、误导性内容或进行网络攻击。

例如，语言模型被用来自动生成虚假新闻，伪造网络钓鱼邮件，而图像生成模型则可能被用来制造深度伪造（Deepfake）视频。这些滥用不仅威胁个体隐私，还可能对社会稳定性构成威胁。例如，深度伪造视频在选举中的潜在滥用，可能通过伪造政客的讲话或行为，误导公众舆论。为应对这一问题，技术上提出了模型水印（Model Watermarking）和滥用检测技术，帮助追踪内容来源并识别生成模型。然而，这些技术仍需与法律法规相结合，才能在实践中有效落地。

大模型的安全性问题是一个复杂且多层次的议题，解决该问题不仅需要在算法设计上进行创新，也需要在伦理、法律和社会层面引入全面的监管机制。从技术角度看，隐私保护、对抗性攻击防御和不确定性量化仍是核心研究方向；从应用角度看，模型的开发与使用需遵循严格的规范，以确保其安全性和可信性。未来，随着大模型的进一步发展，其安全性问题将继续成为人工智能领域的研究重点，需要各界持续关注并合作解决。

13.2 大模型的前沿研究与未来发展

随着大模型在诸多领域的应用逐步深化，其能力的极大提升不仅得益于模型规模和数据的扩张，还得益于不断涌现的创新性技术。然而，这些模型的实际表现依然面临效率、适用性和可靠性等诸多挑战。为应对这些挑战，研究人员在优化模型架构、降低计算成本、提升泛化能力等方面不断探索，并取得了一系列令人瞩目的进展。接下来，我们将聚焦于大模型当前的技术进展，深入探讨近年来推动这一领域快速发展的关键研究成果和方法创新。

13.2.1 大模型当前的技术进展

近年来，大模型在架构、优化策略和应用场景中的技术进展引发了深远的影响。从稀疏注意力机制的提出到提示学习（Prompt Learning）的兴起，再到分布式训练技术的成熟，这些创新不仅显著提升了大模型的效率与性能，也为其在多模态学习和资源受限环境中的应用提供了新的可能性。然而，这些技术的突破也伴随着资源需求的急剧增长和复杂性的进一步提高，促使研究人员不断探索平衡效率与性能的新方法。

架构层面的突破以稀疏注意力和模型压缩为核心，推动了大模型在规模化与高效性之间的平衡。Transformer模型通过自注意力机制捕获长距离依赖，彻底改变了NLP和其他领域的任务表现。然而，传统全注意力机制的计算复杂度为$O(n^2)$，随着序列长度的增加，计算成本呈指数级增长。为了解决这一问题，研究人员提出了稀疏注意力机制，如Longformer机制采用局部窗口注意力，限制了注意力分布范围；Reformer机制通过使用可逆特征表示和局部敏感哈希，将注意力复杂度降低到$O(n\log(n))$。如图13-4所示，全注意力机制需要对输入序列中每个元素与所有其他元素计算相似度，导致注意力矩阵密集分布；而稀疏注意力机制则通过限制注意力范围，仅在局部区域内计算，从而显著减少了计算资源的消耗。这些优化不仅提升了大模型在处理长序列时的效率，还使模型在文本生成等任务中能更高效地捕获上下文信息，同时避免显著增加计算负担。

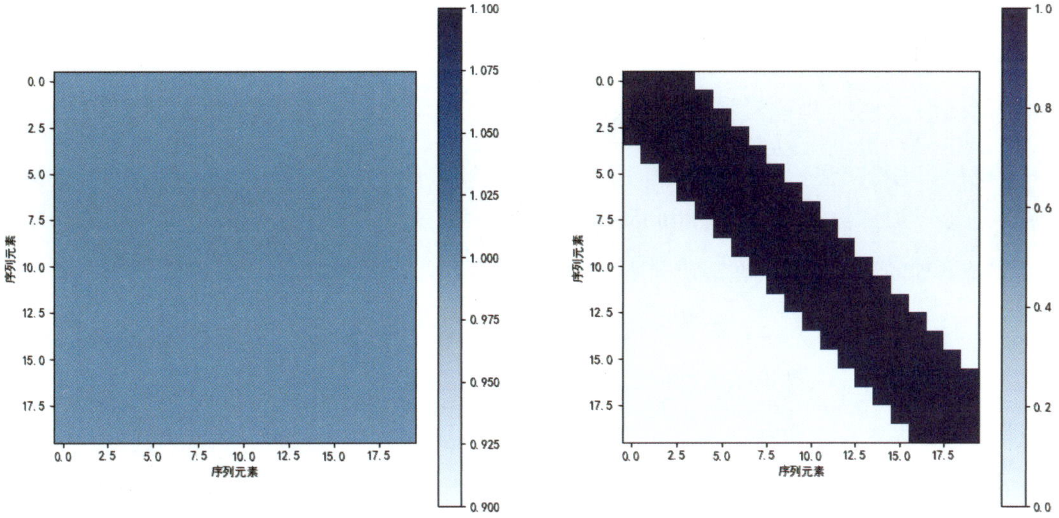

（a）全注意力矩阵（稠密矩阵）　（b）稀疏注意力矩阵（窗口化）

图 13-4　稀疏注意力与全注意力机制的对比

在参数高效微调方面，近年来的发展集中在如何降低资源消耗的同时增强模型的任务适应性。传统的全参数微调要求更新模型中的所有参数，这对存储和计算资源提出了极高的要求，尤其在面对多任务场景时，微调成本成倍增加。为此，研究人员提出了适配器（Adapter）和低秩自适应（Low-Rank Adaptation，LoRA）等参数高效微调技术。例如，Adapter技术通过在每一层之间插入小型网络模块，仅对插入模块进行更新；而LoRA技术则通过对权重矩阵进行低秩分解，仅更新低秩分量。在自然语言推理任务中，LoRA技术能够将微调参数量降低至原模型参数量的1%，而不会显著影响其性能。这些技术的提出，不仅显著减少了微调的存储需求，还使大模型在多任务场景中的推广更灵活和高效。

Prompt Learning的崛起进一步简化了任务适配的过程，并显著增强了少样本学习的能力。相比传统微调方法，Prompt Learning通过为模型设计任务特定的输入模板，直接利用预训练模型的能力完成下游任务。例如，AutoPrompt通过自动优化输入的离散模板实现了高效任务迁移；而P-tuning引入连续化的Prompt表示，在少样本场景中表现出色。这一技术的意义在于无须调整模型参数，仅通过设计输入即可完成复杂任务。

如图13-5所示，Prompt Learning的流程包括以下三个关键步骤。

（1）输入阶段：将原始文本与提示模板结合，生成格式化的输入。

（2）推理阶段：预训练模型利用提示模板的引导直接完成任务推理，而无须调整模型参数。

（3）输出阶段：最终输出任务结果，如分类、生成或填空任务。

与传统微调流程相比，Prompt Learning显著降低了计算和存储需求，使大模型的任务适应性和迁移能力得到了极大增强。

在少样本学习和任务迁移中，Prompt Learning极大地减少了对训练数据的需求，尤其在医疗和法律等高风险领域中展现出了广阔的应用前景。这一流程的核心在于设计高效的提示模板，从而充分释放预训练模型的潜力，同时避免了对模型参数的复杂调整。

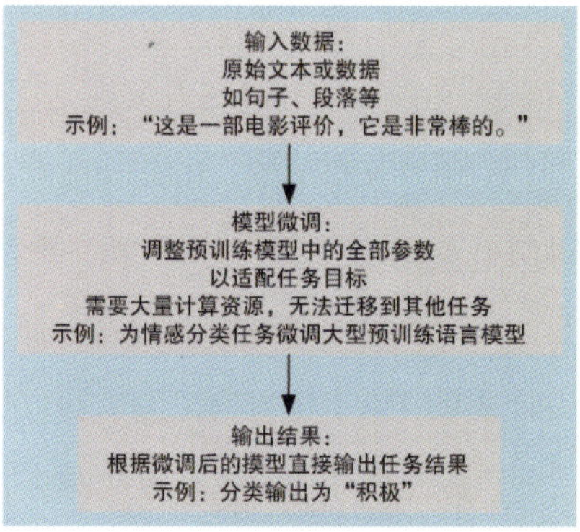

（a）传统微调流程

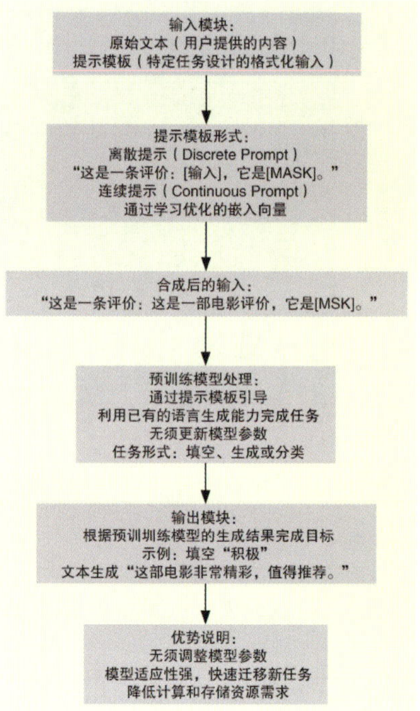

（b）Prompt Learning流程

图13-5　Prompt Learning与传统微调流程对比

在优化策略上，分布式训练和混合精度训练成为支撑大模型训练的重要工具。随着参数量的增长，单一计算设备难以承载大规模模型的训练需求，分布式训练通过数据并行和模型并行将任务分散到多个设备执行。例如，Megatron-LM通过流水线并行和张量并行的结合，实现了对千亿参数模型的高效训练；而DeepSpeed框架通过零冗余优化（ZeRO）技术，将显存需求降低了10倍，为资源受限的研究机构提供了大模型训练的可能性。此外，混合精度训练通过结合FP16和FP32计算，既保持了数值稳定性，又显著降低了显存占用，为大规模模型训练提供了关键支持。例如，OpenAI在GPT-3的训练中利用混合精度训练，大幅缩短了训练时间。

多模态学习的突破进一步拓展了大模型的能力边界。传统模型往往专注于单一模态，而多模态学习通过融合多种类型的数据（如文本、图像、音频），使模型能够理解更复杂的任务场景。例如，CLIP模型通过对比学习联合训练文本和图像，模型能够基于文本描述检索相关图像，并在跨模态任务中表现优异。DALL·E模型则通过联合生成模型，实现了基于文本输入生成高质量图像的能力。这类多模态模型的核心在于对模态间语义关系的捕捉，如CLIP模型通过最大化文本和图像特征之间的相似度，增强了模型的泛化能力。然而，这些模型对多模态数据的依赖及计算资源的高要求，仍然是其进一步推广的主要障碍。

针对低资源环境中的模型优化，压缩技术的应用显得尤为重要。在许多实际场景中，计算资源不足或数据规模有限成为部署大模型的主要瓶颈。量化、剪枝和知识蒸馏是三种常见的模型压缩方法，其中量化通过将模型参数从FP32压缩为FP8，大幅减少了存储需求和计算强度；剪枝通过去除冗余权重，降低了模型的计算复杂度；知识蒸馏则通过将知识从大模型迁移到小模型中，实现了更高效的推理能力。例如，DistilBERT模型通过知识蒸馏技术，将BERT模型的大小减少了1/2，而性能仅略微下降，这使其在移动设备和嵌入式系统中的应用成为可能。

尽管当前的大模型技术取得了显著进展，但仍面临计算资源消耗、数据依赖性及模型透明性等方面的挑战。未来的发展需要在提升模型能力的同时，通过更加创新的架构设计和优化策略，实现资源消耗与性能表现的平衡。同时，多模态学习和Prompt Learning等技术的进一步探索，将为大模型在跨领域任务中的应用带来更多可能性，为推动人工智能技术的广泛落地提供持续动力。

13.2.2 技术挑战

大模型的快速发展为人工智能带来了深刻的技术进步，但其规模化和复杂性也引发了许多技术挑战。这些挑战并非孤立存在，而是由计算资源、存储需求和社会伦理等多方面交织而成。其中，模型的规模化与训练成本是最显而易见的技术障碍，而社会伦理和公平性问题则进一步加剧了技术难题的复杂性，成为人工智能领域中不可忽视的重要议题。

模型规模化与训练成本是大模型研究中最直接且最严峻的挑战之一。随着模型参数规模从数百万扩展到数千亿甚至更高，其训练和推理的计算需求呈指数级增长。例如，GPT-3模型包含1750亿个参数，其训练成本估算在数百万美元的级别，并消耗了大量能源。这一高昂的资源需求不仅限制了学术机构和小型企业的参与，也对环境带来了潜在的负面影响。尤其在当今强调可持续发展的背景下，这种高能耗模式需要得到有效解决。图13-6展示了模型规模化与训练成本的指数关系示意图。

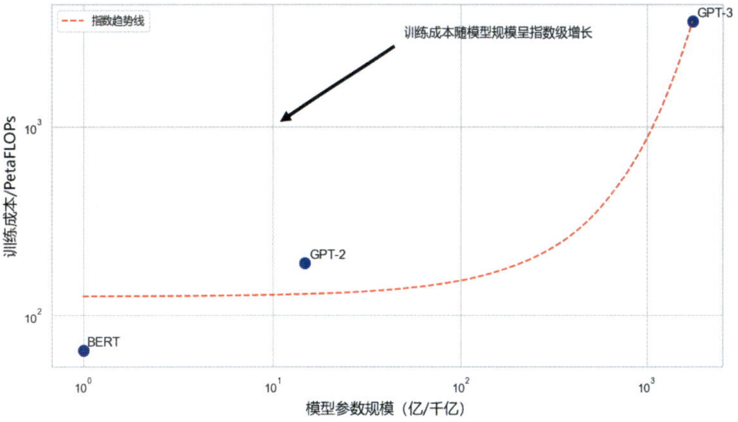

图 13-6　模型规模化与训练成本的指数关系示意图

在技术层面，模型规模化对硬件算力的依赖成为主要瓶颈。虽然分布式训练策略能够在多个GPU或TPU集群间分配任务，降低单设备的压力，但通信开销仍是一个难以忽视的问题。特别是在大型Transformer模型中，梯度同步频率的增加直接导致了分布式系统中的带宽需求大幅提升。这种开销随着模型层数和序列长度的增长而显著增加，对实际部署提出了更高的要求。

为应对这些挑战，研究人员开发了一系列优化技术以减少计算需求。其中，混合精度训练成为广泛应用的方法之一。通过将部分计算从FP32降至FP16，混合精度训练能够在几乎不影响模型性能的前提下，大幅减少显存占用并提高训练速度。此外，稀疏性技术的引入也对缓解计算负担起到了关键作用。稀疏矩阵分解是一种常用方法，通过将模型权重矩阵$\boldsymbol{W}$分解为两个低秩矩阵$\boldsymbol{U}$和$\boldsymbol{V}$，以$\boldsymbol{W} \approx \boldsymbol{U}\boldsymbol{V}^{\mathrm{T}}$的形式近似模型参数，从而降低计算复杂度和存储需求。稀疏注意力机制是另一种优化策略，通过限制注意力矩阵中的非零元素，仅计算局部相关性，将复杂度从$O\left(n^2\right)$降至$O\left(n\log n\right)$或更低。

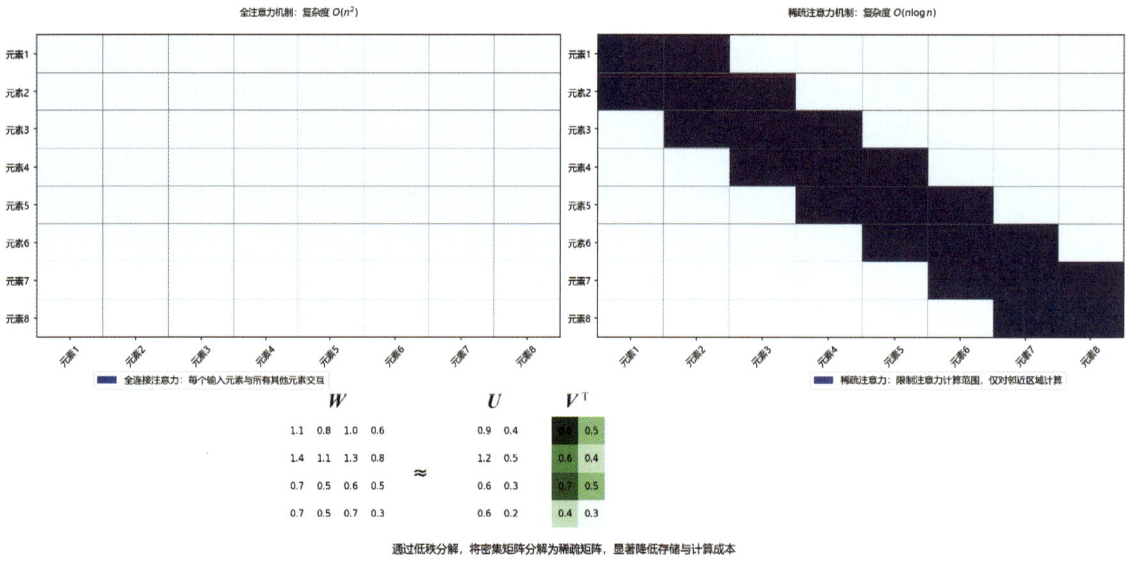

图13-7　稀疏注意力机制与稀疏矩阵分解示意图

如图13-7所示，稀疏注意力机制通过仅对局部区域进行计算，大幅减少了全连接注意力的冗余操作。同时，稀疏矩阵分解进一步降低了存储和计算开销，为大规模模型的高效训练提供了强有力的支持。这些技术在大幅提升模型效率的同时，也为未来更大规模模型的训练提供了可能性。

除了计算资源，模型规模化对存储需求的挑战同样引人关注。大模型的参数存储与训练过程中间激活值的保存是两大主要问题。即使训练完成后，模型的存储体积也对实际部署构成了显著限制。近年来，张量分解技术和模型剪枝技术为这一问题提供了潜在的解决方案。张量分解技术通过将多维权重张量分解为低秩子张量，从而减少存储需求；而剪枝技术通过去除模型中冗余的参数连接，既减少了存储需求，又提高了推理速度。然而，模型剪枝的操作需要谨慎处理，因为过度剪枝可能导致模型性能下降。为此，动态剪枝技术应运而生，其根据输入数据的特性动态调整剪枝策略，避免对模型性能的过度削弱。

与此同时，社会影响与伦理问题也随着大模型的普及而日益显著。大模型在训练中对海量数据的依赖，使偏见和歧视问题不可避免地出现。训练数据中潜在的偏见问题在模型输出中可能被放大，甚至影响特定群体的利益。

例如，在司法系统中，用于风险评估的大模型可能因训练数据的偏差，对某些种族或性别群体产生不利影响。这类偏见并非单纯的技术问题，而是与数据采集和社会制度深刻交织的复杂现象。

近年来，为解决偏见问题，研究人员提出了一些技术手段，如公平性约束（Fairness Constraint）和均等机会（Equalized Odd）指标。在模型训练阶段，可以通过修改损失函数，将模型对特定敏感特征（如性别、种族等）的偏差降至最低。然而，这种优化策略往往需要牺牲部分预测性能，这种性能与公平性的权衡已成为伦理研究中的重要方向。

除了偏见问题，隐私保护是另一个不容忽视的伦理问题挑战。由于大模型能够记忆训练数据中的复杂模式，其生成的输出可能无意中泄露敏感信息。例如，研究发现，预训练语言模型可能在生成文本时直接复述训练数据中的私人信息，如电话号码或地址。差分隐私技术为这一问题提供了理论保障。通过在训练过程中加入噪声干扰，差分隐私技术确保单个数据样本对模型的影响被严格限制，从而保护数据隐私。其核心公式为$x = x + \mathrm{Lap}\left(\frac{\Delta f}{\epsilon}\right)$，其中$\epsilon$表示隐私预算，值越小隐私保护效果越强，但模型性能可能下降。然而，差分隐私技术的实际应用仍面临计算开销和性能折中的挑战。

值得一提的是，模型规模化与伦理问题之间存在深层关联。随着模型参数的增加，数据需求急剧增多，这不仅放大了训练数据中的偏见问题，也提高了隐私泄露的风险。更复杂的模型架构可能需要更多样化的数据来避免过拟合，但数据多样性本身的提升往往又依赖隐私敏感的个人数据。如何在数据获取和隐私保护之间找到平衡，已成为大模型研究中的关键议题。

大模型的技术挑战需要从多方面协同解决。资源优化技术（如混合精度训练、稀疏性设计和动态剪枝）将继续推动计算效率的提升，而多模态架构的探索可能提供更高效的任务泛化能力。从社会层面看，制定数据伦理规范，加强数据透明性和模型公平性评估，将有助于缓解社会对人工智能的疑虑。开放的技术交流和跨学科合作也将为解决这些挑战提供新的可能性。只有在性能、效率和社会责任之间取得平衡，人工智能的未来发展才能真正惠及更多领域。

13.3 大模型微调技术

在大规模预训练模型的研究与应用中，预训练任务和实际应用任务之间往往存在一定的差距。这种差距使直接应用预训练模型在特定领域或任务中可能表现不佳。为了进一步提升模型性能、适应特定任务需求，微调技术应运而生。微调技术不仅能够充分利用预训练模型的知识，还可以在小规模数据上实现更高效的学习，从而显著提升模型的实用性和灵活性。

微调技术既是预训练大模型向实际应用过渡的关键环节，也是当前研究的重要方向之一。相比从头训练模型，微调可以大幅降低资源消耗，同时保留预训练阶段积累的泛化能力。接下来，我们将从微调的必要性开始，系统探讨其背景、方法及技术实现，逐步揭示大模型在实际任务中发挥效用的核心策略。

13.3.1 微调的必要性

在大规模预训练模型的广泛应用中，微调技术扮演着不可或缺的角色。预训练模型通过在大规模通用数据集上学习，为多个下游任务提供了强大的知识基础。然而，预训练任务和下游任务之间往往存在显著差异，如数据分布、任务目标甚至语言表达上的不同。这种差异使直接应用预训练模型难以充分满足特定任务的需求，从而引发了对微调技术的迫切需求。

微调通过在目标任务的特定数据上进一步优化预训练模型，弥合了这一差距，并显著提高了模型的实际应用性能。如图13-8所示，预训练模型首先在大规模通用数据（如语言模型语料库）上学习通用特征；其次，在微调阶段，利用特定任务数据（如领域专用文本）进行参数调整，模型能够更好地适应具体任务需求。这一过程可以看作从通用特征到特定任务适配的迁移，体现了模型在不同数据分布和目标任务之间的灵活性和高效性。

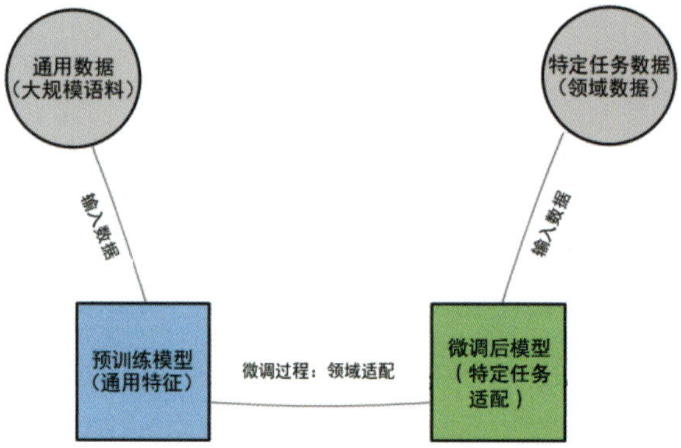

图 13-8　任务适配与效率优化的关键流程图

图13-8展示了任务适配与效率优化的关键流程。从左至右，通用数据通过预训练生成通用特征模型，之后通过微调过程，利用特定任务数据对模型进行优化，最终获得能够适应目标任务的微调后模型。这一流程不仅体现了预训练与微调的协同作用，也直观展示了从大规模语料到具体领域任务的知识迁移过程。

预训练模型的通用特征通常是通过无监督或自监督任务实现的，如语言模型通过词预测任务学习上下文关系，视觉模型通过目标分类任务构建图像特征表示。然而，这些预训练任务往往与具体的下游应用存在任务差异。例如，GPT模型在通用语料库上进行训练，具备广泛的语言理解和生成能力，但在处理医疗领域中的电子健康记录或法律文本分析时，其通用性模型可能无法充分捕捉领域特定的语义模式。通过微调，可以引入领域特定的标注数据，从而使模型更好地适应实际任务。

例如，在法律文本分析中，微调后的模型可以更精准地识别复杂的法律术语和逻辑关系，从而显著提高模型的准确性和可用性。

从资源效率的角度看，微调技术为模型开发提供了显著优势。相比从头训练模型，微调利用了预训练阶段积累的大量知识，使下游任务只需对特定参数或小规模数据进行增量训练即可完成。这种方法在显著降低计算成本和时间成本的同时，也提升了模型的适应性。例如，在低资源语言的翻译任务中，微调通用语言模型可以减少对大规模双语数据的依赖，同时大幅提升翻译质量。这种知识迁移的效率特别适用于资源有限的团队或领域。

如图13-9所示，微调方法主要包括两类：全参数微调和参数高效微调（如LoRA、Adapter等）。全参数微调需要更新模型的所有参数，尽管其效果通常最佳，但计算和存储成本较高，适合高资源场景。而参数高效微调则冻结模型的大部分参数，仅更新少量模块，可显著降低计算和存储成本，非常适用于资源受限的场景。在图13-9中直观展示了这两种方法的差异：全参数微调中所有参数被激活更新，而参数高效微调中仅部分模块被激活，其他部分保持冻结状态。此外，图下方的柱状图清晰地对比了两种方法在计算成本上的消耗，充分体现了参数高效微调在资源优化方面的巨大优势。

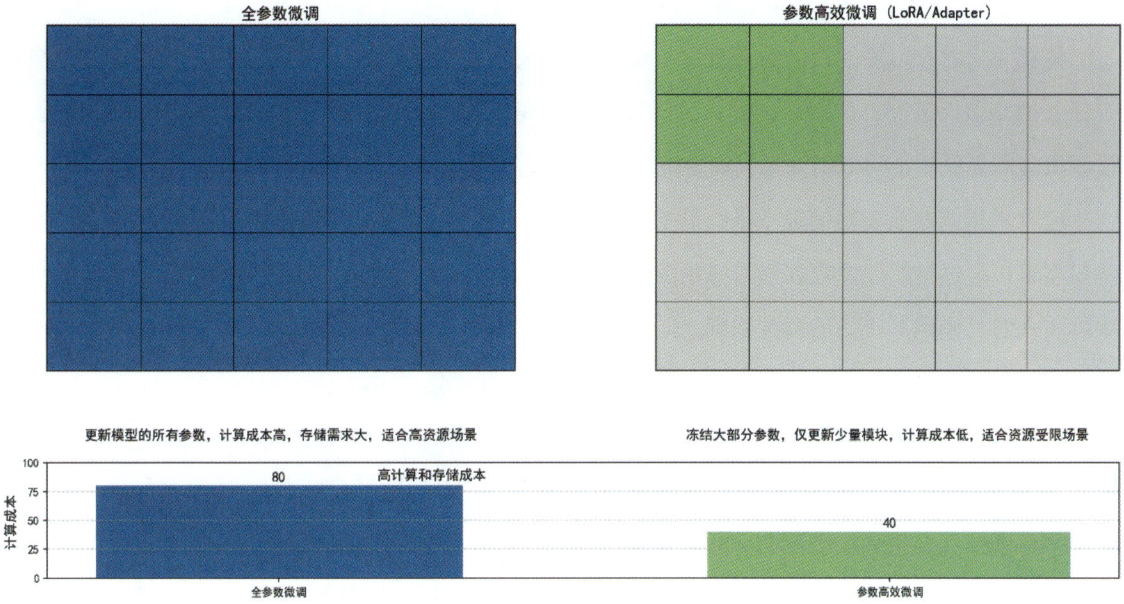

图13-9　全参数微调与参数高效微调的对比示意图

微调技术与少样本学习的结合尤为关键。在许多高成本领域（如医疗、法律、金融等），标注数据的获取往往受限于时间、成本或伦理问题。通过微调技术，即使在样本量较小的情况下，模型依然能够通过迁移学习充分利用预训练阶段所积累的知识。例如，在医学影像分析中，预训练模型可以通过少量标注的CT或MRI影像数据实现癌症诊断的高精度分类。这种少样本微调的能力显著降低了数据采集与标注的成本，同时确保了高效的任务适配。

微调技术本身也发展出了多种方法，以适应不同的应用场景和资源限制。传统的全参数微调方法需要更新模型的所有参数以适配新任务，虽然效果最佳，但计算和存储成本较高。在实际应用中，参数高效微调方法通过优化部分参数，进一步降低了微调的成本。例如，LoRA通过低秩分解在权重矩阵中插入可训练的小型模块，用公式 $\boldsymbol{W}'=\boldsymbol{W}+\boldsymbol{U}\boldsymbol{V}^{\mathrm{T}}$ 表示，其中$\boldsymbol{W}$是原始权重矩阵，$\boldsymbol{U}$和$\boldsymbol{V}$是可学习的低秩矩阵。这种方法能够在不调整原始模型参数的情况下快速适配新任务，显著减少了计算资源和存储需求。

类似地，Adapter技术通过向模型中插入额外的小型层，仅对这些新增模块进行训练，保留了原始预训练参数的完整性。这些方法的优势在于显著降低了存储成本，使微调后的模型可以在资源受限的设备（如移动设备或嵌入式系统）中进行高效部署。例如，在推荐系统中，通过微调Adapter模块，预训练模型能够快速适配特定的用户行为数据，从而提高推荐算法的个性化水平。

预训练与微调之间的协同作用是现代深度学习的一项核心策略。预训练阶段提供了广泛知识表示，使模型具备了对通用任务的理解能力，而微调则在此基础上进一步优化模型性能，使其适应特定任务的需求。例如，在机器翻译任务中，预训练语言模型已具备基本的语义建模能力，微调阶段则通过目标语言对数据进行标注，进一步增强模型的翻译能力。这种协同作用不仅缩短了模型开发周期，还提升了模型在跨领域任务中的迁移能力。

值得一提的是，协同作用的有效性与预训练任务的设计密切相关。研究表明，预训练任务与下游任务的相似性越高，微调所需的计算资源和数据规模就越小。相反，在任务差异较大的情况下，模型可能需要更复杂的微调策略，如多阶段微调或联合微调，以弥补任务间的鸿沟。

跨领域微调的成功案例进一步凸显了微调技术的必要性。例如，在遥感图像分类任务中，预训练模型可以通过自然图像数据学习通用的视觉特征，而微调阶段则通过小规模的高分辨率卫星影像数据实现对具体地形特征的精准识别。同样，在金融数据分析中，预训练模型通过历史市场数据构建了宏观经济模式，微调阶段则通过特定的公司财务数据优化了对财务健康状况的评估。

微调技术的必要性体现在多个层面：通过缩小预训练模型与下游任务之间的差距，实现任务适配；通过显著降低计算和数据成本，实现效率优化；通过多样化的微调方法，为模型的灵活应用提供更多可能性。无论是在资源丰富的高性能任务中，还是在资源受限的场景下，微调技术都展现出了不可替代的价值。随着微调方法的不断发展及其与预训练技术的深入结合，大模型的应用前景得到了进一步拓展，为更广泛领域提供了精准、灵活和高效的解决方案。

13.3.2 微调方法

微调方法在大规模预训练模型的应用中扮演着至关重要的角色，既要适配下游任务，又要权衡计算资源与性能之间的关系。全参数微调与参数高效微调是两种主要的技术路径，它们在资源需求、任务适应性和灵活性等方面各具特点。通过对这些方法的深入探讨，可以更清楚地理解其在不同场景中的适用性及发展方向。

全参数微调是一种传统且直观的微调方式，其核心在于通过更新模型的所有参数，使其从预训练任务完全过渡到特定下游任务。这种方法最大化地利用了预训练模型的知识基础，同时赋予模型高度的适应能力。例如，在医学文本分析中，预训练模型可能使用通用语言数据进行训练，而下游任务需要模型理解复杂的医学术语或特定的诊断逻辑。全参数微调通过优化所有权重，全面调整模型的表征能力，从而在此类高复杂度的任务中表现出其优越性。

然而，全参数微调的高计算成本和存储需求限制了其在资源受限场景中的广泛应用。以参数规模达到千亿级别的模型为例，每次微调都需要对模型的所有权重进行更新，这不仅要求大规模的存储容量来保存任务特定的模型副本，还会带来高昂的计算代价。此外，随着模型规模的进一步扩展，这种资源的存储需求呈现非线性增长，使全参数微调难以适应大规模、多任务的应用环境。

为了解决这些问题，参数高效微调方法应运而生。该方法通过冻结模型的大部分参数，仅优化与特定任务相关的部分模块，实现了资源使用效率与模型性能的平衡。其中，LoRA、Adapter 和 Prefix-Tuning 是三种代表性的技术路径。

LoRA技术的核心思想基于低秩矩阵分解（见图13-10），它通过在预训练模型的权重矩阵上引入低秩调整矩阵来捕捉任务特定的特征。具体而言，LoRA技术将原始权重矩阵分解为两个较小的低秩矩阵，并通过优化这些矩阵实现对任务的适配。这种方法在不直接修改模型原始权重的情况下，显著减少了需要训练的参数数量。例如，在一个拥有千亿参数的预训练模型中，LoRA技术通常只需优化几百万个参数即可完成微调。这种高效性特别适用于低资源场景，例如，在翻译低资源语言时，LoRA 技术可以在极少的计算成本下显著提升模型的翻译质量。此外，LoRA 技术的调整矩阵可以在任务完成后移除，保持了模型的通用性，从而减少了存储压力。

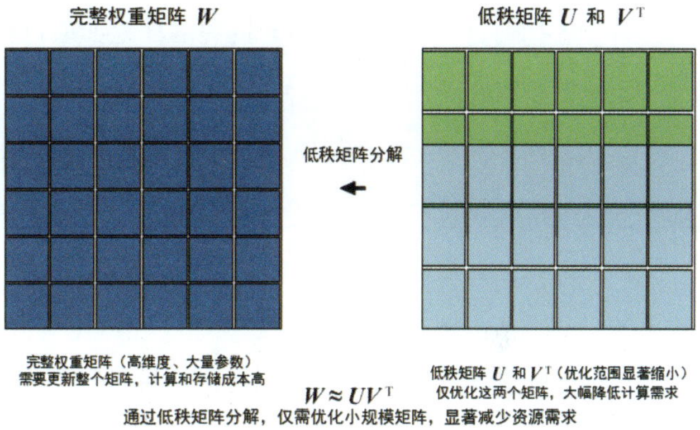

图 13-10 LoRA 技术的低秩矩阵分解示意图

Adapter 技术采用了一种模块化的设计理念，通过在模型的各层之间插入轻量级的任务特定模块，实现参数的高效微调。Adapter 模块通常由少量的全连接层组成，其输入是模型中间层的隐藏状态，输出则用于特定任务的优化目标。Adapter 技术的显著特点是其独立性：每个任务对应一个独立的 Adapter 模块，而底层的预训练模型参数则保持冻结状态。这种设计非常适合多任务学习场景，如在一个统一的模型上同时处理翻译、问答和情感分析等任务。不同任务的 Adapter 模块可以分别加载，从而避免了全参数微调对模型的重复更新。此外，Adapter 模块大小可以根据任务需求灵活调整，从而兼顾不同任务的性能与资源需求。

Prefix-Tuning 技术则更加轻量化，其核心在于通过优化输入前缀嵌入而非模型参数来实现对下游任务的适配。前缀是一组与输入序列相关的可训练向量，这些向量在预训练模型的输入中起到引导作用，通过优化这些向量可以实现对任务的高效适配。这种方法特别适用于生成任务。例如，在文本生成、摘要生成和对话系统中，Prefix-Tuning技术能够在保持模型整体结构不变的情况下，显著提高生成质量。由于Prefix-Tuning技术的优化范围局限于前缀嵌入，其存储和计算成本极低，甚至可以在单一设备上高效完成微调任务。这种极端轻量化的设计使其成为参数高效微调方法中的重要补充。

尽管参数高效微调方法在资源受限场景中表现优异，但其性能在某些复杂任务中可能略逊于全参数微调方法，尤其当任务与预训练数据分布差异较大时，这种性能差距会更显著。例如，LoRA技术和Adapter技术的优化范围受限于任务相关模块，当预训练模型的通用性不足时，仅更新少量参数可能难以充分适配任务需求。此外，参数高效微调方法的具体实现需要根据任务和场景进行调整，如Adapter模块的位置选择与结构设计，Prefix-Tuning技术前缀长度的设置等，均会对最终效果产生显著影响。

未来的发展方向可以集中在以下几个方面。

首先，如何进一步降低微调的资源消耗，如通过更高效的低秩分解方法或更智能的模块设计，进一步压缩参数规模。

其次，在多任务学习场景中，如何设计更加通用的参数高效微调框架，使同一模型能够无缝适配多种任务，而无须为每个任务单独微调。

最后，将全参数微调与参数高效微调方法相结合，通过动态选择需要更新的模块，实现性能与效率的最佳平衡。例如，动态微调技术可以根据任务的复杂性自适应调整更新的参数范围，从而在性能与资源需求之间取得平衡。

微调方法的持续创新不仅在模型优化中扮演着关键角色，也为模型在实际应用中的普及提供了更多可能性。通过平衡计算需求、存储压力与性能表现，微调技术正在推动预训练模型从实验室走向更广阔的应用场景。

13.4 大模型性能优化技巧

随着大规模预训练模型的广泛应用，其性能优化成为研究与实践中的重要议题。无论是在模型开发阶段，还是在部署与推理过程中，如何平衡计算效率与性能表现，是现代人工智能技术必须面对的核心挑战。大模型的庞大参数量和复杂结构，虽然赋予了其强大的学习和泛化能力，但同时也带来了高昂的计算和存储成本，尤其在实际场景中，对硬件资源的需求往往成为限制其大规模应用的主要障碍。

性能优化并不仅仅是对模型计算效率的提升，也涉及模型结构的调整、推理速度的优化及在保持性能的同时减少资源占用的策略。针对这一目标，研究人员提出了多种优化技术，包括模型压缩、分布式推理及硬件加速等。这些技术不仅在降低计算成本上卓有成效，还为实际部署中的大规模应用提供了更多可能性。接下来，我们将从具体的基本策略入手，深入探讨模型优化的核心方法及其实践。

13.4.1 模型优化的基本策略

在大规模预训练模型的实际应用中，如何在计算资源有限的情况下保持甚至提升模型的性能，已成为研究人员关注的核心议题。模型优化的目标不仅仅是减少计算和存储需求，同时还需要确保性能的保留率，甚至在特定场景下实现性能提升的目标。这些优化策略涵盖了从模型结构调整到推理过程加速的多个层面。以下将系统阐述剪枝、量化、知识蒸馏和推理优化等核心方法，分析其特点及协同作用。

剪枝是模型压缩的传统方法之一，通过去除模型中的冗余参数或结构，以减少计算量和存储需求。早期的剪枝方法主要集中在非结构化剪枝上，通过删除权重值接近零的神经网络连接来优化模型。然而，非结构化剪枝的随机性限制了其对现代硬件的支持，因为非结构化稀疏性会导致实际计算中的低效利用。近年来，结构化剪枝逐渐成为主流，通过移除完整的神经元、通道或层，以更好地适应硬件的计算特性。例如，在CNN中，通道剪枝直接删除不重要的卷积通道，不仅减少了参数量，还显著提升了推理速度（见图13-11）。

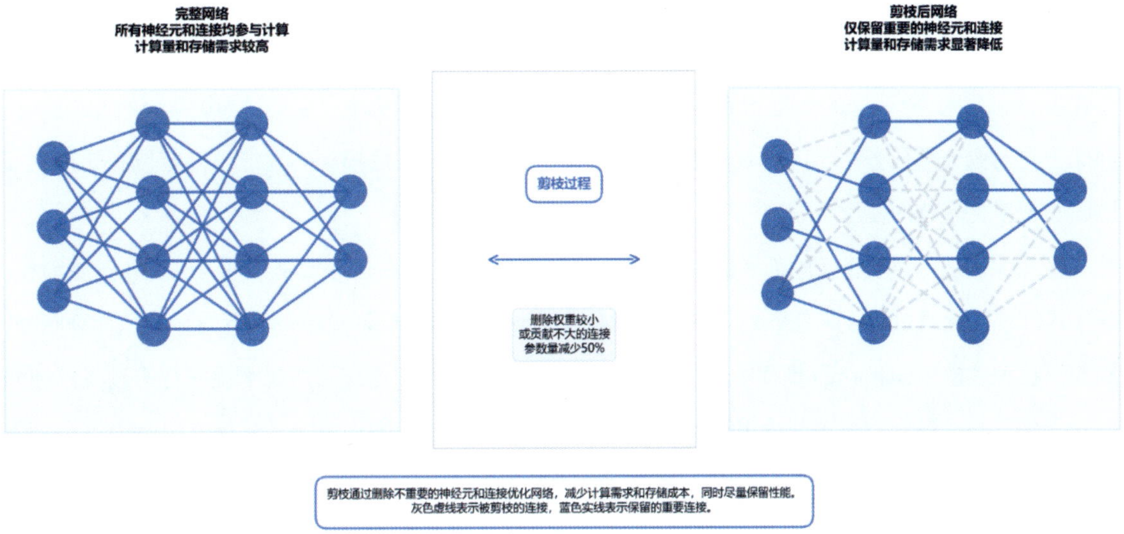

图 13-11 剪枝的优化流程图

在Transformer模型中，剪枝方法的应用日益广泛。例如，Attention Head Pruning 是一种针对多头自注意力机制的优化策略。通过分析注意力头的贡献，研究人员可以移除不重要的注意力头，同时保持任务性能。这种方法不仅降低了计算复杂度，还减少了对显存需求，使模型能够在低资源环境中高效运行。此外，动态剪枝方法进一步提升了剪枝的灵活性，它允许模型在推理时根据输入的特性动态跳过某些计算，从而实现更高效的资源利用。例如，在NLP任务中，模型可以动态决定哪些注意力头或层是必要的，而无须固定剪枝比例。

量化方法通过将模型的权重和激活值从高精度表示（如FP32）降低到低精度表示（如INT8或INT4），显著减少了存储需求和计算复杂度。量化的核心在于用更低的数值精度表示模型，同时尽可能减小由此带来的性能损失。常见的量化方法包括后量化和量化感知训练。后量化是一种直接的方法，通常在模型训练完成后将权重和激活值量化为低精度；而量化感知训练在训练过程中引入量化操作，使模型更好地适应低精度表示，从而保留更高的性能。

以混合精度训练为代表的量化扩展方法，通过在模型的不同部分采用不同的数值精度实现性能与效率的平衡。例如，在Transformer架构中，Attention模块可以用FP16进行加速，而优化器部分则保持FP32以确保数值稳定性。近年来，结合量化技术的硬件加速工具（如NVIDIA TensorRT）进一步提升了量化的应用价值，通过将模型的FP32运算转换为INT8，实现了显著的推理加速效果。例如，使用量化后的BERT模型，可以将推理时间缩短50%以上，同时性能损失控制在1%以内。

知识蒸馏通过复杂模型（教师模型）向轻量化模型（学生模型）传递知识，成为一种重要的优化策略。教师模型生成的软标签或中间特征作为学生模型的监督信号，使学生模型能够在小规模参数的情况下实现接近教师模型的性能。知识蒸馏的优势在于其灵活性和普适性，教师模型和学生模型的结构可以完全不同。例如，在NLP领域，LLM（如GPT-3）可以通过知识蒸馏训练小型模型（如DistilBERT），以显著降低推理成本。

知识蒸馏也常与其他优化策略结合使用。例如，在模型量化的基础上应用知识蒸馏方法，可以有效缓解低精度计算带来的性能下降。此外，剪枝后模型的性能损失也可以通过知识蒸馏的方式恢复。例如，在图像分类任务中，ResNet模型通过知识蒸馏恢复了剪枝后损失的性能，使剪枝和知识蒸馏协同实现了更高效的模型压缩。

推理优化是针对模型实际部署的一项重要策略，其目标是提高运行效率，减少延迟和资源消耗。分布式推理优化通过将计算任务划分到多个设备或节点上执行，以解决单一设备的存储和计算瓶颈。例如，在大规模Transformer推理中，流水线并行和张量并行被广泛应用。流水线并行通过将模型分层分配到不同设备上，显著减少了设备间通信的开销；张量并行则将单个计算任务分解为更小的张量操作，分布到多个GPU中执行，从而提高了并行效率。

重要的推理优化策略还包括动态计算。动态计算允许模型根据输入的特点有选择地执行某些模块。例如，在文本生成任务中，对于简单的句子，模型可以动态跳过部分计算，从而减少推理时间。此外，裁剪模型（如TinyBERT或MobileBERT）通过设计更高效的结构，从根本上减少推理过程中的计算量。

13.4.2 硬件加速

硬件加速技术是性能优化的基础支撑。现代深度学习硬件（如GPU、TPU、FPGA）和优化框架（如ONNX、TensorRT）通过专用设计和高效编译，为模型优化提供了强有力的支持。例如，TensorRT通过融合层操作、优化计算图和内存复用，显著提高了推理速度。此外，异构计算架构将计算任务分配到不同硬件单元（如CPU和GPU），通过任务分配的优化实现资源的高效利用。结合量化和硬件加速，可以进一步提升模型的推理性能，为低延迟场景提供了可行的解决方案。

从剪枝、量化到知识蒸馏和推理优化，再到硬件加速，这些模型优化策略构成了完整的优化体系。它们不仅可以独立使用，还可以结合形成更高效的优化方案。例如，量化与知识蒸馏结合、剪枝与推理优化联合，已经在多种场景中展现出良好的性能。未来，随着硬件技术的进步和算法的持续创新，动态优化与自适应优化技术有望成为模型优化的新方向，从而进一步推动大模型在低资源环境中的普及和应用。

13.5 大模型在优化项目中的应用

随着大模型优化技术的不断发展，其在实际项目中的应用场景日益广泛。从NLP到计算机视觉，再到科学计算与优化问题，大模型的强大能力正在为各个领域的研究和实践带来新的突破。然而，仅依靠大模型的默认结构和参数往往难以直接满足特定项目的需求。通过模型优化技术，将大模型的能力高效迁移到具体任务中，已成为关键手段。在实际应用中，这些优化方法不仅能够显著降低资源开销，还能在特定任务中实现超越预期的性能。接下来，我们将以典型应用场景为切入点，探讨大模型优化在实际项目中的具体应用方式和表现。

13.5.1 实际应用

大规模预训练模型在实际项目中的广泛应用已成为人工智能技术发展的重要趋势。经过优化后的模型不仅能适应高复杂度任务，还能在低资源环境中展现出卓越的表现。大模型的能力经过剪枝、量化、知识蒸馏等优化技术的调整后，能够在NLP、计算机视觉、科学计算与优化问题求解等领域，发挥高效作用。这些技术协同作用不仅提升了模型性能，还显著降低了计算成本和存储开销。

在NLP领域，大模型的优化应用体现在多语言翻译、文本生成、情感分析及对话系统等任务中。

多语言翻译是典型的应用场景之一。传统的翻译系统依赖大规模双语平行数据的训练，而优化后的预训练模型（如mBERT和XLM-R）通过学习通用语言知识，结合少量特定语言的微调，能在低资源语言翻译中展现出优越的性能。例如，在冰岛语与斯瓦希里语的翻译任务中，利用知识蒸馏技术将LLM的能力迁移至轻量化的模型中，再结合量化技术降低模型的存储需求和推理时间，可以在低资源环境中实现高质量翻译。在文本生成任务中，优化技术在提升生成质量和效率方面尤为关键。例如，GPT模型在生成长文本时，结合剪枝和分布式推理技术可以显著降低计算复杂度，同时生成自然、连贯的文本，ChatGPT用户界面，如图13-12所示。这一特性在客户支持对话系统中表现突出，通过动态剪枝技术，模型在响应简单问题时能跳过不必要的计算模块，从而降低推理时间，满足低延迟需求。

图13-12　ChatGPT用户界面

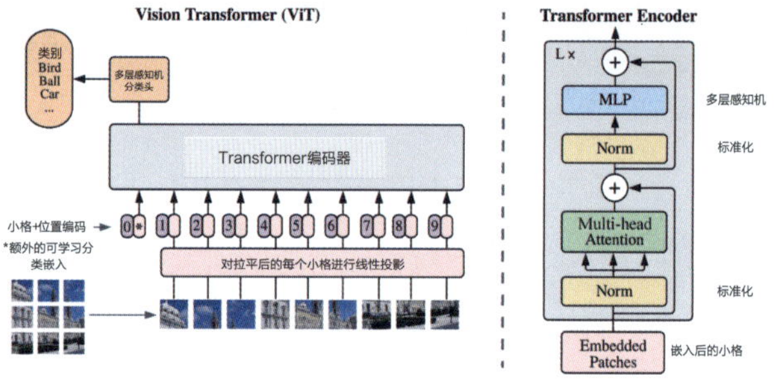

图13-13　ViT架构的预训练模型示意图

计算机视觉是另一个重要的应用领域。目标检测和实例分割任务对模型的实时性和精度要求较高，优化后的大模型通过剪枝和知识蒸馏技术展现出了强大的适应能力。以目标检测为例，传统检测模型（如Faster R-CNN或YOLO系列）在处理高分辨率图像时，计算复杂度往往成为性能瓶颈。基于Vision Transformer（ViT）架构的预训练模型（见图13-13），通过剪枝技术删除不重要的网络连接，并结合知识蒸馏技术迁移模型能力到轻量化版本，能够显著降低推理成本。例如，在自动驾驶场景中，目标检测模型需要在嵌入式硬件上实时运行，而优化后的轻量化ViT模型不仅能快速检测行人和车辆，还能有效减少内存占用。在实例分割任务中，优化技术也表现出色，剪枝后的轻量化模型在保持精度的同时，推理速度提升了近一倍，从而满足了工业级应用的需求。

科学计算任务对计算资源需求极为敏感，优化后的大模型在此类任务中展现出了不可忽视的潜力。例如，在分子结构预测任务中，AlphaFold等大模型通过剪枝技术显著减少了计算需求，同时保持了对分子三维结构预测的高准确性。量化技术在气候建模中同样起到了关键作用，通过低精度计算提高了模拟速度，同时维持了对环境变量预测的精度。这些技术的结合不仅降低了科学计算的门槛，还加速了相关领域的研究进展。例如，在药物研发中，剪枝后的模型能够快速生成候选分子结构，为高效筛选提供支持；在气候建模中，优化模型生成的高分辨率气候预测结果，为环境保护和自然灾害应对提供了科学依据。

13.5.2 优化求解

在优化问题求解中，大模型优化技术为解决复杂组合优化问题提供了新的思路。例如，TSP 和 VRP 是典型组合优化任务，其求解复杂度随问题规模快速增长。传统的启发式算法虽然能够提供近似解，但在大规模场景中往往效率低下。通过将强化学习与预训练大模型结合，优化技术显著提高了求解效率。例如，基于 Transformer 模型在 TSP 中的应用，利用剪枝和动态计算技术减少了冗余操作，同时提高了解的搜索速度。此外，知识蒸馏技术使优化后的模型能在低资源环境中高效运行，为物流和交通领域的大规模优化提供了解决方案。例如，在智能物流配送中，优化后的大模型可以实时规划配送路径，减少运输时间和成本。

优化技术的协同作用在实际应用中尤为重要。量化与知识蒸馏结合能进一步提升模型效率。例如，在文本生成任务中，将量化后的 GPT 模型与知识蒸馏结合，不仅降低了存储需求，还保持了对长文本生成的高质量表现。同样，剪枝与分布式推理优化的结合可以在计算机视觉任务中实现性能与效率的平衡，例如，分布式环境下剪枝后的目标检测模型在嵌入式硬件中实现了接近实时的检测性能。通过综合使用多种优化技术，大模型的潜力被进一步释放，能够适应从云端到边缘设备的多种环境需求。

未来，大模型优化技术将在更多领域展现价值。随着动态优化和自适应优化技术的发展，剪枝、量化、知识蒸馏等方法有望进一步智能化，以适应更多动态场景和跨任务需求。例如，在实时对话生成中，动态剪枝和自适应量化技术将有可能根据输入的复杂性实时调整模型计算量，实现性能与效率的最优平衡。同时，硬件技术的进步将为优化技术提供新的支持，如量子计算与大模型优化的结合可能为科学计算和优化问题求解带来革命性改变。

大模型优化技术在实际应用中的表现既展现了其适应复杂场景的能力，也显著降低了大规模模型的使用门槛。从 NLP 到科学计算，这些技术正在逐步重塑智能化应用的未来，为不同领域的技术发展提供强大的支撑。

13.6 实践练习：用 Hugging Face Transformers 库进行大模型微调并应用于优化项目

在开发和应用大规模预训练模型中，Hugging Face Transformers 库为研究人员提供了一个功能强大且高效的平台。作为当前 NLP 领域的核心工具之一，Hugging Face 不仅支持快速加载和微调各种预训练模型，还提供了全面的生态系统，如 Model Hub、Datasets、Trainer API 等模块，极大地降低了模型开发和部署的技术门槛。本节将系统介绍如何使用 Hugging Face Transformers 库进行微调，展示从环境搭建、数据准备、模型微调、优化技术应用到实际案例的完整流程。

Hugging Face Transformers 库与 PyTorch 和 TensorFlow 等深度学习框架无缝集成，为大规模模型微调提供了高效工具。环境搭建是微调实践的第一步，需要确保硬件支持、框架配置和依赖库安装完备。

1. 安装必要工具

使用以下命令安装 Hugging Face Transformers 库及其相关依赖。

```
pip install transformers datasets accelerate
```

根据项目需求安装 PyTorch 或 TensorFlow 库。

```
pip install torch
```

如果需要分布式训练支持，可额外安装 Accelerate 工具，它简化了分布式和多设备训练的配置。

2. 硬件配置

对于大模型微调，GPU 是必不可少的硬件支持。安装 NVIDIA CUDA 工具包和驱动程序，确保深度学习框架能够正确检测 GPU。

若进行分布式训练，建议使用多 GPU 或 TPU 环境。

3. Hugging Face 工具生态

Model Hub： 模型共享平台，提供数千个开源预训练模型，如 BERT、GPT-2、RoBERTa 等，用户可以直接下载并微调。

Datasets 模块： 支持标准化数据集（如 IMDB、SQuAD、GLUE 等）的加载和处理。

Trainer API： 高度封装的训练框架，简化了训练循环、评估和优化流程。

注：Hugging Face 的模块化设计使其成为处理复杂模型任务的首选工具，尤其适合初学者和工程师快速上手。

数据是微调过程中至关重要的部分，合理的预处理能够显著提升模型性能。Hugging Face 的 Datasets 模块提供了便捷的数据处理工具，可快速加载和处理多种任务数据集。

4. 加载数据集

使用 datasets.load_dataset() 方法可以直接加载 Hugging Face 提供的标准数据集。例如，加载 IMDB 数据集。

代码 13-1 加载IMDB数据集

```
from datasets import load_dataset
dataset = load_dataset("IMDB")
```

该数据集通常包含训练集、验证集和测试集，可以通过字典形式访问数据集。

5. 分词与格式化

使用模型对应的分词器对文本进行分词和格式化，使其符合模型的输入要求。

代码 13-2 分词与格式化

```
from transformers import AutoTokenizer
tokenizer = AutoTokenizer.from_pretrained("bert-base-uncased")

def tokenize_function(example):
    return tokenizer(example["text"], truncation=True, padding="max_length")

tokenized_dataset = dataset.map(tokenize_function, batched=True)
```

分词器会自动处理文本的截断和填充，生成固定长度的输入序列。

6. 数据划分

对数据集进行训练集和验证集的划分。例如，将 IMDB 数据集按 80:20 比例进行划分。

代码 13-3 数据划分

```
train_test_split = tokenized_dataset["train"].train_test_split(test_size=0.2)
train_dataset = train_test_split["train"]
eval_dataset = train_test_split["test"]
```

微调预训练模型是 Hugging Face 的核心功能，Trainer API 提供了便捷的训练接口，可以快速完成训练和验证。

7. 加载预训练模型

从 Model Hub 平台下载预训练模型，加载到微调任务中。例如，加载用于情感分类的 BERT 模型。

代码 13-4 加载预训练模型

```
from transformers import AutoModelForSequenceClassification
model = AutoModelForSequenceClassification.from_pretrained("bert-base-
```

```
        uncased", num_labels=2)
```

8. 设置训练参数

使用 TrainingArguments() 方法设置训练参数，如学习率、训练轮数、批量大小等。

代码 13-5 设置训练参数

```
from transformers import TrainingArguments
training_args = TrainingArguments(
    output_dir="./results",
    evaluation_strategy="epoch",
    learning_rate=2e-5,
    per_device_train_batch_size=16,
    num_train_epochs=3,
    weight_decay=0.01,
    logging_dir="./logs",
```

9. 训练与验证

使用 Trainer 接口完成训练和验证。

代码 13-6 训练与验证

```
from transformers import Trainer
trainer = Trainer(
    model=model,
    args=training_args,
    train_dataset=train_dataset,
    eval_dataset=eval_dataset,
)
trainer.train()
```

在微调完成后，可使用剪枝和量化技术进一步优化模型。例如，使用 PyTorch 的量化工具将模型转换为低精度。

代码 13-7 模型优化

```
from torch.quantization import quantize_dynamic
optimized_model = quantize_dynamic(model, {torch.nn.Linear}, dtype=torch.qint8)
```

10. 案例

以 IMDB 数据集的情感分类任务为例，展示模型微调和优化的具体应用。

（1）任务描述：IMDB 数据集包含电影评论及其情感标签（正面或负面）。目标是微调 BERT 模型，将其应用于情感分类任务。

（2）优化方法：

①剪枝：通过 Attention Head Pruning 删除对任务贡献较小的注意力头，减少模型计算量。

②量化：将模型从 FP32 转换为 INT8，提升推理速度。

（3）性能结果：在优化前，BERT 模型的验证集准确率为 91%，推理时间为 50 ms/条。

代码 13-8 模型测试

```
# 保存微调后的模型
trainer.save_model("./optimized_model")

# 模型量化优化
# 使用动态量化将模型从 FP32 转换为 INT8
optimized_model = quantize_dynamic(
    model,                              # 原始模型
    {torch.nn.Linear},                  # 指定需要量化的层
    dtype=torch.qint8                   # 使用 INT8 精度
)

# 保存量化后的模型
torch.save(optimized_model.state_dict(), "./optimized_model/quantized_
              model.pth")

# Step 10: 测试优化后模型
# 加载优化后的模型进行推理
optimized_model.eval()

# 示例文本
example_text = "This movie was fantastic! The performances were
                    incredible, and the story was gripping."

# 分词并转换为输入格式
inputs = tokenizer(example_text, return_tensors="pt", truncation=True,
                        padding="max_length", max_length=512)

# 推理
outputs = optimized_model(**inputs)
predicted_label = torch.argmax(outputs.logits).item()
```

```
# 输出结果
print("Predicted Label:", "Positive" if predicted_label == 1 else "Negative")
```

代码输出结果如下。

```
输入文本："This movie was absolutely amazing! The storyline and acting were
incredible."
输出结果：Predicted Label: Positive
```

优化后，准确率下降约 1%，但推理时间缩短至 30 ms/ 条，存储需求减少约 40%。

Hugging Face Transformers 库通过整合预训练模型、数据处理工具和高效训练框架，简化了大模型的微调过程。结合剪枝、量化等优化技术，用户可以在资源有限的场景下高效完成模型训练与部署。此外，随着工具的不断发展，Hugging Face 正在逐步支持更复杂的任务（如多模态学习）和更高效的优化方案（如动态剪枝、自适应微调）。未来，Hugging Face 有望成为推动大模型应用普及的重要力量。

13.7 Python 语言实现：大模型微调及其在特定领域优化中的应用

随着深度学习技术的快速发展，Python已成为大模型微调与优化的核心工具语言。其灵活的生态系统为模型的开发、训练、优化和部署提供了全面支持。借助Hugging Face Transformers库，研究人员可以高效实现大规模预训练模型的微调，并结合剪枝、量化等技术优化模型性能，以满足实际应用场景的需求。本节将通过代码和实例展示，详细介绍大模型微调的过程，并探讨其在资源受限环境中的优化应用。

1. 数据加载与预处理

数据是大模型微调的基础，经过合理预处理的数据不仅能提高训练效率，还能提升模型性能。以下以IMDB数据集为例，展示如何加载和预处理数据。

代码 13-9 IMDB 数据加载与分词处理

```
from datasets import load_dataset
from transformers import AutoTokenizer

# 加载 IMDB 数据集
dataset = load_dataset("IMDB")

```

```
# 加载预训练模型的分词器
tokenizer = AutoTokenizer.from_pretrained("bert-base-uncased")

# 分词与格式化函数
def tokenize_function(example):
    return tokenizer(example["text"], truncation=True, padding="max_length", max_length=512)

# 对数据集进行分词
tokenized_dataset = dataset.map(tokenize_function, batched=True)

# 数据集划分：训练集和验证集
train_test_split = tokenized_dataset["train"].train_test_split(test_size=0.2)
train_dataset = train_test_split["train"]
eval_dataset = train_test_split["test"]
```

上述代码加载了IMDB数据集，并使用 BERT 模型的分词器将文本数据转换为模型可接受的输入格式。分词后的数据经过截断和填充处理，以保证输入序列的固定长度，便于后续的训练。

2. 模型加载与配置

在微调任务中，预训练模型的加载和任务配置是关键步骤。以下代码加载 BERT 模型，并为情感分类任务设置二分类标签。

代码 13-10 加载预训练模型并配置分类任务

```
from transformers import AutoModelForSequenceClassification

# 加载预训练的 BERT 模型
model = AutoModelForSequenceClassification.from_pretrained("bert-base-uncased", num_labels=2)
```

AutoModelForSequenceClassification 是 Hugging Face 提供的分类模型接口。通过指定 num_labels=2，将模型适配为 IMDB 数据集的情感分类任务。

3. 训练参数配置与微调

微调模型需要合理配置训练参数，以确保收敛速度和模型性能。以下使用 Hugging Face 的 Trainer 接口完成训练过程。

代码 13-11 训练参数配置与微调过程

```
from transformers import TrainingArguments, Trainer

# 配置训练参数
training_args = TrainingArguments(
    output_dir="./results",
    evaluation_strategy="epoch",
    learning_rate=2e-5,
    per_device_train_batch_size=16,
    per_device_eval_batch_size=16,
    num_train_epochs=3,
    weight_decay=0.01,
    logging_dir="./logs",
    logging_steps=10,
    save_strategy="epoch",
    save_total_limit=1,
)

# 定义 Trainer
trainer = Trainer(
    model=model,
    args=training_args,
    train_dataset=train_dataset,
    eval_dataset=eval_dataset,
)

# 开始训练
trainer.train()
```

上述代码通过 Trainer 接口自动处理训练循环、评估和保存，减少了代码复杂度。训练参数（如学习率、批量大小和权重衰减等）需根据具体任务进行调整。

4. 模型优化

完成微调后，模型通常需要进一步优化，以适应推理场景中的资源限制。以下代码展示了如何通过动态量化技术优化模型。

代码 13-12 优化模型（动态量化）

```
from torch.quantization import quantize_dynamic
import torch

# 动态量化
optimized_model = quantize_dynamic(
```

```
    model,
    {torch.nn.Linear},
    dtype=torch.qint8
)

# 保存量化后的模型
torch.save(optimized_model.state_dict(), "./optimized_model/quantized_
        model.pth")
```

动态量化后的模型占用更少的存储空间，适合部署在资源受限的设备上，如边缘计算或移动设备。动态量化不需要校准数据即可应用，具有较高的灵活性。

5. 优化模型推理

优化后的模型需在推理过程中验证其性能是否符合预期。以下代码展示了如何使用优化后的模型对输入文本进行情感分类。

代码 13-13 优化后模型的推理与测试

```
# 示例文本
example_text = "This movie was absolutely amazing! The storyline and
            acting were incredible."

 # 分词与输入格式化
inputs = tokenizer(example_text, return_tensors="pt", truncation=True,
            padding="max_length", max_length=512)
# 模型推理
optimized_model.eval()
outputs = optimized_model(**inputs)
predicted_label = torch.argmax(outputs.logits).item()

# 输出结果
print("Predicted Label:", "Positive" if predicted_label == 1 else "Negative")
```

代码输出结果如下。

```
输入文本："This movie was absolutely amazing! The storyline and acting were
         incredible."
输出结果：Predicted Label: Positive
```

上述代码将示例文本输入模型，并返回情感分类的预测结果。通过量化优化，推理速度显著提升，同时保持了可接受的精度。

在 IMDB 数据集的情感分类任务中，优化前后的模型性能对比，如表13-1所示。

表13-1 模型性能对比

指标	优化前	优化后
推理时间（每条样本）	50 ms	30 ms
模型大小	418 MB	167 MB
验证集准确率	91%	90%

这一结果表明，量化技术在资源受限场景中具有较高的实用性。

通过上述实现，Hugging Face Transformers 库在文本分类任务中的优势得以充分展示。然而，其应用远不止于此，还可以广泛应用于其他任务。

（1）机器翻译：使用 MarianMT 模型进行特定语言对的翻译任务。

（2）文本生成：结合 GPT 模型微调，优化生成长文本的性能。

（3）多模态任务：通过 CLIP 模型处理图文匹配任务。

未来，随着优化技术（如动态剪枝、自适应量化等）的发展，结合分布式训练工具（如 Accelerate），大模型微调与优化的效率将持续提升，推动 Hugging Face 的应用从 NLP 扩展到多模态和跨领域任务。

通过 Python 和 Hugging Face Transformers 库，大规模预训练模型的微调与优化变得更加高效。通过合理配置数据、模型和优化技术，研究人员可以显著提升模型性能并降低资源需求。本节展示了从数据加载到模型部署的完整流程，为大模型的实际应用提供了清晰的实践指南。同时，该方法的灵活性和可扩展性使其适用于广泛的任务场景和资源条件，进一步推动了人工智能技术的普及与落地。

第14章

DeepSeek的介绍与使用

DeepSeek凭借其颠覆性和高性价比，成为继ChatGPT之后的又一个备受瞩目的AI产品。作为一项突破性的AI技术，DeepSeek以其强大的性能和广泛的应用潜力，正推动着各行各业的变革，涵盖智能对话、内容生成到复杂任务的解决等领域。本章将介绍DeepSeek的基本概念与使用技巧，帮助读者全面了解并熟练使用这一前沿技术。

本章的主要知识点如下。

（1）DeepSeek的简介。
（2）DeepSeek的使用技巧。
（3）DeepSeek的应用集成。
（4）实践练习：DeepSeek实现游戏代码开发。
（5）Python语言实现：DeepSeek API调用。

14.1 DeepSeek的简介

14.1.1 什么是DeepSeek

DeepSeek（深度求索）是一家专注于通用人工智能（AGI）技术研发的中国科技公司，成立于2023年7月，由知名量化资管机构幻方量化创立。该公司总部位于杭州，并在北京设有研发中心。DeepSeek致力于开发高性能、低成本的大语言模型（LLM）及相关技术，其目标是推动AI的普惠发展。

DeepSeek的核心技术包括混合专家（MoE）模型和多头潜在注意力（MLA）机制，这些技术显著提升了模型的计算效率和推理能力。公司已经发布了多个模型，如DeepSeek-V3模型、DeepSeek-R1模型以及多模态模型（如Janus-Pro）。其中，DeepSeek-V3是一个通用模型，参数量达6710亿，在多项评测中优于主流开源模型；DeepSeek-R1模型则专注于数学、代码和自NPL任务。

DeepSeek的技术架构创新还包括多Token预测（MTP）机制和稀疏注意力机制。MTP机制通过在训练过程中预测多个未来的Token来增强模型的文本生成能力并提高计算效率。稀疏注意力机制通过仅关注最相关的Token来减少计算开销，提高模型的泛化能力和鲁棒性。此外，DeepSeek还构建了包含代码、数学证明、多语言文献等丰富内容的庞大训练语料库。其训练过程采用8阶段渐进训练，上下文长度从4K逐步扩展至128K，并利用FP8混合精度技术在H800集群上实现了高达92%的计算效率。

14.1.2 为什么选择DeepSeek

选择DeepSeek的原因主要体现在其技术创新、成本优势、开源生态、中文优化和多模态能力等方面。

首先，DeepSeek通过自研的MoE模型和MLA机制等技术，显著提升了模型的计算效率和推理能力。这些创新使DeepSeek在性能上与国际顶尖模型不相上下，甚至在某些任务上表现更出色。例如，在MMLU、MMLU-Pro和GPQA等教育类基准测试中，DeepSeek-V3模型的表现优于其他主流开源模型，并在多个方面都超越了GPT-4o模型和Claude-3.5-Sonnet模型，如图14-1所示。

其次，DeepSeek的训练成本极低，例如，DeepSeek-R1模型的训练成本约557.6万美元，远低于GPT-4等模型的数十亿美元级成本。这种低成本的优势使DeepSeek能够在资源有限的情况下实现高性能。

再次，DeepSeek采用开源策略，发布了多个开源模型，如DeepSeek-R1、DeepSeek-V3模型等。这种开放性不仅降低了技术门槛，还促进了全球开发者社区的参与和创新，推动了AI技术的普及和应用。同时DeepSeek针对中文语境进行了深度优化，能更好地理解中文语法和文化背景，提供更自然、更准确的中文处理能力。这使其在国内市场具有显著优势。

DeepSeek-V3模型的综合能力

DeepSeek-V3模型在推理速度上相较历史模型有了大幅提升。
在目前大模型主流榜单中，DeepSeek-V3模型在开源模型中位列榜首，与世界上最先进的闭源模型不分伯仲。

	Benchmark (Metric)	DeepSeek-V3	DeepSeek-V2.5 0905	Qwen2.5 72B-Inst	Llama3.1 405B-Inst	Claude-3.5 Sonnet-1022	GPT-4o 0513
	Architecture	MoE	MoE	Dense	Dense	-	-
	# Activated Params	37B	21B	72B	405B	-	-
	# Total Params	671B	236B	72B	405B	-	-
English	MMLU (EM)	88.5	80.6	85.3	**88.6**	88.3	87.2
	MMLU-Redux (EM)	**89.1**	80.3	85.6	86.2	88.9	88.0
	MMLU-Pro (EM)	75.9	66.2	71.6	73.3	**78.0**	72.6
	DROP (3-shot F1)	**91.6**	87.8	76.7	88.7	88.3	83.7
	IF-Eval (Prompt Strict)	86.1	80.6	84.1	86.0	**86.5**	84.3
	GPQA-Diamond (Pass@1)	59.1	41.3	49.0	51.1	**65.0**	49.9
	SimpleQA (Correct)	24.9	10.2	9.1	17.1	28.4	**38.2**
	FRAMES (Acc.)	73.3	65.4	69.8	70.0	72.5	**80.5**
	LongBench v2 (Acc.)	**48.7**	35.4	39.4	36.1	41.0	48.1
Code	HumanEval-Mul (Pass@1)	**82.6**	77.4	77.3	77.2	81.7	80.5
	LiveCodeBench (Pass@1-COT)	**40.5**	29.2	31.1	28.4	36.3	33.4
	LiveCodeBench (Pass@1)	**37.6**	28.4	28.7	30.1	32.8	34.2
	Codeforces (Percentile)	**51.6**	35.6	24.8	25.3	20.3	23.6
	SWE Verified (Resolved)	42.0	22.6	23.8	24.5	**50.8**	38.8
	Aider-Edit (Acc.)	79.7	71.6	65.4	63.9	**84.2**	72.9
	Aider-Polyglot (Acc.)	**49.6**	18.2	7.6	5.8	45.3	16.0
Math	AIME 2024 (Pass@1)	**39.2**	16.7	23.3	23.3	16.0	9.3
	MATH-500 (EM)	**90.2**	74.7	80.0	73.8	78.3	74.6
	CNMO 2024 (Pass@1)	**43.2**	10.8	15.9	6.8	13.1	10.8
Chinese	CLUEWSC (EM)	90.9	90.4	**91.4**	84.7	85.4	87.9
	C-Eval (EM)	**86.5**	79.5	86.1	61.5	76.7	76.0
	C-SimpleQA (Correct)	**64.1**	54.1	48.4	50.4	51.3	59.3

图 14-1　DeepSeek-V3模型基准测试表现示意图

最后，DeepSeek还具备强大的多模态能力。多模态模型（如Janus-Pro）在图像描述生成、音频文本转换等多模态任务上表现出色。

14.1.3 如何使用 DeepSeek

使用DeepSeek主要有以下几种方式。

（1）网页端和移动端。

DeepSeek智能助手在网页端和移动端均已上线。用户可以直接通过网页端访问或下载移动端应用来使用DeepSeek。这种方式适合普通用户快速体验DeepSeek的功能，如智能对话、文本生成等。

（2）API调用。

用户可以通过DeepSeek的API开放平台获取API key，在代码中调用DeepSeek模型。例如，使用Python代码调用DeepSeek的API来完成各种任务。这种方式适合开发者将DeepSeek的功能集成到自有应用中，实现复杂功能。需注意，API调用通常会产生相应费用。

（3）本地部署。

DeepSeek支持通过Ollama等工具在本地进行模型部署。用户可以在Ollama平台搜索DeepSeek-R1模型，并使用ollama run命令运行该模型。这种方式适合对隐私和安全性有较高要求的用户，或者需要离线使用DeepSeek的场景。本地部署对显存的要求比较高，因此在大多数情况下，本地部署只能部署一些小规模的模型，难以达到网页端的效果。

14.2 DeepSeek 的使用技巧

14.2.1 选择适合的模型

DeepSeek常用的模型有DeepSeek-V3与DeepSeek-R1。

（1）DeepSeek-R1。

DeepSeek-R1模型是由 DeepSeek 团队开发的第一代推理模型，专注于数学、代码和NLP任务。

DeepSeek-R1模型的训练包括多个阶段。初始的R1-Zero 版本通过大规模强化学习（RL）训练，展现出强大的推理能力，但也存在可读性差和语言风格不一致等问题。为解决这些问题，DeepSeek-R1 模型在强化学习之前引入了多阶段训练和冷启动数据策略。此外，DeepSeek-R1 模型还采用了监督微调（SFT）和强化学习相结合的方式进一步优化模型性能。

DeepSeek-R1 模型适合需要高精度和复杂推理的任务，如数学问题求解、代码生成和NLP。

（2）DeepSeek-V3。

DeepSeek-V3 模型是 DeepSeek 团队推出的通用语言大模型，参数量达 6710 亿，激活参数为 370 亿。DeepSeek-V3 模型采用了MoE模型和MLA机制，显著提升了模型的计算效率和推理能力。

DeepSeek-V3 模型的训练包括预训练和后训练两个阶段。在预训练阶段，DeepSeek-V3 模型在 14.8 万亿高质量和多样化的 Tokens 上进行了训练，整个过程非常稳定。随后，DeepSeek-V3 模型进行了两阶段上下文长度的扩展，将最大上下文长度从 4 K 扩展到 128 K。后训练阶段通过监督微调和强化学习进一步优化了模型性能。

DeepSeek-V3 模型在多个基准测试中表现出色，超越了主流开源模型。DeepSeek-V3 模型适用于多种应用场景，包括百科知识查询、长文本生成、代码生成和数学问题求解。此外，DeepSeek-V3模型还通过知识蒸馏从 DeepSeek-R1 系列模型中迁移了推理能力，进一步提升了其推理性能。

在聊天时，选择“深度思考”选项时，系统调用DeepSeek-R1模型；未选择时，默认使用DeepSeek-V3模型，如图14-2所示。如果应用场景需要处理复杂的推理任务，如数学问题求解、代码生成或逻辑推理等，优先选择DeepSeek-R1 模型；如果需要处理大规模的NLP任务，如内容创作、多语言翻译或智能客服等，优先选择DeepSeek-V3 模型。在预算有限的情况下，DeepSeek-V3 模型的低 API 成本和高效的多模态处理能力使其更具性价比。

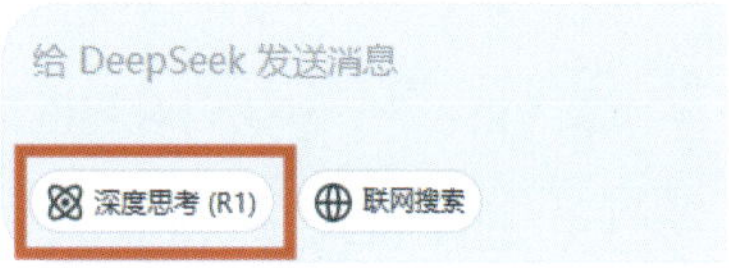

图 14-2　“深度思考”选项

14.2.2 联网搜索

大模型完成训练部署上线后，无法实时更新，因此大模型的知识库往往不是最新的。

联网搜索功能可以很好地解决这一问题。通过联网搜索，DeepSeek可以实时获取互联网上的最新资讯，从而提供更准确、更及时的回答。图14-3展示了一个非常简单的问题，当向DeepSeek提问“今天的日期是多少”时，DeepSeek无法给出准确的回复，并建议使用联网搜索。使用联网搜索功能后再次询问同一问题，DeepSeek给出了准确的回复，并查询了黄历；同时，还给出了美式英语和英式英语的不同表达。

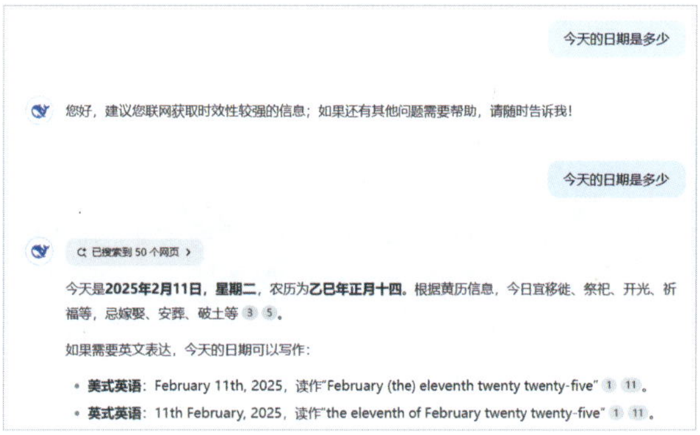

图 14-3　联网搜索

联网搜索极大提升了信息检索的时效性和准确性。结合DeepSeek的自然语言理解（NLP）能力，该功能可以精准把握用户查询意图，从海量网络信息中快速筛选出最相关结果，甚至预测用户潜在兴趣，推动搜索模式从“人找信息”向“信息找人”演进。

14.2.3 提问技巧

掌握有效的提问技巧能显著提升DeepSeek的响应质量和准确性。核心技巧如下。

（1）明确目标：清晰指出希望“DeepSeek”完成的具体任务，包括任务性质、范围和期望结果，避免模糊或过于宽泛的表述。

（2）提供背景：交代问题相关的上下文信息，帮助模型更深入理解需求，给出更贴合实际的答案。

（3）结构化提问：采用“背景+需求+约束条件”的结构组织问题，使重点更突出、要求更清晰。

①背景：“我正在开发一个面向年轻专业人士的电商网站……”

②需求："……需要解决用户登录时的卡顿问题。"

③约束："……他们对界面简洁性和交互效率要求很高。"

（4）指定格式/风格（可选）：如有需要，明确说明期望的回答格式（如报告、列表、代码）、字数、语言风格（正式、简洁、幽默）或数据结构（JSON、表格）。

（5）用词具体：避免模糊词汇（如"好些"、"大概"），使用具体、明确的词汇描述需求。

（6）分步提问（针对复杂问题）：对于复杂问题，可先提出核心问题，再根据"DeepSeek"的初始回答逐步追问细化，引导模型层层深入。

提问示例对比，如表14-1所示。

表14-1 提问示例对比

类型	示例	问题分析
良好示例	1."请撰写一段约200字的环保主题宣传文案，要求风格简洁明了。"	目标清晰（写文案）、主题明确（环保）、字数约束（200字）、风格要求（简洁明了）
	2."我需要一份关于AI在医疗领域应用的研究报告，重点分析其在疾病诊断中的作用。"	任务明确（研究报告）、领域聚焦（医疗AI）、重点突出（疾病诊断应用）
	3."分析这份市场调研报告，重点关注用户满意度。根据分析，用户不满的主要问题是什么？相应的改进方向有哪些？"	结构化（分析报告→聚焦满意度→识别问题→提出方案），分步引导
欠佳示例	1."写一段文案。"	过于模糊，缺乏主题、字数、风格等关键信息
	2."讲讲AI。"	范围太广，无具体需求
	3."用户登录卡顿怎么办？"	缺乏必要的背景信息（如系统类型、用户群体）
	4."分析报告。"	一次性提出复杂要求，未分步细化

14.3 DeepSeek的应用集成

14.3.1 申请API key

API key是用户在DeepSeek官网外调用服务的凭证，凭借API key，DeepSeek官方能够实现对用户调用的统计和计费。申请API key需要先访问DeepSeek官网，单击左上角的"API开放平台"链接，如图14-4所示。

进入平台后，选择API keys选项，在弹出的"创建API key"对话框中的"名称"文本框中输入名称（可自定义），单击“创建”按钮，即可获得个人的API key，如图14-5所示。

图14-4 进入API开放平台

图14-5 创建API key

需要注意的是，API key一定不能泄露，防止造成资源盗用或财务损失。

14.3.2 将 DeepSeek 接入 PyCharm

将DeepSeek接入PyCharm后，开发者可以利用其强大的NLP能力，实现智能代码写作和分析。例如，开发者可以直接选中代码段并请求解释，或者对代码进行修改和优化，如图14-6所示。这种智能辅助功能能够显著减少手动编写和调试代码的时间，帮助开发者更高效地完成任务。

在PyCharm的插件市场中，搜索并安装Continue插件；安装完后，在右侧边栏中添加DeepSeek模型，并输入API key，即可实现将DeepSeek接入PyCharm，如图14-7所示。

借助DeepSeek的AI能力，开发者可以在PyCharm中更轻松地发现代码中的潜在问题并获得优化建议，从而提升代码的可读性和可维护性，减少错误和漏洞。此外，DeepSeek还可以提供代码规范建议，协助开发者遵循行业最佳实践。

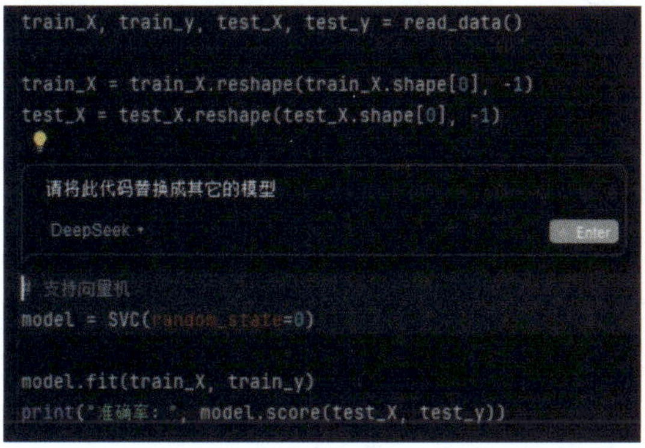

图14-6 直接选中代码与DeepSeek交互

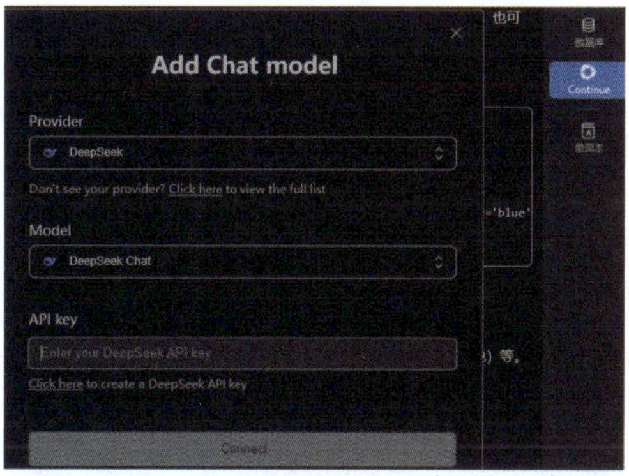

图14-7 在Continue插件中添加DeepSeek模型

14.3.3 DeepSeek 与 Cline 结合

Cline是一款功能强大的AI编程插件，旨在通过智能代码补全、错误检测与修复等功能，显著提升开发者的编程效率和代码质量。它支持多种编程语言，如Python、JavaScript、Java和C++等，并能与主流的集成开发环境（IDE）无缝集成。

Cline利用AI算法，根据上下文提供精准的代码建议，帮助开发者快速编写代码，并能实时检测代码中的错误，给出修复建议，大幅减少调试时间。Cline能充分融合DeepSeek等大模型的能力，为高效项目开发提供强大支持。

Cline集成DeepSeek的步骤如下：打开VS Code，在扩展商店中搜索Cline并安装；打开Cline的设置页面，将模型配置为DeepSeek模型，如图14-8所示。

Cline以其全面的项目支持、灵活的模型选择、高成本效益、人机协作模式及多模态能力等特点，已成为一款独特而强大的开发工具，深受开发者欢迎。

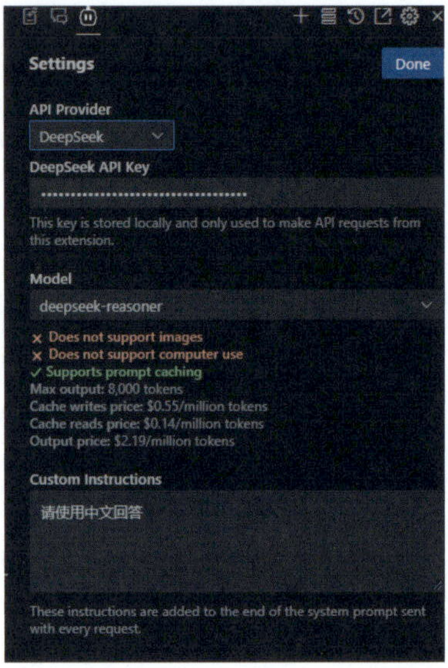

图14-8　在Cline中配置DeepSeek模型

14.4 实践练习：DeepSeek实现游戏代码开发

若我们想使用HTML开发一款五子棋小游戏，但不熟悉HTML语言，此时可以通过DeepSeek生成相应代码。

（1）输入提示词：“请帮我用HTML生成一款五子棋小游戏的代码，所有代码都保存在HTML文件中”，如图14-9所示。

（2）将DeepSeek生成的代码粘贴到HTML文件中，并使用浏览器打开该HTML文件，即可运行五子棋小游戏，效果如图14-10所示。

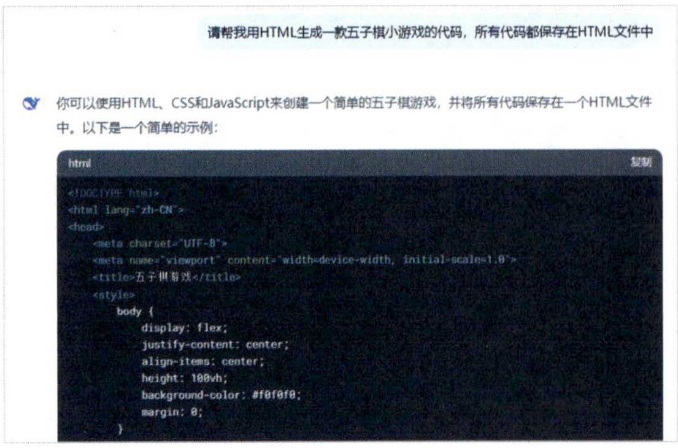

图14-9　利用DeepSeek生成五子棋小游戏的代码

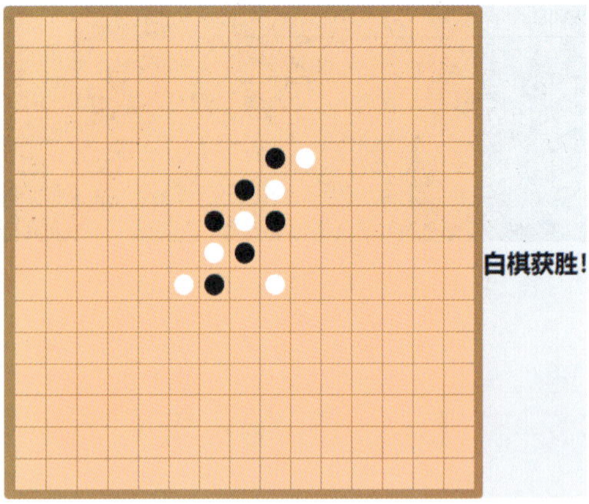

图14-10　DeepSeek开发的五子棋小游戏

14.5 Python 语言实现：DeepSeek API 调用

程序员可通过API调用DeepSeek等大模型，利用其能力解决开发问题。本节将讲解如何通过Python语言来调用DeepSeek API。

1. 安装依赖库

```
pip install requests
```

Requests库是Python语言最常用的第三方库，用于发送网络请求和获取响应。

2. API 调用代码示例

通过Python语言实现DeepSeek API调用，如代码14-1所示。注意：代码中需要将申请的API key填写到字符串中。

代码 14-1 DeepSeek API 调用

```
import requests

# 填写你的 API key
api_key = "sk-****"

url = "https://api.deepseek.com/chat/completions"
headers = {
    "Content-Type": "application/json",
    "Authorization": f"Bearer {api_key}"
}

data = {
    "model": "deepseek-reasoner",
    "messages": [
        {"role": "user", "content": "蒸1个包子要10分钟，蒸10个包子要多久"}
    ],
    "stream": False
}

response = requests.post(url, headers=headers, json=data)

result = response.json()
print(result)
```

控制台输出如下。


```
{'id': '*****', 'object': 'chat.completion', 'created': 1739211553,
'model': 'deepseek-reasoner', 'choices': [{'index': 0, 'message': {'role':
'assistant', 'content': '蒸 10 个包子需要 10 分钟。  \n** 解析 **:  \n 蒸包子的时间
取决于蒸汽的加热过程，而非数量。只要蒸锅容量足够同时放入所有包子，蒸汽会均匀覆盖并同时蒸熟
所有包子。因此，无论是 1 个还是 10 个，在相同火力和条件下，所需时间相同，均为 10 分钟。  \n
常见误区是误认为逐个蒸制（需 100 分钟），但实际中蒸包子为批量操作，无须延长总时间。',
'reasoning_content': '嗯，这个问题看起来好像挺简单的，但仔细想想可能还有陷阱。题目是说“蒸
1 个包子要 10 分钟，蒸 10 个包子要多久？”首先，我需要明确蒸包子的过程是怎样的。通常来说，蒸包
子的时候，是把包子放在蒸笼里，然后用蒸汽来加热。假设蒸锅足够大，可以同时放下 10 个包子的话，
那么可能 10 个包子一起蒸的时间应该和蒸 1 个的时间差不多，也就是 10 分钟，因为蒸汽是同时作用于
所有包子的。\n\n 不过，也有可能题目有其他的意图，如可能考虑的是蒸锅的大小不够，一次只能蒸一
个包子，那这样的话蒸 10 个包子就需要每个包子单独蒸，总共需要 10 分钟乘以 10 个，也就是 100 分钟。
但这显然不太符合常理，因为现实中蒸包子的时候都是可以同时蒸多个的，只要蒸锅的空间足够。\n\n
不过，可能有人会认为，题目中的“蒸 1 个包子要 10 分钟”指的是无论数量多少，蒸的时间都是固定的，
因为火力和蒸汽量足够，可以同时处理多个包子。因此，不管是蒸 1 个还是 10 个，所需的时间都是 10 分钟。
这种情况下，答案就是 10 分钟。\n\n 不过，也有可能题目在考察对“蒸”这个动作的理解，如是否需
要预热时间或其他因素。比如，可能蒸包子需要先烧开水，产生蒸汽，这个过程可能需要一定时间，但题
目里并没有提到这个，所以应该忽略。题目明确说“蒸 1 个包子要 10 分钟”，也就是从开始蒸到蒸熟的
时间是 10 分钟，那么无论多少个包子，只要同时蒸，时间都是 10 分钟。\n\n 再想想，可能有人会误解
成蒸每个包子都需要 10 分钟，所以 10 个包子需要 10×10=100 分钟，但这样的话，现实中是不合理的，
因为蒸包子通常是批量蒸的，不会一个一个来，所以正确的理解应该是同时蒸多个包子只需要同样的时间，
也就是 10 分钟。\n\n 不过，也有可能题目有陷阱，比如，如果蒸锅只能放 5 个包子，那么蒸 10 个包
子需要分两次，每次 10 分钟，总共 20 分钟。但题目里并没有提到蒸锅的容量限制，所以应该假设蒸锅
可以一次蒸 10 个包子，因此时间还是 10 分钟。\n\n 总结一下，可能的答案有两种情况：如果蒸锅可以
同时蒸 10 个，那就是 10 分钟；如果只能一次蒸一个，就是 100 分钟。但根据常理，蒸包子通常是批量
蒸的，所以正确答案应该是 10 分钟。'}, 'logprobs': None, 'finish_reason': 'stop'}],
'usage': {'prompt_tokens': 18, 'completion_tokens': 591, 'total_tokens': 609,
'prompt_tokens_details': {'cached_tokens': 0}, 'completion_tokens_details':
{'reasoning_tokens': 491}, 'prompt_cache_hit_tokens': 0, 'prompt_cache_miss_
tokens': 18}, 'system_fingerprint': ''}
```


API的响应是JSON格式，从中可以发现，模型实际的回复内容是在message键的content中，大家也可以自行在JSON内解析自己需要的内容。